白酒酒体设计工艺学

张宿义 / 编著

刘 淼 林 锋 庹先国 / 主审

中国轻工业出版社

图书在版编目（CIP）数据

白酒酒体设计工艺学 / 张宿义编著. —北京：中国轻工业出版社，2020.12

ISBN 978-7-5184-2953-0

Ⅰ. ①白… Ⅱ. ①张… Ⅲ. ①白酒－酿造②白酒－生产工艺 Ⅳ. ①TS262.3

中国版本图书馆CIP数据核字（2020）第055102号

责任编辑：江　娟　靳雅帅　　责任终审：白　洁　　整体设计：锋尚设计

策划编辑：江　娟　靳雅帅　　责任监印：张　可

出版发行：中国轻工业出版社（北京东长安街6号，邮编：100740）

印　　刷：鸿博昊天科技有限公司

经　　销：各地新华书店

版　　次：2020年12月第1版第1次印刷

开　　本：787×1092　1/16　印张：31

字　　数：518千字

书　　号：ISBN 978-7-5184-2953-0　定价：240.00元

邮购电话：010-65241695

发行电话：010-85119835　传真：85113293

网　　址：http://www.chlip.com.cn

Email：club@chlip.com.cn

如发现图书残缺请与我社邮购联系调换

191533K1X101ZBW

序

浓香四溢满庭芳，书香浸润美名扬。《白酒酒体设计工艺学》终于要正式出版了，这是继《泸型酒技艺大全》出版以后，泸州老窖出版的又一本关于白酒生产的技术专著。我及我的同事们、朋友们都为此感到非常高兴，也对这部书的出版表示由衷的祝贺。

经过23代泸州老窖国窖人690余年的奋斗传承，泸州老窖拥有行业领先的技术实力和深厚的历史文化底蕴，这些物质和非物质文化遗产是泸州老窖拥有的无可比拟的核心竞争优势。这部书的出版，正是深度梳理提炼历史文化资源，彰显泸州老窖在生产技术领域创新成果的最好体现，也是读者最喜闻乐见的一种方式。

中国白酒的生产技术和文化是中国科学技术和传统文化的重要组成部分，而中国白酒在历史、工艺、传承等方面，源远流长、博大精深，具有极大的研究价值。从1952年第一届评酒会到1989年第五届评酒会，泸州老窖是唯一连续蝉联历届“中国名酒”称号的浓香型白酒，这得益于泸州老窖一直致力于白酒科研、生产、工艺的研究，亦开创了中国白酒生产技术的无数个先河：新中国成立后中国三大名酒试点（泸州老窖试点、茅台试点、汾酒试点）始于泸州；1957年—1958年，四川糖酒工业科学研究室（现四川食品发酵工业研究设计院）、四川省专卖公司和泸州有关部门62名专家在泸州老窖进行查定、总结；20世纪50年代，泸州老窖酒传统酿制技艺第18代传承人陈奇遇首创尝评勾调技术并在全行业内率先进行推广；1988年，泸州老窖技工学校成立，这是我国第一所专门培养白酒酿造技术人才的学校……时至今日，泸州老窖为行业培养了大批的白酒技术骨干，并依托泸州老窖搭建的国家固态酿造工程技术研究中心、国家级工业设计中心、国家博士后科研工作站等多个国家级、省级、市级科研平台，为推动整个行业的技术进步起到了举足轻重的作用。

一花独放不是春，百花齐放春满园。泸州老窖在全国大力推广浓香技艺、传播中国白酒文化，是公认的“浓香鼻祖、酒中泰斗”，为中国白酒浓香天下的市场格局奠定了基础。20世纪50年代，泸州老窖酒传统酿制技艺传承人张福成、赵子成、李友澄总结形成的“三成操作法”在全行业推广应用，成效显著；1959年，由酒界泰斗陈茂椿、熊子书先生主持了泸州老窖工艺查定，并据此整理、出版的《泸州老窖大曲酒》成为中华人民共和国第一本名白酒酿造专业教科书，亦是浓香技艺的一座崭新丰碑；20世纪60年代至80年代，泸州老窖将首创的各项先进技术和理论毫无保留地向全国白酒企业推广，举办27期酿酒工艺、白酒勾调培训班，培养了数千名酿酒技术工匠和技术骨干，浓香之花处处盛开；20世纪80年代以后出版的《泸州老窖酿酒技工必读》《中国第一窖》《泸型酒技艺大全》《中国酒及酒文化概论》《可以品味的历史》等几十部专著，逐步搭建起浓香型白酒的知识的宝库……

长、沱两江文化孕育出的泸州老窖，在两千年的文化星空里，蕴含了秦汉风骨、唐宋神韵、明清气度及当代盛世华章，悠悠酒史浸润的中国白酒富有生机，富有气魄，也最具文化自信。秦含章、周恒刚、陈茂椿、熊子书、吴衍庸、沈怡方、高月明、曾祖训、高景炎、梁邦昌、胡永松、庄名扬、李大和等著名白酒专家多次莅临泸州老窖指导、翰墨留香：“天府酒乡、历史悠长、泸州老窖、首创浓香”“天下第一曲”“浓香正宗”等溢美之词里有尊崇，有褒奖，有肯定，也鞭策着泸州老窖国窖人不负历史荣光、勇担时代使命、抢抓发展机遇，满足人们对美好生活和美酒的追求，全面开创泸州老窖高质量发展的新纪元。

水流东海连天碧，风过泸州带酒香。岁月的浓香见证着沧桑巨变，每滴酝酿致敬着美好明天。随着中国文化、中国品牌快步走向世界，凝聚着文化、思想、情感、梦想、品质的中国白酒必将成为中国沟通世界的语言。在当下的社会转型中，如何在全球酒业发展中让中国白酒的魅力为世界更多人了解，让舌尖上的中国和酒杯里的华夏一起在世界文化演变中为人类文明做出贡献，这是一份难得的机遇与挑战，这本书为这一切做了见证，期待着中国白酒发展行稳致远，期待着中国白酒走向更远的未来。

是为序。

泸州老窖股份有限公司董事长

刘淼

前言

中国白酒种类众多、风格各异，以其独特的工艺、风味与品质驰名中外，在世界蒸馏酒中独树一帜。随着科技的进步和白酒行业的发展，科技人员和酿酒工作者必须了解和把握白酒风格形成的内在机理和普遍规律，设计、生产出更好的产品，为此需要我们了解、学习和掌握有关酒体设计的科学原理和实践方法，不断提升专业技术水平，满足市场及消费者不断变化的需求。

我国白酒酒体设计始于20世纪50年代，至今已历经60多年，从传统经验型逐步变为科学的酒体设计工艺学，不仅传承了传统的酿酒技艺，并在此基础上有了创新和升华。从20世纪50～60年代以来，泸州老窖白酒酒体设计工艺在遵循传统酿造技艺和勾调技艺的基础上不断创新，不仅仅只是产品的组合勾兑，而是从原料品种的培育、制曲工艺、酿酒工艺、储存工艺、组合勾调工艺、酒源后处理到成品包装等生产全过程质量控制。酒体设计工艺学覆盖的知识面广，涉及有机化学、物理化学、微生物学、分析化学等学科领域，是一门综合学科。2015年开始，泸州老窖股份有限公司组织部分专家和白酒酒体设计工艺的相关技术人员编著了这部《白酒酒体设计工艺学》。

本书共八章。内容包括绪论、酿酒原辅料与酒体风味的关系、酒曲与酒体风味的关系、白酒风味成分的来源及形成机理、白酒尝评、基础酒验收与管理、白酒酒体设计工艺、白酒后处理工艺。全书的组织编写由张宿义主持，具体编写分工为：第一章、第二章由代小雪编著；第三章由王超、代小雪编著；第四章由许德富、邵燕、田学梅等编著，其中第五节由薛一平、田敏、吴卫宇编著；第五章由代汉聪、田学梅、黄锐编著；第六章由蔡亮、代小雪编著；第七章由代汉聪编著，其中第二节由许德富编著；第八章由陈永利编著。全书由张宿义审稿，有关酿造工艺部分由许德富、秦辉审稿，第一章第一节的中国白酒发展简介由李宾、牟雪莹审稿。

在这部书的编著和出版过程中，得到了众多专家的支持和帮助，在此一并表示衷心的谢意。希望该书的出版能给从事白酒酒体设计工作的相关技术人员提供参考，并由衷希望广大读者对本书的不足之处提出宝贵的意见和建议。

《白酒酒体设计工艺学》编委会

《白酒酒体设计工艺学》编委会

主　审　刘　淼　林　锋　庹先国

编　著　张宿义

参　编　许德富　杨　平　秦　辉　周　军　李　宾
杨　辰　董　异　代小雪　代汉聪　蔡　亮
邵　燕　陈永利　代　宇　赵小波　毛振宇
陈　垚　田学梅　黄　锐　王　超　薛一平
田　敏　赵金松　吴卫宇　牟雪莹　李天然
钟世荣　周　健　罗惠波　冯志平

目录

第一章 绪论

第一节

中国酒发展简介

中国酒一般是指由中国人自己发明创造，或在技术上兼收并蓄，经过长期创新发展，具有中国民族特色的酿造工艺酿制而成的，含较高酒精浓度的酒，包括白酒、黄酒、果酒等其它酒类。典型的中国酒主要是指以酒曲作为糖化发酵剂，以粮谷为原料酿制而成的酒精性饮料。中国酒有时也可泛指在中国生产的各类酒。在传统中国酒中，白酒和黄酒长期以来处于主导地位，而果酒等其它酒类影响较小，发展相对比较缓慢。

一、中国酒的起源和发展

（一）中国酒起源的民间记载

在古代，人们常常把酿酒的起源归于个人的发明，并且这些传说已经成为中国白酒文化的重要组成部分。这些传说影响非常大，几乎成了正统的观点。

1. 仪狄酿酒

相传夏禹时期的仪狄发明了酿酒。公元前2世纪的史书《吕氏春秋》云："仪狄作酒。"西汉刘向编辑的《战国策》则进一步说明："昔者，帝女令仪狄作酒而美，进之禹。禹饮而甘之，曰：'后世必有饮酒而亡国者'。遂疏仪狄而绝旨酒。"三国时蜀汉学者谯周著《古史考》中也说"古有醴酪，禹时仪狄作酒。"将仪狄奉为酒的发明人。

很多学者并不相信"仪狄始作酒醪"的说法，在古籍中也有许多否定仪狄"始"作酒的记载，有的书认为神农时代就有酒，也有说黄帝、尧、舜时就有了酒。神农、黄帝、尧、舜都早于夏禹。

2. 杜康酿酒

另一则传说认为酿酒始于杜康，即广为流传的"杜康造酒"说。这种说法除了得到一些文人的认可之外，在民间也十分流行。这可能得益于曹操的《短歌行》诗句："慨当以慷，忧思难忘；何以解忧，唯有杜康。"在诗中，杜康是酒的代名词，但人们通常都把杜康此人当作酿酒的祖师。

关于杜康其人在世的时代没有定论，众说纷纭。有的说是黄帝时代，有的说是夏禹时代，也有的说杜康是周朝或汉朝人。宋朝人高承在《事物纪原》一书中带着疑惑讲："不知杜康何世人，而古今多言其始造酒也。"不仅如此，杜康是什么人也从无定论。两晋人张华撰《博物志》一书认为，杜康是汉朝时候的酒泉太守，民间传说他是一个技艺高超的酿酒师。而杜姓是周朝以后才有的，可见杜康出世太晚，不可能是酒的创始人。

但秦汉间辑录古代帝王公卿谱系的《世本》中有"仪狄始作酒醪，变五味；少康作秫酒"的记载。东汉《说文解字》中解释"酒"字的条目中有："杜康作秫酒"；"帚"条文中说："古者少康初作箕帚、秫酒。少康，杜康也。"明确提到杜康是"秫酒"的初作者。秫，即黏高粱，也是高粱的统称。按此说，杜康可能是用高粱酿酒的创始人。

高粱的起源问题目前尚未定论，但是许多研究者认为，高粱原产于非洲，后传入印度，再到远东。另一种说法是高粱在中国本土起源，但是近来有研究表明，中国本土起源的证据不充分。高粱在中国又名蜀黍、秫秫、芦粟、茭子等，是我国最早栽培的禾谷类作物之一。有关高粱的考古证明，高粱种植在世界上最少也有5000年历史。《本草纲目》中记载"蜀黍北地种之，以备粮缺，余及牛马，盖栽培以有四千九百年。"高粱富含淀粉，并含少量单宁，这是酒中芳香族香味成分的主要来源，使高粱成为一种很好的酿酒原料。古人凭着对高粱的认识，在总结前人酿酒经验的基础上，创造性地用它来酿酒。

3．酿酒始于黄帝时期

另一种传说表明在远古黄帝时代人们就已开始酿酒。汉代成书的《黄帝内经·素问》中记载了黄帝与岐伯讨论酿酒的情景，《黄帝内经》中还提到一种古老的酒——醴酪，即用动物的乳汁酿成的甜酒。

古书关于酒的记载，说法很多。西汉孔鲋的《孔丛子》里记载战国时赵国平原君赵胜劝酒的话："昔有遗谚，尧舜千钟，孔子百觚，子路嗑嗑，尚饮十榼。古之圣贤，无不能饮也，吾子何辞焉？"尧和舜都是大禹以前的人，比仪狄还要早，可见仪狄之前就有酒了。最晚编成于西汉初年的《神农本草》中，已有酒的记载。如果相信此说，那远在传说中的神农氏时代就已经有酒了。

4．酒与天地同时

更带有神话色彩的说法是“天有酒星，酒之作也，其与天地并矣”。

以上这些传说尽管各不相同，但大致说明酿酒早在夏朝或者夏朝以前就已经存在，这是可信的，而且已被考古学家所证实。夏朝距今约4000多年，而目前已经出土距今5000多年的酿酒器具，表明我国酿酒至少在5000年前已经开始，而酿酒之起源当然更在此之前。在远古时代，人们可能先接触到某些自然发酵的酒，然后加以仿制，这个过程可能经历了一个相当长的时期。

（二）中国酒的历史资料

1．中国酒文献史料

我国酿酒历史悠久，数千年来留下了极其丰富而宝贵的酒文献。关于中国酒的历史文献（表1–1）表明：我国有关酿酒与饮酒的历史文献，在世界酒文献中极为丰富。

表 1–1　有关中国酒的历史文献

时期	文献史料名称	作者	与酒相关内容
周代，约成书于公元前5世纪	《尚书》原称《书》	汇集而成	卷十四载《酒诰》
战国	《周礼》原名《周官》	周公旦	有关酒官、酒礼、酒酿造等方面的事，是最早研究酒文化的史料
春秋战国	《仪礼》原称《礼》	礼制汇编	记载了古代乡社组织的定期酒会仪式，记录中国礼仪的最早文献
战国至西汉初年（有争议）	《尔雅》	秦汉学者	酒器、粮食等方面的内容
战国至秦汉	《素问》	托名黄帝（实非一人所作）	研究中国酒起源与应用
战国	《战略策》	作者不详，西汉末刘向校订	研究酒史
先秦	《世本》	史官修撰	研究酒史
西汉	《礼记》又称《小戴礼》	戴圣	有关酒酿造及管理、酒品种、饮酒等内容
	《淮南子》	刘安	关于酒起源的一种观点
	《方言》	扬雄	记载了秦汉以后，古时不同的酒曲品种及技术
东汉	《释名》	刘熙	有关酒发酵现象的解说
	《四民月令》	崔寔	记述各种农事，其中有制曲和酿酒之事

续表

时期	文献史料名称	作者	与酒相关内容
东汉	《汉书》	班固	酿酒用米、用曲以及出酒量的比例，销售后其利之分配比例
三国	《古史考》	谯周	研究酒史
东晋	《酒诫》	葛洪	古代饮酒文化
北魏	《齐民要术》	贾思勰	记载了制曲和酿酒方法
魏晋	《酒德颂》	刘伶	魏晋饮酒文化
唐代	《醉吟先生传》	白居易	白居易晚年饮酒生活
	《茶酒论》	王敷	研究饮酒文化
	《醉乡记》	王绩	宣传酒德
	《岭表录异记》	刘恂	记载了岭表地区古代的制曲酿酒方法
	《初学记》	徐坚	载有酒、酒文、酒事和红曲方面的内容
宋代	《酒名记》	张能臣	记载宋代内府、王公贵族家及各地名酒200余种
	《觥记注》	郑獬	记载了上古至宋代的历代酒器
	《梦溪笔谈》	沈括	研究汉代酿酒
	《文献通考·论宋酒坊》	马端临	研究宋代酒业
	《梦粱录》	吴自牧	记述了酒库、酒肆等
	《北山酒经》	朱肱	宋代制曲工艺技术和理论的总结，研究黄酒酿造专著
	《续北山海经》	李保	所列制曲与酿酒法共47种
	《东坡酒经》	苏轼	详述南方制曲与酿酒的方法
	《酒尔雅》	何剡	解释有关酒的字书
	《桂海虞衡志》	范成大	研究宋时广蜀一代的酒事
	《酒谱》	窦苹	研究古代饮酒、酿酒、酒事、酒史等酒文化
	《太平广记》	李昉	记载刘伶等名人酒事
	《熙宁酒课》	赵珣	研究宋代酿酒业地理分布，宋代酿酒产量等
	《曲洧旧闻》	朱弁	记录了近200种酒，最有名的为宫廷酒以及黄河、长江一代的酒
	《清异录》	陶谷	研究唐、五代酿酒、饮酒习俗
	《洗冤集录》	宋慈	记载酒可消虺蝮伤人之毒
	《曲本草》	田锡	叙述15种曲酒的配曲、制造与性能

续表

时期	文献史料名称	作者	与酒相关内容
元代	《酒小史》	宋伯二	记载了历代各地出产名酒，共计117种酒名
	《酒乘》	韦孟	记载有关酒文献
	《居家必用事类全集》	佚名	记载有东阳酒曲方、白曲方、制红曲法、天台红曲酒法等
	《饮膳正要》	忽思慧	记载有各种药酒的制法及功效
	《饮食须知》	贾铭	记载了酒性和饮酒事项
明代	《食物本草》	李杲编辑	记载有烧酒制法，研究我国白酒史
	《酒鉴》	屠本畯	指出酒席上有84种不良表现，研究古代饮酒文化
	《本草纲目》	李时珍	记载有红曲的制法及功效，米酒和诸药酒方等，古代酒及文化
	《天工开物》	宋应星	记载曲蘖、酒母、丹曲（红曲）的制法
	《便民图纂》	邝璠	记载有造酒、酒曲法等
	《竹屿山房杂部》	宋诩	记载明代酿酒技术等
	《酒史》	冯时化	记载有关酒诗文及故事
清代	《调鼎集》	童岳荐	记载了清代绍兴酒酿造方法，附各种酒、各种造酒酒曲法等
	《中馈录》	曾懿	记载有制“甜醪酒”的方法
	《酒令丛钞》	俞敦培	研究古代酒令

2．中国酒器

在中国古代，酒具有着非常广泛的社会功能。其中最基本的，就是专门用于盛放、储存、温煮、斟灌、挹取、饮用等。而最重要的，则是作为礼器，成为人们社会地位的标志和等级制度的载体。早在新石器时代各文化类型中就有饮酒的杯子和储存酒的陶瓶、罐等出土。商周秦汉时期，青铜酒具和陶、漆木酒具成为主流，其形制和样式也更趋丰富。魏晋隋唐至宋元时期，陶瓷技术得到很大发展，制作工艺水平不断提高，精美的瓷质酒具和金银制作的酒具在这一时期最具代表性。明清时期，各种工艺高度发展，在酒具制作方面更是精工细作，推陈出新，品种最为丰富。除精美的瓷质酒具外，还有金、银、铜、锡、玉、玻璃等，呈现出异彩纷呈、百花争艳的时代特征。

（1）新石器时期的酒具　在长江、黄河流域的诸多墓葬考古挖掘中均有陶质酒具出土。从目前出土的实物来看，最早的酒具应为陶质器，产生于新石器时期。新石器时期的酒具，朴素实用，造型多样，有罐、瓮、盂、碗、杯等种类。

黑陶杯（图1–1）是龙山文化的典型代表作品，需要丰富的制作经验才能完成，胎体黑亮轻薄，似蛋壳，又称它为“蛋壳陶”。新石器时期的酒具除实用功能外，在很大程度上已成为权利象征和政治需要。

（2）商周秦汉时期的酒具　商周秦汉时期包含了奴隶制社会由盛到衰，封建社会由建立到初步发展的历史过程。随着冶炼技术的发展，这时期将铜、锡、铅等金属按比例配制经冶炼铸造成为青铜器。青铜不仅被广泛用于生产和军事领域，更重要的是出现了大量的青铜礼器，在这些神圣的礼器中，青铜酒具则占有相当大的比重，正如《左传》中所说：“酒以成礼”，酒礼成为最严格的礼节。因此酒具的发展也最为迅速。

从已出土的青铜器中，酒具的数量得到印证，酒具的种类也繁多，主要有爵、卣（yǒu）、角、尊、觚（gū）、觯（zhì）、斝（jiǎ）、壶、盉（hé）、枓（dǒu）等。商代的父戊方卣（图1–2），是专用以盛秬鬯（jù chàng）的祭器，同时也是酒具；斝（图1–3）是最基本的青铜酒具之一，据《礼记》《左传》等记载，它是用来行祼礼的酒具，而盉是用来调酒之用，枓是用来取酒的。

图1–1　黑陶杯（新石器时期）

图1–2　父戊方卣（商代）

图1–3　兽面纹斝（商代）

秦汉时期最美的酒具是漆质酒具，这时期的酒具在继承战国漆器的艺术风格上有所创新，有盛酒器具、饮酒器具。饮酒器具中，漆制耳杯是常见的（图1–4）。汉代时期，人们饮酒一般是席地而坐，酒樽放在席地中间，里面放着挹酒的勺，饮酒器具也置于地上，故形体较矮胖。

（3）魏晋隋唐时期的酒具　魏晋酒具以青瓷为主流产品，品种有酒碗、酒盏、酒注、酒壶、樽、罐等，以鸡头、羊头作为壶嘴装饰的酒壶最为盛行。自此以后，瓷质酒具一直成为人们日常生活中最主要的酒具种类。青釉羽觞杯（图1–5）是仿造汉代漆觞而制的青瓷饮酒用器。

图1-4 “君幸酒”铭漆耳杯（西汉）

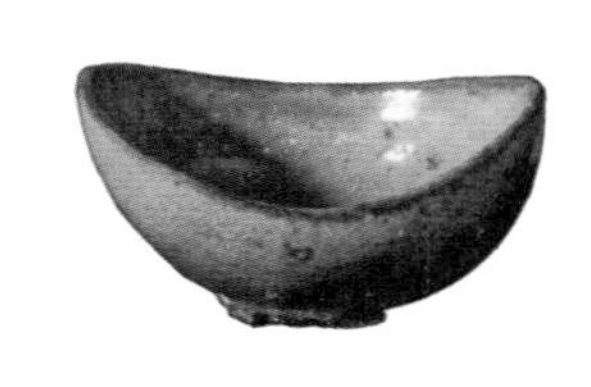

图1-5 青釉羽觞（南朝）

随着起居习惯的改变，人们的坐姿也发生了变化，或是箕踞（两脚互叠于椅上），或是垂脚坐（两脚下垂于地），唐代的酒具也变得较为瘦高。从唐代白釉瓷壶（图1–6）、唐代铜鎏金刻人马狩猎杯（图1–7）可以看出，唐代瓷器和金属酒具的制作工艺已达到较高水平。

（4）宋元明清时期的酒具　宋、元时期，中国制瓷业得到突飞猛进的发展，瓷制酒具完全成为主流酒具。影青的注子、注碗（图1–8），就是宋代的温酒用具。元朝十分重视对外交往，瓷酒具、金银酒具交替使用，高足杯、双耳扁壶是这一时期的主要酒具。

明、清两代是中国古代工艺水平发展的高峰时期，工艺门类齐全，在酒具的制作上体现出多姿多彩的时代特征。这一时期酒具包含了多种工艺、材质，有金、银、锡等金属质地，也有瓷、玉、玻璃、竹木牙角等。在酒具的制作上也更加精细，图案精美，具有很强的观赏性。明代著名琢玉匠师陆子刚制作的“白玉单凤双螭万寿合卺（jǐn）杯”（图1–9），就是进贡给明代皇帝结婚时用的酒具。清代酒具颜色釉品种繁多，当时对颜色釉的使用要求有严格的规定，皇帝进行祭天、祭地活动时，要用蓝色釉酒杯（图1–10）祭天，用黄色釉酒杯祭地（图1–11）。

3．中国酒文字

中国的酒文化源远流长，商代甲骨文中就已经出现了大量关于酒的记载，从一些与酒有关的古文字字形里可以窥其一斑。

“酒”和“酉”最初其实是一个字。甲骨文的“酉”有很多种写法，尽管模样有差异，但都是像一个盛酒的容器（图1–12）；有时甲骨文酉字还加上表示酒滴的三点，便成了酒字。金文还有将酒滴置于酉器之中的写法，更加强调了酒滴和酒罐的实际方位关系（图1–13）。

图1-6　白釉瓷壶（唐代）

图1-7　铜鎏金刻人马狩猎杯（唐代）

图1-8　影青的注子、注碗（宋代）

图1-9　白玉单凤双螭万寿合卺杯（明代）

图1-10　雍正款霁兰釉小杯（清代）

图1-11　雍正款黄釉白里盅（清代）

甲骨文　金文　篆文

图1-12　“酉”的不同字形

甲骨文　金文　篆文

图1-13　“酒”的不同字形

“酉”字在甲骨文中既表示酒，又被借去表示十二地支之一，在很长一段时间内都没有明确的分工。后来人们以“酉”作为干支的专用字，而以“酒”作为饮酒的专用字。

除了酉之外，表示酒器的字还有很多。爵就是一种重要的饮酒器。在甲骨文中，爵字非常形象地描绘出这种饮酒器的形体特征：敞口，口的一侧有供倒酒的流，另一侧有尾，腹小，外表有纹理装饰，腹旁有把手，底部为高足三脚之形（图1–14）。如此复杂的饮酒器，反映出商周时代青铜器制造技术已经相当成熟。

“尊”也是古代常用的酒器之一。《说文》：“尊，酒器也。”古人饮酒，是先将酒放在罍（lěi）等较大的盛酒器中，然后再从罍中舀出斟入爵、觯等较小的饮酒器中饮用，经常用来舀酒的工具是“斗”，甲骨文“斗”字像一个有柄的盛器（图1–15）。“醴”是一种酒的名称，字形从酉、从豊，其偏旁豊即礼仪的禮的初文，甲骨文、金文像在器皿“豆”中盛放两串玉以供祭祀的样子。醴字从豊，体现了醴酒与祭礼之间的密切关系。《周礼酒正》：“以醴敬宾曰礼宾。”进一步指明了醴酒在古代礼仪中的功用。

文字是一个民族文化的载体，正是这些表示中国酒器的汉字，我们才能纵览中国酒器文化的梗概和繁华，才能领会古人的生活方式、文化观念和社会风俗习惯，才能体悟到中国酒文化的源远流长。

图1–14 “爵”的不同字形　　图1–15 其它与酒相关文字字形

4. 中国酒的考古资料

酿酒原料和酿酒容器是酿酒的两个先决条件。公元前10000年至公元前5000年，人类逐渐完成了从旧石器文化时期过渡到种植农作物的新石器文化时期的转变，公元前5000年至公元前3000年，农业已高度发展。而新石器文化时期的考古资料对研究酿酒的起源有一定的参考价值。

（1）贾湖文化时期　贾湖遗址是淮河流域迄今所知年代最早的新石器文化遗存，提供了连接黄河中游至淮河中下游之间新石器文化关系的一个连接点，再现了淮河上游八九千年前的辉煌，与同时期西亚两河流域的远古文化相映生辉。贾湖遗址最重要的发现之一就是发现了世界上最早的酿酒坊，改写了世界酿酒史，将酿酒史向前推进了3000年。

通过对贾湖遗址出土陶器（图1–16）上附着物的研究可以证明：9000年前贾湖人已经掌握了酒的酿造方法，所用原料包括大米、蜂蜜、葡萄和山楂等。

（2）裴李岗文化时期 裴李岗文化（公元前6000年至公元前5000年）是我国新石器时代早期的考古学文化，也是中华民族文明起步文化。

20世纪50年代，在河南省新郑市新村镇的裴李岗村一带，陆续出土了一些石斧、石铲和石磨盘等。1977—1982年春，经过五次较大规模发掘，又发现大量出土文物，包括陶窑1座和陶器212件。

图1-16 贾湖遗址陶器

从裴李岗遗址出土的文物分析，考古学家认为我国的农业革命最早在这里发生，当时裴李岗居民已进入锄耕农业阶段，处于以原始农业、手工业为主，以家庭饲养和渔猎业为辅的母系氏族社会。由于农业革命的形成以及陶器的遗存，说明在裴李岗文化时期，已具备酿酒的物质条件。

（3）河姆渡文化时期 河姆渡文化（公元前5000年至公元前4000年）是中国长江流域下游地区发现最早的古老而多姿的新石器文化，因第一次发现于浙江余姚河姆渡而得名，主要分布在杭州湾南岸的宁绍平原及舟山岛。

在河姆渡文化遗址第4层较大范围内普遍发现稻谷遗存，这对于研究中国水稻栽培的起源及其在世界稻作农业史上的地位具有重大意义。河姆渡文化时期的生活用器以陶器为主，并有少量木器。

在这个文化时期，均有陶器和农作物遗存，亦即具备了酿酒的物质条件。

（4）磁山文化时期 磁山文化（公元前5400年至公元前5100年）是中国华北地区的早期新石器文化，因首先在河北武安磁山发现而命名。磁山文化时期农业经济发达，家鸡、家猪、家犬的饲养已比较普遍，有相当一部分人已从事专业手工劳动，原始手工业已成为原始农业、渔猎、采集生产及其生活的重要组成部分。

1976—1978年在这里进行了三次发掘，共发掘灰坑468个，发现其中88个长方形窖穴底部堆积有粟灰，层厚为0.3～2m。粟的出土尤其是粟的标本公诸于世之后，引起了国内外专家的极大重视。据有关专家统计，在遗址中发现“粮食堆积为100m^3，折合重量5万千克”，同时还发现了一些形制类似于后世酒器的陶器。

因此有人认为在磁山文化时期，粮谷酿酒的可能性是很大的。

（5）仰韶文化时期 仰韶文化（公元前5000年至公元前3000年）是黄河中游地区重要的新石器时代文化。1921年在河南省三门峡市渑池县仰韶村被发现，所以称为仰韶文化。今天在中国已发现上千处与仰韶文化同时期的遗址，河南省和陕西省最多，是仰韶文化的中心。

1953年春，在西安市东郊7千米处发现的半坡遗址（距今5600～6700年）是黄河流域一处典型的新石器时代仰韶文化母系氏族聚落遗址。该遗址从1954年9月到1957年夏季前后发掘5次，发掘房屋遗迹45座，储藏地窖200多个，烧制陶器的窑址6座，生产工具和生活用具达万件之多。

在半坡遗址所发掘出的陶器中，已经有了像甲骨文或金文“酉”字的罐子。

（6）三星堆遗址　三星堆遗址（公元前4800年至公元前2870年）是中国西南地区的青铜时代遗址，位于四川广汉南兴镇，1929年春开始发现，1980年起发掘，在遗址中发现城址1座，认为其建造年代最迟为商代早期。

该遗址现已进行了13次大规模发掘。出土文物中发现了大量的陶器和青铜酒器，其器形有杯、觚、壶等，其形体之大也为史前文物中所少见。

（7）大汶口文化墓葬　1979年，考古工作者在山东莒县陵阴河大汶口文化墓葬（距今4000年前）中发掘到大量的酒器。

尤其引人注意的是，这些酒器中有一套组合酒器，包括酿造发酵所用的大陶尊、滤酒所用的漏缸、贮酒所用的陶瓮、煮熟物料所用的炊具陶鼎，还有各种类型的饮酒器具100多件。在发掘到的陶缸壁上还刻有一幅图，据分析是滤酒图。根据考古人员的分析，墓主生前可能是一位职业酿酒者。

（8）龙山文化时期　龙山文化（公元前2900年至公元前1900年）泛指中国黄河中、下游地区新石器时代晚期的一类文化遗存。因1928年首先在山东省章丘县龙山镇城子崖发现而命名。

1949年以后大量的发掘和研究表明，所谓龙山文化，其文化系统和来源并不单一，不能把它视为仅仅一个考古学文化。

在距今5000年前后的龙山文化时期墓葬中，发掘到的酒器更多，国内学者普遍认为，龙山文化时期酿酒已经是较为发达的行业。

以上考古资料都证实了古代传说中的黄帝时期、夏禹时代确实已存在酿酒这一行业。

（三）中国酒起源的现代观点

古代人把酒理解为神创的产物，而现代人则认为从自然成酒到人工酿酒经历了四个阶段，人类并不是发明了酒，而只是发现和利用了酒（表1–2）。

表 1-2 酒起源的四个阶段

阶段	与酒有关的事件	推测期间
1	自然界天然成酒	人类产生以前
2	人类饮酒（发现果酒，祭祀天神和祖先）	距今50万年左右
3	人类酿酒（发现、认识酒，初步学会酿酒）	距今4万至5万年
4	人类大规模酿酒	距今5000～7000年（考古、文字记载）

1．酒是自然界的产物

酒中的主要成分是酒精，其化学名是乙醇（C_2H_5OH），只要具备一定条件，含糖类物质就可以转变为酒精（如葡萄糖可在微生物所分泌的酶的作用下转变成酒精），大自然完全具备产生这些条件的基础。

2．谷物类酒是粮谷自然发酵的产物

晋代的江统在《酒诰》中写道："酒之所兴，肇自上皇，或云仪狄，又云杜康。有饭不尽，委馀空桑，郁积成味，久蓄气芳，本出于此，不由奇方。"在这里提出剩饭自然发酵成酒的观点，这是符合科学道理及实际情况的。江统是我国历史上第一个提出粮谷自然发酵酿酒学说的人。

人类开始酿造谷物酒，并非发明创造，而是发现。方心芳（中国科学院院士、中国微生物学家）对此做了具体的描述："在农业出现前后，储藏粮谷的方法粗放。天然粮谷受潮后会发霉和发芽，吃剩的熟粮谷也会发霉，这些发霉发芽的谷粒，就是上古时期的天然曲蘖，将之浸入水中，便发酵成酒，即天然酒。人们不断接触天然曲蘖和天然酒，并逐渐接受了天然酒这种饮料，久而久之，就发明了人工曲蘖和人工酒。"

现代科学能够很好地解释这一问题：剩饭中的淀粉在自然界存在的微生物所分泌的酶的作用下，逐步分解为糖分，发酵成为酒精，再自然地转变成了酒香浓郁的酒。

3．果酒和乳酒是第一代饮料酒

人类有意识地酿酒，是从模仿大自然的杰作开始的。我国古代书籍中有不少关于水果自然发酵成酒的记载。如宋代周密在《癸辛杂识》中曾记载山梨被人们储藏在陶缸中后变成了清香扑鼻的梨酒。元代元好问在《蒲桃酒赋》的序言中也记载某山民因避难山中，堆积在缸中的蒲桃（葡萄）变成了芳香醇美的葡萄酒。古籍中还有所谓"猿酒"的记载，这种酒并不是有意识地酿造，而是猿猴采集的水果自然发酵所生成的果酒。

远在旧石器时代，人们以采集和狩猎为生，水果是主食之一。水果中含有较多的糖分（如葡萄糖、果糖）及其它成分，在自然界中微生物的作用下，很容易自然发酵生成香气扑鼻、美味可口的果酒。此外，动物乳汁中含有蛋白质、乳糖等物质，也易发酵成酒，以狩猎为生的先民们有可能意外地从留存的乳汁中得到乳酒。根据古代的传说及酿酒原理推测，人类有意识酿造的最原始的酒类应是果酒和乳酒。因为水果和动物的乳汁极易发酵成酒，所需的酿造技术较为简单。

（四）中国蒸馏酒的出现

中国的烧酒，俗称“白酒”，学名为“蒸馏酒”。与酿造酒相比，蒸馏酒在制造工艺上多了一道蒸馏工序，其关键设备是蒸馏器。因此，蒸馏器的发明是蒸馏酒起源的前提，但蒸馏器的出现并不是蒸馏酒起源的决定性条件。

蒸馏酒始创于何时，是世界科技史界一直争论不休的问题。有关蒸馏酒起源的依据多是古代史籍和诗赋中关于酒的描述和造酒方法的介绍，由于大家对这些材料的理解和解释不同，结论也不尽相同。目前，关于蒸馏酒的起源主要有东汉说、唐代说、宋代说和元代说四种观点，也有人提出了商代说。

1. 商代说

图1-17 青铜汽柱甑（商代）

近年来的考古研究发现，在安阳殷墟妇好墓中出土的青铜汽柱甑（图1-17）可用于提取蒸馏酒。该器为圆形盆状、敞口，沿面有一周凹槽，可与他器吻合，腹附双耳，凹底。甑内正中竖立一圆筒状透底汽柱，柱顶为四瓣花朵形，中心呈苞状突起，周身有四个瓜子形镂孔，汽柱稍低于甑口。一般认为，此器为炊具，置于鬲上蒸制食品。但很显然，它绝非一般蒸制食品的甑。普通铜甑在妇好墓中出土多件，形制与汽柱甑不同，均敞口、腹较深、平底或凹底，上留四个汽孔。两相比较，汽柱甑有可能是用于蒸制流质或半流质食品的，也更有可能是提取蒸馏酒的器具。可见，我国蒸馏酒的起源甚至可能上溯到商代晚期。这样的话，也不排除国外蒸馏酒（烈性酒）技术是我国的烧酒技术的发展和演变。

2. 东汉说

上海博物馆陈列了东汉时期的青铜蒸馏器（图1-18）。经过青铜专家鉴定，该蒸馏器的年代是东汉早期或中期的制品，用此蒸馏器做蒸馏实验，蒸出了酒精度为20.4%vol～26.6%vol的蒸馏酒。在安徽滁州天长县黄泥乡汉墓中也出土了一件几乎同样的青铜蒸馏器。

图1-18 青铜蒸馏器（东汉）

专门研究这一课题的吴德铎（科学技术史、文史专家）和马承源（青铜器研究专家）认为，我国早在公元初或1、2世纪，人们在日常生活中已使用青铜蒸馏器，但他们并未认定此蒸馏器是用来蒸馏酒的。吴德铎先生在1986年于澳大利亚召开的第四届中国科技史国际学术研讨会上发表这一轰动世界科技史学界的研究结果后，引起了致力于《中国科学与技术史》编撰者——李约瑟博士（英国近代生物化学家、科学技术史专家）的高度重视，并表示要对其原著作中关于蒸馏器的这部分内容重新修正。该论文也引起了国内学者的关注，有人据此认为“东汉已有蒸馏酒”。

东汉青铜蒸馏器的构造与金代蒸馏器也有相似之处。该蒸馏器分甑体和釜体两部分，通高53.9cm。甑体内有储存料液或固体酒醅的部分，并有凝露室。凝露室有管子接口，可使冷凝液流出蒸馏器外，在釜体上部有一入口，推测是随时加料用的。

蒸馏酒起源于东汉的观点，目前没有被广泛接受，因为仅靠用途不明的蒸馏器很难说明问题。此外，东汉众多酿酒史料中都未找到任何有关蒸馏酒的记载，缺乏文字资料的佐证。

在国外，已有证据表明，大约在公元12世纪，人们第一次制成了蒸馏酒。据说当时蒸馏得到的烈性酒并不是饮用的，而是作为燃料或溶剂，后来又用于药品。国外的蒸馏酒大都用葡萄酒进行蒸馏得到。英语中的“spirits”来源于拉丁语“spiritus vini”。后来Paracelsus又把葡萄蒸馏的烈性酒称为“al ko hol”（意指 the fiest，the noblest）。从时间上来看，公元12世纪相当于我国南宋初期，与金世宗时期几乎同时。我国的烧酒和国外烈酒的出现在时间上是否是一个巧合尚难断定。而比较先进的蒸馏技术是在公元 1400年前后出现的，因为早期波兰人把伏特加当作药物使用，波兰的史学家认为是波兰人把这种新的蒸馏方法融入进来，从而用来生产质量更好的伏特加酒。

3．唐代说

唐代是否有蒸馏烧酒，一直是人们关注的焦点。目前烧酒一词最先是出现于唐代文献中的。如白居易（公元772—846年）的诗句“荔枝新熟鸡冠色，烧酒初开琥珀光”；

陶雍（唐大和至大中年间人）的诗句“自到成都烧酒熟，不思身更入长安”。

这种“烧酒”是蒸馏酒吗？或者它仅仅是加热或温热过的酒？温酒是中国自古就有的传统饮酒方式。答案与酒精蒸馏的发明有重要关系，这是化学和化工技术史上的一个主要问题。蒸馏酒最早是以烧酒出现在中国（7～9世纪），还是12世纪中期以“燃烧之水”（aqua ardens）或“生命之水”（aqua vitae）出现在欧洲？这可能是中国化学和食品科学技术史上最具有挑战性的、悬而未决的问题。

但从唐代的《投荒杂录》所记载的烧酒之法来看，它是一种加热促进酒陈熟的方法。该书中记载道：“南方饮‘既烧’，即实酒满瓮，泥其上，以火烧方熟，不然不中饮”，这显然不是酒的蒸馏操作，而是蒸煮过程。在宋代《北山酒经》中，这种操作又称为“火迫酒”。

在李时珍《本草纲目》卷二十五中，对葡萄酒本质的描述：“魏文帝所谓葡萄酿酒，甘如曲米，醉而易醒也。烧者，取葡萄数十斤，同大曲酿酢，取入甑蒸之，以器承其滴露，红色可爱。古者西域造之，唐时破高昌，始得其法。”公元640年，高昌被唐军统治。因此，根据上述文章所记载，在7世纪时中国人就已经知道采用蒸馏的方法获得蒸馏酒的方法。

4．宋代说

这个观点是经过现代学者的大量考证之后提出的，主要有以下几方面的依据。

（1）宋代史籍中已有蒸馏器的记载　宋代已有蒸馏器是支持这一观点的最重要的依据，南宋张世南在《游宦纪闻》卷五中记载了一例蒸馏器，用于蒸馏花露；宋代的《丹房须知》一书中画有当时蒸馏器的图形。吴德铎先生认为：“至迟在宋以前，中国人民便已掌握了蒸制烧酒所必需的蒸馏器。”当然，吴先生并未说此蒸馏器就一定是用来蒸馏酒的。

（2）考古发现了金代的蒸馏器　20世纪70年代，考古工作者在河北省承德地区青龙县土门子公社发现了被认为是金世宗时期的铜制蒸馏烧锅（图1-19）。此器高41.6cm，由上、下两个分体套合而成。下分体为半球状甑锅，口沿作双唇凹槽，槽边有出酒流（水道，水嘴）；上分体为圆桶状冷却器，穹窿底，近底部有一排水流。依其结构可以推知其使用方法：甑锅盛适量的水，水面以上安箆子，上装酿酒醅料。冷却器套合于甑锅之上，器内注冷水，用活塞堵住排水流。蒸酒时，蒸汽上升，遇冷成为液态的酒，并由出酒流注入盛酒器。这一蒸馏器的发现，不仅证明了蒸馏器在金代已有，也与《金史》所记

图1-19　铜蒸锅（金代）

载的“诸妃皆从，宴饮甚欢”“今日甚饮成醉”“可极欢饮，君臣同之”等皇家盛饮之史实相符。邢润川（科技史、自然辩证法专家）认为：“宋代已有蒸馏酒应是没有问题。”

从所发现的这一蒸馏器的结构来看，与元代朱德润在《轧赖机酒赋》中所描述的蒸馏器结构相同。器内液体经加热后，蒸汽垂直上升，被上部盛冷水的容器内壁所冷却，从内壁冷凝，沿壁流下被收集。而元代《居家必用事类全集》中所记载的南番烧酒所用的蒸馏器尚未采用此法，南番的蒸馏器与阿拉伯式的蒸馏器则相同，器内酒的蒸汽是左右斜行走向，流酒管较长。从器形结构来考察，我国的蒸馏器具有鲜明的民族传统特色，由此推测我国可能在宋代已自创蒸馏技术。

（3）文献记载　宋代的文献记载中，“蒸酒”和“烧酒”两词的出现颇为频繁，而且关于“烧酒”的记载更符合蒸馏酒的特征。

据推测，宋代文献所说的“烧酒”即为蒸馏烧酒。如宋代宋慈在《洗冤录》卷四记载：“虺蝮伤人……令人口含米醋或烧酒，吮伤以吸拔其毒。”这里所指的烧酒，有人认为应是蒸馏烧酒。

“蒸酒”一词，也有人认为是指酒的蒸馏过程（“蒸酒”在清代表示蒸馏酒）。如宋代洪迈的《夷坚丁志》卷四的《镇江酒库》记有“一酒匠因蒸酒堕入火中”。但这里的蒸酒并未注明是蒸煮米饭还是酒的蒸馏。

《宋史·食货志》中关于“蒸酒”的记载较多。采用“蒸酒”操作而得到的一种“大酒”，也有人认为是烧酒。但宋代几部重要的酿酒专著（朱肱的《北山酒经》，苏轼的《酒经》等）及酒类百科全书《酒谱》中均未提到蒸馏的烧酒。北宋和南宋都实行酒的专卖，酒库大都由官府有关机构所控制，如果蒸馏酒确实出现的话，普及速度应是很快的。

5．元代说

最早提出此观点的是明代医药学家李时珍。他在《本草纲目》（公元1596年）中写道：“烧酒非古法也。自元时始创，用浓酒和糟入甑，蒸令气上，用器承取滴露。凡酸坏之酒，皆可蒸烧。近时惟一糯米或黍或秫或大麦蒸熟，和曲酿瓮中七日，以甑蒸取。其清如水，味极浓烈，盖酒露也。”这里特指用中国式蒸馏器蒸馏的方法，这种蒸馏方法在元代已被普遍使用。

元代文献中已有蒸馏酒及蒸馏器的记载，如作于公元1331年的《饮膳正要》就有相关的描述，这说明14世纪初我国已有蒸馏酒。但蒸馏酒是否自创于元代，史料中没有明确说明。美国学者劳佛尔认为中国的蒸馏器是元代时从阿拉伯引进的。我国学者中也有人断定“宋人并不知道有蒸馏设备和蒸馏方法”，认为元朝始有蒸馏器，而且很可能是从阿拉伯传入的。

清代檀萃的《滇海虞衡志》中说："盖烧酒名酒露，元初传入中国，中国人无处不饮乎烧酒。"章穆的《饮食辨》中说："烧酒又名火酒，《饮膳正要》曰'阿剌吉'。番语也，盖此酒本非古法，元末暹罗及荷兰等外人始传其法于中土。"

现代吴德铎先生则认为，撰写《饮膳正要》的作者忽思慧（蒙古族人）当时是用蒙文的译音写成"阿剌吉"，而并未使用旧有的汉文名（烧酒），不应看成是外来语。忽思慧并没有将"阿剌吉"看作是从外国传入的。

至于烧酒从元代传入的可信度如何，曾纵野先生认为"在元时一度传入中国可能是事实，从西亚和东南亚传入都有可能，因其新奇而为人们所注意也是可以理解的。"

无论蒸馏酒出现在何时，但甑桶作为蒸馏设备是我国原创。我国传统的蒸馏酒采用的蒸馏设备是天锅，是甑桶与冷却器的结合，但何时采用现代的冷凝方式值得研究。中国蒸馏酒的设备同西方的蒸馏酒设备应该是有显著差异的，因此中国蒸馏酒设备同西方关联度不大。

二、中国白酒发展历史

中国是世界上最早酿酒的国家之一。酒几乎渗透到政治社会生活中的各个领域，是人们借以折射自身所处时代和境遇的一面镜子，也是人们用以昭示自己内心世界的晴雨表。酒是美好的饮料，全世界绝大多数民族几乎都有饮酒的习惯。目前中国民众经常饮用的酒类主要有白酒、黄酒、啤酒、葡萄酒等，其起源和发展的情况各不相同。

中国白酒是以曲类、酒母等为糖化发酵剂，利用粮谷、薯类等富含淀粉的作物为原料，经蒸煮、糖化、发酵、蒸馏、储存、勾调而成的蒸馏酒。它与法国的白兰地、俄罗斯的伏特加、英国的威士忌、古巴的朗姆酒以及荷兰的金酒并称为世界六大蒸馏酒。由于中国白酒精湛的酿酒技术和悠久的酿酒历史，使得它在世界蒸馏酒史上具有举足轻重的地位。

（一）中国白酒的演变过程

1．夏商周时期

中国白酒是从发酵酒演化而来的，虽然中国早已利用酒曲、酒药酿酒，但在蒸馏器出现之前，还只能酿造出酒精度较低的发酵酒。发酵酒是加了糖化发酵剂而酿成的，又称“人工发酵酒”（相对非蒸馏酒而言）。所加的糖化发酵剂本意指酒母，也称“曲蘗”，最早记载曲的文献是《尚书》，其中记载道：“若作酒醴，尔惟曲蘗”，意思是若要生成酒或甜酒，就必须使用曲蘗。有一种说法是曲蘗是古代人们对酒曲的俗称。它又分为天然曲蘗酿酒和人工曲蘗酿酒两个阶段。

用天然曲蘗酿酒出现在农业产生前后。由于当时保存粮谷的方法原始、粗放，条件差，粮谷在储藏过程中受潮发芽、发霉的现象比较普遍，吃剩的熟粮谷也会发霉，这些发芽长霉的粮谷，形成了天然的曲蘗，遇到水以后将食物发酵生成酒。人们从中发现其规律，从而懂得和掌握了制造曲蘗的方法，并应用于酿酒。也就是说，这一阶段的曲蘗是不分家的，是混合在一起的。《淮南子》中说：“清醠之美，始于耒耜（lěi sì，图1-20）。”也就是说，酿酒是发源于农业生产的。因此，7000多年前开始进行农业生产的人们应该掌握了酿酒的方法。

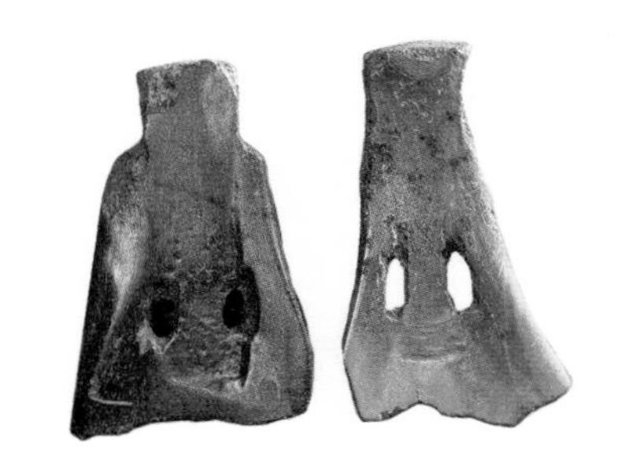

图1-20　农具耒耜

人工曲蘗酿酒是我国酿酒史上的重要转折。随着社会生产力的发展，酿酒技术的进步，到了农耕时代的中、晚期，曲蘗开始分为曲、蘗（谷芽）、黄衣曲（糖化用曲、酱曲、豉曲）。于是，人类把用蘗酿制的“酒”称为“醴”，把用曲制作的酒称为“酒”。醴盛行于夏、商、周三代，秦以后逐渐被用曲酿造的酒取代。至于曲、蘗分家的具体时间，据推测可能在商周时期。

考古学者们在著名的殷墟发现了用大缸酿酒的酿酒场所，其规模相当可观，由此可以判断，酿酒技术在殷商时期已有较大的进步。史料中记载的“纣为酒也，同船糟丘而牛饮者，三千馀人为辈”，虽有夸张，倒也在一定程度上反映了当时酿酒业的规模。

随着社会生产力的发展，到了公元前11世纪西周王朝建立以后，酿酒业有了更大的进步，当时不但设立了专门机构，指定专职官员来管理酒的生产，还制订了酿酒的工艺操作方法，这些都促进了酿酒技术的发展。

2. 秦汉时期

到了秦汉，酿酒技术有了进一步发展和提高，一是研究原料，并进行分级；二是曲的品种迅速增加，仅汉初文学家扬雄在《方言》中就记载了近10种曲。最初人们用的是散曲，小曲的出现应当在战国以前。西汉时期的制酒方法是：“用粗米二斛，曲一斛，得酒六斛六斗”，其配方与今日黄酒的配方比例比较接近。

对于古代中国蒸馏技术，普遍的说法是起源于古代的炼丹术。而炼丹术在战国时期就出现了，在秦汉时期随着炼丹技术的不断发展，经过长期的摸索，炼丹术积累了不少物质分离、提炼的方法，创造了包括蒸馏器具在内的各种设备。2016年江西海昏侯墓（汉废帝刘贺的墓葬）考古中发现，中国的蒸馏技术至少在西汉时期已经出现（图1–21）。蒸馏器具出现以后，用酒曲发酵酿出的酒再经过蒸馏，可得到酒精度较高的蒸馏酒——白酒。而法国干邑地区目前可以考证的蒸馏器最早出现于公元1429年（中国明朝时期）。因此中国是世界上第一个发明蒸馏技术和蒸馏酒的国家。

图1–21 海昏侯墓青铜蒸馏器（西汉）

据司马迁《史记·西南夷列传》记载：公元前135年（汉武帝建元六年），大行王恢攻打东越，东越杀死王郢以回报汉朝。王恢凭借兵威派番阳令唐蒙把汉朝出兵的意旨委婉地告诉了南越。南越拿蜀郡出产的枸酱给唐蒙吃，唐蒙询问徙何处得来，南越说："取道西北牂柯江而来，牂柯江宽度有几里，流过番禺城下。"唐蒙回到长安，询问蜀郡商人，商人说："只有蜀郡出产枸酱，当地人多半拿着它偷偷到夜郎去卖。夜郎紧靠牂柯江，江面宽数百步，完全可以行船。"后便有"唐蒙饮枸酱而使西南夷"之说。文中所提及的枸酱，是由黔北川南一带的一种野生杂树的果实为原料，发酵生产的低酒度果酒。但低酒度果酒保存时间较短，只有通过蒸馏得到高酒度的酒才能长时间保存，枸酱能从夜郎国运至南越番禺（今广州番禺），其酿造方式及保存方式值得考究。

四川新都和彭县出土的画像砖雕刻的是东汉蒸馏制酒图，装有天锅，是在酒舍里进行的。从四川泸州出土酒器文物考证，泸州酒史可追溯到秦汉时期，上海博物馆收藏的东汉青铜蒸馏器是国内目前已知的最早的蒸馏器实物。1978年，泸州城区忠山的汉崖墓群出土并发现了红陶角杯（图1–22）3件，为饮酒器。1983年，泸州市区又出土了汉崖墓一座，出土汉代画像石棺一具（即泸州9号石棺），其棺左侧的画像图案为"巫术祈祷图"（图1–23），巫觋专门代人祈祷神明，以求保佑。"巫觋恒舞于宫，酣歌于室，时谓巫风。"汉棺上举樽求神明，表现了"以酒祭祀"的场面。1986年，在泸州纳溪区出土的一件汉代麒麟温酒器（图1–24），构思精巧，设计巧妙。温酒器是饮酒用具的配套设施，此物出土，表明当时饮酒已经初具规模。1986年，泸州再次出土汉代画像石棺，棺上有"宴饮图"（即泸州11号汉棺），随汉棺出土的还有饮酒陶俑、陶酒罐等文物，汉代大量出土的文物表明，在秦汉时期，酒在泸州人民日常生活中，已成为不可缺少的部分。

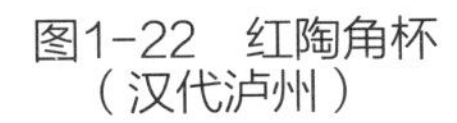

图1-22　红陶角杯（汉代泸州）

图1-23　“巫术祈祷图”（汉代泸州）

图1-24　麒麟温酒器（汉代泸州）

到了公元5世纪，北魏贾思勰在其编写的《齐民要术》中，系统而又详尽地总结、记载了各种制曲的方法，以及酿酒的操作方式和工艺规范。这些技术很快传到朝鲜、日本、印度及南洋等地区。现在日本三大酒神庙之一的松尾大社，就是公元701年由一个姓秦的中国酒师建造的。

3．唐宋时期

唐代时期红曲已经出现在诗歌当中，并且出现“竖曲如隔子眼”的堆曲方法。

北宋窦革的《酒谱》、朱翼中的《北山酒经》等都系统地总结、记载了大量的制曲和酿酒的工艺方法，如酒坛内部涂蜡或漆；新酒必须杀菌，煮酒用松香，黄蜡作消泡剂；榨酒用压板，装坛酒应满；制曲原料不蒸也不煮，用生料；将老曲涂在生（新）曲外面（类似接种）等，这些都说明随着历史的发展，人们对微生物在酿酒生产中作用的认识在逐渐深入，酿酒技术在进步和发展。北宋酿酒技术的另一大进步是红曲的发现与应用。这在明代李时珍的《本草纲目》和宋应星的《天工开物》中都有详细的记载。

唐朝以前，中国古代文献中还没有白酒生产的历史记载，到唐宋时期，白酒（烧酒）一词开始在诗文里大量出现。宋代中国经济中心南移，泸州酒业随之进入大发展时期。宋代，泸州以盛产糯高粱著称，酿酒原料十分丰富。北宋大诗人黄庭坚因贬谪戎州（今宜宾）过泸州时，吟出“江安食不足，江阳（泸州）酒有余”的诗句。据宋人编成的《文献通考》记载，宋神宗熙宁七年以前，朝廷每年征收商税额在十万贯以上的军州，全国有26个，泸州为其中之一。

宋代，泸州所设6个收税的“商务”机关中，有一个专门征收酒税的“酒务”；泸州每年征收的酒税，在整个商税中占33.6%。又据《永乐大典·泸字韵》载，宋代泸州酒楼曰：“南定楼”和“会江楼”，无论从规模和建筑艺术，均名扬巴蜀；宋代泸州四大酒家为：“皇华馆”“通津馆”“留春馆”“骑鲸馆”，可以看出，宋代泸州酒业规模已空前浩大。

在泸州酒史上，宋代之所以是一个相当重要的时期，还在于当时泸州已经掌握了烘酒制法。《宋史·食货志》载："太平兴国七年，罢（榷酤之制），仍旧（由官府）卖曲。自是，唯夔、达、开、施、泸（泸州）、黔、涪、黎、威州、梁山、云安军不禁（民间酿酒）。自春至秋，酤成即鬻，谓之'小酒'，其价自五至三十钱，有二十六等。腊酿蒸鬻，候夏而出，谓之'大酒'，自八钱至四十三钱，有二十八等。凡酿（酒所需）用秫（高粱）、糯（米）、粟（小米）、黍、麦等，及曲（药）法酒式，皆从水土所宜。"这里所说的"大酒"是一种蒸馏酒。这种"大酒"，在原料选用、工艺操作、发酵方式以及酒的品质方面，都与今天泸州酿造的浓香型曲酒非常接近，可以说是今日泸州老窖大曲酒的前身。

1991年7月，泸州市区出土了一座宋代石室墓，墓内有丰富的画像石刻，其中一幅石刻特别引人注目，即"宋侍者捧壶石刻"（图1–25），该石刻为一体态丰满、神情安详的侍者，双手捧一个精致的酒壶。从细长的壶嘴来看，应该是便于倾倒的大酒（蒸馏酒）或经过滤的酒。我们从这幅石刻中可以看出，宋代泸州的酒业就已十分兴旺发达。

图1–25　侍者捧壶石刻（宋代泸州）

4．元明清时期

由于蒸馏酒主体地位的确立，大曲在元明清时期得到快速发展，该时期小曲中加入的中草药更加丰富，红曲的制造方法在该时期发展成熟并普遍应用。至此，我国传统酒曲形成了酿造蒸馏酒的大曲、酿造黄酒的麦曲、酿造黄酒和小曲白酒的小曲、酿造红曲酒的红曲这四大类酒曲，一些酒曲的制作工艺至今仍在使用。曲的发明，是我国古代劳动人民的伟大贡献。制曲技术传入西方后，不仅改变了西方自古沿用麦芽糖化粮谷，然后再加酵母菌发酵成酒的方法，还奠定了酒精工业的基础。更重要的是，曲给现代发酵工业和酶制剂工业带来了深远影响。

据李时珍《本草纲目·谷部》中记载："烧酒非古法也，自元时始创其法。"元明时期，泸州大曲酒已正式成型。据清代《阅微草堂笔记》载，元代泰定元年（公元1324年），制曲之父郭怀玉在泸州酿制出了第一代大曲酒——"甘醇曲"。明洪熙元年（公元1425年），泸州酿酒史上又一代表性人物施敬章，改进大曲中燥辣和苦涩的成分，研制出了"泥窖酿酒法"，使大曲酒的酿造进入了向泥窖生香转化的"第二代"。建于明朝万历年间（公元1573年）的窖池是我国唯一保存完整、建造时间最早、生产持续时间最长的老窖池群。1996年12月，“泸州大曲老窖池群（1573国宝窖池群）”被中华人民共和国国务院确定为全国重点文物保护单位，首开酒类行业重点文物保护的先河。

明熹宗天启年间（公元1621—1628年），泸州人氏舒承宗总结探索了窖藏储酒到“醅糟入窖，固态发酵，泥窖生香，酯化老熟”的一整套大曲老窖酿酒工艺，使浓香型大曲酒的酿造进入了“大成”阶段，创立了“舒聚源”作坊，直至清同治八年（公元1869年）才转让给同样从事酿造业的温宣豫，并入豫记“温永盛”的牌名，图1-26为清代“豫温永盛”商标的陶罐。明末清初，“舒聚源”作坊带动了泸州地区酿酒业的发展，据《永乐大典·泸字韵》载：泸州南门（来远门）至史君岩之间的修德坊“酒务街”内，酒楼、酒肆遍及。据《泸县志》卷三《食货志》中记载：“泸酒，以高粱酿制者曰白烧，以高粱、小麦合酿者曰大曲酒。清末白烧糟户六百余家，出品远销永宁及黔（贵州）边各地……大曲糟户十余家，窖老者，尤清洌，以‘温永盛’‘天成生’有名，远销川东北及省外。”出土文物——百子图“饮酒嬉乐图”石刻（图1-27）和大量清代仿古铜酒器，可进一步体现泸州清代酒业之规模。清代诗人张问陶留下了“城下人家水上城，酒楼红处一江明”“滩平山远人潇洒，酒绿灯红水蔚蓝”之赞誉。

图1-26　“豫记温永盛”商标陶罐（清代泸州）

图1-27　百子图“饮酒嬉乐图”石刻（清代泸州）

（二）中国白酒的近现代演进

现代中国白酒产业发展于新中国成立以后。由于技术上的瓶颈，1949年以前，酿酒工艺大多仍采用传统落后的操作方法，对白酒微生物发酵机理、出入窖理化指标的相互关系和对产质的影响没有深层次的理论支撑。20世纪50年代中期，国家进行了公私合营改造，许多地区在私人烧酒作坊基础上相继成立了地方国营酒厂，中国白酒产业发展从此掀开了崭新的历史篇章。20世纪50～60年代开展了众多白酒酿造工艺试点，其中著名的“三大名白酒查定和试点”（1957年泸州老窖查定、1959年茅台查定、1963年汾酒试点）拉开了科学总结传统生产工艺的序幕。

经过半个多世纪对白酒酿造机理的深入剖析和研究，加之国家对传统产业的重视，酿酒在操作上逐步实现了半机械化生产，目前正在向机械化、自动化、智能化方向发展。

自新中国成立以来，白酒产业经历了以下三个重要的阶段。

1. 新中国成立初期及计划经济时期的起步阶段

1949年新中国成立时，我国的白酒产量只有10.8万吨，到了1978年，我国白酒产量达到143.74万吨，比新中国成立初期增长了近15倍。依相关数据分析，我国白酒产量在“五五”期间增长了69%，“六五”期间增长了57%。

党和国家对继承和发展中国的民族工业十分重视，20世纪50～60年代，为探寻名酒成因，原中央食品工业部、原轻工业部专门从全国各地抽调力量加强对白酒生产的科技攻关与研究。以轻工业部发酵研究所（现名中国食品发酵工业研究院）为主要科研力量，会同泸州老窖酒厂、茅台酒厂、汾酒厂组织攻关小组进行协调攻关，先后开展了烟台酿酒操作法，泸州老窖、茅台、汾酒工艺研究试点。这一阶段白酒行业所取得的科研成果凝聚了方心芳、秦含章、周恒刚、陈茂椿、熊子书等老一辈酿酒专家毕生的心血，他们严谨求实的科学态度，艰苦奋斗的敬业精神至今仍激励着一代又一代的酿酒人。

20世纪50年代由于粮食处于短缺状态，国家百废待兴，白酒工业为满足人民生活需要做出了贡献，但因耗粮较高，因此还负有采用先进技术节约粮食的责任。烟台操作法“低温发酵，定温蒸烧，黄曲加酵母”，选用以纯培养菌种替代传统的自然培养大曲，达到提高出酒率、节约粮食的目的；同时烟台试点除了总结高粱、玉米制酒外，还重点介绍了甘薯干、高粱糠等代用品制酒的方法；周口试点重点则是探索总结野生植物橡子代替粮食酿制白酒的操作方法。

1956年，国务院科学规划委员会组织编制《1956年至1967年科学技术发展远景规划纲要》，由原轻工业部提出的将酒精改制白酒项目被列入《纲要》。随后在1963—1972年，原国家科委关于酿酒工业及其装备技术改造政策的若干规定《草案》中明确指出：“今后十年内，白酒的生产工艺，应以液态和固态发酵相结合为发展方向。”

经过全行业近40年的不懈努力，至今已基本完成了这一项重大技术革新。这是新中国成立以来继烟台操作法之后技术改造传统白酒生产工艺的又一里程碑。

这一时期另一方面是从科学总结传统工艺入手，着重抓以质量为中心的技术革新。

20世纪50～60年代的“三大试点”在白酒行业中最具影响力的原因如下：

（1）泸州老窖、茅台、汾酒是中国白酒三大基本香型的代表。

（2）“三大试点”由白酒、微生物、生物、化学等领域的专家团队组成（周恒刚、秦含章、陈茂椿、熊子书等）。

（3）“三大试点”是行业历史上首次对传统白酒进行系统查定总结，许多世代相传的传统操作，从科学理论加以肯定和扬弃，并沿用至今。

（4）“三大试点”对白酒三大基本香型的生产工艺、微生物、香味成分特征等进行了卓有成效的研究，为后人继续深入探索奠定了理论基础和发展方向。

2．20世纪80年代白酒大发展阶段

改革开放以来，我国开始由计划经济向社会主义市场经济转变，社会主义市场经济开始逐步完善与繁荣。20世纪80年代起，白酒产量增长步伐加快，“七五”期间增长了52%，“八五”期间增长了50.6%，到1996年，即“九五”初期，我国白酒产量达到又一个高峰，总量达到801.30万吨，是新中国成立初期的80倍左右。应该说，“九五”以前，中国的白酒行业发展相当快，满足了广大人民群众的生活需求，这与我国人口增长、社会经济发展步伐相一致，但后几年发展得过快，几近失控。“九五”开始后，国家产业政策调控手段取得成功，产量才开始下降。造成这种现象的主要原因有以下两点。

一是由于农村改革极大成功，我国在短短的几年内解决了吃饭问题，粮食短缺变成了粮食过剩，农村出现了“卖粮难”问题，如何消化剩余的粮食成为各级政府的首要任务。酿酒成为消化粮食的主要出路之一。

二是酿酒行业的税收和利润都较大，成为县、乡各级政府积累资金的主要来源，所以形成了“县县乡乡办酒厂，小酒厂遍地开花”的局面。

3．20世纪90年代的行业调整阶段

1987年，原国家轻工业部在贵州全国酿酒工业会议上就中国酿酒工业的发展方向，提出了“优质、低度、多品种”和“四个转变”，即“普通酒向优质酒转变，高度酒向低度酒转变，蒸馏酒向发酵酒转变，粮食酒向水果酒转变”的发展方针；“十五”规划期间，又提出了“以市场为导向，以节粮、满足消费为目标”走“优质、低度、多品种、低消耗、少污染、高效益”的道路，“重点发展葡萄酒、水果酒，积极发展黄酒，稳步发展啤酒，控制白酒总量”。“九五”以来，为适应国民经济建设的总体要求，

并提高白酒行业的投入产出比和综合经济效益，国家对白酒行业制定了以调控和调整为基础的产业政策。以后几年，国家宏观政策的调控逐见成效，白酒产量逐步下降，“九五”期间下降了23%。

（三）中国白酒行业发展现状

近年来，我国白酒行业的发展取得了较大的进步。白酒行业加强了产品结构、组织结构、运行机制等多方面的调整，优势白酒企业不断强化品牌效应、文化效应、质量效应等，实行市场精耕细作，不断调整产品结构，盈利模式由数量增长型向质量效益型转变，从而带动行业整体经济运行质量和效益的提升，使白酒行业成长性和稳定性领先于整个酒类行业，白酒行业实现了连续八年的高速增长。2012年以来，随着宏观政策环境的变化，白酒行业再次进入调整期。目前，白酒行业的特征主要表现在以下几个方面。

1．白酒行业销售收入和利润总额情况

2013—2016年白酒产量在1300万千升左右，白酒产量基本保持着稳定增长的态势。2017年全国白酒产量呈现下滑趋势，2017年白酒产量在1198.1万千升，比2016年少160.3万千升，累计下滑6.9%。2018年全国白酒产量871.2万千升，与2017年相比，整体产量呈下滑趋势。

从销售收入上来看，2017年纳入国家统计局范畴的规模以上白酒企业1593家，累计完成销售收入5654.42亿元，与上年同期相比增长14.42%；累计实现利润总额1028.48亿元，与上年同期相比增长35.79%。2018年完成销售收入5363.83亿元，同比增长12.88%；实现利润总额1250.50亿元，同比增长29.98%。

2．白酒行业的地域集中度较高，规模企业占据主导地位

从产量数据来看，2018年全国有27个省、市、自治区生产白酒。2018年白酒产量排名前十的地区是四川省、江苏省、湖北省、北京市、安徽省、河南省、山东省、贵州省、吉林省、山西省。前十排名一直稳居榜首的是四川省，2018年四川省白酒产量为358.3万千升，占全国总产量的41.13%，远高于排名第二的江苏省。

随着消费者消费水平的日益提高，消费者对白酒品牌日益重视，白酒行业龙头企业的品牌号召力和市场控制力进一步提升，名优白酒生产企业的竞争优势更加明显。过去几年，白酒行业不断向名优白酒生产企业集中，规模企业的产销及盈利占据行业的主导地位，行业集中度呈现不断上升的势头。因名优酒具有较高的消费者忠诚度，预计未来

规模企业在行业内的主导地位不会轻易改变。

3．科技创新力度不断加大，行业的技术水平有所提高

白酒为我国特有的酒种，生产工艺比较独特。由于多方面原因，多年以来，白酒生产机械化程度不高，整体技术水平偏低。2007年4月，中国酿酒工业协会白酒分会技术委员会组织相关院校、研究所和企业共同成立了“中国白酒169计划”项目。项目采用微生物生态学、分子酶学、分子生物学等现代生物技术手段，围绕白酒产业共性的、关键的科学与技术问题进行创新性研究。同时，行业内有实力的白酒生产企业也依靠自身的科研力量，强化科研力度，加大对技能型人才的培养，在酿造、勾调、香型风格、微生物技术以及质量控制等领域开展了深入的科学研究。通过行业协会、科研机构以及企业的共同努力，白酒行业的生产工艺技术得到提高，生产设备得以改良，包括原料加工处理、基酒储存、勾调、产品包装等生产过程的机械化和自动化程度也相应提高。“中国白酒169计划”是新中国成立以来中国白酒行业规模最大的科研项目，也是参加企业、白酒香型种类最多、研究范围广、学科门类较多的研究项目。它的开展对中国白酒行业产生了重大而深远的影响。

目前，全白酒行业已拥有十余家国家级企业技术中心及工程研究中心，这些国家级中心一方面提高了企业自身的科研能力，同时通过科研成果的转化和交流，对促进行业技术创新体系建设，带动行业的技术进步和创新，提高全行业产品质量，发挥了重要作用。

2013年，中国酒业协会启动了“品质诚实、服务诚心、产业诚信”的“3C”计划，该计划是涉及白酒技术提升、规范经营、科学发展和产业安全等全方位系统工程，通过规范行业的生产经营，净化市场流通，提高许可准入门槛，树立行业良好形象，构建和谐的公众关系、科学的产品标准体系，推动产业诚信体系建设，确保白酒产业健康发展。

（四）历届全国评酒会概况

中国白酒生产历史悠久，产地辽阔。各地在长期的发展中产生了一批深受消费者喜爱的著名酒种。新中国建立以后，为了鼓励和促进酿酒工业的发展，由国家有关部门组织，先后举办了五届（1952年、1963年、1979年、1984年、1989年）全国评酒会。

1．第一届全国评酒会

（1）时间　1952年。

（2）地点 北京。

（3）主持单位 中国专卖事业总公司。

（4）主持专家 朱梅、辛海庭。

（5）评选过程 原中国专卖事业总公司召开了第二届专卖工作会议。会议之前收集了全国白酒、黄酒、果酒、葡萄酒的酒样103种，其中白酒19种、葡萄酒16种、白兰地9种、配合（制）酒28种、薬（药）酒24种、襍（杂）酒7种。由北京试验厂研究室进行了化验分析，根据分析鉴定结果向会议推荐了8种酒。会议根据市场销售信誉，结合化验分析结果和推荐意见进行了评选。

第一届评酒会要求通行全国的酒类必须具备以下条件：品质优良，并符合高级酒类标准及衍生标准者；在国内外获得好评，并被全国大部分人群所欢迎者；历史悠久，已在全国有销售市场者；制造方法特殊，具有地方特点，他区不能仿制者。名酒入选必须具备以上条件，否则不能通行全国。

（6）评选结果 在第一届全国评酒会上评出的四大名白酒分别是四川泸州大曲酒、贵州茅台酒、山西汾酒、陕西西凤酒。除此之外，还有浙江鉴湖绍兴酒、山东张裕金奖白兰地、山东红玫瑰葡萄酒、山东味美思，共计8种酒命名为国家名酒。

（7）意义 第一届评酒会的成功举办对推动生产、提高产品质量起到了重要作用，并为以后的评酒奠定了良好的基础，树立了基本框架，开创了我国酒类评比历史的新篇章，为我国酒类评比写下了极为珍贵的一页。

2．第二届全国评酒会

（1）时间 1963年。

（2）地点 北京。

（3）主持单位 原轻工业部。

（4）主持专家组组长 周恒刚。

（5）评选过程 为做好此次评酒工作，各省、市、自治区根据原轻工业部的要求，评比的酒样都经过认真的选拔，推荐选送的样品代表市场销售的商品。经省、市、自治区原轻工业厅、原商业厅共同签封并报送产品小样。经过基层认真选拔，全国共推荐了196种酒。

此届评酒会首次制定了评酒规则，分为白酒、黄酒、果酒、啤酒四个组分别进行品评。露酒中以白酒为基酒的酒由白酒组品评，以酒精为基酒的酒由果酒组品评。这届白酒品评没有按酒的不同香型（当时对白酒的香型还没有明确的认识），也没有按原料和糖化剂的不同分别编组，采取混合编组大排队的办法进行品评。品评由评酒委员独立思考，按酒的色、香、味百分制打分并写评语，采取密码编号、分组淘汰，经过初赛、复赛和决赛，最终按得分多少择优推荐。

（6）评选结果　共评出国家名酒18种，其中白酒类8种，除上届的4种外，新增加4种；并开始增设低于国家名酒等级的国家优质酒，被评上的有27种，其中白酒类9种。国家名酒数量从第一届的8种增加到18种，还涌现出27种国家优质酒。名白酒由4个增加到8个，又称“老八大名白酒”。

8种国家名酒（金质奖）为：贵州茅台酒、陕西西凤酒、山西汾酒、四川泸州老窖特曲酒、四川宜宾五粮液、四川全兴大曲酒、安徽古井贡酒、贵州董酒。

9种国家优质酒（银质奖）为：江苏双沟大曲酒、哈尔滨龙滨酒、湖南德山大曲酒、广西全州湘山酒、广西桂林三花酒、辽宁凌川白酒、哈尔滨高粱糠白酒、合肥薯干白酒、沧州薯干白酒。

（7）意义　这届评酒会充分展示了我国酿酒工业的迅速发展，名酒数量从8种增加到18种，而且还涌现出27种国家优质酒。此次评酒会体现了1955年11月3日至19日在唐山召开的全国第一届酿酒会议精神，即全国酿酒行业要为国家节约12.5万吨粮食的号召。之后全国酿酒企业掀起了增产节粮、推广烟台操作法的热潮，大力提倡推广用高粱、玉米或薯干、代用粮为原料，替代传统生产的粮食大曲酒，使吨酒耗粮下降。

3．第三届全国评酒会

（1）时间　1979年。

（2）地点　大连。

（3）主持单位　原轻工业部。

（4）白酒主持专家组组长　周恒刚、耿兆林。

（5）评选过程　1978年底，原轻工业部在湖南长沙召开了全国名酒会议，调查了解了各名酒厂的生产情况和发展动向，交流了经验，在这个基础上各省、市、自治区选拔了具有代表性的品种，包括白酒、黄酒、葡萄酒、啤酒、果露酒共313个品种。

参加这次评酒会的评酒员共65人。其中白酒 22人，黄酒15人，啤酒13人，葡萄酒及果露酒15人。除少数人是特聘外，绝大部分是经考核聘请。

这次评酒仍分为白酒、黄酒、啤酒、果露酒四组进行。采取密码编号，分型评比的办法。根据样品的多少，决定编组评比次数，少的一组直接进行决赛，超过六种的要进行初评、复评、终评。同一省的酒不见面，上届名酒不初评，由复评开始作为种子选手分编在各小组内。

评比根据香型、生产工艺和糖化发酵剂分别编为大曲酱香、浓香、清香，麸曲酱香、浓香、清香，米香，其它香型及液态、低度等组。共进行了31轮次，105杯（酒样）次的比赛，酒样数量最多的浓香型酒通过五轮初赛、三轮复赛、一轮决赛才比出高低，决赛时共8种酒一起角逐。

评分办法是按色（占10分）、香（占25分）、味（占30分）、格（即风格占15分）四项计分，总计满分为100分。

（6）评选结果　经过评比选拔，由评酒委员会推荐，轻工业部审定，第三届评酒会共评出全国名酒18种，其中白酒类8种，即四川泸州老窖特曲酒、四川宜宾五粮液、贵州茅台酒、山西汾酒、四川剑南春酒、安徽古井贡酒、江苏洋河大曲酒、贵州董酒，称为“新八大名白酒”。

评出国家优质酒47种，其中优质白酒18种，即陕西西凤酒、河南宝丰酒、四川郎酒、湖南武陵酒、江苏双沟大曲酒、安徽淮北口子酒、河北丛台酒、湖北白云边酒、广西全州湘山酒、广西桂林三花酒、广东长乐烧酒、河北迎春酒、山西六曲香酒、哈尔滨高粱糠白酒、河北燕潮酩酒、辽宁金州曲酒、江苏双沟低度大曲酒（酒精含量为39%vol）、山东坊子白酒（薯干液态发酵）。

（7）意义　这届评酒会首次按香型、生产工艺和糖化发酵剂分别编组，还确定了酱香型、浓香型、清香型、米香型四种香型白酒的风格特点，统一了打分标准。这一方法是中国白酒评比历史上的里程碑。

此次评酒会本着1978年12月在湖南长沙召开的全国名优白酒提高产品质量工作会议的精神：白酒行业要认真学习推广应用茅台、汾酒、泸州试点的各项经验，麸曲法白酒生产水平有了进一步提高与发展，出现了清香型的六曲香酒、酱香型的迎春酒等优质产品；发展名酒要学创结合，继承发扬与改进提高相结合，要不断地开发创造新产品、新香型，适应不同类型消费者的需要。江苏双沟低度大曲（含酒精度39%vol）这一具有发展方向性的新产品首次名列榜上，被评为国家优质酒，展示了我国低度白酒发展的新趋势。在这届评酒会上，坊子白酒（薯干液态发酵）替代了合肥及沧州2个薯干酒被评为国家优质酒，走上了一条“液态除杂、固态增香、固液结合”的新生产工艺，同时在全国也都不同程度地进行了推广。

三届评酒会后，一些省纷纷效仿，进行了省级评委的考核，组成了省评委。至此，我国评酒队伍逐级建立起来，在全国逐步培养和形成了一支以感官检验产品质量的评酒技术队伍。

4. 第四届全国评酒会

（1）时间　1984年。

（2）地点　太原。

（3）主持单位　中国食品工业协会。

（4）白酒主持专家　周恒刚、沈怡方、曾纵野。

（5）评选过程　此次参加评选的产品应是双优（省优和部优）产品，单项产品年产值100万元以上。抽取样品时，相同样品库存量不得少于100箱，有24个省、市、自治区选送了148种酒样参加评比，种类比历届都多，绝大多数白酒风格典型，酒体协调，酒的质量比上届有所提高。

评比采用香型、糖化剂编组，密码编号，分组初评淘汰，再进行复赛，最后进行决赛的方法。本届参赛的样品较多，考虑到评酒效果和时间，把30名评酒委员会分成两组：一组评浓香型，另一组评浓香型以外的各种香型的酒。

为做好保密工作，每轮评分结果都以密码编号出现，将每轮筛选出线的酒返回编组，重新编号进入下一轮评比。酒样编码后当即密封，评比结束后组织有关方面共同拆封，按得分多少择优推荐，再由国家质量奖审定委员会审查定案。

（6）评选结果　这次白酒评选会共评出全国名酒13种，即四川泸州老窖特曲酒、贵州茅台酒、山西汾酒、四川宜宾五粮液、江苏洋河大曲酒、四川剑南春酒、安徽古井贡酒、贵州董酒、陕西西凤酒、四川全兴大曲酒、江苏双沟大曲酒、武汉黄鹤楼酒、四川郎酒。

评选出国家优质酒27种，即湖南武陵酒、哈尔滨特酿龙滨酒、河南宝丰酒、四川叙府大曲酒、湖南德山大曲、湖南浏阳河小曲酒、广西全州湘山酒、广西桂林三花酒、江苏双沟特液、江苏洋河大曲、天津津酒、河南张弓大曲酒、河北迎春酒、辽宁凌川白酒、辽宁大连老窖酒、山西六曲香酒、辽宁凌塔白酒、哈尔滨老白干酒、吉林龙泉酒、内蒙古赤峰陈曲酒、河北燕潮酩酒、辽宁金州曲酒、湖北白云边酒、湖北西陵特曲酒、黑龙江中国玉泉酒、广东石湾玉冰烧酒、山东坊子白酒。

（7）意义　这届评酒会在酱香型酒评选标准中对香的要求除“酱香突出、幽雅细腻”外，增加了“空杯留香”的检查评比办法，对味的指标增添了“酱香显著”的要求；其它香型呈现了百花齐放的格局，除药香型、浓酱兼香型外，新出现了凤香型、豉香型。

5. 第五届全国评酒会

（1）时间　1989年。

（2）地点　合肥。

（3）主持单位　中国食品工业协会。

（4）白酒专家组成员　沈怡方、于桥、高月明、曹述舜、曾祖训、王贵玉。

（5）评选过程　在这届评酒会之前，原轻工业部组织商业部、国家技术监督局等单位召开了“酒类国家标准审定会”，通过了“浓香型白酒”等六个国家标准。此次评酒会按照这些标准评选，对于浓香型白酒，规定了己酸乙酯的上限，结束了多年来评比时“以香取胜”的局面。这届评酒会共收到由各省、市、自治区推荐的双优（省优、部优）酒样362种，按香型分为浓香型198个、酱香型43个、清香型41个、米香型16个、其它香型64个。

这届评酒会也改进了评酒办法。对上届国家的名、优白酒采用了复查的办法。本产品的降度酒及低度酒，经过纵向和横向对比，质量优良者予以确认为系列酒；质量不理想的，则进一步参与同类型新参评酒样的品评，新参赛的酒样应视其数量多少，经初赛、复赛、半决赛、决赛等赛程进行品评。

由于参加评比的酒样多，在评酒时，将评酒委员（含特邀评委）分为4大组进行品评。其中第一、二组进行上届名酒和优质酒的复查；第三组进行浓香型白酒以外其余香型白酒的新评；第四组进行浓香型白酒的新评。

评酒办法按基层申报的产品香型、酒度、糖化剂分类进行品评，香型分为酱香、清香、浓香、米香、其它香型五类；酒度分为40%vol～55%vol（含40%vol和55%vol）、40%vol以下两档；糖化发酵剂分为大曲、麸曲和小曲三种。酒样密码编号，采用淘汰制进行初评、复评、终评。

（6）评选结果　此次评酒会上，获得国家名酒称号的有17种，除了连续五届都获奖的四川泸州老窖特曲酒、贵州茅台酒、山西汾酒外，还有四川宜宾五粮液、江苏洋河大曲酒、四川剑南春酒、安徽古井贡酒、贵州董酒、陕西西凤酒、四川全兴大曲酒、江苏双沟大曲酒、武汉黄鹤楼酒、四川郎酒、湖南武陵酒、河南宝丰酒、河南宋河粮液、四川沱牌曲酒。

获得国家优质酒称号的有53种，其中25种为上届国家优质酒经本届复查确认，新增加28种。具体为：哈尔滨特酿龙滨酒、四川叙府大曲酒、湖南德山大曲酒、湖南浏阳河小曲酒、广西湘山酒、广西三花酒、江苏双沟特液、江苏洋河大曲酒、天津津酒、河南张弓大曲酒、河北迎春酒、辽宁凌川白酒、辽宁大连老窖酒、山西六曲香酒、辽宁凌塔白酒、哈尔滨老白干酒、吉林龙泉春酒、内蒙古赤峰陈曲酒、河北燕潮酩酒、辽宁金州曲酒、湖北白云边酒、广东石湾玉冰烧酒、山东坊子白酒、湖北西陵特曲酒、黑龙江中国玉泉酒、二峨大曲酒、口子酒、三苏特曲酒、习酒、三溪大曲酒、太白酒、孔府家酒、双洋特曲酒、北凤酒、丛台酒、白沙液、宁城老窖酒、四特酒（优级）、仙潭大曲酒、汤沟特曲酒、安酒、杜康酒、诗仙太白陈曲酒、林河特曲酒、宝莲大曲酒、珍酒、晋阳酒、高沟特曲酒、筑春酒、湄窖酒、德惠大曲酒、黔春酒、濉溪特液。

（7）意义 这届评酒会将香型分为浓香型、清香型、酱香型、米香型、其它香型5类，并细分了其它香型，由第四届4个类别增加到了6个类别（药香型、豉香型、兼香型、凤型、特型、芝麻香型）。

每届评酒会不仅推动了生产，也起到指导消费的作用，同时各届评酒会的结果都显示了不同历史时期酒类生产的发展和产品质量水平。全国名酒的评定是以酒类产品质量和市场信誉为基础的专项活动，通过评选全国名酒，不断地推动我国酒类品牌自主发展，提高了我国酒类行业竞争力，促使我国酒类更好地走向世界。

通过历届评酒会的举办，我国的感官鉴评工作从无到有，从小到大，从起步到完善，白酒品评理论、品评技术、品评方法相继建立，形成了一整套科学完整的工作体系。

三、中国白酒产区

（一）中国美酒版图

中国地大物博、幅员辽阔，各大平原及江河流域都盛产白酒。由于气候、环境、植被等地理因素的不同，不同地区的白酒各有独特的风味和品质。

按照中国主要的水系和江河流域，中国美酒版图分为六大产区，即长江流域的四川、贵州产区，黄河流域的山东、河南产区，以及淮河流域的江苏和安徽产区。根据行业统计数据，这六大产区白酒的生产量和销售收入占据了整个行业的半壁江山。由于各种因素的影响，各个产区的综合实力并不相同，并由此出现了不同的走向。根据地缘、文化和消费习惯等因素，可进一步将这六大产区划分为川黔、鲁豫和苏皖三大板块。

1. 长江流域的川黔板块

川黔板块以四川（图1–28）、贵州（图1–29）为核心，是传统名优白酒聚集地，是全球规模最大、质量最优的蒸馏酒产区，是中国优质白酒的黄金产区。以泸州老窖、五粮液、郎酒、剑南春、全兴、沱牌六朵金花为代表的四川名优白酒，以浓香型白酒为主，也有酱香、兼香等白酒品牌。

贵州是酱酒之乡，地理纬度较低，常年为亚热带地区湿润季风气候，有得天独厚的地理优势。以茅台、董酒、习酒等名优白酒为代表的贵州白酒，既有酱香也有药香，还有部分浓香品牌。

图1-28　四川主要白酒分布图

图1-29　贵州主要白酒分布图

由于川南黔北的酿酒地域优势，2008年由四川、贵州省委和省政府联合提出中国白酒金三角（图1-30）的白酒产业战略构想，其目的是弘扬中国酒文化，打造中国白酒的“波尔多”国际品牌，让中国白酒更多地进入国际市场。

图1-30　中国白酒金三角

（1）地理位置　中国白酒金三角是指分别以四川泸州、宜宾和贵州遵义为顶点连接而成的三角形区域，约5万平方公里。这一区域是地球同纬度上最适合酿造优质纯正蒸馏酒的生态区，其核心区位于北纬27°50′～29°16′、东经103°36′～105°20′。最佳酿酒纬度带的长江（宜宾–泸州）、岷江（宜宾段）、赤水河流域，是中国白酒最核心的产区。

（2）产区优势　中国白酒金三角产区（图1-30）拥有集气候、水源、土壤“三位一体”的天然生态环境优势。

气候方面，这一区域地处中国水量充沛、气候温湿的亚热带，自然环境优越。区域内主要的白酒生产区处于相对封闭的盆地环境，有着常年温差和昼夜温差小、湿度大、日照时间短等特点，这种气候条件有利于酿酒时微生物的生长代谢。同时，周边山区古老的山地地层，富含磷、铁、镍、钴等多种矿物质元素，适合空气中的微生物和古窖池群中微生物共同构成立体微生物群落，形成良好的酿酒环境。

水源方面，该区域内水系丰富，长江、岷江、沱江、赤水河等横贯全境，该流域水质硬度低、酸度适中，含多种微量元素，是酿酒的优质水源。

土壤方面，中国白酒金三角核心区的土壤种类丰富、独具特色、土质优良，有水稻土、新积土、紫色土等六大类优质土壤，非常适合种植水稻、玉米、小麦、高粱等酿酒原料。特别是泸州、宜宾地区紫色土壤种植的优质糯高粱（红粮），其色泽红亮、颗粒饱满，所含淀粉大多为支链淀粉，吸水性强、易于糊化，出酒率和酒质远超过粳高粱，不仅是金三角区域内独有的酿酒原料，也是白酒品质的重要保障。

（3）主要白酒品牌　中国白酒金三角产区具有不可复制的、独特的地域资源，孕育了中国高档白酒第一集群，并且区域内品牌梯队完整，知名品牌众多，包括茅台、泸州老窖、五粮液、郎酒、董酒等，占中国名酒数量的一半以上，是中国名白酒最集中的区域，堪称中国白酒产区中的“波尔多”。

从香型来看，区域内多种香型白酒共生，包括以泸州老窖、五粮液为代表的浓香型白酒，以茅台、郎酒为代表的酱香型白酒，以及以董酒为代表的药香型白酒等多种香型白酒。

2016年“中国500最具价值品牌”白酒排行榜前10名中，“中国白酒金三角”区域内的茅台、五粮液、泸州老窖、郎酒等六大名酒入围，占据半壁江山。其中，川酒形成了以泸州老窖、五粮液等品牌为代表的“六朵金花”。泸州老窖是浓香型白酒的典型代表，其它浓香型白酒品味独特、各有千秋。泸州老窖被誉为“浓香鼻祖”“酒中泰斗”“中国第一窖”，以“醇香浓郁、饮后尤香、清洌甘爽、回味悠长”而著称于世，五粮液“香气悠久，醇厚甘美，入喉净爽，各味谐调”，茅台是“酱香典范”，川酒中的郎酒也是酱香型白酒。除此以外，中国白酒金三角区域内还有其它二线名酒与传统强势品牌共同构成了区域白酒产业的整体竞争力。

2. 黄河流域的鲁豫板块

鲁豫地区是中原文化的核心，也是中华文明的发祥地。山东（图1-31）是白酒产销大省，约有600余家白酒生产厂家，鲁酒在中国数千年的酒史上有着举足轻重的地位，有春秋战国时期的“鲁酒薄而邯郸围”的历史典故。山东的主要白酒品牌包括泰山、景芝、扳倒井等优质酒，以浓香、芝麻香型为主。

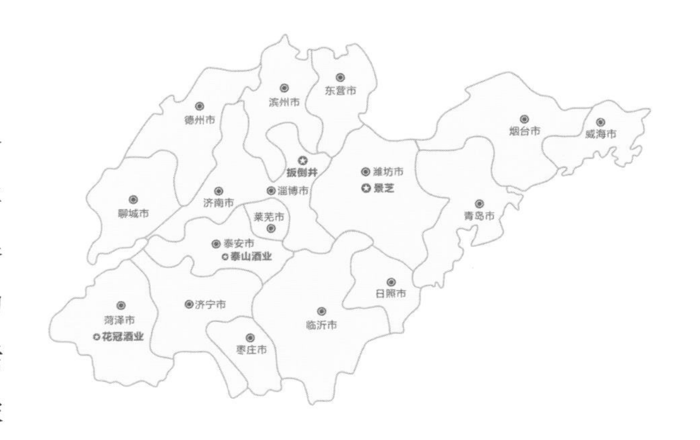

图1-31　山东主要白酒分布图

河南（图1-32）酿酒历史可以追溯至远古时代，与酒有关的出土文物众多，文化底蕴深厚。按区域来看，豫东地区主要有宋河，豫西地区有仰韶酒，豫南地区为宝丰酒等名优白酒，有浓香型白酒，也有清香型白酒。

图1-32　河南主要白酒分布图

3. 淮河流域的苏皖板块

苏皖地区经济水平高，白酒市场容量大，是白酒生产大省，酿酒生产历史也很悠久。江苏省（图1-33）交通便利、经济活跃、酒业发达，是我国重要的酒类产销大省。其白酒代表包括洋河、双沟、今世缘等名优白酒，以浓香型白酒为主。

安徽（图1-34）有着2000年的酿酒历史，有源远流长的历史底蕴，中国白酒行业中素有“西不入川，东不入皖”之说，其白酒代表包括古井贡、迎驾、口子酒等名优白酒，以浓香型白酒为主，也有兼香型白酒。

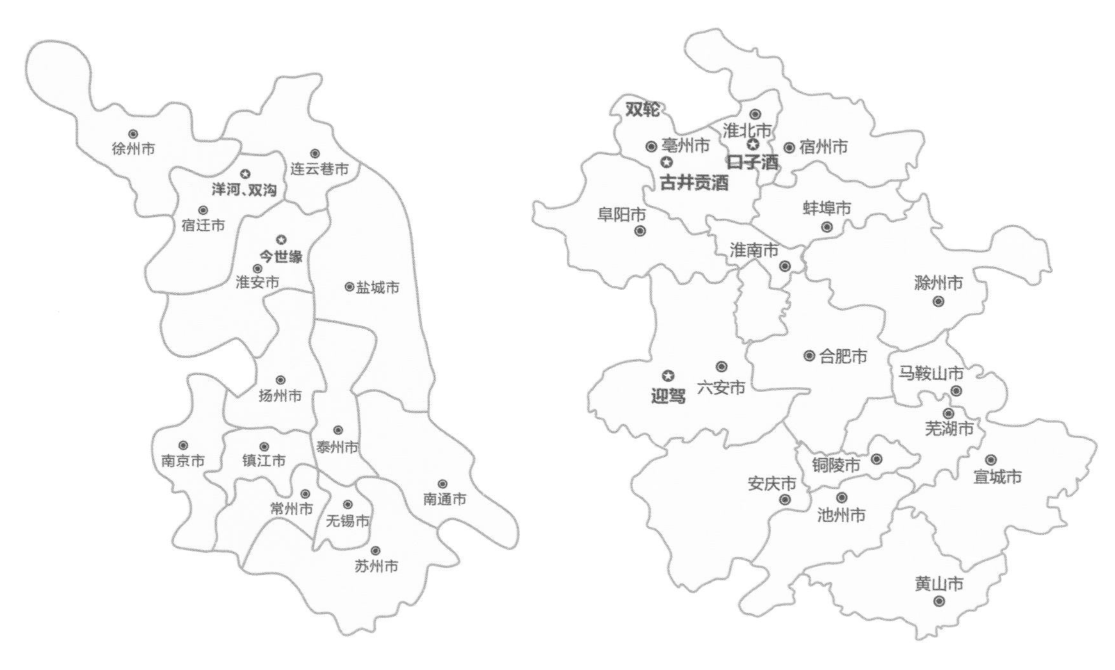

图1-33　江苏主要白酒分布图

图1-34　安徽主要白酒分布图

（二）中国酿酒龙脉

1. 地理位置

中国名优白酒的核心是以北纬28°为轴心分布的，“中国酿酒龙脉”就是指北纬28°所贯穿的区域及其附近地区，这一地理范围是中国酿造最好蒸馏酒的区域。其中，龙头是泸州，龙尾是仁怀，而龙身则串起了宜宾、古蔺、遵义、习水等地。酿酒龙脉上名酒的种类之多，除了早已声名远播的泸州老窖、茅台、五粮液、郎酒外，还有董酒、习酒等。

2. 产区优势

酿造好酒，温度、湿度是关键。北纬28°酿酒龙脉地处亚热带地区，这里的气候堪称亚热带气候类型的范本：日照充足、四季分明、降水丰沛，年平均气温在18℃左右。据考证，即使在较为寒冷的唐宋、明清时期，川南、黔北地区的气候仍然温暖湿润。今天的川南泸州地区，还生长着一大片唐代的古桂圆林、古荔枝林，而桂圆、荔枝都是喜热畏寒的树木，它们能够在这里历经千年，长久繁衍，就足以证明当地气候的温暖湿润。

此外，独特的地形也是形成当地气候温和、温度波动不大的重要原因。以泸州老窖的产地泸州为例，酒城泸州地处四川盆地与云贵高原的过渡地带，东西北三面被深丘陵遮挡，南部又属大娄山北麓，地形较为封闭；再以贵州仁怀的茅台镇为例，它同样也是深陷在山坳中和赤水河边。这种地形条件有利于形成潮湿、温暖的小气候。

湿热环境非常适合酿酒微生物生长，容易培育出优质酒曲。所以，无论是四川的泸州还是贵州的仁怀，在这条龙脉上制作出的酒曲，曲香扑鼻，有益微生物种类繁多，它们大量参与发酵，为酿制好酒提供了充足的“动力”。

（三）浓香型白酒的故乡——四川

四川是中国著名的名酒之乡，酿酒业历史悠久，最早可以追溯至4000多年前的古蜀时期。全国十七大名酒中有六种都出自四川，四川因产酒量大和知名品牌众多而扬名国内外，并在中国消费市场上形成了“川酒云烟”的说法，足见四川在中国白酒业中举足轻重的地位。四川不仅是中国白酒的发源地之一，更是浓香型白酒的圣地，在众多浓香型名白酒品牌中，产自四川的占半数以上。

1. 优越的地理位置

四川省地处中国西南地区，位于长江上游，占四川盆地绝大部分地区，西被青藏高原扼控，东有长江三峡之险，南为云贵高原拱卫，北是秦岭大巴山屏障。四川省地形西高东低，由西北向东南倾斜，西部为高原、山地，地形复杂多样，以“龙门山-大凉山”一线为界，东部为四川盆地及盆缘山地，西部为川西高山高原及川西南山地。其中，东南部盆地成为白酒的主要产区，四周的山地则为其提供了天然的屏障。

复杂的地貌类型使得四川的植被、水系等自然资源十分丰富，金沙江、岷江、嘉陵江、沱江、长江上游干流等诸多河流穿省而过，并在四川省内形成了庞大而复杂的水系网，从而为白酒的酿造提供了优质而丰富的水源。

此外，由于四川独特的地理位置和地貌特征，自古以来就有“蜀道难，难于上青天”的说法，从军事角度来看属于“一夫当关，万夫莫开”、易守难攻的区域。因此从古至今，四川成为极少数没有遭到战争破坏的地区，因而使得川酒得到了较好的、持续性的发展，酿酒工艺也得以稳定地传承、发展下来。

2．得天独厚的气候

四川古称“天府之国”，地处中纬度地带，是中国气候带最多的省区之一。全川从南到北，纬度从低到高，南亚热带、中亚热带、北亚热带、暖温带、温带、寒温带和亚寒带都有，且都有相当面积。其中，作为白酒产区的东南部盆地属于湿润温暖的亚热带季风性气候，这一地区高温多湿、降水充沛、日照充足且常年温差较小。

这一气候条件有利于白酒的酿造。白酒生产的关键在于酿酒微生物的数量和质量，四川湿润温暖的气候条件非常符合酿酒微生物生长与繁殖的要求。在各产地的生产环境中蕴藏着较多的酿酒功能菌，尤其对酿制浓香型白酒更为有利。四川生产的大曲，皮薄、菌丝分布均匀，曲香扑鼻，为生产浓香型白酒提供了充足的“动力”。并且，由于气候温和湿润，泥土黏性好，窖泥保水效果良好，一般不会出现北方窖泥常见的缺水、老化现象，为浓香型白酒生产提供了良好的基础。

3．优质肥沃的土壤

四川主要土壤类型为紫色土、水稻土和黄壤，其土质肥沃，含有大量腐殖质。一方面，优质的田土为水稻的种植提供了良好的基础，在粮食富余的基础上，也间接为酿酒原粮的产出提供了条件。另一方面，四川筑窖用的黄泥，无砂石杂物，黏性好，呈微酸性，富含钙、铁、镁、锌等微量元素，并且栖息着较多的己酸菌和甲烷杆菌，这对浓香型白酒窖泥培养极为有利；并且土质中含铝较高，遇水后泥土结构变得致密，筑窖后不渗水、不漏浆，符合浓香型酒的厌氧发酵条件。另外，四川窖泥还能保住窖池发酵产生的一定量“黄水”，窖泥长期得到“黄水”的浸润，既有利于己酸菌的发育，又有利于防止窖泥老化，还能够提高酒中的香味成分。在发酵、开窖蒸酒及封窖发酵的过程中，由于窖内压力和含氧量的变化，糟醅中的养分和大曲、空气、环境中的微生物及其代谢产物不断通过黄水进入窖泥中，而窖泥中独特的微生物菌群及其代谢产物又不断进入糟醅中，实现窖泥的新陈代谢，使窖泥中微生物生命力旺盛，从而达到“以窖养糟，以糟养窖”的良性循环，并形成特殊的微生态链。

4．丰富的酿酒原粮

酿酒的主要原料为高粱、稻米、小麦等粮食作物，在生产效率低下、物质相对匮乏的农耕文明时期，只有先解决了人们的温饱问题，在粮食有富余的条件下，才能进一步发展酒业。得益于得天独厚的气候条件和丰富的自然资源，自古以来，四川的粮食产量就充裕，少有饥荒，不仅为四川酿酒业的发展提供了充足的原材料，也为酒曲的制作提供了物质基础。

四川地区的高粱、小麦等作物产量和质量较高。四川泸州、宜宾、自贡、内江、射洪等地盛产优质糯高粱（红粮），色泽红亮、颗粒饱满、淀粉含量高，且几乎全是支链淀粉，吸水性强、易于糊化，出酒率和酒质远超过粳高粱。泸州老窖在当地建立了数十万亩原料基地。川南一带的软质小麦则适于制曲，加之得天独厚的自然条件和传统的制曲技艺，“平板曲”和“包包曲”各有特色，外表都有颜色一致的白色斑点或菌丛，皮张薄，断面色泽均匀一致，呈猪油色，并伴有少量黄、红色斑点，具有特殊的浓郁香气。

四川种植水稻的历史悠久，有资料表明可上溯至新石器时代中期。近年来，彭山、眉山、乐山、峨眉、广汉、德阳、绵阳、泸州等地汉墓出土的稻田模型表明，水稻在南起泸州、北到绵阳一带成为首要粮食作物。研究还表明，至唐宋时，水稻种植除在河川、平原和峡谷地带普及外，在东南平行岭谷地带都有种植。清代，川南、川西和川东成为稻米主产区和粜米之所。

5．精湛的酿造技艺

四川酿酒工艺技术保持着良好传统，操作细致，讲究卫生，受过去小曲酒酿造操作影响，流酒速度较慢。2006年，“泸州老窖酒传统酿造技艺”被列为国家首批“非物质文化遗产”，是浓香型白酒的典型代表，更是川酒的代表。在20世纪50～60年代，经两次查定试点，泸州老窖将传统工艺技术毫无保留地传授给了全行业，推动了全国白酒业的发展和技术进步，为目前浓香型白酒占有白酒类70%左右的市场份额奠定了基础。

四、“三大名白酒”查定及试点总结

（一）泸州老窖酿造工艺查定试点

1. 背景

泸州老窖大曲酒是中国最古老的四大名白酒之一，是我国劳动人民智慧的结晶。新中国成立以后，为了振兴民族工业，提高名酒的质量，泸州老窖大曲酒生产工艺查定被中央政府列入我国制定的《1956—1967年科学技术发展远景规划》（简称“十二年科技规划”）。1957年10月至1958年4月由四川糖酒工业科学研究室（现四川省食品发酵工业研究设计院）、四川省专卖公司等16个单位组织的62位技术人员蹲点泸州老窖，在陈茂椿、熊子书专家的带领下，对泸州老窖生产工艺进行全面查定总结（史称“泸州老窖试点”），本次试点拉开了中国白酒三大试点的序幕。可以说，泸州老窖对浓香型白酒的生产工艺总结及泸型酒的推广起到了至关重要的作用。参加泸州老窖试点，也让五粮液、剑南春的产品质量稳步提升，并分别在其后第二届、第三届全国评酒会上被评为“国家名酒”。

2. 查定内容

查定总结工作自1957年10月起，泸州老窖大曲酒操作法总结委员会对泸州老窖大曲酒传统操作的工艺进行了系统的整理和分析，通过对车间生产进行观察、记录、讨论、分析和总结，基本上摸清了影响泸型酒（泸州老窖）质量的因素和改进办法，以及各项工艺的关键点与发酵规律，总结制定了一套技艺精湛的传统操作法。

（1）系统整理了泸州老窖大曲酒传统操作法的历史演变　由于温永盛老窖大曲酒（即泸州老窖大曲酒）传统操作法全凭经验，通过“师徒相传、口传心授、脚踢手摸”等生产方式一代代传承，因此未经过科学的整理，无文字记载。为了对泸州老窖大曲酒这一宝贵的文化遗产尽可能做到保真复原，以便在原基础上进行科学的整理，从而达到去伪存真和规范科学的目的，因而对泸州老窖数百年的传统操作法进行系统整理。

经查定，1937年抗日战争以前，基本上是采用传统操作法。其工艺特点为：窖老、窖小、单轮发酵期较长、窖帽特别低、糠壳用量少、量水少、滴窖时间长、黄水滴得干、天锅蒸馏、操作细致、技术管理自成一套。当时的泸州老窖酒由于“醇香浓郁、饮后尤香、清洌甘爽、回味悠长”，深受广大人民喜爱。因此这一时期的白酒质量是相对较好的时期。

抗战时期是四川酒业发展的一个重要阶段，作为抗战的大后方，这里聚集了大量的沦陷区人员，其中也有大量的科技人才，促进了川酒产量的大幅度提高，除了产量上的增长，在生产的技术、管理和规模方面也有了较明显的改善。部分酒厂注意技术改进并使用科学仪器来监管生产，这样可以比较客观、准确地测量、掌握有关数据，对于提高质量和扩大生产规模起了极大的促进作用。其次，出现部分专业酒作坊，有明确的生产管理分工，而这些专业酒作坊大多是由专业作坊发展而来，泸州的温永盛作坊就是其中一个。

抗战时期（1938—1945年），在我国工业微生物的开拓者、酒界权威方心芳的带领下，他所在的“黄海化学工业研究社”在川期间，对川酒技艺（四川泸州大曲酒和四川小曲酒）开展了研究。1948 年4 月初，黄海化学工业研究社李祖铭先生应泸县“天成生”作坊主人郭龙先生邀请，到天成生、温永盛曲酒厂（现国宝窖池所在地）做实地调查，对泸州大曲酒酒曲微生物和酿造工艺进行了研究。这是经查阅资料所见的对泸州大曲酒进行科学研究的最早记载。

抗日战争以后直到1955年初，其工艺特点为：窖帽高、发酵期和储存期短，产量大、产品质量相对不稳定。1955年以后，四川省糖酒公司在党政部门的大力支持下，积极采取措施，对固有的传统操作法加以重视，并在逐步恢复巩固传统工艺的基础上创新了一些科学的工艺技术，如回沙（酒）发酵、熟糠拌料等，产品质量得到逐步提高。

（2）标定传统操作和现行操作　选取采用传统操作法的温永盛车间（现国窖车间）和采用现行操作法的大中车间（现国窖花园处），通过实际操作、现场观察、标定记录、化验分析、生产试验、综合分析、总结鉴定等工作，寻求和研究生产过程中适当的技术条件和操作方法，以及影响质量的因素。从对比试验中总结出现有泸州老窖大曲酒操作法的优缺点，从而去粗取精，制定总结出一个统一的大曲酒操作法，以进一步巩固、提高名酒的质量。

（3）研究试验　为了找出影响曲酒品质的因素，进行了一系列的对比研究试验。

①熟糠拌料试验：由于糠壳中含有的多缩戊糖经发酵后可产生糠醛，含有的果胶在发酵过程中可产生甲醇，如用受潮生霉的生糠拌料蒸酒，会直接给酒带来异杂味。而用清蒸过的熟糠拌料蒸酒，则可避免产生上述现象。

在工艺查定中采取同一品质的发酵糟，用生糠（未经清蒸的糠壳）和熟糠（利用蒸粮余汽清蒸生糠壳20～25min）分别进行拌料，在同一设备及操作条件下进行蒸酒。

根据尝评结果，发现熟糠拌料的基础酒质量明显优于生糠拌料的基础酒。

②回沙发酵试验：即回酒发酵试验。酒头、丢糟黄水酒品质较差，如复蒸为基础酒，则影响质量，如将此质量较差的酒头、丢糟黄水酒稀释后回入窖中，继续发酵，可使基础酒的微量香味成分进一步生成，提高基础酒的质量，从而起到良好的作用。

选择三个质量相同的窖池，分三种方法进行试验，除回沙操作不同外，固定其它操作条件：

a．回沙入窖时将酒头、丢糟黄水酒稀释至约20%vol后，逐层泼入窖中，使其发酵。

b．封窖断吹后将酒头、丢糟黄水酒稀释至约20%vol后灌入窖中，使其发酵。

c．操作方法同一般操作，但不进行回酒，作对照。

根据尝评结果，表明回沙生产的基础酒口感优于不回沙，而回沙方法中分层回沙优于断吹回沙，故回沙发酵是提高产品质量的有效措施。

③窖帽高低试验：泸州老窖大曲酒中有一种特殊的芳香，经验证明此种芳香的生成与老窖有密切的关系，一般说来，接触老窖越多的发酵糟，其酒越浓郁芳香，传统老操作法的窖帽仅为15cm左右，其产品质量较优，故此采用试验来证明窖帽高低对产品质量的影响。

选取同一老窖的发酵糟在开窖后分别取其上、中、下层酒糟各一甑进行蒸酒。尝评结果表明，下层酒糟所产的酒优于中层，而中层又优于上层，故窖帽以低为佳。从成分分析结果看，下层酒糟所产酒的总酸、总酯、总醛高于中层酒糟，而中层酒糟所产的酒的总酸、总酯、总醛又高于上层。

④麦曲（大曲）用量试验：麦曲（大曲）用量因季节及操作不同而异，其用量的多少，直接影响产品质量及产量。试验表明，麦曲用量为20%（对投粮计）时，优质酒比例和淀粉利用率较高、粮耗较低。若麦曲质量较差且在一、四两个气温低的季度里，用曲量仍以20%（对投粮计）为宜；若麦曲质量较高且在二、三两个气温高的季度里，可适当降低其用量。

⑤除头去尾试验：由于酒头中含有醛类等低沸点杂质，酒尾里含有杂醇油、糠醛等高沸点杂质，影响酒的风味，使其糙辣、带苦味。为了提高产品质量，适当地除去酒头、酒尾是必要的。

根据蒸酒时流酒前后酒的成分变化试验结果数据可知：酒精浓度开始最高，以后逐渐下降；总酸开始时下降，然后继续上升；总酯开始时最高，然后逐渐下降；总醛开始高，随后逐渐下降；杂醇油开始时稍高，上升后即逐步下降；甲醇开始稍低，之后稍有上升，继而又下降，一般变化不大；糠醛开始低，以后逐渐上升。蒸馏前后酒的成分变化趋势见图1-35。

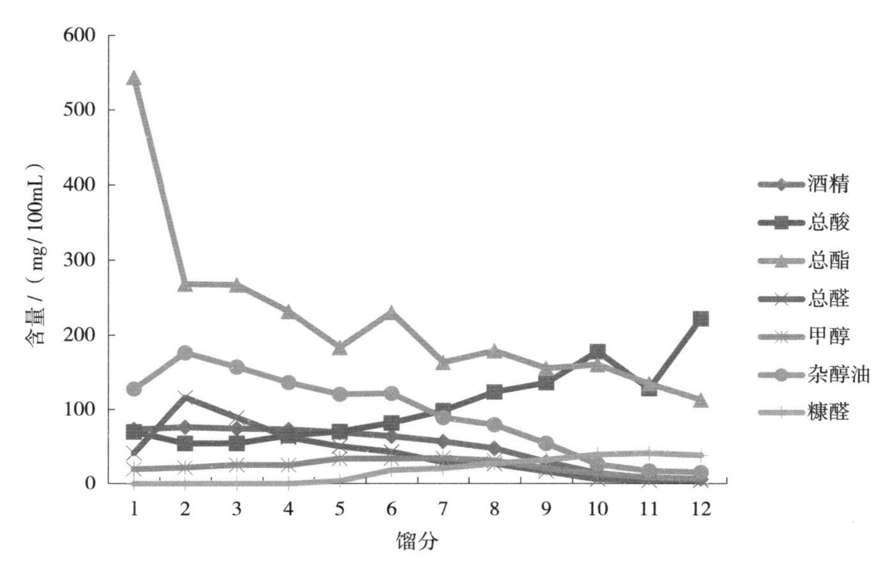

图1-35　蒸馏前后酒的成分变化趋势

除头可除去低沸点的醛类和杂醇，但总酯也受到影响，甲醇及糠醛不能除去；去尾主要是去掉糠醛以及有机酸等高沸点成分。根据除头试验的尝评结果，不除头酒的香味较浓，可能是含酯类、醛类、杂醇油较高所致，但不除头的酒的总醛较高。各车间可根据具体情况，除头0.5～1.0kg，这不影响香味，也可除去部分有害杂质。根据去尾试验的尝评结果，以断花摘酒为佳，故去尾以断花摘酒为准。

⑥原度酒与降度酒试验：试验表明：原度酒（61%vol左右）比降度酒的酒体更丰满、浓郁，且加浆水种类不同，降度酒的品质也不一样；化验结果表明：降度后，除总醛略有增加外，其它成分含量均低于原度酒；尝评结果表明：加浆用水以蒸馏水最好，冷开水次之，井水与自来水再次之。

（4）提高泸州老窖大曲酒质量的初步意见

①原材料质量控制方面：原料应选用成熟、饱满、干净、无霉烂的高粱和小麦，尽量采用新原料，收购时应有相应的质量标准，每批进厂原料都应检查质量，一般原料要按“先进仓的先用，后进仓的后用，水分大的先用，水分小的后用”的原则。

在不影响生产的原则下，应尽量少用糠壳，若用量过多，不仅会增加成品酒中的甲醛和糠醛含量，同时也会影响丢糟用作饲料的质量。

水为酿酒工业主要原料之一，是酶与原料进行作用的媒介，名泉与佳酿确有密切的关系。提高用水质量，还可减轻工人的劳动强度。例如，位于酒城泸州凤凰山下的龙泉井，井水四季常满，清洌微甘，为凤凰山地下水与泉水的混合；水质硬度适宜，对菌类生长繁殖和酶代谢起到了良好的促进作用，特别是能促进酶解反应，是美酒酿造的上乘之选。

②酿酒工艺方面：窖帽高低、发酵周期及滴窖时间长短对产品质量也有一定影响。适当降低窖帽，使粮糟高出窖口，经发酵作用后可全部沉于窖内与窖泥接触，从而提高产品质量；适当延长发酵期有利于窖内微生物更好地代谢转化生香，是提高酒质的技术措施之一；根据车间记录和相关试验，滴窖时间应延长至7～12h为宜，若滴窖时间过短，黄水未滴干，糟醅水分过重，多用糠壳导致基础酒质量下降，应采用滴窖勤舀黄水和及时舀尽黄水的方法改善。

③制曲工艺方面：制曲用水应清洁卫生，杂菌少，否则将会使曲块出现皮张厚、没有曲香、带霉味、断面不整齐等现象，将对基础酒的质量产生一定的影响。制曲过程中特别是踩曲应操作细致，使曲坯水分均匀一致，保证成品曲质量。为了尽可能伏天多制曲，需要增加踩曲房和储曲仓库，选拔优良制曲技工，加强科学管理，集中踩曲和存放，严格控制制曲工艺操作，保证产品品质一致。

④储存包装方面：陶坛储酒可以保证酒质，更可促进陈酿，提高品质；而用竹篓装酒，其装酒时间越长，酒质越差。为此专家建议应建厂制坛，保证各车间的生产周转所需，以提高泸州老窖大曲酒的质量。包装除三曲外一律采用瓶装或瓦罐调拨，既可减轻酒坛不足的困难，又可保证品质。新酿出来的酒一般较为糙辣，且有异味，经储存、陈酿老熟后，越来越醇香，因此好酒必须要经过一定的储存期。

⑤管理制度方面：专家组对泸州老窖大曲酒生产管理制度方面提出了相关意见，主要是建立原始记录、加强化验与尝评工作、加强市场管理、加强清洁卫生工作等方面。建立原始记录制度要求各车间必须加强现场管理，健全必要的原始记录和不同季节的操作规程，积累历史数据，寻找不同季节的最适条件（入窖温度、配料比例、淀粉含量、酸度的大小和水分含量），为以后改进生产、提高质量提供依据；成立中心化验站，增加化验人员和化验设备，利用科学方法来指导生产；成立一个健全而固定的评酒组织，通过品评，摸索出一套较为成熟的鉴定标本和尝评制度。

3．历史意义

本次查定总结对全国白酒的发展具有十分重要的意义。

（1）针对泸州老窖大曲酒传统操作法，对其300余年历史演变进行了系统整理，并通过对大量研究结果的分析，去伪存真、去粗取精、继承传统、发扬传统，从更规范和系统的角度建立了科学的泸州老窖大曲酒操作法，供全国同行学习。

（2）通过传统操作和现行操作的标定工作，系统整理和总结了泸州老窖大曲酒传统操作法及制曲工艺，使之规范化、系统化，便于学习和推广。

（3）用常规分析方法对泸州老窖基础酒、成品酒进行较全面的分析，从而对传统操作法有更深的认识，用生物化学、微生物发酵、有机化学方面相关的理论，进行了高度概括与总结。

（4）在深度认识传统操作法的基础上，通过试验反复进行对比。其中“熟糠拌料”“量水用量”“麦曲用量”“入窖温度”“回沙（酒）入窖”“窖帽高低”“延长发酵周期”“除头截尾”“原度酒加浆”“不同容器储酒对酒质的影响”“储存试验”“麦曲制造”“双轮底技术”“回酒蒸馏”等方面，分别安排试验，分组进行，每个试验均与传统方法进行对比，对试验结果进行分析，总结出优化的传统操作法更为科学，提高了质量和出酒率，优质酒比例也有显著的上升。

（5）测出窖底糟醅产酒质量高于窖边、窖边又高于上层，明确了浓香型白酒糟醅质量与窖泥质量的密切关系，为后来人工老窖培养提供了依据，进而也形成了一套完整的“泸州老窖大曲酒综合操作法”，为浓香型白酒奠定了质量操作模式。

（6）编写出了“泸州老窖大曲酒提高质量的初步总结”以及《泸州老窖大曲酒》一书（图1-36），于1959年由轻工业出版社（现名中国轻工业出版社）发行，并在全国范围内推广。

图1-36 《泸州老窖大曲酒》

4．历史贡献

（1）浓香型白酒的市场份额　浓香型白酒是我国市场销量最大的白酒香型，其生产厂家之多，产销量之大，市场覆盖之广，饮用者之众，远远超出其它任何香型的酒种。在第五届评酒会上评出的17个名白酒中，有9个属浓香型，占50%以上。在历届评酒会中，浓香型酒的品种数量都在50%以上，这说明浓香型白酒是中国白酒的主导和大宗品种。据资料显示，近几年来，浓香型白酒占中国白酒市场份额超过70%。浓香型白酒能有今天的辉煌，与其典型代表——泸州老窖的生产技术对外传授功不可没。

（2）泸州老窖对中国其它香型白酒发展的贡献　20世纪60年代以来，全国各地许多酒厂纷纷来到泸州拜师求教，泸州老窖酒厂也派出技术骨干，走遍大江南北，全国掀起了学习泸州老窖生产工艺的热潮，不仅使浓香型白酒在全国开花结果，而且许多酒厂在学习泸州老窖酿酒工艺时，由于受当地自然环境的影响，在工艺上也有所不同，有着鲜明的地域特色，如北方浓香型白酒窖香香气清雅，江淮一带的浓香型白酒窖香香气淡雅，四川的浓香型白酒窖香香气幽雅。它们同属浓香大类，但不同厂家的浓香型白酒也各具特色，各有千秋。它们构成了中国白酒丰富的味觉感受，所生产的白酒也得到了不同层次消费者的认可。据不完全统计，全国先后有河北、安徽、内蒙古等27个省、市、自治区的酒厂到泸州学习，泸州老窖的技术人员在全国指导生产的酒厂达300多家（图1-37，图1-38），许多产品被评为国家优质产品。泸州老窖大曲酒的这次研究总结，使传统操作与科学理论相结合，提高了中国白酒的生产技术水平，并在全国各酒厂推广和应用。泸州老窖酒厂对此做出的历史性贡献是巨大的，业内有口皆碑。

熊子书老先生曾评价泸州老窖这次查定工作：在名优白酒的总结中，泸州老窖的总结是最早的，堪称第一；泸州老窖采用的科研方法和采取的措施对以后20世纪60年代茅台酒、汾酒的试点总结都有重要影响；我国白酒科研项目的研究都是从浓香型白酒开始的，如白酒降度试验、制定白酒质量标准和大容量储酒容器的研究等，极大地促进了浓香型白酒的发展。

（3）改变了消费白酒的饮用习惯　随着浓香型白酒生产工艺向全国的推广，以及改革开放以后川酒的大流通，浓香型白酒绵甜柔和、后味净爽的口感被消费者所喜爱，中国人消费白酒的饮用习惯也由东西南北分散生产的小作坊烧酒为主逐渐改变为浓香型白酒为主流。

图1-37　陈奇遇（前排正中）首创的勾调技艺在全国进行推广

图1-38　1984年9月12日泸州市曲酒厂第一期化验培训班结业留念

（二）茅台试点

1．第一次茅台工艺总结

1959年，轻工业部为完成国家科委制定的“十二年长远科学发展规划”，首次组织总结贵州茅台酒生产工艺，且被列入“中苏合作”重大科研项目，由刚组建的轻工业部发酵所熊子书负责，并抽调轻工业部、贵州省及茅台酒厂的科技人员，计划半年内完成。

首次总结茅台酒生产工艺的单位，由轻工业部发酵工业研究所、贵州省轻工业科学研究所、茅台酒厂和中科院贵州分院化工研究所等10余名人员组成总结工作组，讨论了总结工作的内容及方法，并进行了分工。同时在新老车间各选出总结试验窖，又在这两个车间进行夏季与冬季投料（下沙）的比较，找出不同窖龄和季节对酿酒的影响差异点。通过现场观察、调查访问、生产记录、取样化验、微生物检测、综合研究等，完成一个大生产周期，发掘其生产工艺特点。

茅台酒生产的传统工艺是：每年5月（阴历）端午开始踩曲，9月重阳下沙酿酒，结合当地农业生产季节，此时小麦和高粱新原料分季上市，更适合制曲酿酒生产的气温，有利于微生物生长繁殖。

茅台酒生产工艺的主要特点为：原料粉碎粗，生沙为二、八成，糙沙为三、七成；用曲量大，与酿酒原料高粱之比为1∶1，如果把大曲折合成小麦，则小麦用量超过高粱；一年一个生产周期，两次投料，8轮次发酵，7轮次蒸馏取酒，每轮发酵在30d左右；蒸出酒按酱香、醇甜及窖底香3种典型酒体和不同轮次酒分别长期储存，精心勾兑后再储存为成品酒。更重要的特点为“四高两长”，“四高”即高温制曲、高温堆积、高温发酵、高温馏酒，“两长”即储存时间较长、发酵周期长，这是形成酱香风味的关键。对“高温制曲、高温堆积”进行了真实、科学的记载。

“高温制曲”记录中指出，曲坯入室第3天，曲温达到58℃，在以后25～30d的培曲过程中，曲温都在55～65℃。在制曲坯时，加水量为原料的40%；曲坯在曲室内是用稻草包围着的，水分很难蒸发；曲坯入室10d以后，水分才见减少。这种水多的情况宜于芽孢杆菌的繁殖。曲中微生物鉴定的结果，确认芽孢杆菌最多，鉴定的17株芽孢杆菌（枯草芽孢杆菌）中有5株产生黑色素。曲坯高温培养中，发现一种高温霉菌，像黄曲霉，不过菌丝稍长。32～35℃不生长，到45℃时才生长。这有点像金色嗜热子囊菌。“高温堆积”，60℃上下的高温大曲中酵母菌类都被杀死。所以茅台高温大曲无酒精发酵作用，必须另外引入酵母菌。茅台酒厂向酒醅中引入酵母菌类是在晾堂上进行的。

酵母菌来自晾堂、场地、器具、空气，在堆积过程进行繁殖。一般堆积2～3d，品温达40℃，表层温度可达50℃，有白色斑点。鼻闻有香甜味和微酒气时，即可下窖，说明堆积间有糖化、酒化和酯化作用，这对茅台酒香味的产生有重要的作用。通过分离鉴定酒醅中的酵母菌类，也可知堆积的重要性。

“高温制曲、高温堆积”的作用和效果，可从微生物检测的结果得以印证。

（1）晾堂上微生物的变化　1959年6～8月，热季对两个车间4个班组共7次取样分离鉴定，其中3次分离出的全是酵母菌类，1次全为细菌类，其余3次酵母菌类占40%～70%，细菌类占30%～55%，霉菌占5%～30%。1959 年11月至1960年2月，在冬季同样对两个车间4个班组共10次取样分离鉴定，其中除2次全是细菌外，其余8次中酵母菌类占50%～99%，细菌类占10%～50%，霉菌类占1%～30%。

（2）堆积糟中微生物的变化　1959年6～8月，热季检测堆积糟中的微生物，从一、三车间的班组共5次取样分离鉴定，除1次全为细菌类外，其余4次酵母菌类占89%～95%，细菌类占3%～5%，霉菌类占5%～8%。1959 年11月至1960 年2月，在冬季同样从一、三车间的班组共5次取样分离鉴定，除1次细菌类占95%外，其余4次酵母菌类占70%～95%，细菌类占2%～20%，霉菌类占5%～30%。

在总结茅台酒生产工艺中，提高产品质量的技术措施如下。

①踩曲时曲母用量从5%～8%降低至3%～5%，成曲仍可达到优级指标。

②用温度计代替传统的“手摸脚踢”。

③加强封窖泥管理，增加封窖泥厚度，确保不裂口、不生霉。

④强调上甑操作技术，要求轻撒匀铺、探汽上甑，提高产量、质量。

⑤确定茅台酒蒸馏接酒方法和规定酒精度。

⑥茅台酒储存老熟后，取出老酒时，在坛中留5%～10%陈酿酒，然后倒入新酒，可促进老熟。

⑦将感官指标和理化分析结合，制定了入库酒和出厂酒的质量标准。

1959年调查研究，经一个大生产周期的查定总结，从下沙到丢糟各工艺的实际操作，整理出一套完整的技术资料，使传统工艺建立在科学的基础上，使这份宝贵的文化遗产得到了继承与发展。

2．第二次茅台试点

1964年10月至1966年4月，第二次茅台试点在贵州茅台酒厂举行。

“茅台试点”以轻工业部食品局工程师周恒刚为首，抽调辽宁、黑龙江、河北、河南、天津有关人员22名，贵州省轻工业科学研究所全体人员以及董酒厂2名技术人员共同组成试点组；此次试点通过对酱香型白酒制曲、酿造工艺、微生物特性及香味成分深入研究、检测和科学总结，终于揭开了茅台酒的许多多年未解之谜。

此次茅台科技试点以质量为中心，科学地总结传统生产工艺的典范，提出了至今仍在执行的质量准则：产量和质量发生冲突的时候，产量服从质量；效益和质量发生冲突的时候，效益服从质量。此次试点的主要成果归纳如下。

（1）进一步规范了制曲、酿酒传统工艺和操作。

（2）对酿酒微生物进行了更深入的研究，初步掌握了制曲、堆积、发酵过程中微生物的活动规律，为后来麸曲酱香型白酒的生产提供了丰富的微生物资源。

（3）确立了酱香型中的三种典型酒体，即酱香、醇甜、窖底香。利用纸上层析和薄层色谱法，初步检测了茅台酒的微量成分。后来通过气相色谱检测，证实酱香型三种典型酒体在成分上有明显区别，导致其香气和口味有所区别，酱香型三种典型酒体的感官特点见表1–3。

表1-3　酱香型三种典型酒体的感官特点

典型酒体	感官特点
酱香	酱香突出，入口有浓厚的酱香味，醇甜爽口，余香较长，空杯酱香更好，香气纯正
醇甜	清香带浓香气味，入口绵甜，略有酱香味，后味爽快，空杯有酱香，香气纯正
窖底香	窖香较浓，醇厚回甜，稍有辣味，后味欠爽，空杯酱香明显，香气纯正

（4）此次试点率先报道了在生产茅台酒的窖池底部发现了杆菌和梭状芽孢杆菌，并认为是窖底香成分的主要制造者。后经分离鉴定才知道它们是丁酸菌和己酸菌。对己酸乙酯的发现和己酸菌的培养，最终证明了己酸乙酯的确是窖底香味成分，并对浓香型白酒香味成分的剖析和发展起到了促进作用。

之后，对中国白酒的香味成分进行更为严谨的对比分析，从而确立了中国白酒基本香型。当白酒由一个极其落后的传统产业迈向科学化发展的关键时期，周恒刚带领的全国试点工作，为新中国白酒的科学化进程起到了巨大的推动作用。

（三）汾酒试点

1963年3月15日，“汾酒试点”工作正式开始。以轻工业部发酵所所长秦含章为首，抽调轻工业部发酵所工程师熊子书、山西省轻化所35人以及无锡轻工业学院师生17人及山西汾酒厂工人、技术人员及领导干部共56人，组成“总结提高汾酒生产经验试验工作组”试点组。此次试点，为了研究和鉴定汾酒的质量，建立了汾酒品质尝评法、汾酒酿造化学分析法和汾酒质量标准，系统地总结和论证了汾酒生产工艺的科学性、正确性，为进一步开展对汾酒乃至中国白酒的科学研究奠定了基础。

此次试点对汾酒生产工艺进行了较全面的研究总结，共研究了200多个项目，进行了3000多次试验，得到了20000多个数据，取得了良好的效果，撰写了《汾酒微生物分离法》《汾酒生产检验法》《大曲生产写实》《汾酒生产写实》《汾酒尝评法》等极有价值的资料。这次写实总结，确定了3种大曲生产和汾酒发酵生产的工艺，对汾酒微生物进行了分离鉴定，选育出汾酒生香酵母汾1号及汾2号等；通过这次总结，对汾酒生产中出现的许多问题由感性认识上升到理性知识，制定了一整套完整的汾酒品评及检验方法；使汾酒的产量、质量有了质的飞跃；使汾酒生产技术由传统的言传身教，转变成以科学技术为衡量操作过程是否正确的标准。这些成果至今仍有其指导意义和应用价值。

1．制曲方面

通过对清茬曲、后火曲和红心曲三轮伏曲的生产观察、研究，初步掌握了每种大曲在培养过程中的微生物和生化变化规律，从而制定了一套较完整、科学的汾酒大曲操作法。

（1）原料及其配比　大麦与豌豆的比例，应与其特性及气候相结合进行考虑，其比例以6：4为好。冬季豌豆可略少些，以免曲块外干内湿或生心。但不能少于原料总量的30%，否则曲坯易碎散。

（2）原料粉碎度　可将大麦与豌豆混合后进行粉碎。粉碎度以能通过0.3mm筛孔者占34%～40%为宜，其余为小米粒状。掌握冬粗夏细的原则。

（3）加水、拌和　加水量为原料的42%～50%，夏季用凉水；冬季用32～35℃的温水。加入适量母曲粉。

（4）踩曲、培曲　踩曲后每块曲质量为3.2～3.5kg。3种大曲的原料、配比、粉碎度、踩曲及翻曲操作等基本相同。但加水量、培养温度略有差异。各曲培养过程均须经上霉、晾霉、潮火、大火、后火、养曲6个阶段，但应掌握好“潮火”和“后火”两个主要环节；清茬曲与后火曲的温度控制基本相似，唯后火曲各阶段的晾曲温度比清茬曲高1.5℃左右；潮火末期和大火期的最高品温比清茬曲高2.5℃左右。红心曲从晾霉到潮火期开始，无明显温度界限；在潮火末期至大火前期，有2～3d的座火期，以后逐渐降温至35～38℃。

（5）贮曲时间　伏曲的贮曲期，由过去的6个月改为3个月左右。

（6）大曲微生物检测　发现汾酒曲中曲块表面以根霉居多，犁头霉在大曲中含量最多，少许黄曲霉、黑曲霉和毛霉；红曲霉在清茬曲中较多；曲中乳酸菌较多，醋酸菌较少。将选育出的11种微生物制成麸曲，生产出“六曲香酒”，被评为国家优质酒。

2. 酿酒工艺

（1）高温润糁　是清香型酒的典型工艺。经粉碎的高粱称为糁。拌料时加入原料质量56%～62%的热水，水温夏季为76～80℃；冬季为82～90℃。拌匀后，堆积，加覆盖物，润料18～20h，期间翻动2～3次。若发现翻动时表皮干燥，可追加原料量2.5%的热水。物料最高温度冬季为40～45℃；夏季为48～52℃。润糁后要求物料不淋浆，手捻成粉无硬心、无疙瘩、无异味。润糁的作用是使物料吸水均匀，且蒸后、加曲入缸时不淋浆而发酵时能缓慢升温，最终成品酒较甜绵；高温润糁时，物料上的野生菌繁殖、代谢，生成某些香味成分，对促进酒的回甜很有效。

（2）混合用曲　清茬曲糖化、液化、蛋白分解酶活力最高；后火曲发酵力最强。将3种曲混合使用，取长补短。清茬曲、后火曲、红心曲的比例为3：4：3。使用混合曲酿制的酒，具有清香纯正、醇和、爽口、回甜等特点。大楂酒、二楂酒均可达到优级标准。

（3）发酵　物料入缸水分为 53%左右。初步探索了酒醅发酵过程中的微生物消长状况和物质变化规律，为控制发酵条件提供了依据。采用“酒醅多点温度遥测仪”，测量地缸发酵酒醅及保温材料的温度，总结出“前缓、中挺、后缓落”的发酵温度变化规律。

（4）“四回”　为提高酒质，采用回糁发酵、回醅发酵、回糟发酵、加“回糁香醅”蒸酒的措施。其用量分别为8%、5%、5%、9.5%。

3. 分析、品尝等研究

“汾酒试点”分析了汾酒的成分，采用“四度分级法”，即酒精度、总酸度、电导度、氧化度，按“四度”数值，将每天所产的酒分级归类，按类入库；产品出厂前，再取样品尝，根据得分排序分级，进行勾兑。此外，还解决了瓶装汾酒的蓝黑色沉淀（因瓶塞中的单宁和铁瓶盖或水中铁离子造成）及白色沉淀（水中钙、镁离子造成）问题。

第二节
酒体设计发展历史

白酒是我国传统民族产业，具有鲜明的地域特色，过去由于交通不便、信息不畅以及技术水平低下，发展相对缓慢，技术水平也参差不齐。由于白酒发酵过程本身具有不可控性，导致基础酒质量不稳定，直接影响了产品质量。人们通过大量的探索，逐步研究出统一质量的酒体设计技术。新中国成立以来，我国白酒酒体设计工艺也历经了几个时代，从传统经验型逐步变为科学的酒体风味设计工艺学，不仅传承了传统的酿酒技艺，更在此基础上有了创新和升华。特别是近年来人们希望应用现代科学技术将白酒生产全过程置于可控制的状态，以期生产出符合设计思路的理想酒体。相信随着科技的发展，酒体设计工艺还会不断进步，为白酒品质的提升做出重要贡献。

一、20世纪50～60年代的经验型：色谱技术——组合技术

20世纪50～60年代，市场对白酒的质量有了更高的要求，因此酒厂不单使成品酒的酒精含量逐步降低到60%vol，而且开始将口感纳入白酒的质量评价中。口感好的白酒产品畅销，价格升高；口感差的白酒产品滞销，价格下降，促使生产厂家对出厂产品分等级。浓香型白酒首先推出了优级、一级、二级等产品。20世纪50年代，泸州老窖便率先根据大曲酒的色、香、味进行尝评计分，计分采用20分制，其中颜色占3分，香味占7分，味道占10分，总分在16～20分的为特曲，10～16分为头曲，10分以下为二曲。这种由尝评验收人员感官尝评后，结合当时大曲酒的理化指标要求，分别定级的质量控制方法，适应了不同消费层次的需求，促进了生产技术的发展，逐渐形成了根据等级定价的经营模式。全国各地酒厂都开始逐步建立产品质量验收定级小组，白酒质量尝评员诞生，推动了生产工艺的改革创新和生产装备的改进。

20世纪50年代初，在酿酒生产过程中，将同一发酵窖池中不同糟别的酒进行组合，即将不同糟醅的基础酒进行勾兑，是早期的勾兑方法，当时的勾兑概念仅是由尝评、组合两个工序构成。在这一时期，泸州市糖酒公司负责泸州老窖质量管理的技师

陈奇遇在对每坛没售完的残留基础酒进行并坛时，无意间发现不同批次的酒兑在一起口感普遍好于单坛酒。于是他有目的地每月定期到酒库尝酒，逐坛品尝，定出等级，不同批次的酒经过尝评后，将其中同一等级不同坛号的进行扯兑；或将不同糟源的酒按一定比例扯兑；或将不同排次、不同季节、不同窖池的酒扯兑，发现通过这些技术操作能够提高泸州老窖酒的口感质量。经过多年的实践，他率先开展了浓香型（泸型酒）白酒尝评勾调技术的研制和应用。20世纪60年代中期，泸州老窖开始使用5t铝桶进行勾兑组合，然后加浆降度，包装出厂。这一时期的勾兑技术处于初始阶段，主要是以经验为主，因此也就出现了第一批尝评勾兑人员，这些人员由酒库操作工人和尝评技术人员组成，对推动白酒的技术进步和中国白酒技术的发展发挥了重要作用。

贵州茅台酒传统的勾兑方法是大坛酒勾小坛酒，酒龄长的勾酒龄短的，产什么酒就勾什么酒，全凭酒师的经验，没有统一的标准。因此不同批次的成品质量并不完全一致。1951年，李兴发进入茅台酒厂当工人，1964年，他因确立了茅台酒三种典型体而闻名。李兴发结合多年的实践经验，对200多种不同轮次、不同酒龄、不同味觉特征的样品酒进行了数千次品尝，进行了标准酒样分析、不同酒龄酒样分析、勾酒典型体酒样分析及其成分变化分析，最后归纳得出三种典型酒体，即酱香体、窖底香、醇甜体。在确立三种典型酒体之后，李兴发又按不同比例，采取任意、循环、淘汰等勾兑方法进行数百次勾兑，掌握了茅台酒的勾兑规律，勾兑出“酱香突出，幽雅细腻，酒体醇厚丰满，回味悠长，空杯留香持久，风格独特，酒质完美”的茅台酒。根据其独特的芳香，李兴发将它命名为“酱香型”白酒。

20世纪60年代以前，测定总酸、总酯、总醛、甲醇、杂醇油等均采用的是化学方法。随着技术的进步，色谱分析技术开始广泛应用。1963年凌川白酒试点，1964年茅台、汾酒试点研究组，均采用纸层析色谱法定性及半定量，检测出白酒中的酸、酯及芳香族化合物等香味成分；在茅台试点中，研究人员对“窖底香”酒分析时发现其己酸乙酯含量比较突出，然后又与泸州老窖酒进行对比，同样是己酸乙酯含量比较高，而且和单体气味相近，于是周恒刚带领的科研组提出“泸州老窖大曲酒”是以己酸乙酯为主体香。1964年秦含章先生主持的汾酒试点提出的汾酒主体香为乙酸乙酯。对白酒认识的深化，为1979年第三届评酒会时酒样分组由过去混合编组的做法，改为按香型分组进行评酒提供了理论基础。

1965年，在四川省泸州市召开的全国第一届名白酒技术协作会上，时任茅台酒厂技术员的季克良先生宣读了用科学理论总结整理的李兴发科研小组科研成果——《我们是如何勾酒的》一文，引起了强烈反响和各厂家代表的高度重视。这篇文章回答了茅台酒为什么要勾兑，还回答了茅台酒如何勾兑的问题，并对勾兑人员提出了要求。1965年下半年，国家轻工业部在山西召开茅台酒试点论证会，原轻工业部食品局工程师周恒刚对茅台酒的传统酿造工艺进行了总结，正式肯定了茅台酒三种典型酒体的确立，这一发现是白酒生产技术的一大进步，推动了酒类生产的发展和质量的提高，同时也为全国各种评酒活动提供了比较具体、规范、科学的评比标准。茅台试点通过对酱香型白酒查定与深入研究，揭开了不少多年之谜，特别是己酸乙酯的发现及己酸菌的培养，对浓香型白酒发展起到了促进作用。

1964年，沈怡方、金佩璋、曾祖训等白酒科研人员在内蒙古轻工所利用纸层析和柱层析技术对泸州大曲、茅台、五粮液、汾酒中的氨基酸进行了分析，各种酒层析图谱很相似。纸层析和柱层析技术为白酒微量香味成分的分析检测首开先河，也为白酒酒体设计奠定了理论基础，揭开了勾兑技术的神秘面纱，从而使中国白酒走上了使用仪器分析剖析和掌握白酒中各种微量香味成分的含量及比例，借助科学分析方法优化白酒生产工艺的道路，达到提升产品品质的目的。

二、20世纪70~80年代的归纳总结型：理化分析、气相色谱、微机勾调技术——勾兑技术

20世纪70年代，中国白酒行业逐步展开勾兑技术研究，并运用于生产实践。根据感官鉴定，在若干坛酒之间按各种味觉反应，以人的经验对酒的量比关系进行不断调整组合，其酒质又有提高。通过不断实践发现，选用口感好的酒作调味酒，并开始使用分析仪器作为调味依据，先勾兑小样，然后按小样扩大到生产上，使酒质得到进一步稳定和提高。为了使白酒的风味变得幽雅、细腻、丰满、醇厚，首先要组合基础酒，要求达到“香气协调，形成酒体，初具风格”的标准，同时还需要有各种风格的调味酒。于是采用特殊的、科学的酿造工艺，生产出各具特色、种类繁多的调味酒，调味酒经长期储存才能使用，从而有利于调味工作和质量稳定。

1979年，泸州老窖酒厂赖高淮高级工程师率先在全国公布了真正意义上的勾兑技术，这种勾兑技术是把尝评、勾兑、调味有机地组合成一体的酒体设计技术。他经过实践工作经验的积累和总结，借鉴前人的成果，于1986年在全国首先出版了《四川名优曲酒勾兑技术》(图1-39)，对稳定和提高名优曲酒的质量有着非常重要的意义。在20世纪

70～80年代，泸州老窖酒厂把“成品酒勾调技术”“窖泥培养技术”“加速新窖老熟技术”等新的酿造工艺和理论广泛传播，如今已在酿酒生产中得到广泛应用，推动了全国浓香型白酒生产的大发展。1979年以来，泸州老窖在原商业和轻工系统举办了数十期全国酿酒工艺和成品酒勾调技术培训班，将勾兑技术向全国白酒企业推广，对白酒质量的稳定与提高发挥了重要的作用。泸州老窖为酿酒行业培养了大批的勾兑人才，大大地推动了勾兑工作的普及、应用和发展，为中国白酒技术的发展做出了重大贡献。

图1-39
《四川名优曲酒勾兑技术》

（一）气相色谱技术与勾调技术相结合

1973年，黑龙江轻工所用气相色谱对白酒中的醇、醛、酯进行了初步定量测定。1976年，内蒙古轻工所采用DNP（邻苯二甲酸二壬酯）加吐温–60的混合填充柱以及恒温色谱法定量分析出了白酒中醇、醛、酯香味成分约20个；采用苄酯化法测定出白酒中10多种C_1～C_5的脂肪酸，当时就能分析白酒中30多种有机化合物。20世纪70年代末，内蒙古轻工所将气相色谱技术在白酒分析上进行推广与普及，在全国酒企开展气相色谱分析培训，并出版了《白酒气相色谱分析》一书，列出了酒的127种香味成分，制定了用DNP柱检测醇、酯等组分的方法，多种检测方法后来作为国家标准。白酒生产企业采用这种方法来分析白酒中的香味成分。这对白酒的生产、加工、分析、研究有巨大的推动作用。

20世纪70年代末至80年代初，白酒勾兑技术得到进一步发展和完善，是将同香型的酒，先用尝评的方法对基础酒进行分等定级，分门别类地储存，然后取长补短，按一定比例进行组合，最后添加微量的调味酒。白酒勾兑技术是提高优级品率，保证产品质量稳定和产品固有风格的重要手段。勾兑技术的普及与提高，使中国白酒的质量和技术获得一次飞跃。20世纪80年代初，条件较好的酒厂已经采用气相色谱检测白酒中的微量成分，并与勾调技术结合，使勾调技术进一步科学化、数字化，使质量水平得到进一步提高。对白酒香味成分的剖析，明确了我国白酒香味的特征，为白酒香型划分奠定了科学基础，对提高白酒质量，提高组合与调味技术起了极大的作用。随着白酒分析技术进入气相色谱分析阶段，行业内对白酒香味成分及其形成机理的认识逐渐清晰，逐渐认识到白酒香味成分的种类及含量和量比关系的不同是形成不同风格特征的重要因素。在对中国白酒尤其是对国家名优白酒的香味成分来源与微量成分的构成等方面进行深入研究以后，1979年在第三届全国评酒会上根据主体香味成分和感官特征的不同将白酒分为浓香型、清香型、酱香型、米香型和其它香型。

（二）微机勾兑系统与勾调技术相结合

20世纪70年代以来，由于色谱分析技术的日益提高，白酒中许多微量香味成分的作用逐渐被人们所认识，从而给探索白酒组合勾调的奥秘创造了条件。通过色谱分析，人们对白酒中各种微量香味成分与白酒风格的关系逐步有了比较清楚的认识。勾兑技术的发展过程也由人工经验阶段发展到20世纪80年代末使用微机勾兑调味阶段。微机勾兑是将基础酒（原度酒）中的代表本产品特点的特征微量成分含量和总酸、总酯等数据输入计算机，计算机再按照选用的基础酒中各类微量成分含量的不同进行优化组合，将各类微量成分含量控制在规定的范围内，达到协调比例的要求。进行微机勾兑后，再品尝、分析，若成分、感官指标能基本吻合，则说明方案可行、结果可靠，否则应该重新勾兑。

微机勾兑系统采用了白酒行业最具创新性的计算机模拟理论，初步实现计算机模拟勾兑。传统的人工勾兑，只利用色谱分析的2～5个理化数据，不仅组合计算十分复杂、可靠性低，而且也是一种资源浪费（大量的分析数据闲置），不可能通过对更多理化指标的控制实现对感官质量准确的控制，这是传统的人工勾兑费时、费力、质量波动大的主要原因。而计算机模拟勾兑系统，则实现了计算机技术与白酒勾兑理论的初步结合，充分利用了色谱分析的数十种理化数据，即根据计算机模拟勾兑理论和人工智能技术，采用高性能计算机对这些数据进行科学计算，实现预期目标，完成以前无法完成的工作，如多种基酒、多种成分同时参与计算，实现以前无法实现的功能，如快速、准确地制定产品配方等。

（三）尝评新技术——秒持值恒定评酒法

我们一般通过理化色谱分析和感官检验相结合的方法对白酒的质量进行综合判断。理化分析采用的是各种分析检测仪器，而感官检验就是利用人的感觉器官来对酒的质量进行鉴定，而尝评方法很多时候“只可意会，不可言传”。1985年，剑南春的徐占成先生经过反复研究，总结出了新的评酒方法——秒持值恒定评酒法。

“秒持值恒定评酒法”就是在评酒过程中，尝评人员以秒为时间单位，把一定量的名优白酒的香和味在口腔内保持的时间，以及这种酒中各种微量香味成分综合后的物理特征对感官刺激的强度，用数字和坐标曲线表示出来的方法。这种方法使传统的评酒方法转移到数据化、标准化的科学轨道上来。

（四）勾调工具的变化

白酒勾兑技术使用的工具、仪器比过去更加先进。20世纪80年代广泛利用量筒、刻度吸管来计量，替代了早期的竹提计量方法。泸州老窖创造性地采用了玻璃注射器（配5½针头）作为勾调的工具，使调味工作更加细致、准确。目前有的厂家采用微量进样器进行精确计量。

三、20世纪90年代：不同香型白酒工艺的融合和新工艺白酒的勾调技术

20世纪80年代末至90年代初，随着国家紧缩银根，限制“三公”消费，白酒行业从高速增长变成急剧下滑，许多酒厂举步维艰。同时行业内对中国白酒的“香”和“味”产生许多的困惑，比如中国白酒的风格特征到底向什么方向走，有的提出“重香不重味”，有的提出“重味不重香”，也有人认为消费者不喜欢曲香味。于是，为了适应市场变化，加之对不同香型白酒微量香味成分的剖析，白酒技术人员为突破香型的束缚不断探索，用不同香型的白酒按一定的比例组合调味来调整白酒微量香味成分的含量和量比关系，达到创新口感的目的。实践证明，不同香型白酒之间的勾调丰富了白酒勾调工艺的内容，创新了白酒勾调技术，有利于开发新产品、新品种和新口感。一些酒厂大胆突破香型的束缚，不断创新，在泾渭分明的主体香型基础上，进行了不同香型基酒的勾调和不同香型工艺的融合，创新了企业产品的风格特征，产品风格也随市场需求的变化而相互借鉴、取长补短。目前浓香型白酒占据中国白酒主导地位，但是酱香、清香、兼香白酒发展快速，其它香型和品种的白酒不断调整其口感特征，为适应消费需求而快速发展。目前香型的融合有两种途径，一种是不同香型风格白酒之间的勾调，通过相互借鉴，弥补产品质量和丰富口味，比如浓酱结合、凤浓结合、浓清酱结合；另一种则是生产工艺的借鉴和融合，如有的浓香型生产企业采用部分酱香工艺生产基础酒，使酒体有机酸含量增加，也有利用多粮工艺生产清香、凤香白酒。在20世纪90年代后期，湖南酒鬼酒异军突起，它融合了多种白酒香型的工艺，既有小曲白酒工艺又有大曲白酒工艺，既有石壁泥底窖又有泥窖，使其酒体风格独特，成为当时价位最高的酒种之一，受到消

费者的喜欢。

新工艺白酒是固液结合法白酒和液态法白酒的统称，是采用食用酒精为原料，配以多种微量香味成分、调味液和固态法基酒，按照名优酒中微量成分的量比关系设计的酒体再进行增香调味而成的一大类白酒。新工艺白酒具有“香气清雅，醇甜柔和、酸酯协调、口味干净”的风格特点，适合特定消费群体的需求而深受欢迎。1956年，白酒界正逢酝酿固态法生产向液态法生产转变的时期，适逢中央召开知识分子问题大会。在这次会上，周总理代表中央政府做了报告，报告中提出“向科学进军”的任务，并在会后成立了国务院科学规划委员会，调集600多位国内科学家，并邀请百余位苏联专家参加共同编制《1956—1967年科学技术发展远景规划纲要》。当时轻工业部提出酿酒工业方面的课题是“酒精兑制白酒”。其依据是白酒中主要成分酒精加水占总量的98%，国内酒精厂食用酒精生产工艺可以达到生产高纯度酒精的水平，食用酒精质量已经不是主要问题，需要解决的问题是如何搞好白酒中1%～2%呈香呈味成分，并配制成具有白酒风味的产品。

轻工业部提出的课题经过国家科委专家们审议并通过后，列入12年科学技术发展远景规划中，这是白酒界采用科技与生产相结合的办法，探索着将在古老的固态法生产的基础上大胆地进行液态法生产。用酒精改制白酒，既是国家规划项目之一，必然受到白酒界的重视。但是进入具体研究阶段时，又遇到种种困难。既没有先例可借鉴，又没有技术资料可供参考，全凭“摸着石头过河”。屡经碰壁之后，不得不纠正操之过急的问题，改为退一步再前进的方针，即保留一部分固态法生产与液态法生产酒稍相结合作为过渡的生产工艺。这就是新工艺白酒的开端。

20世纪90年代后的新工艺白酒是利用固态法白酒和微量香味成分加食用酒精的生产工艺使新工艺白酒的质量得到进一步优化，同时，在新工艺白酒的勾调上，对勾调原料质量要求更加严格。质量较高的新工艺白酒在酒体组合时加入了更多的优质固态法白酒，再根据名优白酒中微量成分的量比关系通过添加微量香味成分、调味酒补充其风味的不足，使酒体协调、丰满，从而继承了传统白酒的香味和后味的爽净度。新工艺白酒的勾调更多的是在传统名优白酒香味成分剖析的基础上，根据其酒体设计目标，为基础酒搭好“骨架成分”，再用“协调成分”使酒体协调，最后用调味酒的复杂成分“画龙点睛”。但目前新工艺白酒酒体风格、口感还达不到传统优质固态法白酒的香气幽雅、细腻、醇厚、丰满的风格特征。在产品的标签标识上，新工艺白酒产品应如实标识使用的原辅料，让消费者明明白白地消费。

随着色谱分析技术的不断提高，从恒温到程序升温，色谱柱由大口径填充柱到毛细管柱，从单一色谱到色谱-质谱联用（GC-MS）、液相色谱与质谱联用（LC-MS）、光谱与质谱联用（ICP-MS）。到了20世纪90年代，已经从白酒中分析检测出各种香味成分约342种，其中定量检测出180多种，包括许多含氮、含硫、酚类以及一些杂环类香味成分，这对逐步揭开白酒风味的神秘面纱做出了突出的贡献。

四、21世纪初：酒体风味设计学

21世纪初，剑南春的徐占成先生开创性地提出“酒体风味设计学”，这既是对我国酿酒行业从技术创新到理论突破的一次尝试，也是对我国传统酿酒理论的升华，他开创性地提出了形成酒体独特风味特征的机理，设计、生产各种酒体风味特征名优白酒的关键技术，并由此为科学地建立酒体风味设计奠定了基础。

图1-40 《酒体风味设计学》

徐占成先生编著的《酒体风味设计学》（图1-40）对酒体风味设计学的目的和内容、研究与学习的方法；中国白酒酒体风格设计的原则；酒体风味特征与酒曲、原料、设备、生产工艺模式的关系；酒体风味特征的确认，成品酒酒体风味特征的形成，实现设计的酒体风味特征的确认；实现设计的酒体风味特征的关键技术，酒体风味设计的实例等，分别做了科学的探讨和总结，解决了白酒产品创新与生产结构调整的重大关键技术。

年份酒的鉴别是中国白酒行业面临的难题，剑南春酒厂科研人员经长期的潜心研究，于2007年提出《年份酒挥发系数鉴定法》发明专利的申请，2009年正式获得授权。“挥发系数鉴别年份酒”的这一科学方法，是利用多台精密检测仪器联用技术研究剑南春年份酒中微量香味成分的挥发系数。研究发现：剑南春白酒储存时间越久，酒体中微量香味成分挥发系数会随着储存时间的延长而减少。该方法解决了剑南春年份酒鉴别的难题，具有快速、准确、适用性和可操作性强等优点，为中国年份白酒的鉴别开拓了一种思路。

五、新技术的运用

（一）输酒管网技术

输酒管网技术的运用，实现了酿酒班组与不同储存酒库之间的酒源运输，该技术可以保证白酒转运过程计量的准确性和质量的稳定性，减少了酒源运输过程中的不必要损失和不可控因素对酒源的污染。

输酒网见图1-41。

图1-41 输酒管网

（二）基础酒验收组合存储技术

刚酿造的基础酒经尝评验收确定基础酒类别之后，将各个类别的基础酒按照优势互补、取长补短的原则，充分利用不同基础酒个性风味特征和微量香味成分的量比对组合基础酒风味质量的完善，进行尝评组合、并桶（坛）储存。基础酒的储存过程中酒中微量香味成分不断发生变化，储存后酒体口感也会发生变化，使微量香味成分变得相对“平衡”“绵柔”，有效地提升了基础酒的质量，保证了产品质量的稳定和提高。

（三）酒体设计层级技术

酒体设计层级技术是根据细分市场、消费群体需求，确定成品酒的酒体风格，针对性地选择基础酒酒体。从感官鉴评上来看，依据酒体香气的愉悦程度、口感的干净爽口程度，香和味的平衡程度，设计出的绵软、柔顺、幽雅、舒适等不同风格的酒体；从理化分析上看，从最初的经验型到控制理化指标同感官评价相结合再到现在的微量香味成分的量比协调来确定白酒酒体设计，层级技术是在酒体设计技术的基础上进一步的发展。

（四）水处理技术

在历史上，酿造用水基本上使用的是井水、河水等天然水源，或用沙缸经简单粗过滤后使用。随着自来水的供应和规模化的生产需要，酿造用水广泛使用自来水。针对白酒货架期沉淀的行业共性问题，研究得出加浆水中Ca^{2+}、Mg^{2+}、SO_4^{2-}等离子含量过多是造成成品酒货架期沉淀的主要因素。酿酒行业先后采用了预滤器预滤、离子交换树脂去除阳、阴离子的三级加浆水处理技术，以及现在广泛采用的RO膜反渗透处理技术，确保了加浆降度用水的质量，减少了因加浆降度用水质量带来的成品酒货架期产生沉淀问题的发生。目前酿酒行业加浆水广泛采用纯净水，但也有人认为加浆水中含有适当的金属离子能够促进白酒的老熟和有助于改善酒体口感。

（五）微机勾兑系统的基础——分析检测技术的进步

为了进一步分析白酒中的香味成分，内蒙古轻工所最早是采用纸色谱、柱色谱对白酒进行分析。随着分析检测技术手段的不断进步，人们对酒体微量成分认知的数量由10余种、36种、108种发展到300余种、1000种以上。20世纪90年代到21世纪初，气质联用仪器运用到白酒的分析上，四川大学陈益钊教授根据白酒微量成分在酒体中所起的作用将微量香味成分划分为骨架成分、协调成分、复杂成分，并对它们在酒中呈香呈味的作用做出了新的认识和论述，这是对酒体香味成分认识上的飞跃。曾祖训先生则对酸在白酒中的呈香呈味作用进行了系统的论述，特别是有机酸在白酒中的作用，这些对白酒香味成分的探索，使白酒的组合与调味技术进入科学层面，香味成分对酒体的作用及它们相互间的关系越发清晰。随着科技进步，更多的先进分析仪器设备应用到白酒生产中，如ICP-MS、原子显微镜、全二维飞行色谱-质谱联用仪、超临界二氧化碳萃取技术等先进分析技术为传统工艺的发展进步带来了质的飞跃。采用现代检测技术与人的感官品评相结合的酒体设计思路，对白酒的勾调技术带来了跨越式的发展。

由于20世纪80年代的计算机技术和软件系统的发展，微机勾调系统为白酒微机勾调打下了一定的基础。泸州老窖、五粮液等先后开发了微机勾调系统。20世纪初，泸州老窖开发出白酒微机勾兑调味辅助系统（GTS-2000），采用了计算机技术和信息处理技术相结合，初步实现了白酒勾调信息化，其中勾兑与调味子系统计算出的组合数据同最终分析检测数据具有较高的一致性，可以把成品酒的理化指标控制在设计范围内，提高产品质量，降低成本，提高生产效率和市场竞争力。随着人工智能的快速发展、大数据的采集及云计算的运用，白酒酒体设计的数字化和遗传算法、计算机白酒勾兑与调味系统还将显示它更强大的功能和生命力。

第三节

酒体设计目的

中国白酒具有独特的生产工艺，从酿酒原料、制曲、发酵、蒸馏等工艺条件来看，受客观条件和工艺本身各种因素的制约，每一轮次生产出来的基础酒在感官特征、酒体风格、理化指标上均存在较大的差异。要解决上述问题，必须依靠技术进步和技术创新，去伪存真，制定一套标准的生产工艺流程，从而使产品质量稳定可控。除在酿酒工艺上需规范和严格要求，从源头上控制好基础酒的质量，确保基础酒品质的稳定和提高外，还需要在产出的好酒的基础上锦上添花，取长补短，设计出满足市场的好产品，同时根据在尝评勾调过程中发现的问题，提出对酿酒生产工艺提出新的改进。这些生产中的实际问题进行系统研究就产生了白酒生产工艺中的一门新学科——白酒酒体设计工艺学。白酒酒体设计工艺学是中国白酒酿造工艺学的一门独立的分支学科，它是从酿酒原料的选择及配比、糖化发酵剂的制备、酿酒发酵设备与工艺的有机融合等方面进行系统的研究，探索酒体风味特征形成的基本规律，并在此基础上对酒体风格、酒体风味进行设计的一门学科。主要包括市场调研、酒体风格的确定、原料配方设计、糖化发酵剂的制作、酿造工艺技术标准的制定、基础酒储存组合工艺以及调味工艺等内容。

任何一门学科的产生和发展都是为了满足和解决特定的社会需求的，当现实中遇到某一特殊现象时，人们就要研究认识它，从而形成一门独立的学科。酒体设计目的如下。

一、优化酿酒工艺

根据市场和自身产品质量需求，从酿酒原料的选择、原料使用配比、糖化发酵剂的制作、发酵条件的控制、发酵设备的改进、基础酒的验收和储存、产品质量的控制等生产过程进行优化，确保产品质量，有效地掌握控制整个白酒的生产过程，为形成完美的酒体和独特的风格奠定基础。

二、优化储存组合工艺

通过酒体设计发挥各类基础酒的长处，取长补短，可以提高基础酒储存的质量，根据产品需求进行储存组合，提高容器的使用率。

三、满足消费者需求

由于饮食习惯、消费习惯、地域文化等的不同，消费者所需要的产品风格风味会有所差异。因此可以通过酒体设计工艺的优化，创新设计出不同风格和具有鲜明酒体个性的新产品。

四、新产品研发

随着时代的进步，人们除对品质的要求越来越高外，在产品的区域化、个性化、时尚化、健康化等方面要求也越来越高，谁能设计出消费者喜爱的产品，谁就能占领市场。因此通过酒体设计可以不断地设计出创新的产品，也可以对现有产品进行优化改进，满足不同消费群体的需求。

总的来说，酒体设计工艺学是通过研究酒体风味特征形成的机理和规律，从原料配比、酿造工艺、储存老熟、勾调工艺等层面来设计和指导，生产出具有特殊风味的酒类产品的科学。

第四节
酒体设计内容

一、基本概念

（一）酒体设计

酒体设计是根据白酒的理化性质、风味特征、各地区消费者的喜好等各方面因素，对白酒的口感和理化指标进行设计，并选择恰当的各类基础酒进行组合、勾调，使产品达到具有典型风格和个性特征的一门技术。

酒体设计是在勾兑基础上发展起来的。勾调技术传统上都是以师带徒、口口相传的方式进行，秘而不宣，十分神秘。随着时代的进步，生活水平的不断提高，人们对酒体品质的要求也越来越高，产品风味已逐步向区域化、个性化、时尚化、健康化等方面发展，这对酒体设计人员的技术素质和研发能力有了更高的要求。一款好的酒体设计产品能够达到增强企业产品竞争力的效果，酒体设计技术水平的高低在一定程度上决定了企业的生命，所以酒体设计工作对产品质量的稳定和提高非常重要。

（二）酒体设计学

酒体设计学包含微生物学、生物化学、有机化学、分析化学、风味化学、物理化学、微电子学等领域，是一门系统科学与艺术。酒体设计学是对我国白酒生产技术创新的理论总结，对于提升行业科学技术水平具有十分重要的意义，在白酒工艺技术继承、创新和发展上具有里程碑式的意义。

（三）酒体设计工艺学

酒体设计工艺学的内容有广义和狭义之分。广义的内容是指包含从原料的选择和用量及配比、制曲工艺、酿酒工艺、储存工艺、组合勾调工艺、酒源后处理到包装成成品等生产全过程的质量控制。从狭义的角度来说，酒体设计工艺学是通过研究不同风味特征的白酒中微量成分之间的量比关系与酒体风格及变化规律之间的关系，从而设计和指导生产出独具特色的白酒产品的学科。

酒体设计工艺学覆盖的知识面广，涉及有机化学、物理化学、微生物学、分析化学等学科领域，是一门综合类型学科。

二、酒体设计的内容和方法

中国白酒种类众多、风格各异，以其独特的工艺、风味与品质驰名中外，在世界蒸馏酒中独树一帜。中国白酒不同风格种类的形成既受中国广阔的地域、复杂的气候环境、丰富的原料以及优质水源等诸多自然因素的交互作用，也受到各种香型酒之间相互学习、借鉴和创新的影响。目前，中国白酒已有酱香、清香、浓香、米香、凤香、药香、豉香、芝麻香、特香、兼香等十余种不同香型风格特征的产品。它们之间既有共性，也有各自不同的个性。有的香型使用的酿酒原料相同，但发酵设备、制曲工艺不同，形成的风格迥异；有的原料相同，制曲工艺、发酵设备相似，但工艺操作、所处的地域环境不同，所生产的产品也各有其独特之处。随着科技的进步和白酒行业的发展，科技人员和酿酒工作者必须了解和把握白酒风格形成的内在机理和普遍规律，设计、生产出更好的产品，为此需要学习、了解和掌握有关酒体设计的科学原理、具体内容和实践方法，不断提升专业技术水平，满足市场及消费者不断变化的需求。

（一）原料的选择和配比

在名优白酒的生产中，原料是基础，不同种类原料产出的白酒，在风味上存在一定差别。相同种类的原料也因品种、产地、工艺不同，其基础酒的感官特征、理化指标也大不相同。单粮与多粮配比的成分含量比见表1-4，从表中可以看出不同的原料配比其成分的含量有所不同，因此在确定酒体风格特征前应对原料的选择进行系统研究，可以根据所需设计的产品风格特征来选择原料品种以及原料的配比，并采取相应的工艺技术，以期达到设计目标酒体。

表 1-4　　单粮与多粮配比的成分含量　　单位：%

配料＼成分	淀粉	粗蛋白	粗脂肪	粗纤维	灰分	单宁
高粱100%	73	9.5	3	2.2	1.6	1.4
大米100%	73	8	0.2	1.7	0.8	—
糯米100%	70.5	6.5	2.0	0.5	0.9	—
小麦100%	62.5	13	2.4	1.6	1.8	—
玉米100%	66	11	4	2.5	2.1	—
多粮配比一	70.3	9.3	2.2	1.7	1.4	0.5
多粮配比二	70.6	9.2	2.2	1.7	1.4	0.6

（二）制曲工艺的确定

关于酒曲在酿酒工业中的重要性，古人曾论述道："凡酿酒必需用曲蘖，咸信无曲，即佳米珍黍，空造不成。"中国白酒酿造所使用的酒曲，按照制曲工艺的不同，主要分为大曲、小曲和麸曲。不同的酒曲种类用于不同类型的白酒酿造，生产出风格迥异的酒体风格。根据制曲顶温不同，大曲分为高温大曲、中温大曲和低温大曲，比如酱香型白酒酿造用的是高温大曲，浓香型白酒酿造用的是中温大曲，清香型白酒酿造用的是低温大曲。各种香型的白酒无论是工艺、原料配比、发酵特点等均有所不同，有的白酒生产企业采用不同工艺的酒曲混合进行发酵或提高制曲温度，希望通过酒曲中的微生物和酒曲的香味成分来丰富酒体风味成分，所以行业里有"曲定酒型"的说法，就在一定程度上反映了酒曲在酿酒过程中的重要性。在酒体设计中涉及酿酒工艺的设计时，就应考虑到不同工艺生产的酒曲在酿酒过程中对白酒质量和风格的影响。

（三）酿酒生产工艺的确定

多年的研究与生产实践证明，酒体风味特征的形成与酿酒生产工艺紧密相关。不同的生产工艺参数会形成不同的酒体风味特征，由于工艺操作要求和工艺参数的不同，同一香型也有着不同的风味特征。

同样是浓香型白酒，就分为川派、江淮派、北方流派等，它们有着相同的主体香味成分，但口感、风格有差异。以泸州老窖、五粮液为代表的流派从区域上划分为川派，川派的浓香型白酒以"窖香幽雅、酒体丰满"而闻名天下，在口味上突出绵甜净爽，香味上带有"陈香"或"老窖香"；而以洋河大曲、古井贡、双沟大曲为代表的流派从区域上可划分为"江淮派"，该流派的特点是突出己酸乙酯香气，且口味纯正、绵甜柔和；以河套王酒、伊力特酒为代表的流派，从区域上划分为"北方派"，该流派的特点是"酒体丰满，绵甜爽净"。

四川的川派浓香型属于泸型酒，但因原料配比的不同，又分单粮型和多粮型。单粮型的泸州老窖采用高粱为原料，以"醇香浓郁、饮后尤香、清洌甘爽、回味悠长"而著称；多粮型五粮液采用高粱、大米、糯米、小麦、玉米为原料，以"喷香、丰满、协调"而著称。同样是多粮型，因原料的配比不同，五粮液和剑南春风格也不尽相同。五粮液以"喷香、丰满、协调及酒味全面"而著称；剑南春以"味陈、爽冽、醇厚"而著称。同样是单粮，因酿酒工艺、发酵设备与制曲温度的不同，茅台酒、泸州老窖、汾酒的风格迥异。同样是酱香型白酒，因酿酒工艺等因素的不同，茅台酒同郎酒风格也不尽相同。茅台酒幽雅细腻，郎酒果酸突出。表1–5列举了几个不同厂家生产工艺对比，这些都说明，原料、大曲、发酵设备、生产工艺操作、生产参数及条件的不同，酒体风格也是百花齐放，这正是中国白酒的魅力所在。

表 1-5 不同白酒生产企业的酿酒生产工艺

生产工艺＼厂家	泸州老窖	五粮液	茅台酒	汾酒
原料	高粱	高粱、大米、糯米、小麦、玉米	高粱	高粱
酿造设备	泥窖	泥窖	石壁泥底窖	地缸
糖化发酵剂	中温大曲	中温大曲	高温大曲	低温大曲
单轮发酵期	60d以上	40～45d	30d左右	28d左右

（四）基础酒验收工艺

基础酒验收工艺指的是基础酒由酿酒班组生产出来后，在入库储存之前需要按照口感标准和理化指标对其进行定级分类，以形成不同等级、不同风格类型的基础酒源，便于对酿酒班组进行考核，指导酿酒生产，也为酒体设计或新产品研发打下物质基础。

（五）基础酒储存组合工艺

储存组合工艺分为两种情况，一种是分类定级后的基础酒在储存前应将相同等级或类别的基础酒进行组合，经过组合后，同批次、同类别的基础酒的质量能得到稳定，在下一步的储存过程中有利于酒的老熟和酒质的提高。另外一种组合是在储存一定时间后，基础酒的新酒味通过储存而减弱，同时酒的口感也相对稳定，此时再将不同类别、不同等级的基础酒按照它们的风格特征进一步进行组合，通过这种组合方式能优化库存结构，并提高高品质基础酒的数量，从而进一步提高整体基础酒的质量。

（六）调味工艺

名优白酒的调味是在白酒组合工艺基础上的精加工，是组合技术的总结和提高。它对提高名优白酒的质量和典型风格起着非常重要的作用，如果说组合是“画龙”，那么调味就是“点睛”。加强调味工作是提高白酒产品质量的关键。

（七）微量香味成分的平衡

不同香型白酒的主体香味成分与其它香味成分的含量和量比关系不同，会形成不同感官特征的白酒。在酒体设计工艺中需要根据不同风格基础酒的理化数据来进行酒体设计，通过主要微量香味成分参数的确定，可以使产品设计有个清晰的数据架构，便于明确设计方向，也可以根据微量香味成分的不同来粗略构建产品的酒体设计方案。例如，优质浓香型白酒，一般要求己酸乙酯：乳酸乙酯：乙酸乙酯：丁酸乙酯=1：0.8：0.5：0.2，总酸一般要求高于0.8g/L。

酒体设计过程包括感官尝评、组合和调味三个工序，它们是一个不可分割的有机整体。尝评是组合和调味的先决条件，是判断酒质优劣的主要方法，其结果是判断酒质的主要依据；组合是一个组装过程，是一个取长补短、优化酒体质量的过程，是调味的基础；调味则是细化修饰酒体风格、调整酒质的关键。随着人们生活水平的提高，消费者对白酒酒体风格的喜好也有一个不断优化、变化的过程，因此，酒体设计工作应根据人们需求的变化和发展趋势及时调整产品的设计方案和风味标准，以及时应对消费市场的变化。

酿酒原辅料与酒体风味的关系

中国白酒一般采用高粱或高粱、小麦、大米、糯米、玉米等粮谷为主要酿酒原料。不同原料酿出的白酒在风味上不尽相同。相同的原料因品种、产地的不同，其白酒的质量与出酒率也大不相同。酒体设计人员应当了解不同粮食原料的酿造特性，从而根据设计的目标酒体风格选择不同的酿酒原料。不同原料之间的搭配，微生物代谢的产物不同，所酿造的基础酒的口感风味也就不同。通过对它们的研究才能根据不同的酒体设计目标，选择不同的酿酒原料及其量比关系、工艺参数及生产工艺等。

第一节 酿酒原料的种类及特性

酿造蒸馏酒的原料有粮谷、薯类以及代用原料等几大类，后两类在中国白酒的酿造中用者甚少。在世界六大蒸馏酒中，中国白酒主要以粮谷为原料，威士忌以粮谷及麦芽为原料，俄罗斯伏特加以玉米或马铃薯为原料，荷兰金酒以玉米和杜松子为原料，日本烧酒以大米、薯类为主要原料，朗姆酒以甘蔗糖蜜为主要原料。

中国白酒的酿造原料以高粱、小麦、玉米、大米、糯米、大麦等粮谷类为主，其中高粱是最主要的酿酒原料。这些原料含有丰富的碳水化合物，蛋白质等的含量也适中，适合微生物的生长繁殖和代谢。原料经蒸煮糊化、液化、糖化后不仅作为微生物生化反应的基质，而且原料自身以及在蒸煮过程所产生的香味成分也被一同带入酒体中，与发酵过程中所产生的香味成分共同形成中国白酒特有的风味组分，所以酿酒所用的原料对基础酒的风味有着重要的影响，在一定程度上丰富了基础酒的风味。

一、白酒原料的基本要求

白酒行业有“高粱酿酒香，玉米酿酒甜，小麦酿酒冲，大米酿酒净，糯米酿酒浓”的说法，简单概括了几种主要的酿酒原料与酒质的关系。酿酒原料要求含有可发酵性糖或能够转变为可发酵性糖的成分。在实际生产中，除首先考虑原料是否能产酒以外，还要考虑不同原料的搭配及原料的成分、质量等是否稳定合格。目前，白酒酿造原料的选择，大致可归纳为以下三点。

（1）以高粱为原料或者以高粱为主要原料，搭配一定比例的大米、糯米、玉米、小麦等原料。

（2）粮谷原料一般分为糯型与粳型两类，尤以糯型原料酿造的酒质更好，我国西南地区特产的糯红高粱就是酿酒的上等原料。

（3）优质的酿酒原料要求新鲜，无霉变和杂质，淀粉质含量高，蛋白质含量适中，脂肪含量少，并含有多种维生素及无机元素，果胶质含量则越少越好，要求原料籽粒饱满，有较高的千粒重，原料的水分应控制在14%以下。

二、原料的种类及特性

不同地区、不同品种的酿酒原料，因气候、土壤等环境因素的差异，其成分含量和特性存在一定的差异，各种酿酒原料的成分及含量见表2-1。

表2-1　酿酒主要原料的成分及含量　单位：%

成分 配料	水分	淀粉	粗蛋白	粗脂肪	粗纤维	灰分
高　粱	11 ~ 13	65 ~ 81	7 ~ 12	1.6 ~ 4.3	1.6 ~ 2.8	1.4 ~ 1.8
小　麦	12 ~ 13	60 ~ 65	9 ~ 17	1.7 ~ 3.0	1.2 ~ 2.0	1.0 ~ 2.6
大　麦	11 ~ 12	61 ~ 62	11 ~ 12	1.9 ~ 2.8	7.2 ~ 7.9	3.4 ~ 4.2
玉　米	11 ~ 17	62 ~ 70	10 ~ 12	2.7 ~ 5.3	1.5 ~ 3.5	1.5 ~ 2.6
大　米	12 ~ 13	72 ~ 74	7 ~ 9	0.1 ~ 0.3	1.5 ~ 1.8	0.4 ~ 1.2
糯　米	13.1 ~ 13.5	68 ~ 73	5 ~ 8	1.4 ~ 2.5	0.4 ~ 0.6	0.8 ~ 0.9

（一）高粱

高粱又称红粮、蜀黍等。高粱有淀粉含量高、脂肪含量低等显著特点，自古就是酿酒的首选原料。

1．高粱的种类

高粱按黏度分为粳、糯两类，北方地区多产粳高粱，西南地区多产糯红高粱。糯红高粱中的淀粉几乎全部为支链淀粉，结构较疏松，适于根霉生长，以小曲酿造高粱酒时，淀粉出酒率较高。粳高粱的淀粉几乎全是直链淀粉，结构较紧密，蛋白质含量高于糯高粱。按色泽可分为白、青、黄、红、黑等高粱品种，颜色的深浅反映其单宁及色素成分含量的高低。不同品种的高粱其成分含量上有一定差别。

2. 高粱的成分

高粱红色素主要以花色素苷类化合物为主，属于黄酮类化合物。泸州糯红高粱与北方粳高粱穗实的对比见图2–1，不同品种高粱成分的含量不同见表2–2。高粱皮中含有高达1%以上的单宁。

（1）泸州特产糯红高粱

（2）北方粳高粱

图2–1 泸州糯红高粱穗实与北方粳高粱穗实对比

表 2–2 不同品种高粱成分含量比 单位：%

品种＼成分	水分	淀粉	粗蛋白	粗脂肪	粗纤维	灰分	单宁
东北粳高粱	12.1	69.9	9.1	2.93	1.72	1.3	0.09
青壳洋	10.6	69	8.75	4.01	1.37	1.3	1.44
国窖红1号	9.9	69.6	9.8	4.68	1.39	1.4	1.43
泸糯8号	10.4	71.1	8.75	4.4	1.52	1.9	1.38
澳洲高粱	≤13.5	≤60	—	—	—	—	≤0.7

高粱的内容物多为淀粉质颗粒，外面一层是由蛋白质和脂肪组成的胶粒层，易受热分解。淀粉是由葡萄糖分子聚合而成，一般分为两种形态：支链淀粉和直链淀粉。在发酵酿酒时，支链淀粉的含量多少对基础酒的产、质量影响很大。支链淀粉由于具有网状结构，加水并加热后可以在网状空隙中留住水分子，使淀粉变为糊状溶胶且不易老化，便于液化和酶的糖化，从而有利于微生物发酵产酒。高粱虽然在全国各地大多数地方均有种植，但由于气候、土壤环境不同，支链淀粉的含量存在差异。不同品种高粱支链淀粉占总淀粉比例见图2–2。

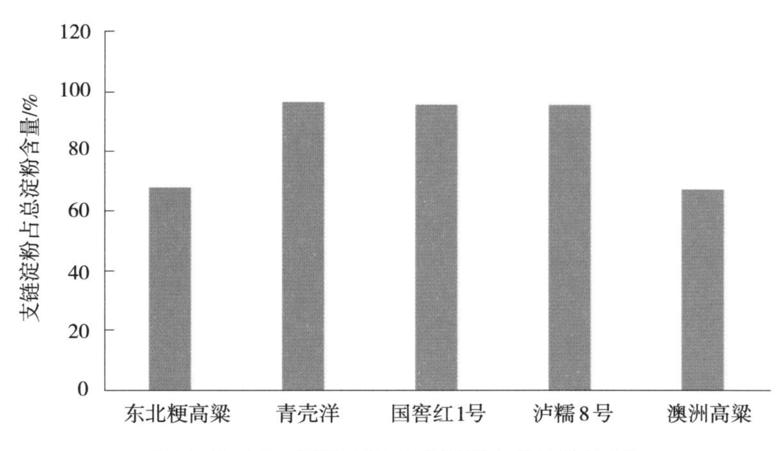

图2-2　不同品种高粱支链淀粉占总淀粉比例

由于泸州独特的自然气候环境，泸州特产糯红高粱的淀粉颗粒几乎全是支链淀粉，从图2-2可以看出，以四川泸州地区特产的糯红高粱为典型代表（品种有国窖红1号、泸糯8号、青壳洋等）的高粱品种，其支链淀粉占总淀粉比例在95%以上，而粳高粱、澳洲高粱等品种的内容物中的支链淀粉占总淀粉比例在70%以下。支链淀粉具有吸水性强、容易糊化、酶作用点多等特点。因此，以糯红高粱酿造白酒，其出酒率和品质均优。不同品种高粱在电子显微镜下拍摄的剖面图见图2-3。北方高粱籽粒微观形态（内部粉质淀粉胚乳结构）见图2-4。南方高粱籽粒微观形态（内部粉质淀粉胚乳结构）见图2-5。

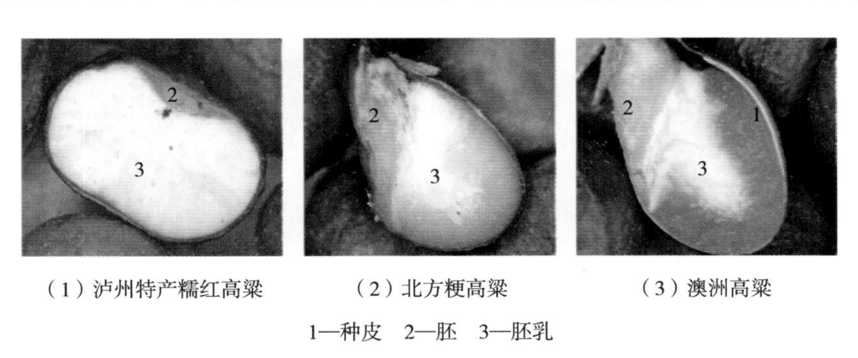

（1）泸州特产糯红高粱　　（2）北方粳高粱　　（3）澳洲高粱

1—种皮　2—胚　3—胚乳

图2-3　不同品种高粱在显微镜下的剖面图对比

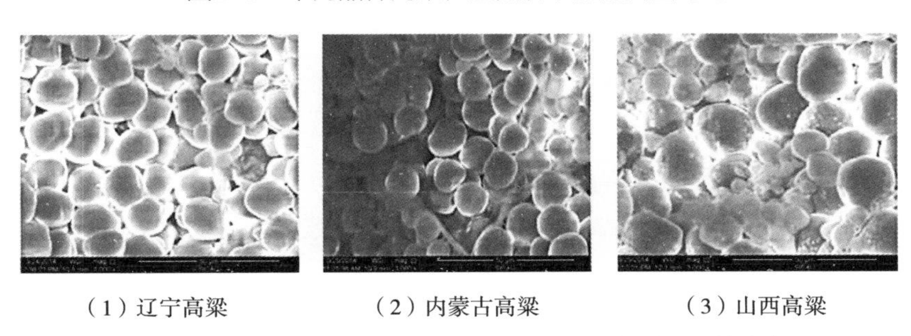

（1）辽宁高粱　　（2）内蒙古高粱　　（3）山西高粱

图2-4　北方高粱籽粒微观形态（内部粉质淀粉胚乳结构）

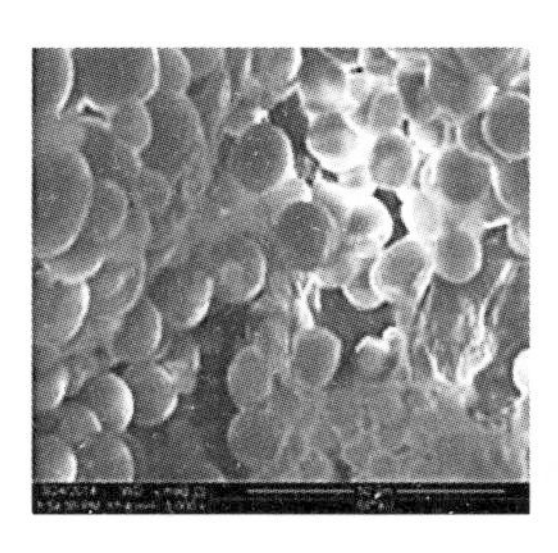
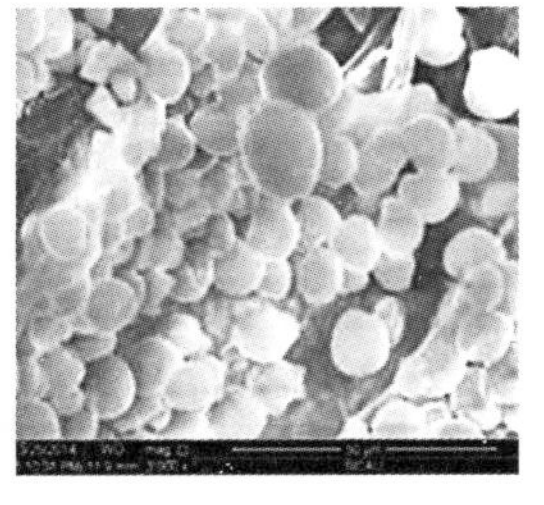
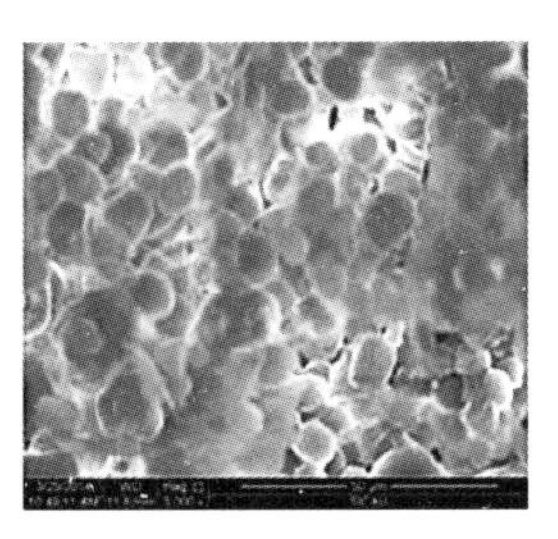

（1）青壳洋　　（2）泸糯8号　　（3）国窖红1号

图2-5　南方高粱籽粒微观形态（内部粉质淀粉胚乳结构）

高粱剖面图的结构包括三部分：种皮、胚、胚乳，其中胚乳储存了大量淀粉。由图2-2已知泸州糯红高粱支链淀粉明显高于北方粳高粱和澳洲高粱。从图2-3可以看出，剖面图中泸州糯红高粱白色粉状物质占比明显高于北方粳高粱和澳洲高粱。初步可判定白色粉状物质主要为支链淀粉。由图2-4可以看出，北方高粱内部淀粉颗粒以椭圆形为主，颗粒间紧凑，其中山西高粱内部淀粉颗粒较大，表面有白色凹槽，淀粉颗粒间有凝胶物质存在。辽宁高粱与内蒙古高粱籽粒内部淀粉颗粒表面光滑，大小相对一致。从图2-5可以看出，南方高粱籽粒内部淀粉颗粒表面圆滑，淀粉颗粒间松散，空隙明显，大小不一，与蛋白质、单宁类物质结合紧密。

3．高粱的特性

高粱相对于其它淀粉质原料结构较疏松，蒸煮后易于被酶和酿酒微生物利用。中国大多数香型白酒均以高粱为主要原料。不同高粱、不同构成部位的比例见表2-3。

表2-3　不同高粱、不同构成部位的比例　单位：%

部位＼品种	白高粱	青高粱	黄高粱	红高粱	黑高粱
胚乳	83.3	81.1	81.1	79.9	79.1
胚	6.8	7.4	6.8	6.6	6.7
种皮	9.9	11.5	12.1	13.5	14.2

4．高粱的感官质量标准

干燥、颗粒饱满、无杂质、无霉变、无虫蛀、无异臭味，含水量小于14%。

（二）玉米

玉米（图2-6）也称包谷、苞米等，是世界上最重要的粮食作物之一。

图2-6　玉米

1. 玉米的种类

玉米有黄玉米和白玉米、糯玉米和粳玉米之分。玉米是主要的秋粮作物，玉米种植形式多样，可分春、夏播种玉米。

2. 玉米的成分

通常黄玉米的淀粉含量高于白玉米。玉米的胚芽中含有大量的脂肪和较多的植酸。不同产地玉米的主要成分含量见表2-4。

表2-4　不同产地玉米的主要成分含量　单位：%

产地＼成分	水分	碳水化合物	粗蛋白	粗脂肪	粗纤维	灰分
新　疆	15.7	71.8	5.9	4.0	1.1	1.5
甘　肃	16.9	68.4	9.4	1.5	1.8	2.0
内蒙古	9.9	75.4	8.0	3.9	1.2	1.6
安　徽	12.6	70.9	9.2	3.8	2.0	1.5
东　北	12.3	73.3	7.2	4.5	1.3	1.4

3. 玉米的特性

由于淀粉颗粒不规则，呈玻璃质的组织状态，结构紧密，质地坚硬，颗粒大，黏性小，故难以蒸煮，而蒸煮后疏松度适中，在蒸煮后不黏不糊。玉米的半纤维素含量高于高粱，常规分析时二者的淀粉浓度相当，但玉米的出酒率低于高粱。玉米的营养成分优于稻米、薯类等；缺点是胚芽中脂肪含量高，特别是胚芽部分可高达18%～50%，在发酵中不易被微生物所利用，经发酵后易产生杂醇油，易导致白酒的邪杂味加重。再因籽粒坚硬、难以糊化等弱点，仅有少数名白酒用作配料，借以增加酒的醇甜味，多数用于酿制小曲白酒或作食用酒精原料。一般认为玉米酒不如高粱酒清冽。

（三）大米

大米（图2-7）是水稻的籽实。水稻，禾本科，一年生草本作物，是世界播种面积最广的粮谷。我国为水稻的原产地之一，约有4700余年的栽培历史，总产

图2-7　大米

量居世界第一位，是我国南方地区的主要农作物。

1. 大米的种类

大米分籼米、粳米和糯米三类。籼米由籼型非糯性稻谷制成，米粒一般呈长椭圆形或细长形；粳米由粳型非糯性稻谷制成，米粒一般呈椭圆形；糯米由糯性稻谷制成，乳白色，不透明或半透明，黏性大。各种大米均分为早熟和晚熟两种，一般晚熟稻谷的大米蒸煮后较软、较黏。现在我国种植的稻谷多数为杂交稻谷。

2. 大米的成分

大米的淀粉含量较高，蛋白质和脂肪含量相对较少。而粳米和糯米相比，成分差异相对较大，见表2-5。

表 2-5　　不同大米的成分含量　　单位：%

品种＼成分	水分	淀粉	粗蛋白	粗脂肪	粗纤维	灰分
粳　米	16.8	69.12	9.15	2.61	0.93	1.39
糯　米	16.8	71.91	6.93	3.20	0.44	0.72

3. 大米的特性

粳米的淀粉结构疏松，有利于蒸煮糊化，但如果蒸煮不当过黏，易导致发酵升温过猛而影响发酵和酒质。大米蒸煮后黏度大，一般均需与其它原料配合使用，应避免过黏影响发酵。

（四）麦类

麦类主要指大麦和小麦，除作为制曲的主要原料外，也常用于酿酒。大麦黏结性能较差，皮壳较多。大麦是有稃大麦和裸大麦的总称。一般有稃大麦称为皮大麦，其特征是稃壳和籽粒粘连；裸大麦的稃壳和籽粒分离，称为裸麦，在青藏高原地区称为青稞，长江流域称为元麦，华北称为米麦等。小麦成分中除淀粉外还有少量蔗糖、葡萄糖、果糖等碳水化合物。小麦蛋白质组分以麦胶蛋白和麦谷蛋白为主。泸州作为长江上游的浅丘地区，土壤肥沃，适合小麦的栽培。

酿酒原料的选择及配比

酿酒原料的选用应从设计的目标酒体的风格和工艺技术角度出发。酿酒对原料的质量要求也十分严格，俗话说“好酒来自好粮”，因为原料质量的好坏和原料配比的是否合适，将直接影响出酒率的高低和酒质的优劣。优质的粮食带来丰富的、有利于微生物生长繁殖代谢的营养物质，同时也是酒中香味成分的前体物质和重要来源之一。

一、原料的选择及配比

白酒酿造的原料多为高粱，而且通常是糯高粱。有的白酒除使用高粱外，还搭配其它原料，其中最典型的例子是多粮浓香型白酒，具体配方如表2-6所示。

表 2-6　　多粮浓香型白酒的原料配比　　单位：%

酒名	高粱	小麦	玉米	糯米	大米
多粮浓香1	36	16	8	18	22
多粮浓香2	40	15	5	20	20

二、小曲酒的原料

小曲酒一般以大米、高粱、玉米为主要原料。三花酒、长乐烧等以大米为原料，四川、云南、重庆等地的小曲酒多以高粱或玉米为原料。

三、麸曲酒的原料

麸曲白酒一般以高粱、玉米等为原料。目前以薯干为原料的较少，多以脱胚玉米为原料。

四、使用酿酒原料应注意的事项

（一）原料的品种

原料品种要尽可能地保持相对稳定。原料品种调整时，应根据不同的原料特性，采用相应的工艺条件进行调整。比如由糯红高粱调整为粳高粱，配料时在用糠、用水量上应做相应调整。

（二）原料的成分

应分析原料中各类成分的作用。对原料中不利于发酵的成分，应在原料预处理环节设法去除，对不同原料的预处理应采用不同的方法。

（三）原料的水分

原料入库水分应控制在14%以下，以免发热霉变而给成品酒带来霉味、苦味及其它邪杂味。

第三节

酿酒辅料糠壳的种类及特性

大多数白酒酿造所使用的辅料主要是糠壳。糠壳作为白酒发酵过程中的填充剂和蒸馏过程的疏松剂为蒸酒、蒸粮、发酵等创造必要的条件。

一、糠壳的要求

糠壳要求杂质少、新鲜、无霉变，具有良好的疏松度，颗粒不能过细，果胶质和多缩戊糖等成分含量要少。糠壳在储存运输过程中容易带来粉尘，加之自身带有生糠味等异杂味，因此在使用前要对糠壳进行清蒸除杂处理。使用经清蒸处理后的粗糠酿酒，可以避免将糠壳中的异杂味带入基础酒中。

二、糠壳的化学成分

糠壳的主要化学成分见表2-7。

表 2-7　　糠壳的主要化学成分　　单位：%

水分	粗纤维	木质素	多缩戊糖	灰分	粗蛋白	脂类物质
7.5 ~ 15	35.5 ~ 45	21 ~ 26	16 ~ 22	13 ~ 22	2.5 ~ 3.0	0.7 ~ 1.3

三、糠壳的特性

糠壳质地坚硬、吸水性差。白酒酿造中一般使用2 ~ 4瓣的粗糠壳，避免使用细糠壳，细糠壳疏松度较低且含米糠较多，容易造成用糠量过大、糟醅发黏、发酵不良。由于糠壳中含有多缩戊糖和果胶质等成分，在酿酒发酵过程中容易生成糠醛、甲醇等成分，因此在生产上糠壳用量一般应该严格控制在20%左右。

四、糠壳的作用

酿酒生产利用糠壳的物理特性，起到以下两个方面的作用。

1．疏松作用

使糟醅具有适当的疏松度和含氧量，并增加界面作用，使蒸馏和发酵能正常进行，有利于香味成分的提取和糟醅的正常升温。

2．填充作用

利用糠壳的物理特性，调整窖池发酵体系中的淀粉浓度、糟醅骨力、入窖酸度。

五、糠壳的使用原则

（一）糠壳的用量

糠壳的用量与出酒率及成品酒的质量密切相关。因季节、原辅料的粉碎度和淀粉含量、酒醅酸度和黏度等不同而异。大曲白酒酿造过程中糠壳的用量（对投粮计）一般为20%左右，酱香型白酒酿造的糠壳用量相对较少，清香型及浓香型白酒酿造的糠壳用量分别为15%以下和22%以下，合理调整辅料用量的原则如下。

1. 按季节调整糠壳用量

随气温变化酌情增减，冬季适当多用，利于酒醅升温而提高出酒率。夏季尽量少用，避免发酵过程中升温过猛，影响产量、质量。

2. 按上排酒醅升温情况调整糠壳用量

糠壳有助于酒醅的升温，若上排的酒醅发酵升温快、顶温高，则本排可减少糠壳用量。

3. 按上排酒醅发酵情况（酸度及淀粉浓度等）调整辅料用量

上排酒醅升温慢、酸度高且淀粉含量高的情况下，可适当加大糠壳用量。

4. 尽可能少用糠壳

发酵、出酒率正常情况下，应当尽可能少用糠壳，从而有利于母糟风格的培养，做到产量、质量皆优。

（二）糠壳应用相应的工艺

为了防止将生糠壳的邪杂味带入酒内，应将生糠壳清蒸除杂，这在清香型、浓香型白酒酿造过程中尤为重要。对混蒸续糟的出窖酒醅，人工拌料时，应先拌入粮粉，再拌入糠壳，原则上不得将粮粉与糠壳同时拌入，或单独将粮粉与糠壳先行拌和。清蒸取酒工艺的出窖酒醅，可直接先与糠壳拌和。

第四节
白酒酿造用水

俗话说：佳酿必有良泉。酿酒先辈们在长期酿酒生产实践中总结出“水乃酒之血”，将水在白酒生产中的地位比喻为人体中的血液，可见水质的优劣对白酒的质量有着重要的影响。白酒酿造用水是指在白酒生产过程中各个环节用水的总称，包括酿造用水、锅炉用水、冷却用水、加浆降度用水和洗涤用水等，用途不同对水的质量要求也不一样。洗涤用水主要指包装洗瓶用水、生产场地、工用器具清洗用水，水质应符合国家《生活饮用水的卫生标准》（GB 5749—2006）。

一、水源

白酒的生产用水主要来源于自来水、地下水。

（一）自来水

自来水在卫生、质量上均较优，因经过处理达到了饮用水标准，所以在酿酒时不必再进行处理就可使用。在用作加浆用水时必须进行进一步处理，去除水中的余氯和硬度，特别是Ca^{2+}、Mg^{2+}和SO_4^{2-}等，同时要注意铁、锰、细菌在水中的含量以及水温变化等。

（二）泉水

泉水是首选的水源，因其硬度较低，含杂质及有害成分少，微生物含量也较少，且含有适量的无机离子。但并不是所有的泉水都是酿造的最佳用水，从地表流出而受土壤层污染的泉水就不宜用于酿酒。

二、白酒生产用水的质量要求

（一）酿造用水

酿造用水是指在白酒生产过程中，用于润粮、蒸煮、打量水、器具的清洗等，这部分水直接或间接参与白酒的发酵，应是中硬度以下、符合国家卫生指标的饮用水。

凡氯、硝酸盐、重金属、腐殖质、溶解性总固形物、细菌总数等指标超过生活饮用水标准的水均不宜用作白酒酿造生产；凡是无色透明、无臭味、清爽适口、无污染、含有适合酿酒微生物生命活动的河水、井水、泉水、自来水等都可用于酿造白酒。它们中一般含有一些金属阳离子和无机酸根阴离子，如K^{+}、Na^{+}、Mg^{2+}、Ca^{2+}、Fe^{2+}、Fe^{3+}、S^{2-}、Cl^{-}、CO_3^{2-}、SO_4^{2-}、HPO_4^{2-}、PO_4^{3-}等。这些离子中某些金属阳离子和无机酸根阴离子参与了发酵过程中极其复杂的生化反应，有些甚至是不可缺少的。因此，水中含有适量的金属阳离子和无机阴离子对酿酒是有利的，但酿造生产用水中金属阳离子含量过高，则会严重影响发酵过程中微生物的代谢，从而对白酒香味成分的生成及产品质量带来影响。有些离子还会影响窖泥的老熟，如Ca^{2+}、Fe^{2+}、SO_4^{2-}、PO_4^{3-}等。

（二）锅炉用水

锅炉用水对水质要求较高，必须是经过软化的水。传统生产的蒸馏方式主要是直火蒸馏，而目前主要采用锅炉集中供汽蒸馏，这种方式提高了热的利用效率，适用于大规模生产。

锅炉用水中若含有沙子、污泥，则可能形成沉渣，影响导热，甚至可能发生锅炉管道或阀门的堵塞；若含有过量的有机物质，则可能造成炉水起沫，影响蒸汽质量；若水硬度过高，则炉壁容易结垢，影响传热，增加燃料消耗，减少锅炉使用寿命。锅炉用水一般要求无固形物、悬浮物，硬度低，油脂、溶解物等含量越低越好。

（三）冷却用水

冷却用水主要是指蒸馏时用于冷却酒蒸气的水。在进行热交换时，冷却器上层水被加热，一般要求在出甑时冷却器上层水的温度能达到85℃以上，以便保证润粮效果和防止入窖糟淀粉的老化及防止杂菌的感染，从而有利于发酵。冷却用水要求硬度不能太大，否则会使冷却设备结垢过多，影响冷却效率；用作打量水的冷却热水要求洁净无污染，从而保证发酵效果和基础酒的质量。为了节约水资源，冷却用水应尽可能循环使用。

（四）加浆降度用水

降度用水即是加浆水，是指经软化脱盐或通过反渗透处理后的用于白酒降度的用水。加浆降度用水质量的好坏对成品酒酒质的影响非常大，如果没有高质量的加浆用水，成品酒容易出现絮状沉淀和结晶现象，难以生产出优质成品白酒，特别是优质的低度白酒。加浆用水要考虑水源地和原水水质，水源要清洁、充足，水质优良。

1．外观

无色透明，无悬浮物，无沉淀。凡是呈现微黄、浑浊、悬浮小颗粒的水，必须经过处理，合格后才能使用。

2．口味

加浆水要求口味清爽、味净微甘；呈苦、咸、泥臭味、铁腥味、氨味、沥青味、腐败味等则不能作为加浆水使用。

3．硬度

硬度是指水中存在的钙、镁等碱金属盐的总量，有暂时硬度和永久硬度之分。我国以1L水中含的钙盐、镁盐折合成CaO和MgO的总量相当于10mg CaO（将MgO也换算成CaO）时，其硬度是1°。水的硬度是水质的重要指标，通常按硬度大小，分为六类：0°～4°为最软水，4°～8°为软水，8°～12°为普通硬水，12°～18°为中硬水，18°～30°为硬水，30°以上为最硬水。

加浆降度用水要求硬度在2.5mg/L（按CaO计）以下，硬度高或较高的水应软化处理后，才能作为加浆降度用水。

4．电导率

水电导率是用数字来表示水溶液传导电流的能力，与水中矿物质含量有密切的关系，可用于检测水中溶解性矿物质浓度的变化和估计水中离子化合物的数量。一般天然水的电导率在50～500μS/cm，清洁河水电导率在100～300μS/cm，高度矿化的水可达到500～1000μS/cm。

加浆水的电导率要求低于20μS/cm。

5．浑浊度

浑浊度简称浊度，水质参数之一，反映用水和天然水清亮程度。它表征水中悬浮物质等阻碍光线透过的程度。一般来说，水中的不溶解物质越多，浑浊度也越高。

加浆水参照《生活饮用水卫生标准》（GB 5749—2006）规定，浑浊度不超过1NTU。

三、水质对白酒风味的影响

在白酒生产过程中，水质的优劣直接影响到白酒风味特征成分的形成和产品质量的稳定性。白酒的微量香味成分主要是微生物的代谢产物，水质及用水量大小会影响微生物的生长繁殖代谢，进而影响香味成分的生成和含量，影响白酒的风味。在制曲和酿酒过程中，水能溶解淀粉、还原糖、蛋白质等成分，以供给微生物生长繁殖和新陈代谢所需。水在发酵和蒸馏过程中有传质传热的作用。优良的水质有利于微生物正常的繁殖代谢活动，有利于发酵的顺利进行，有利于白酒特征风味成分的形成，也有利于窖泥的老熟。若使用被污染、硬度大、碱性重的水作为白酒的生产用水，容易导致窖泥的板结、退化，微生物生长繁殖代谢系列抑制，同时也会将不正常的气味带入酒中，影响酒质，不利于白酒风味特征成分的形成。水中的有机物、藻类、细菌、酚类也会破坏白酒的稳定性，影响白酒风味，使白酒品质降低。

第三章 酒曲与酒体风味的关系

从广义上讲，酒体设计是指包含原料的选择和用量及配比、制曲工艺、酿酒工艺、储存工艺、组合勾调工艺及酒源后处理工艺等生产质量控制的全过程。因此，本章从糖化发酵剂角度着手，从生产工艺及其过程质量控制来阐述酒曲与酒体设计的关系。简单地说，不同生产工艺或不同质量控制条件下生产的酒曲，在制曲过程中筛选、富集的微生物种群和数量也不同，制曲过程中物质降解形成的复合香味成分也就存在差异，优质酒曲进入酿酒体系后进一步演化和代谢的微量成分也就不尽相同，最终形成的基础酒和调味酒的风味也就各有千秋。

在曲与酒以及风味特征的关系上，酒曲具有先导地位，“曲乃酒之骨”“酿美酒必有好曲”就是这个道理。不难想到，没有高品质的酒曲就不会有高品质的白酒。

第一节 概述

一、酒曲的定义

从传统意义上讲，酒曲是以生料粮谷（小麦、豌豆、大麦、大米等）为原料制作曲坯，通过在开放式生产操作过程中，自然网罗环境中的微生物接种，在人为调控的发酵条件下，曲坯中的微生物此消彼长地生长繁殖，并伴随微生物酶的代谢和微量香味成分的生成，同时曲坯自然积温、自然风干，形成富含多酶多菌的微生态制品。麸曲则是以麦麸或糠麸为原料，接种一种或几种相对单一的微生物，在无菌操作条件下，纯培养形成的微生态制品。

二、酒曲在酿酒生产中的作用

酒曲作为白酒酿造的糖化发酵剂，在酿酒生产中的主要作用有以下几个方面。

（一）提供菌源

在制曲过程中，曲坯内此消彼长地富集起来的微生物菌群菌系，随着曲坯的自然风干，基本以休眠体形式保存，曲粉进入糟醅体系后，微生物休眠体吸水活化，为酿酒提供纷繁复杂的微生物菌源。

（二）充当糖化发酵剂

曲粉进入糟醅体系后，吸收糟醅的水分，以休眠体形式存在的微生物菌体活化、生长繁殖和代谢，生物酶的活性得以释放。其中，淀粉酶首先对淀粉进行液化，形成短链的糊精，短链糊精在糖化酶作用下降解为葡萄糖，葡萄糖在活酵母菌酒化酶作用下转化为乙醇，糟醅中“液化、糖化、酒化”基本同步进行，多边发酵，酒曲在其中充当了糖化发酵剂的角色。

（三）生香作用

第一，在制曲过程中，曲坯中的微生物在生长繁殖的同时，代谢生成了淀粉酶、蛋白酶、脂肪酶、纤维素酶、半纤维素酶、生物素酶等品类繁多的微生物酶系，跟随曲粉进入糟醅体系，在吸水后，对淀粉、蛋白质、脂肪、单宁、纤维素、半纤维素、生物素等进行降解代谢，生成各种酸类、酯类、醇类、醛类、酮类、酚类、呋喃类、吡嗪类、萜烯类、脂肽类等品类繁多的微量香味成分，伴随蒸馏过程进入酒中，成为酒体中的呈香呈味成分。

第二，制曲过程中，微生物生长繁殖代谢形成的香味成分，跟随曲粉进入糟醅体系，随蒸馏提取进入酒中；也可以在糟醅体系中进一步演化，部分参与了发酵，伴随蒸馏进入酒中，从而成为酒体中的呈香呈味成分。

（四）投粮作用

以小麦、大麦、豌豆等粮谷为原料制成的大曲，其发酵过程消耗的淀粉约占10%，还残留了大量的淀粉、蛋白质、脂肪等成分。白酒酿造过程中用曲量一般为投粮量的20%～100%，如此大量地使用大曲，其大曲中残留的淀粉、蛋白质、脂肪等在发酵过程中仍然可以进行部分的生化转化，具有一定的投粮作用。

三、酒曲的分类

（一）大曲

1．高温大曲

采用稻草包裹曲坯，曲坯与曲坯间直接垒成5～7层培菌，在顶温达到60～65℃条件下制作的大曲，称为高温大曲。酱香型白酒的产酒生香剂均采用高温大曲，也有的浓香型白酒生产厂家将高温大曲用于双轮底糟和翻沙糟等质量型糟源的生产，可起到提高酒质的作用。

2．中温大曲

以糠壳、竹板、曲架等为支撑透气物，稻草、编织布、麻布等为保湿覆盖物，曲坯安放一层，以后逐层垒堆或依托曲架安放多层，发酵顶温控制在50～60℃条件下制作的大曲，称为中温大曲。中温大曲又分为中低温大曲和中高温大曲两大类，中低温大曲发酵顶温为50～55℃，中高温大曲发酵顶温为55～60℃，甚至突破60℃。中温大曲按形状不同可分为平板曲（图3-1、图3-3）和包包曲（图3-2、图3-4），中温大曲一般用于浓香型白酒的生产。

图3-1　平板曲

图3-2　包包曲

图3-3　平板曲断面

图3-4　包包曲断面

3．低温大曲

以稻壳等为支撑透气物，稻草等为保湿覆盖物，曲坯安放一层，以后逐层垒堆，曲坯发酵顶温控制在40～50℃条件下制作的大曲，称为低温大曲，一般作为清香型白酒的糖化发酵剂。

（二）小曲

以生米粉为主要原料，添加辣蓼草等中草药为抑菌剂，制成丸子或小方块曲坯，自然网罗环境中的微生物接种，富集、驯化根霉、酵母菌等形成优势微生物类群，自然风干制作的酒曲，称为小曲（图3-5）或药曲。在四川、贵州、云南一带，小曲主要用于酿造固态法小曲酒，在广东、广西、湖南、福建、台湾一带，小曲主要用于酿造固液法、液态法米酒。

图3-5　小曲

（三）曲饼

介于大曲与小曲之间，它是以大米和大豆为原料，添加中草药与酒饼泥，接种酒曲培养而成的酿酒发酵剂，形如饼状。每块质量为0.5kg左右，根霉和酵母为主体微生物区系。主要用于豉香型白酒酿造。

（四）红曲

以生料大米为原料培养红曲霉制成的酒曲，称为红曲，主要用于黄酒的酿造。

（五）麸曲

以麦麸、糠麸等为原料，散料蒸熟摊晾后接种纯种曲霉，无菌操作状态下控制条件制成的酒曲，称为麸曲（图3-6）。麸曲主要用于芝麻香型、麸曲清香型白酒的酿造，近些年来基本替代了小曲，用于酿造小曲酒。其具有制曲周期短、粮食出酒率高、酒体成本低的优点。

图3-6　麸曲

第二节 大曲制曲工艺及大曲的风味成分

一、高温大曲制曲工艺及风味成分

（一）高温大曲制曲工艺流程（图3-7）

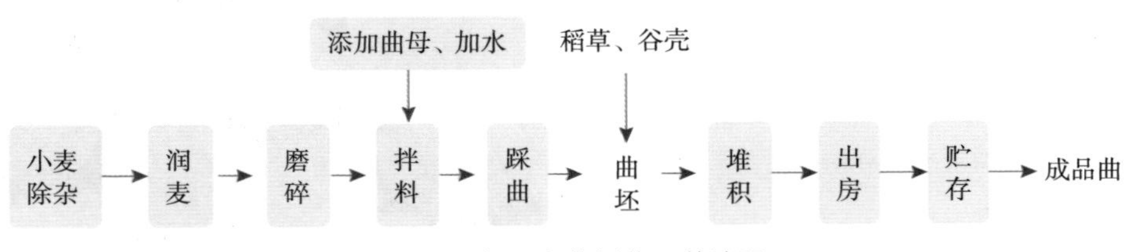

图3-7　高温大曲制曲工艺流程

（二）高温大曲制曲过程的质量控制

1．小麦除杂、润麦、磨碎

小麦质量要求颗粒饱满，干燥，无霉变和虫蛀，经过除尘、除杂后，加入小麦质量2%~3%的热水，水温为60~80℃，快速拌和均匀，要求每粒小麦吃水均匀，润麦时间保持3~4h；粉碎度适当，要求烂心不烂皮，麦皮呈“梅花瓣”薄片，麦心呈粉状，粗粉占比65%左右，细粉占比35%左右，感官检查无粗块，以手摸不糙手为宜。

2．拌料踩曲

踩制曲坯前，需加入4%~8%的曲母粉（夏季为4%~5%；冬季为5%~8%，有利于提高大曲的质量），曲母应选用前一年的优质曲，同时曲母的用量应根据季节的变化而变化，否则会使得曲块含菌数不足或过量，影响大曲的培养及糖化发酵。拌和均匀后加水至小麦粉含水量为37%~40%，加水量过大或过小也会影响大曲质量。曲坯较大，中心凸起，称为包包曲。过去是人工踩曲，现多改为机械制坯，要求曲坯平整光滑，四周紧、中心较松为宜。

3. 入房堆积培养

高温大曲着重于“堆”，覆盖严密，以保温保潮为主。

（1）堆曲 成型的曲块，经过2～3h的静置，待“收汗”，曲块表面略干、变硬后即可入房堆积培养。曲块入室前先在靠墙及地面铺上一层稻草（约15cm厚），起保温作用，然后将曲坯三横三竖相间排列（图3-8）。曲块间距为2～3cm，并用稻草隔开，排满一层后，每层也同样用一层稻草隔开，草层厚约7cm，上下层排列应该错隔开，以便起到通风保温的作用，促进霉菌的生长，以此类推，最后留一行空位置作翻曲用。

图3-8 曲坯排列图

（2）翻曲 堆曲完成后，关闭门窗保温保湿，随着微生物的生长繁殖和代谢活动产生、释放出热量，曲块品温逐渐升高；经过5～9d，曲块表面长出霉衣，曲堆内温度升高至63℃，即可进行第一次翻曲；再经过7～8d进行第二次翻曲。翻曲的目的在于调温、调湿和促使每块曲坯发酵均匀和成熟干燥。

（3）转曲 翻曲后曲块品温会下降8～12℃；6～7d后逐渐回升至最高点；之后曲块品温又逐渐下降，曲块逐渐干燥。翻曲14～16d后，可略微打开门窗换气通风。经过40～50d，曲块品温与室温接近，曲块基本干燥，此时便可转曲出室。

4. 入库储存

干曲坯放置8～10d，待水分降至15%以下，运至曲库储存3个月为成曲。经检测，质量好的曲块为黄褐色，具有浓郁的酱香和曲香；曲块干，表皮薄，无霉臭等气味。高温大曲在制曲过程中微生物以细菌为主，其中芽孢杆菌最多，有氨态氮含量高和糖化力低等特点。

（三）酱香型白酒制曲工艺要点

1. 曲料质量的影响因素

影响酱香型酒大曲质量的因素甚多，主要是制曲温度和培菌管理。制曲温度高低适当，大曲质量好；反之，大曲质量差。

从大曲质量来看，重水分曲尽管黑曲多、酱香好、带焦煳香，但糖化力低，在生产中必然加大用曲量。这种曲若少量使用可使酒产生愉快的焦香；若用量大，成品酒煳味重，并带橘苦味，影响酒的风格质量。

不同制曲条件下成品曲外观、香味及部分理化指标比较见表3–1。

表3–1　不同制曲条件下成品曲外观、香味及部分理化指标比较

曲样	外观	香味	水分/%	酸度/（mmol/10g）	糖化力/[mg葡萄糖/(g·h)]
重水分曲	黑色和深褐色曲较多、白曲较小	酱香好，带煳香	10.0	2.0	109.44
轻水分曲	白曲占一半，黑曲很少	曲香淡，曲色不匀，部分带霉味	10.0	2.0	300.00
只翻一次曲	黑曲比例较大，与重水分曲相似	酱香好，煳苦味较重	11.5	1.8	127.20

轻水分曲制曲温度自始至终没有超过60℃，实际上是中温大曲，没有酱香或酱香很弱，糖化力高。这种曲在生产中不易掌握工艺条件，若按常规加曲，则出窖糟残糖高，酸度高，产酒很少（甚至不产酒），产出的酒甜味、涩味大、酱香差。要使生产正常，就要减少大曲用量，减曲的结果是基础酒酱香风格不突出。所以，轻水分曲对酱香型曲酒风格质量影响很大。

酱香型白酒大曲质量好坏取决于制曲温度。制曲温度高而适当，大曲质量好；反之，大曲质量差。大曲升温幅度高低与制曲加水量有密切的关系。制曲水分重，升温幅度大（与气温、季节有关）；反之，升温幅度小。总之，要因时因地制宜，调节制曲水分和管理，有效地控制制曲升温幅度，确保大曲质量。

制曲温度达不到65℃，大曲的酱香、曲香均差。大曲质量好，所产酒酱香突出，风格典型，质量好；大曲质量差，产酒风格不典型，酒质也差。因此，高温制曲是提高酱香型白酒风格质量的基础。

2. 制曲水分与温度的关系

（1）高温高水分条件很适合耐高温细菌的生长繁殖，特别是耐高温的嗜热芽孢杆菌，它们自始至终存在于整个过程并占绝对优势，尤其是制曲的高温阶段，而这个阶段正是酱香香气形成期。这些细菌具有较强的蛋白质分解力和水解淀粉的能力，并能利用葡萄糖产酸和氧化酸，它们的代谢产物在高温下发生的热化学反应生成的香味成分，与酱香香气的形成有密切关系。

（2）在高温高水分条件下，有利于蛋白质的热分解和糖的分解。这些蛋白质、糖分解后产生吡嗪类香味成分。另外，在高温条件下，小麦中的氨基酸和还原糖不可避

免地会发生褐变反应——羰氨反应（美拉德反应），这种反应也需要在较高温度下进行。温度越高，反应越强烈，颜色也越深。其反应生成物——呋喃类香味成分，不同程度地带有酱香味。

（四）高温大曲的风味成分

高温大曲主要用于生产酱香型白酒，以茅台酒为典型代表。高温大曲酱香浓郁，得益于在其发酵过程中顶温为65℃左右的独特生产工艺。在制曲过程中，细菌数量占据绝对优势，一般占三大类微生物总数的90%以上。出房干曲中，细菌占比99%左右，霉菌占比1%，酵母几乎检测不出。细菌主要为耐高温的芽孢杆菌等；霉菌主要为根霉、毛霉等。它们主要产生淀粉酶、糖化酶、液化酶等酶类，并代谢生成氨基酸、香草酸、阿魏酸、丁香酸等香味成分。酱香型白酒的酱香成分主要来源于高温大曲及微生物代谢产物，其主要风味成分如下。

1．酯类香味成分

乙酸乙酯、乙酸-3-甲基丁酯、己酸乙酯、庚酸乙酯、辛酸乙酯、壬酸乙酯、乳酸乙酯、乙酸辛酯。其中乙酸乙酯含量最高，直接决定了酱香大曲中的总酯含量。

2．醇类香味成分

3-甲基丁醇、1-戊醇、1-己醇、2-庚醇、1-庚醇、3-辛醇、2-辛醇、1-壬醇。醇类含量最高的是3-甲基丁醇，其次1-戊醇以及1-己醇在大曲中含量也较高。

3．酸类香味成分

乙酸、丙酸、丁酸、戊酸、2-甲基丙酸、3-甲基丁酸、4-甲基戊酸、己酸、庚酸、壬酸。

4．芳香族香味成分

3-苯丙酸乙酯、乙酸-2-苯乙酯、苯甲醇、2-苯乙醇、苯甲醛、苯乙醛、2-羟基苯甲醛、苯乙酮、苯酚、愈创木酚、4-甲基愈创木酚、4-乙基愈创木酚、4-乙烯基愈创木酚、萘。含量最高的是2-苯乙醇、苯甲醇和4-乙烯基愈创木酚，前两种成分赋予酒花香、玫瑰香等香气。

5．醛酮类香味

辛醛、壬醛、3–羟基–2–丁酮、1–辛烯–3–酮、2–庚酮。其中3–羟基–2–丁酮、1–辛烯–3–酮呈蘑菇味；己醛的香气强度较大，呈青草香；反,反–2,4–辛二烯醛赋予酱香型大曲黄瓜香气。

6．吡嗪类香味

2,5–二甲基吡嗪、2,3–二甲基吡嗪、三甲基吡嗪以及四甲基吡嗪。含量在100～300mg/L。吡嗪类香味是一类非常重要的香气成分，主要赋予烤面包、坚果及焦香香气。

7．硫化物

3–甲硫基丙酸乙酯、二甲基三硫、3–甲硫基–1–丙醇含量依次递增。其中3–甲硫基–1–丙醇呈煮土豆气味。

酱香大曲中酸类、芳香族、吡嗪类、醛酮类及硫化物的香气强度占优势；丁香酚在酱香大曲中较为特殊，呈现烟熏味，类似于典型的酱香，而且在酱香大曲中香气强度最大；酱香大曲中有机酸含量很高，芳香族香味成分种类及含量也占优势。

二、中温大曲制作工艺及风味成分

（一）中温大曲制作工艺流程（图3–9）

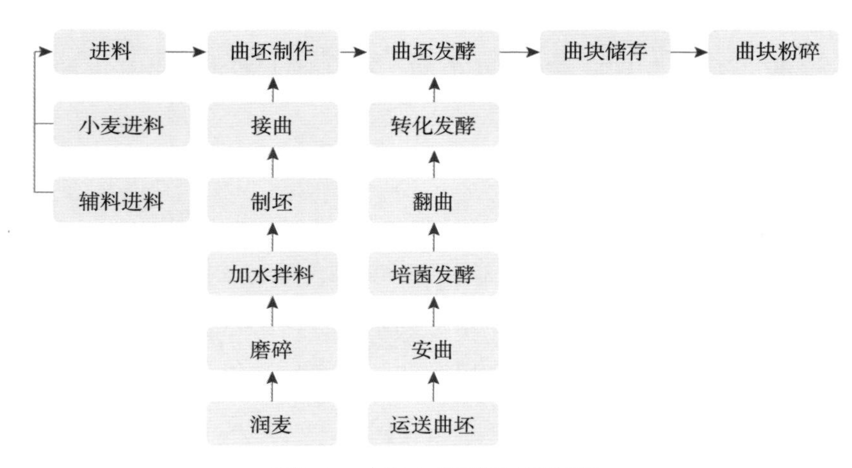

图3–9　中温大曲制曲工艺流程

（二）中温大曲制曲过程的质量控制

1．除杂

将小麦提升到振动除杂机，除去小麦中的软、硬杂质，为曲坯成型奠定良好的物料基础。

2．润麦

在润麦点向小麦喷洒适量高温水（水温≥80℃），及时根据小麦流入量和小麦含水情况，调节润麦水流量，以保证润麦后小麦水分含量为12%～14%。以麦粒表面吸水收汗、内芯带硬、口咬不粘牙、尚有干脆响声为润麦的感官判定标准。润麦时间为8～24h，使麦皮回潮而麦心仍然保持干燥，以保证麦粒进入磨辊机磨碎后，麦粉呈现烂心不烂皮的状态，即麦皮因吸收水分膨胀而挤压成块状，麦心因干燥而磨碎成粉状。

3．磨碎

将润麦完成后的小麦投入磨粉机投料口进行磨碎。粉碎度以未通过20目孔筛占比35%～55%为标准。粉碎度过大，曲坯表面粗糙，曲体粘连性差，空隙大，水分易于蒸发，热量散失快，不利于曲坯的“穿衣”，影响微生物的生长繁殖；粉碎度过小，曲坯不饱满，过于黏稠，水分和热量不易散失，微生物生长繁殖时通气不好，极易引起酸败和烧曲现象。

4．加水拌料

麦粉拌料前，调节好拌料水水温。春、冬季采用25～40℃热水，夏、秋季采用冷水。开启螺旋搅拌器，及时根据小麦麦粉流入量调节拌料水流量，以保证拌料后曲料水分为37%～40%。拌料后曲料感官判定标准为：麦粉吃水均匀，麦料无灰包疙瘩，麦料手捏成团不粘手。水分过大，成型曲坯无明显弹性，立置时出现明显垮塌，杂菌易于生长，引起酸败，且曲坯升温较快；水分过小，成型曲坯粘合差，曲块表面“提浆”差，使得有益微生物不能正常生长繁殖，从而影响成品曲质量。

5．制坯

压制曲坯前，调整液压压曲机成型时间为5～6s，将拌和好的麦料压制成规格为长

（34±1）cm，宽（24±1）cm，厚6.5～8.5cm的长方体。以曲坯“四角整齐、表面光滑、松紧一致、无缺边掉角、表面滋润、有弹性”为曲坯成型感官判定标准。

6．曲坯转运

曲坯成型后，由工人取下，双手握住曲坯两侧，一次一块地将曲坯转移至手推平板车上并横着立放，一块紧贴着一块放置，立着放置满后，再在曲坯上面平铺一层曲坯，并在曲坯表面覆盖一层湿麻袋，减少曲坯在运输过程中水分的散失，有利于培菌发酵。成型的曲坯在手推平板车上晾置不超过30min。

转运、安曲及堆曲过程中不合格或损坏的曲坯，及时返回制坯现场做回沙处理，打散并拌入新鲜曲料进行二次压制。

7．安曲

安曲操作前，打扫干净培菌发酵房，视季节、气温状况准备所需的竹板和麻袋，确保培菌发酵房内无霉烂异杂物。曲坯运至安曲房后，按一定的方法和次序安放。平板曲间隙以2～3cm为宜；包包曲按“一顺风”或“包对包”安放。每安放完一块竹板，即覆盖一层麻袋，如此由里及外安放曲坯。安曲满屋后，向墙壁、编织布、地面等喷洒补水以保持曲坯培菌环境湿润，关闭门窗，并做好安曲数量、时间等相关记录。

8．培菌管理

培菌发酵曲坯入培菌发酵房安放完毕后，关闭门窗即进入培菌期。制坯、运曲、安曲过程中，曲坯通过自然网罗环境中的微生物菌群菌系接种，纷繁复杂的微生物菌群菌系在曲坯内此消彼长地自然生长繁殖代谢，自然升温，最高品温可达60℃左右，培菌时间一般为（12±3）d。培菌过程中通过对培菌房门、窗开/合及曲坯覆盖物的揭/盖进行温、湿度调节，并检查曲坯发酵质量、记录温度变化情况。一般曲坯培菌发酵期间，曲坯品温呈现前缓、中挺、后缓落的变化趋势，待曲坯菌丝基本长满断面后进入翻曲工序。

9．翻曲

在培菌发酵结束后，需进行翻曲，将曲坯依次收拢、堆放。从培菌发酵房由外到里地将曲坯移到手推平板车上，转运至转化发酵房，底层垫以竹板，硬度大的放置于下层，硬度小的放置于上层，每排每层曲坯采用曲杆间隔，堆码7～10层，曲杆主要起到平衡曲块的作用，更有利于曲块的进一步排潮。根据气温状况加盖草垫（或草帘），关闭门窗，进入转化发酵期。

10．转化发酵

经翻曲后，曲坯水分含量已降至20%左右，但由于转化房曲坯数量的增加，曲坯表现出积热，水分进一步地蒸发散失。此时根据温、湿度变化情况开合门窗进行调节，温度过高时开启门窗，温度过低时则关闭门窗，通过温度、湿度的调节，为曲坯创造出良好的发酵条件，有利于微生物的生长与曲坯的排潮。

11．入库储存

曲坯转化发酵结束后，曲坯水分含量低于15%，此时采用翻曲方法将成熟曲块转入成品曲库房，底层垫以竹板，曲块置于竹板上，曲块紧贴着曲块堆码至20层左右，层与层间垫两根或三根曲杆，墙壁四周间隔草垫，曲堆顶部加盖草垫，门口堆放应呈一定的梯级倾斜，严防曲块坍塌。入库完毕后，应根据成品曲块的温度、湿度，调节门窗的开合，保持成品曲库房通风干燥。储曲时间以不超过3个月为宜。

12．成品曲粉碎

采用手推车将待粉碎的成品曲块转运至粉碎机投料口，投入粉碎机粉碎为曲粉，曲粉粉碎度以未通过20目孔筛占70%左右为标准，通过打包机以每袋误差不超过0.25kg计量后封装口袋。由于曲块粉碎为曲粉后容易吸收环境潮气回潮变质，因此曲粉要随用随粉碎，曲粉装包后滞留不得超过5d。

（三）中温大曲的风味成分

大曲不仅是糖化发酵剂，同时也是酿酒的重要原料，含有大量香味成分或风味成分的前体物质，这些物质在酿造过程中直接或进一步转化，经蒸馏而进入酒中，对白酒的香型、风格和流派有着重要的影响。

制曲过程中，曲坯微生态中微生物菌群此消彼长地共生共栖，进行着多种微生物酶的代谢，以及品类繁多的微量曲香香气物质代谢。其中微生物菌群主要为霉菌、酵母菌、细菌，也有少量放线菌，在成品曲中多以休眠体形式存在。

霉菌是大曲中主要的微生物，具有较强的糖化力和蛋白质分解能力，在制曲过程中起着关键作用，其中曲霉可代谢生成糖化酶、液化酶、蛋白酶，它们将淀粉、蛋白质分解成可发酵性糖、氨基酸、多种有机酸等；根霉则生成糖化力较强的糖化酶，兼有一定的发酵力，还可产生大量的乳酸；毛霉具有一定的蛋白质分解能力以及可产生少量的乙醇、草酸、琥珀酸、甘油等。

制曲离不开细菌，大曲中的细菌包括乳酸菌、醋酸菌、枯草芽孢杆菌等，其种类多、数量大。其中乳酸菌除在发酵过程中能利用糖类产生乳酸和乳酸乙酯以外，还能生成少量乙醇、乙酸。糟醅中的乳酸菌大多是由大曲带入的，因此保持制曲的环境卫生，避免带入过多的乳酸菌，是浓香型白酒“增己降乳”的重要措施之一；醋酸菌能氧化葡萄糖和乙醇而生成醋酸（乙酸），并进一步与醇类缩合生成乙酯类香味成分，同时乙酸也是丁酸、己酸等有机酸的前体物质；枯草芽孢杆菌具有分解蛋白质和水解淀粉的能力，它是生成芳香族香味成分的重要菌源，是大曲不可或缺的细菌种类。

酵母可谓发酵之母，是酒精发酵的主要动力，大曲中的酵母菌主要包括酒精酵母、产酯酵母、假丝酵母等，其中酒精酵母是大曲中主要的酵母菌，乙醇生成能力强；产酯酵母又称为生香酵母，以糖、醛、有机酸等为底物，在酯化酶的作用下将乙酸和乙醇缩合成乙酸乙酯或其它酸酯类香味成分。

微生物酶主要包括液化酶、糖化酶、酯化酶、蛋白质分解酶、脂肪水解酶、纤维素酶、半纤维素酶等胞外酶以及酵母菌体内的酒化酶，它们是白酒酿造过程发酵生香的重要酶系；经微生物酶代谢的微量曲香风味成分主要来源于淀粉、蛋白质、脂肪、纤维素、半纤维素等的降解产物。

目前，中温大曲中的风味成分如下。

1．酯类香味成分

中温大曲中现已定性有己酸乙酯、乙酸异戊酯、肉豆蔻酸乙酯等12种酯类香味成分，其中己酸乙酯和乙酸异戊酯为中温大曲所特有。

2．酸类香味成分

苯甲酸、苯乙酸、肉豆蔻酸和棕榈酸等18种有机酸，其中2–甲基–2–己酸、（*Z*）–6–硬脂酸、4–甲基戊酸等中低碳链脂肪酸也是中温大曲所特有，棕榈酸赋予白酒独特的奶油香味。

3．醛酮类香味成分

己醛等8种醛类香味成分，通常赋予酒体清新的甜香。

4. 芳香族香味成分

愈创木酚、4–乙烯基愈创木酚、长叶烯、β–芹子烯等酚类香味成分，可赋予白酒独特的松木香味和精油香气。

5. 杂环类香味成分

吡嗪类、吡啶类、吡咯类、呋喃类、吡喃类、噻唑类香味成分赋予白酒焦香、坚果香气。

三、低温大曲制曲工艺及风味成分

（一）低温大曲制曲工艺流程（图3–10）

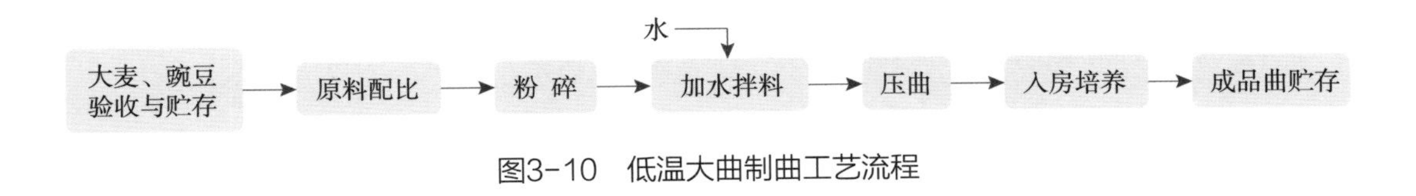

图3–10　低温大曲制曲工艺流程

（二）低温大曲制曲过程的质量控制

（1）大曲原料配比为：大麦60%，豌豆40%，分别称重，按质量比例混合均匀。

（2）配好的原料粉碎后，用分样筛分级称重检测，要求过80目筛的细粉为14%～26%。

（3）机械制曲块时，曲料中加水量为小麦用量的48%～50%，拌和到无生面，无疙瘩，松散，软硬均匀；拌好的曲料用压曲机压成厚薄一致，四面光滑，软硬一致，水分含量为37%～41%的曲坯。

（4）清茬曲、红心曲、后火曲需经过入房、上霉、晾霉、潮火、干火（大火）、后火一系列不同时期的培养（表3–2）。总的来说，这三种曲的工艺要求是：清茬曲“大热大晾”，红心曲“大热小晾”，后火曲“大热中晾”。

表 3–2　　青茬曲、红心曲、后火曲的培养工艺参数

时期	青茬曲	红心曲	后火曲
入房	曲块间距2～6cm，苇杆数量8～10根，排3层，每层放3200～4200块曲，开窗6h左右，将曲堆四周和上部盖上苇席，保持室温20～30℃，利于上霉		

续表

时期	青茬曲	红心曲	后火曲
上霉	曲块入房后经2～4d表面生长出白色小斑点，此时控制室温在20～40℃，曲块品温在36～38℃，待曲块表面生长的菌落面积达到90%时，上霉完成		
晾霉	加大曲块间距，要求曲块手摸不黏，一般隔日翻曲一次，保持温度一致，即可关窗起火	上霉后开小窗排潮，不大晾，没有明显的晾霉期	加大曲块间距，要求曲块手摸不黏，一般隔日翻曲一次，保持温度一致，即可关窗起火
潮火	起潮火4～5d。当曲块品温达45～48℃时，开窗排潮，并隔日或每日翻曲，除去苇秆，加大曲块间距，呈人字形；当曲块品温降至37～40℃时，关窗保温，曲块温度回升至45～47℃，再适当开窗排潮降温；当曲块品温降至34～37℃时，关窗保温，加大曲块间距，曲块由四层逐渐加至七层；当翻最后一次曲时，曲块分成两部分，中间留70cm的"火道"，当曲心发酵透彻，酸味减少，闻到干火味时便进入大火期	起潮火1～2d，品温达46～48℃，此时需隔日或每日翻曲一次；10～12d时，掀开苇席，降温至40～43℃，培养至15d左右，曲块品温回升至47～48℃，并保持3～4d即可出红心，随后品温降低并保持在41～42℃	保温起潮后品温升至45～47℃，开窗排潮至品温40℃左右，每日排潮1～2次；翻曲操作同清茬曲。经过4～5d的潮火后，曲心温度升至46～48℃，便进入大火
干火（大火）	要求品温和曲心温度不超过45℃，以防烧心。大火前期品温43～44℃，以后逐渐降低至29～32℃，经过7～8d，曲心水分逐渐减小，出现曲香味即进入后火期	干火期一般保持4～5d，品温由41～43℃升至44～47℃。此阶段应注意天窗的开关	大火期初始品温为40℃左右。大火期应隔日翻曲，品温保持略高于清茬曲，当品温回升缓慢时，转入后火
后火	后火期4～5d，之后便进入4～5d的养曲期，此时应当保持曲块品温的平衡	后火时红心已大部分出现，品温由40℃左右逐渐降至37～38℃，养曲2～3d即可成曲。后火期4～5d，之后便进入4～5d的养曲期，此时应当保持曲块品温的平衡	后火期4 ～5d，曲块品温在30～38℃，最好保持在33～34℃，品温降至30℃时即为成曲

（5）贮曲　曲出房后，送入贮曲房人字形交叉排列，跺高十三层，曲间留有适当间隙，以利于通风，防止养曲过程中返潮、起火、生长黑霉。三种曲分别储存，储存3～6个月为陈曲。

（三）低温大曲的风味成分

低温大曲由于其霉菌多，所产出的淀粉酶含量高，故其糖化力高，加之酵母菌数量多，酿酒时发酵期较短，所以它的出酒率高。其制曲过程中微生物的消长情况见表3-3。由于其发酵好，出酒率高，酒中的乙酸、乳酸及其形成的乙酯就高，伴随低沸点香味成分增多的同时，醇类香味成分也较高。同时，由于乙酸乙酯带有水果类的清香风味，也就形成了清雅纯正的酒体风味特征，这正是低温大曲的功能所在。

表 3-3　　低温大曲制曲过程中微生物的消长　　单位：10^5 个 /g

项目 \ 时间 /d	5	10	15	20	25	30
细菌数	35.3	192.36	318.67	228.43	62.2	202.61
酵母菌数	96.56	83.67	79.11	61.11	4.08	51.7
霉菌数	35.31	278.67	428.75	824.9	77.7	906.8
放线菌数	5.461	50	62	27.28	15.39	17.82

目前，已定性的低温大曲风味成分主要组成如下。

1．酯类香味成分

乙酸乙酯、丙酸乙酯、异丁酸乙酯、异戊酸乙酯、己酸乙酯、戊酸乙酯、辛酸乙酯、乳酸乙酯、顺-13-二十烯酸甲酯共9种，在种类和香气强度上都优于中温大曲和高温大曲，乳酸乙酯和戊酸乙酯均只在低温大曲中检出。

2．醇类香味成分

2-丁醇、3-甲基丁醇、1-辛烯-3-醇、2-乙基-1-己醇、2-辛醇、1-壬醇共6种，低级醇主要呈花果香，醇类香味成分在种类及强度上都高于高温大曲和中温大曲。

3．酸类香味成分

乙酸、2-甲基丙酸、丁酸、3-甲基丁酸、戊酸、己酸、壬酸共7种，乙酸是酸类成分中香气强度较大的成分。

4．芳香族香味成分

苯乙醛、2-苯乙醇、苯酚、4-乙基愈创木酚共4种，其种类及含量都低于高温大曲和中温大曲。

5．醛酮类香味成分

己醛、2-庚酮、1-辛烯-3-酮共3种，其种类及含量都低于高温大曲和中温大曲。

6．吡嗪类香味成分

2,5-二甲基吡嗪、2,3-二甲基吡嗪、三甲基吡嗪共3种，吡嗪类香味成分主要通过氨基酸的降解以及美拉德反应产生，低温大曲是低温发酵，产生的吡嗪类成分较少。

7．硫化物类香味成分

二甲基三硫、3-甲硫基丙酸乙酯、3-甲硫基-1-丙醇共3种，硫化物主要是含硫氨基酸经过一系列反应产生，3-甲硫基丙酸乙酯呈洋葱味，3-甲硫基-1-丙醇呈煮土豆气味。

8．内酯类香味成分

γ-辛内酯、γ-壬内酯共2种，分别呈油香和花果香气。

9．其它类香味成分

如β-大马酮、2-吡咯甲醛，分别呈甜香和坚果香味。

四、不同类型大曲代谢的微量成分

不同类型大曲单碳源发酵的代谢产物见表3-4。

表3-4 不同类型大曲单碳源发酵的代谢产物 单位：mg/g

产物名称	低温大曲	中温大曲	高温大曲
乙醛	2.35	0.68	0.536
3-甲基丁醛	0.48	—	—
糠醛	0.23	0.23	0.05
苯乙醛	—	0.6	0.63
总醛生成量	3.06	1.51	1.216
2-戊醛	1.00	—	—
2-庚酮	—	0.67	0.538
3-羟基-2-丁酮	0.74	—	—
总酮生成量	1.74	0.67	0.538
2-丁醇	2.02	0.77	—
正丙醇	2.43	—	—
正丁醇	—	—	0.302
异戊醇	5.03	3.74	3.491
正己醇	—	0.15	—

续表

产物名称	低温大曲	中温大曲	高温大曲
1,2–丙二醇	17.34	3.66	6.58
2,3–丁二醇（左旋）	6.31	—	—
3–呋喃甲醇	—	—	—
β–苯乙醇	—	0.56	0.52
总醇生成量	33.13	8.88	10.89
乙酸乙酯、乙缩醛	8.26	3.7	4.745
丁酸乙酯	—	2.56	0.681
己酸丙酯	—	0.09	0.1
乳酸乙酯	9.97	13.2	6.951
己酸己酯	1.69	9.12	4.42
苯丙酸乙酯	—	0.46	0.198
月桂酸乙酯	0.37	—	0.44
己酸苯乙酯	0.77	0.82	0.512
棕榈酸乙酯	0.72	0.58	17.797
油酸乙酯	2.70	2.14	6.783
亚油酸乙酯	0.24	0.14	1.683
总酯生成量	27.72	32.81	44.31
乙酸	24.08	18.89	15.294
异丁酸	—	0.57	0.31
丙酸	0.24	0.1	0.232
丁酸	0.47	0.36	0.313
异戊酸	—	0.08	—
戊酸	0.83	—	—
己酸	—	0.28	—
庚酸	1.25	1.38	2.05
壬酸	0.95	—	—
乳酸	855.2	961.85	352.403
总酸生成量	883.02	983.51	370.60
2,2–二乙氧基苯	0.31	—	0.215
二甲基对二苯酚	—	—	0.3
甘油	62.71	51.14	57.59
微量香味成分生成总量	1008.69	1078.52	485.66

从表3–4可知，当进行大曲微生物群系的葡萄糖单碳源发酵时，生成的微量香味成分情况如下。

（1）从生成的微量香味成分总量上来看，低温大曲与中温大曲大致相当，而高温大曲的微量香味成分总生成量远低于低、中温大曲。由此可见，微量香味成分的生成量的确与大曲微生物群系的存在量有关。

（2）醛、酮类香味成分的生成量：低温大曲>中温大曲>高温大曲。

（3）醇类香味成分的生成量：低温大曲>高温大曲>中温大曲。

（4）酯类香味成分的生成量：高温大曲>中温大曲>低温大曲，高温大曲的酯类香味成分总生成量大于中、低温大曲的主要原因在于高温大曲制曲过程中生成的高级酸酯成分远大于中、低温大曲。

（5）虽然己酸乙酯是浓香型酒的主体香味成分，但在中温大曲的单碳糖发酵中并没有己酸乙酯生成或者很少。由此可见，己酸乙酯的生成与大曲微生物的代谢没有直接关系。

（6）酸类香味成分的生成量：中温大曲>低温大曲>高温大曲，造成这一结果的主要原因在于中温大曲的乳酸生成量略高于低温大曲，远高于高温大曲的缘故。

小曲制曲工艺及小曲的风味成分

一、小曲简介

小曲酿酒在我国具有悠久的历史，由于配料与酿造工艺的不同，各具特色，品种多样。按添加中草药与否可分为有药小曲与无药小曲；按用途可分为甜酒曲与白酒曲；按主要原料可分为粮曲（全部大米粉）与糠曲（全部米糠或大量米糠，少量米粉）；按地区可分为四川药曲、汕头糠曲、厦门白曲与绍兴酒药等；按形状可分为酒曲丸、酒曲饼及散曲等。

传统小曲是用米粉（米糠）为原料，添加少量中草药并接种曲母，人工控制培养温度而制成。因其外形比大曲小，故称小曲。小曲的制作是我国劳动人民创造性地利用微生物独特发酵工艺的具体体现。小曲中所含的微生物主要有根霉、毛霉和酵母等。就微生物的培养来说，是一种自然选育培养。制作小曲配用的中草药，能给微生物提供有利繁殖条件，也可抑制杂菌的生长，同时一般采用经过长期自然培养的种曲进行接种。

用中药制曲是传统小曲的特色。据考证，我国早在晋朝就开始有应用中药制曲的研究。酒曲中的大部分中草药有促进微生物生长繁殖及增加白酒香味的作用，也有一些中药作用机理不明显。近代的生产实践证明，少用药或不用药，也能制得质量较好的小曲，并酿出好酒。例如桂林三花酒的酒曲丸从过去添加十多种中草药改为仅用一种桂林香草制成，小曲质量较过去还好；此外，如重庆永川的无药糠曲不添加中草药，既节省药材，也节约了粮食，降低了成本。但在当时的小曲酒生产中，这两种传统的小曲制作方法曾经为小曲白酒的发展做出了重大贡献。这些方法代代相传，经过人们对制曲配料进行长期的优化，保存了我国小曲的优良菌种，为现代小曲纯种培养提供了分离优良菌种的材料和优化原料配方的基础。

二、根霉曲

根霉曲是采用纯培养技术，将根霉与酵母在麸皮上分开培养后再混合配制而成的。根霉曲与传统小曲相比具有如下优点。

（1）以麸皮代替米粉，可节约大量粮食。

（2）不用中药材，降低了成本。

（3）使用纯培养的优良根霉，采用科学灭菌技术，曲中有益微生物占绝对优势，杂菌难以入侵为害。

（4）用浅盘制曲法生产工效高，操作技术容易统一。

（5）原料与空气接触良好，根霉生长繁殖迅速、均匀，制曲周期大大缩短，仅需48h左右。

（6）曲质量比较稳定，出酒率高。

（一）纯种根霉

1. 试管菌种（一级种）的培养

试管菌种的培养极为重要，生产上习惯称为一级种。根霉同样具备微生物容易变异的特点，往往因频繁移接，培养基不适应而造成试管菌种变异。为解决这一问题，适应大生产的需要，用麸皮制成试管培养基，对稳定根霉曲质量起到良好的作用。但在分离选育菌种时还是离不开斜面试管培养基。

2．三角瓶扩大培养（二级种）

（1）工艺流程　见图3-11。

麸皮加水 → 润料 → 装瓶 → 高压灭菌 → 降温 → 接种 → 培养 → 摇瓶 → 扣瓶 → 出瓶 → 干燥 → 三角瓶种子（二级种）

图3-11　三角瓶扩大培养工艺流程

（2）润料与接种　称取麸皮，加60%～70%水充分拌匀，装入500mL或1000mL三角瓶中，装料厚度约10mm，塞好棉塞，于0.12MPa下蒸汽高压灭菌40min，灭菌完毕，待冷至30～35℃，以无菌操作从根霉试管中接入菌种。

（3）培养与烘干　将已接种的三角瓶移入28～30℃培养箱中保温培养。当达到36h左右，以菌丝生长穿透后，进行扣瓶，继续培养12h出瓶、烘干，烘干温度为40～45℃。

3．根霉曲的扩大生产

根霉曲推广后的一段时间内，生产根霉曲的厂家都采用木质曲盘制曲（浅盘制曲），后来又有厂家用帘子制曲和通风制曲。通风制曲应该说是根霉曲生产技术的进步，它的特点是产量大，劳动强度低，设备要求高，技术要求严格，适合于大厂。浅盘设备简单，投资少，技术要求不高，适用于小厂。至于曲的质量，浅盘曲容易控制，发生污染时容易发现，且往往只限于局部污染。而通风制曲环境及设备不易消毒，发生污染时杂菌蔓延很快，往往连续多批报废，曲池四周温度也不易完全控制。所以为了保证质量，目前很多厂仍采用浅盘制曲，将浅盘种子作为大批产品。

（1）浅盘培养

①工艺流程（图3-12）

麸皮加水 → 润料 → 上甑 → 蒸料 → 出甑 → 降温 → 接种 → 装盒 → 培养 → 烘干 → 成品曲

图3-12　浅盘培养工艺流程

②操作要点

a．润料：麸皮加水55%～60%，用扬麸机拌匀。润料用水多少，由气候、季节、原料及生产方式、设备条件而定。为保证孢子数量，切忌用水量过少。

b. 蒸料：蒸料的目的不仅是为了糊化麸皮内淀粉，更重要的是要杀死料内杂菌，蒸料时间为穿汽后常压蒸1.5～2.0h。

c. 接种：将蒸好的麸皮，经扬麸机降温至35～37℃（冬季），夏季接近室温，即可接种，接种量一般为0.3%左右，接种量大，培养时繁殖速度快，品温上升较猛；接种量小，则繁殖速度较慢。一般夏天接种偏少，冬季较多。拌和均匀后，装入曲盘进曲室培养。

d. 培养：接种后曲盘叠成柱形，室温控制在28～30℃进行培养，视根霉不同阶段的生长繁殖情况，调节温度，控制湿度，采用柱形、十字形、品字形或X形等各种不同的形状调节，使根霉在30～37℃的温度范围内生长繁殖。培养20h左右，根霉菌丝已将麸皮连结成块状后进行扣盒，扣盒后继续培养至品温接近室温时出曲烘干。

e. 烘干：根霉曲烘干一般分两个阶段进行，前期烘干时因曲子含水较多，微生物对热的抵抗力较差，温度不宜过高，前期温度为35～40℃，随着水分蒸发，根霉对热的抵抗力逐渐增加，后期烘干温度可控制在40～45℃。切忌温高，排湿过快。

f. 粉碎：烘干的根霉经粉碎入库，粉碎能使根霉的孢子囊破碎，释放出孢子，以提高根霉的使用效能。

（2）通风制曲大批生产　通风制曲是现代先进制曲方法，具有节省厂房面积，节约劳动力，提高设备利用率等特点，但必须在不停电或少停电的地方建制曲厂。

①润料：麸皮加水55%～60%，用扬麸机拌匀。润料用水多少，由气候、季节、原料及生产方式、设备条件而定。为保证孢子数量，切忌用水量过少。

②蒸料：蒸料的目的不仅是糊化麸皮内淀粉，更重要的是要杀死料内杂菌，蒸料时间为穿汽后常压蒸1.5～2.0h。

③接种：将蒸好的麸皮，经扬麸机降温至35～37℃（冬季），夏季接近室温，即可接种，接种量一般为0.3%左右，接种量大，培养时繁殖速度快，品温上升较猛；接种量小，则繁殖速度较慢，一般夏天接种偏少，冬季较多。拌和均匀后，装入曲盘进曲室培养。

④入池：将已拌菌种麸料充分拌均匀后，用无菌撮箕撮入灭菌后的通风培菌池内，刮平曲料，装料厚度一般为22～26cm，搭一层白布保温，插上温度计，进行静置培养。

⑤通风培菌：培菌室温保持在30℃左右，品温保持在30～31℃为宜。培菌6～8h，菌丝开始发芽，品温有所上升，开始间接通风。待品温上升到35℃时，便开始连续通风，使曲料品温保持在32～34℃。培菌17～18h后，菌丝开始大量繁殖，原料中的营养

物质已大量消耗，根霉菌生长繁殖，使品温上升很快，注意连续通风培菌。由于麸皮料中加有糠壳，只有采取强制通风降温，品温才能控制在35～36℃内。

培菌时间38～40h，培菌过程中曲料中菌丝布满而成熟结饼，即可停止培菌。用消毒后的小锄头，将培菌池中的曲料挖翻打散，用撮箕灭菌后端出，入扬麸机打散，运入烘干房烘干。

⑥烘干：根霉曲烘干一般分两个阶段进行，前期烘干时因曲子含水较多，微生物对热的抵抗力较差，温度不宜过高，前期温度为35～40℃，随着水分蒸发，根霉对热的抵抗力逐渐增加，后期烘干温度可控制在40～45℃。切忌温高，排湿过快。

⑦粉碎：烘干的根霉经粉碎入库，粉碎能使根霉的孢子囊破碎，释放出孢子，以提高根霉的使用效能。因为根霉的繁殖是依靠孢子来进行的。

（3）帘子制曲大批生产　帘子制曲设备原由竹料编成床式，再固定2～3层竹篾垫，放在竹席培菌。帘子制曲的润料、蒸料、接种、烘干、粉碎等工艺与浅盘制曲和通风制曲一样，只是培菌方法有所区别。

培菌方法是：将接种后的麸料用无菌撮箕撮上帘子，把曲料铺平刮匀，厚度3～4cm，曲料入帘完毕，用2cm的泡沫垫子围着帘子架，以保持曲料湿度。在8～15h后，菌丝生长，这时揭去围的泡沫垫，室温控制到30℃。培菌18～20h，曲面菌丝布满，20～22h后，成熟菌丝大部分已倒伏，开始将帘子上结饼曲料翻面。曲料升温到35～36℃时，开门窗、天窗排潮，以排出二氧化碳，便于新鲜空气入培菌室，使菌丝生长老熟。排潮过程中，还将曲饼切成鸡蛋大小，用竹筷犁成行子，一般培菌38～40h后出曲。

（二）固体酵母

1．一级试管培养

酵母液体培养基通常采用麦芽汁培养基，称大米（米粉）500g，加水3000～3500mL，煮成糊状，凉至60℃加入500g麦芽，搅匀保温55～60℃，糖化4～6h过滤即成，其浓度为7～8°Bé。每只试管装10mL糖液，无菌条件下接入1～2环斜面试管原种，摇匀后置于28～30℃培养箱，培养24h左右，液面逸出大量CO_2气泡即成。

2．三角瓶菌种培养

每只1000mL的三角瓶，装糖液700mL，0.12MPa灭菌30min，待冷却至30～35℃，接入一级试管酵母菌种，移入28～30℃培养箱，培养24h即成。

3．卡氏罐培养

卡氏罐接种培养的方法与三角瓶基本相同，只是糖液糖度为6°Bé。

酵母液体扩大培养的量，视投料量来定，控制在5%～10%，可用三角瓶，也可用卡氏罐扩大。

4．酒精活性干酵母活化液

酒精活性干酵母在根霉曲中应用效果很好，但如果直接活化后加在纯根霉中，由于酵母在固体中不能蔓延，无法繁殖到整个培养箱中，达不到效果。最好的办法是将活性干酵母活化后，作为酵母菌种进行扩大培养。方法是配制含糖4%的糖液，在30～35℃活化4h，作为固体酵母培养的酵母菌种。

5．固体酵母的生产——酵母的扩大培养

麸皮80%，米糠20%，加水量为总投料量的60%，用扬麸机拌匀，上甑蒸1.5h，出甑摊晾，待曲料冷却至34～35℃，接入5%～10%的卡氏罐（三角瓶）酵母菌种或活性干酵母活化液和0.3%的根霉种子（利用根霉糖化淀粉的作用，给酵母的生长繁殖提供糖分），拌匀装入曲盘，移入温室培养，室温控制在20～30℃，视不同阶段的繁殖生长情况调节品温，采用柱状、X形、品字形、大十字形进行培养。在培养到18h和30h左右要翻拌一次，翻拌对酵母很重要，酵母生长繁殖需要大量氧气，放出CO_2，翻拌操作能排除曲料中的CO_2，补充氧气，调节温度，使酵母能繁殖到整个曲盘中，以提高酵母质量。酵母培养成熟后进入烘干室进行烘干，烘干温度为40℃左右，烘干后粉碎入库。

（三）汇兑混合

根霉曲是将固体酵母按一定比例配入纯根霉中而成，因而根霉曲具有糖化和发酵作用。根霉中酵母配比的多少，视工艺、发酵周期、气温、季节、配糟质量、水分而定，通常成品根霉曲中配1.0亿～1.5亿/g曲，混匀即可。

三、小曲白酒制曲新技术

（一）“固-液-固”培养新工艺

扩大培养工艺流程如图3-13所示。

菌种 ⟶ 固体试管（一级） ⟶ 固体三角瓶（二级） ⟶ 液态种子罐（三级） ⟶ 固态浅盘或曲池（四级）

图3-13　扩大培养工艺流程

此工艺采用液相和固相结合的培养方法，一、二、三级种子可做到纯种培养，这样可保证种子不受杂菌污染，第四级种子虽然不能做到完全的纯种培养，但由于是营养菌丝体接种，没有固体种子接种时的孢子萌发期，因而适应期很短，接种后根霉迅速生长，抗杂菌能力增强，培养周期缩短，产品质量提高。根霉是单细胞多核体，根霉孢子具有多个细胞核，孢子的发芽，实际上是细胞核发的芽，所以有时尽管分离培养是单个孢子，但长出来的却不完全一样，有甜型也有酸型，这就给菌种带来多变性和不稳定性。所以用菌丝分离移接根霉，就容易保持根霉原有的甜型特性，防止菌种变异。

（二）根霉曲配方改进

根据对成品曲的分析，麦麸的营养物质大大过剩，培养后的成品曲残余糖分过多，既浪费了原料，又影响酒曲的保质期。将配料改为麸皮60%左右，谷壳粉40%左右，经大生产实验，成品曲色好，菌丝多而健壮，糖化率高，残留淀粉少，节约成本23%以上。此法具有降低原料成本，增加曲料的疏松度，减少成品曲残留淀粉含量，使新配方生产的酒曲质量达到或超过传统配方酒曲，而且能够延长根霉曲的保质期的优点。

（三）酒精活性干酵母复水活化

酒精活性干酵母复水活化后，直接扩大培养为配制根霉曲所需的固体干酵母，改进了传统三级扩大培养固体干酵母烦琐的工艺操作，缩短了培养时间，减少了杂菌污染。

（四）在根霉酒曲中添加产酯酵母，提高小曲酒中酯的含量

添加产酯酵母必须注意以下几个问题。

（1）产酯酵母只有在有氧气存在的条件下才能进行生物催化合成酯类，不是一般认为的醇与有机酸的化学反应（酯化反应），故用产酯酵母酿酒时，其产酯作用主要发生在培养菌箱中而不是在发酵窖池中。

（2）在酒曲中添加产酯酵母的量要控制好，不能过多；过多往往会使酒中酯类过多，香气不协调。同时，产酯酵母在箱中大量繁殖，必将消耗粮食，影响出酒率。

（3）产酯酵母的菌种要选好，可采用单株，也可采用多株。如采用不当，反而画蛇添足，如过去有的酒厂采用某单一菌种，酿出的酒口感单调，香味不正，难以入口。

四、小曲的风味成分

小曲是以米粉或米糠为原料，有的添加少量中草药为辅料，有的添加少量白土为填料，接入一定量的母曲，加入适量的水制成坯，在控制温、湿度的条件下培养而成。其所含微生物主要是霉菌和酵母菌，具有较强的糖化、发酵能力，风味成分较为单一，所产酒的风味成分种类和含量相对较少，主要以酯类、醇类为主，其次是有机酸类和羰基类香味成分。酯类以乙酸乙酯为主，乳酸乙酯次之；酸类以乙酸、乳酸含量最高，并含有适量的丙酸、异丁酸、戊酸等；醇类以乙醇、β-苯乙醇、高级醇为主；同时还含有一定量的乙醛和乙缩醛。

第四节 制曲工艺条件与风味成分的形成

大曲作为白酒生产过程中重要的糖化发酵剂，其最突出的特点是菌酶共存，含有庞大的菌系和酶系。不同的制曲工艺控制条件，使其菌系和酶系不尽相同，在微生物生长繁殖过程中分解原料形成的代谢产物，如糖类、氨基酸、有机酸等大曲酒酒香成分的前体物质也不尽相同。曲粉进入糟醅体系后，在其庞大的酶系和活化后的微生物休眠体的催化作用下发生大量的生化反应，进而造就了不同品质和风格的大曲酒。

一、制曲原料

大曲制作原料主要为小麦、大麦、豌豆。南方以小麦为主，用以生产高温大曲及中温大曲；北方多以大麦和豌豆为主，用以生产低温大曲，不同大曲制作原料成分对比见表3–5。

表3-5　　不同大曲制作原料成分对比　　单位：%

名称	水分	粗淀粉	粗蛋白	粗脂肪	粗纤维	灰分
小麦	12 ~ 13	60 ~ 65	9 ~ 17	1.7 ~ 3.0	1.2 ~ 2.0	1.0 ~ 2.6
大麦	11 ~ 12	61 ~ 62	11 ~ 12	1.9 ~ 2.8	7.2 ~ 7.9	3.4 ~ 4.2
豌豆	10 ~ 12	45 ~ 51	25 ~ 27	3.9 ~ 4.0	1.3 ~ 1.6	3.0 ~ 3.1

1．小麦

小麦富含淀粉、蛋白质、脂肪、矿物质、钙、铁、硫黄素、核黄素及维生素A，蛋白质中以麦胶蛋白和麦谷蛋白为主，是美拉德反应的物质基础，在制曲发酵过程中形成独有的如芳香族、吡嗪类等曲香香味成分；同时其具有较强的黏着力，是各类微生物繁殖、产酶的优良天然物料。

2．大麦

黏结性较差、皮壳较多，若用以单独制曲，则品温上升快、下降也快，不利于霉菌、酵母菌及嗜热菌的生长繁殖，微生物代谢产物减少，势必使得曲香香味成分及大曲酒酒香成分的前体物质减少，若与豌豆共用，可使大曲具有良好的曲香味和清香味。

3．豌豆

黏性大、淀粉含量较大，若用以单独制曲，则升温慢、降温也慢，有利于霉菌、酵母菌及嗜热菌的生长繁殖，故一般与大麦混合使用，以弥补大麦的不足，但其用量不宜过多，因其脂肪含量较高，易给白酒带来邪杂味。

二、制曲发酵顶温控制

美拉德反应是氨基化合物和还原糖之间发生的反应，广泛存在于食品加工和食品长期储存过程中，是形成食品风味的主要反应之一。该反应生成多种醛、酮、醇及呋喃、吡喃、吡啶、噻吩、吡咯、吡嗪等杂环类香味成分。白酒中，特别是酱香型白酒和兼香型白酒中含有较多的杂环化合物，这与美拉德反应有着密切关系。美拉德反应的底物是还原糖和氨基酸，影响反应的因素包括温度、时间、湿度、pH、底物的浓度和性质等。

由于酱香大曲属高温大曲，整个制曲过程需经历低温、中温再到高温3个不同的发酵阶段，因此嗜高温、嗜中温和嗜低温微生物体系代谢产生的风味成分在酱香大曲中都有涉及。而浓香大曲属中温大曲，需经历低温和中温2个发酵阶段，因此，其风味成分主要由微生物体系在低温和中温条件下代谢产生的风味成分构成。而清香大曲为低温大曲，只有低温发酵1个阶段，但是低温的持续时间较另外两者长，因此，其除了有与酱香和浓香大曲相同的风味成分外，也有其特有的风味成分。目前，浓香型、兼香型、酱香型白酒制曲温度都有提高的趋势，其目的是使酒味丰满，增加后味，完善酒体风格。但高温大曲的特点是随着制曲品温升高，导致最终成曲糖化力、液化力低，酸度、酸性蛋白酶含量高，酵母菌严重不足，影响发酵，势必使出酒率降低。白酒生产出酒率与产品质量是线性关系，只有出酒率高，产品质量才有保证。因为白酒中香味成分的来源大多都是以乙醇作为底物进行生物转化生成的，如果酒醅中的酒精含量低，在发酵时则香味成分生成量就少，同时在蒸馏时必然有许多醇溶性的香味成分蒸不出来而残存于糟醅中，结果势必影响到酒的质量。

制曲的前发酵阶段，由于温度、水分适宜，霉菌和酵母大量繁殖，各种酶的活性也较强，微生物分解代谢淀粉、蛋白质产生的还原糖和氨基酸的含量不断上升，此时美拉德反应的底物浓度高，有利于反应的进行。随着发酵时间的延长，曲坯品温逐渐上升到60～65℃，淀粉和蛋白质的分解进一步加剧，曲坯中的氨基酸、多肽、糖类大为增加。美拉德反应的最佳条件为：pH5.0～8.0，还原糖和氨基酸含量要在6%以下，维生素B_1含量在 0.5%以下，反应速度随温度升高而加快。高温制曲正好满足了这些条件，因而高温大曲制曲过程中美拉德反应速度快，易形成大量的香味成分，因此酱香型白酒和兼香型白酒中含有较多的杂环类香味成分。

制曲达到68℃以后，霉菌、酵母大量死亡。耐高温细菌主要是芽孢杆菌则生长旺盛，产生较多的蛋白水解酶，并将小麦中的蛋白质分解为大量的游离氨基酸，为美拉德反应提供了足量的前体物质。地衣芽孢杆菌对美拉德反应有催化作用，这说明美拉德反应与耐高温细菌的发酵及代谢的酶系有关。因此，可以说高温制曲培养了耐高温细菌，耐高温细菌促进了美拉德反应。但制曲温度不宜过高，除了发酵动力不足外，还容易使酒的煳苦味加重，酒色发黄。成品酒常带有的焦煳味主要来自高温大曲。因此，制曲并不是温度越高越好，高温大曲的最高温度不宜超过68℃，中温大曲的最高温度不宜超过60℃。

三、制曲发酵水分控制

水是微生物生长所需要的重要物质，是影响制曲的关键因素。水是微生物细胞的重要组成成分，占活细胞总重的90%左右，机体内的一系列生理生化反应都离不开水，营养物质的吸收与代谢产物的分泌都是通过水来完成的，同时由于水的比热容高，又是良好的热导体，因此能有效地吸收代谢过程中放出的热，并将吸收的热迅速地散发出去，避免细胞内温度陡然升高，故能有效控制细胞内温度的变化。

由于制曲要在高温高湿的条件下培养微生物，因此一是要保证有足够的水添加到曲料中，二是要掌握水分在曲坯中的保留时间和变化幅度。水是分两次加到曲料中的：第一次是粉碎前的润麦，虽然添加量不大，但小麦表皮通过吸收水分而变软，有利于粉碎；第二次是在拌料时加水，成型后的曲坯含水量为37%～41%，这是控制的重点，同时须根据气温高低调整不同的制曲水分的用量。

制曲过程中，如果曲坯水分过大，踩制过紧，在培菌过程中排潮、翻曲不及时，曲坯长时间处于高温高湿状态，导致成曲变黑，有焦煳味。一般认为曲块发黑是美拉德反应过度的结果。在高温高湿条件下，淀粉与蛋白质过度分解，糖分过高，反应时间过长，出现焦糖化。发黑的曲过多，成品曲不仅质量差，而且会给白酒带来焦苦味。

白酒风味成分的来源及形成机理

第五节　白酒风味成分的分析技术

第四节　白酒风味成分的呈香呈味原理

第三节　白酒风味成分的生成机理

第二节　白酒风味成分的来源

第一节　白酒风味成分的种类

中国白酒的香味成分种类繁多，包括酯类、酸类、醇类、羰基类、芳香族以及含氮、含硫等杂环类香味成分。从最开始的对白酒的香味成分没有认知到能检测到十几种香味成分，目前的检测技术和检测设备已经从中国白酒中分析出1800多种香味成分，有的能定性定量，而有的只能定性。中国白酒是世界上香味成分最为丰富的蒸馏酒，它的香味成分来源于原料蒸煮过程带入的香味成分，发酵过程中微生物发酵的代谢产物和储存过程中白酒香味成分之间的化学反应生成物。其它蒸馏酒的香味成分主要来源于后期陈酿过程中的外源性香味成分，如陈酿过程中带入的橡木香气，酒体调配过程中添加的植物提取、浸泡的香料香味等。白酒的风味特征与其微量香味成分密切相关，这些成分具有各自独特的香气和口味，由于它们共溶于一个“乙醇-水溶液”的体系中，彼此相互影响，因而使白酒风味具有多样性。我们相信，随着白酒中的香味成分分析检测技术的发展及分析检测设备灵敏度的不断提高，将会有更多未知的香味成分不断被分析检测出来。目前，根据白酒中微量香味成分的含量及其在白酒中所起的呈香呈味作用，将它们分为三个大类，即白酒的骨架成分、协调成分及复杂成分。

白酒风味成分的种类

白酒的主要成分是乙醇和水，占总量的98%左右，但决定白酒香型、风味及质量的却是种类繁多、含量甚微、具有呈香呈味作用的微量成分，它们只占总量的2%左右。微量成分中的白酒骨架成分是色谱分析含量大于2mg/100mL的香味成分，主要有乙酯、杂醇、乙醛（乙缩醛）和羧酸等。骨架成分是白酒中占优势的成分，是白酒香味成分的主体，是勾兑与调味工序重点关注的成分，对白酒的酒体风格起着决定性作用。协调成分含量一般都远大于2mg/100mL，协调成分也属于骨架成分，它能起到其它骨架成分无法代替的对风味影响的特殊作用，它们使酒中的香味成分达到香气的协调、口味的协调以及香气和口味的协调。所以将它们命名为协调成分，主要有乙醛、乙缩醛、乙酸、乳酸、己酸、丁酸等成分。复杂成分是含量小于2mg/100mL的香味成分，对白酒酒体风格的形成和风格典型性起着比较重要的作用。

中国白酒采用开放式操作条件下的多菌种自然发酵的独特生产工艺，其微量成分十分复杂。占白酒总成分2%左右的微量成分中，绝大部分是有机化合物，它们的种类、含量及相互之间的量比关系决定了白酒产品的风格、质量和香型。因此，了解和掌握白酒中的微量香味成分，对酒体设计工作有着十分重要的指导意义，也是作为一名合格的酒体设计人员应当具备的基本功。

白酒的微量香味成分是构成白酒香味和风格的重要物质，不同含量的香味成分可以起到协调、丰富酒体的作用。这些微量香味成分在视觉、嗅觉、味觉上的综合作用会引起人们的感官反应，表现出人们对白酒的色泽、香气、味觉等感受。目前，还无法确定是微量香味成分之间的量比关系对白酒的风格起主导作用，还是微量香味成分的绝对含量和量比关系二者共同对白酒的风格起决定作用，微量香味成分对酒体风格的作用还有待进一步深入研究。

一、酯类香味成分

（一）酯类香味成分的感官特征

酯类香味成分是有机酸和醇在分子间脱水而生成的一类化合物。它们的分子结构式可表示为：

$$R-\overset{\displaystyle O}{\overset{\|}{C}}-O-R'$$

酯类香味成分具有果实气味或独特芳香气味，白酒中主要酯类香味成分的物理性质及感官特征见表4-1。

表 4-1　白酒中主要酯类香味成分的物理性质及感官特征

名称	分子结构式	沸点 /℃	味阈值 /（mg/L）	感官特征
甲酸乙酯	O O	64.3	—	带有类似桃香的气味，味刺激，带涩味
乙酸乙酯	O O	76	17	具有水果香，味刺激，带涩味
乙酸丙酯	O O	101.6	—	带有草莓香气，稀释略带苦味
丙酸乙酯	O O	99	>4	微带有脂肪气味，有果香气，味略涩

续表

名称	分子结构式	沸点 /℃	味阈值 /（mg/L）	感官特征
乳酸乙酯	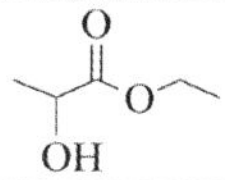	154.5	14	香气弱，微带有脂肪气味，味刺激，带苦、涩味
丁酸乙酯	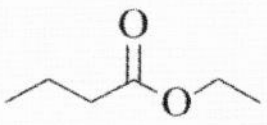	120	0.15	具有明显脂肪气味，带有类似菠萝果香气味，味涩，爽口
异丁酸乙酯	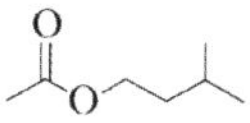	112～113	—	带有苹果香
乙酸异戊酯	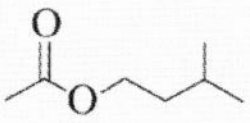	142（267kPa）	0.23	类似苹果香、梨香
戊酸乙酯	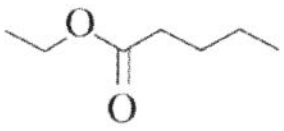	145	—	具有较明显脂肪气味、果香气味，味浓厚，有刺舌的感觉
丁二酸二乙酯	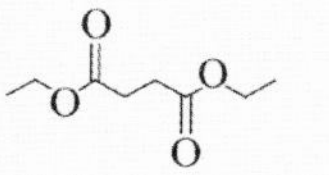	195～196	—	带有微弱的果香气味，味微甜，带涩、苦
己酸乙酯	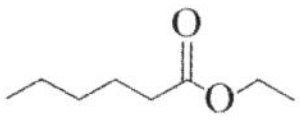	167	0.076	带有菠萝、苹果香气味，味甜爽口，带刺激涩感
庚酸乙酯	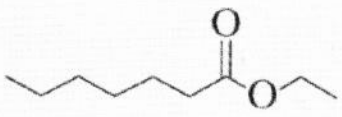	187	—	带有类似果香气味，脂肪气味
辛酸乙酯	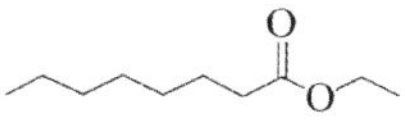	206	0.24	带有水果样气味，具有明显脂肪气味
壬酸乙酯	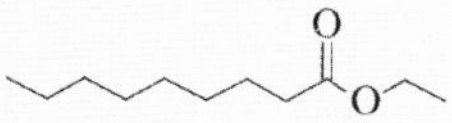	226	—	具有水果味，口味带甜
癸酸乙酯	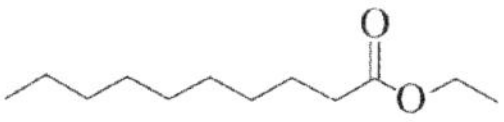	244	1.1	具有明显脂肪气味，微弱的果香气味
月桂酸乙酯	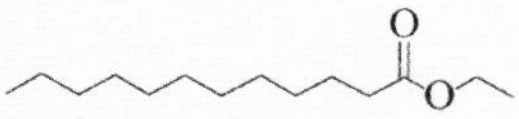	269	—	带有月桂油香味，呈现油珠状，放置后浑浊
肉豆蔻酸乙酯	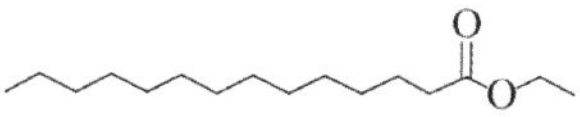	295	—	具有类似芹菜或黄油的香气
棕榈酸乙酯	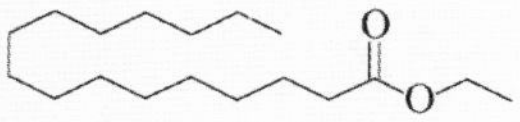	185.5（1333Pa）	>14	白色结晶，微有油味，带有不明显的脂肪气味
油酸乙酯	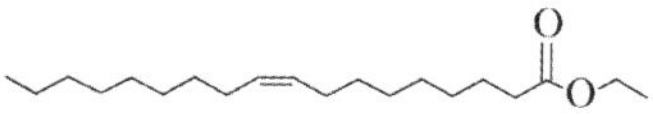	205	0.87	带有脂肪气味，油味

（二）酯类香味成分的香味特点

白酒中的酯类香味成分是除水和乙醇以外含量最多的一类香味成分，多以乙酯形式存在，具有果实香气或独特芳香香气，在白酒的呈香呈味中起着重要作用，但其含量及量比关系必须适宜，否则会影响白酒的典型风格。白酒中的乙酸乙酯、乳酸乙酯、丁酸乙酯和己酸乙酯含量较多，占总酯含量的90%以上，被称为白酒的四大酯。其中乙酸乙酯的呈香呈味特征为：呈香蕉或苹果水果香，有刺激感，带涩味，具白酒清香感，是清香型白酒的主体香味成分；乳酸乙酯的呈香呈味特征为：香气弱，有脂肪气味，适量时有浓厚感，过量则呈现味刺激，带涩味和苦味；丁酸乙酯的呈香呈味特征为：脂肪香气明显，有似菠萝香味，味涩，爽快可口；己酸乙酯的呈香呈味特征为：有菠萝、苹果香气，味甜爽口，具有白酒窖香感，带刺激涩感，是浓香型白酒的主体香味成分。

在浓香型白酒中，酯类香味成分在微量香味成分中占绝对优势，无论在种类还是在含量上都居首位，它们是浓香型白酒的主体香味成分，大约占香味成分总量的60%。其中，己酸乙酯的含量又是各微量香味成分之冠，是除乙醇和水之外含量最高的成分，它不仅绝对含量高，而且阈值较低，在味觉上体现为甜味、爽口。因此，己酸乙酯的高含量、低阈值等特点决定了浓香型白酒的主要风味特征，当己酸乙酯在适当的浓度范围内，其含量的高低影响浓香型白酒品质的好坏。除己酸乙酯外，浓香型白酒酯类香味成分中含量较高的还有乳酸乙酯、乙酸乙酯、丁酸乙酯和戊酸乙酯，它们的含量在10～200mg/100mL。酒体中己酸乙酯与其它酯类的比例关系会影响到浓香型白酒的典型香气与风格，特别是与乳酸乙酯、乙酸乙酯和丁酸乙酯的比例。其中，一般认为己酸乙酯与乳酸乙酯含量的比例在1：（0.4～0.8），己酸乙酯与乙酸乙酯的比例在1：（0.4～0.6），有些乙酸乙酯也可以略高于乳酸乙酯，己酸乙酯与丁酸乙酯的比例在1：0.1左右。含量较低的酯有棕榈酸乙酯、油酸乙酯、亚油酸乙酯、庚酸乙酯、辛酸乙酯、甲酸乙酯、丙酸乙酯等。

二、酸类香味成分

（一）酸类香味成分的感官特征

白酒中的酸类香味成分大都是有机酸，它是白酒中重要的呈味成分，在分子结构中是烃基与羧基（—COOH）直接相连接的有机化合物，分子结构式可写成：

$$\mathrm{R}-\overset{\overset{\displaystyle \mathrm{O}}{\|}}{\mathrm{C}}-\mathrm{OH}$$

白酒中主要有机酸的物理性质及感官特征见表4-2。

表 4-2　　白酒中主要酸类香味成分的物理性质及感官特性

名称	分子结构式	沸点 /℃	味阈值 /（mg/L）	感官特征
甲酸	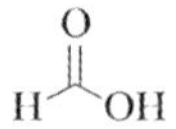 O H OH	100 ~ 101	1	闻有酸味，入口有刺激感和涩味
乙酸	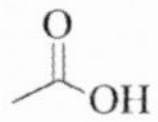 O OH	118.2 ~ 118.5	2.6	带有食醋气味，爽口带酸微甜，带刺激感
丙酸	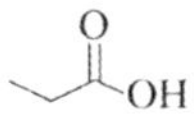 O OH	140.7	20	稍有酸刺激气味，入口柔和，微酸涩
乳酸	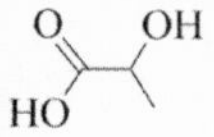 O OH HO	122（2kPa）	—	微酸，味涩，适量有浓厚感
正丁酸	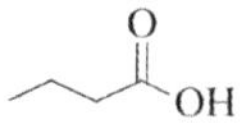 O OH	163.5	3.4	闻有脂肪气味，微酸，带甜，有轻微糟醅香和窖泥味
异丁酸	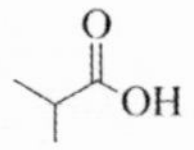 O OH	154.7	8.2	闻有脂肪气味，类似己酸、丁酸气味
正戊酸	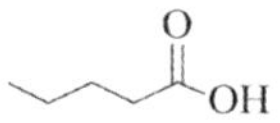 O OH	185.5 ~ 186.6	>0.5	具有脂肪气味，微酸，带甜，类似丁酸气味，微酸甜
异戊酸	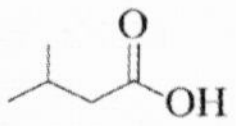 O OH	176.5	0.75	具有类似正戊酸的气味
己酸	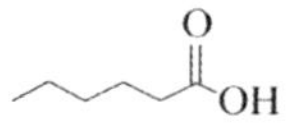 O OH	205.8	8.6	具有强烈脂肪气味，有刺激感，类似白酒气味，爽口
庚酸	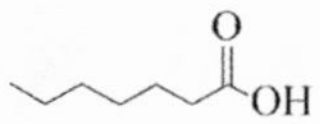 O OH	223	>0.5	具有羊奶气味、奶酪香
辛酸	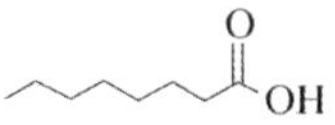 O OH	239.7	15	具有羊奶气味、奶酪香
油酸	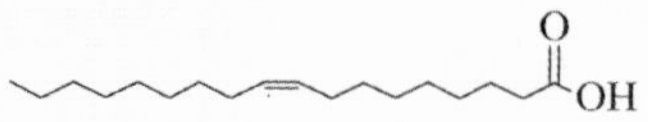 O OH	285.6	>2.2	具有较弱的脂肪气味，油味，易凝固，水溶性差

有机酸类香味成分是形成酯类的前体物质，没有有机酸就没有相对应的酯类。如上表所示，每种有机酸都有不同的感官特征，其阈值的差异引起香味和口味的不同。适量的酸可以调节口味，使酒变得醇甜可口。

（二）酸类香味成分的香味特点

白酒中的酸类香味成分大都为有机酸，是形成白酒口味的主要香味成分，也是生成酯类成分的前体物质，是新酒老熟的有效催化剂。它能够增长后味，消除酒的苦味、杂味以及燥辣感，使酒体出现甜味和回甜味，增加醇和感。白酒中的酸类以乙酸、丁酸、乳酸和己酸含量最多，占总酸含量的90%以上，被称为白酒的四大酸。其中乙酸的呈香呈味特征为：醋酸气味，爽口带酸微甜，带刺激感；丁酸的呈香呈味特征为：闻有脂肪味，微酸，带甜；乳酸的呈香呈味特征为：脂肪味，入口微酸、甜，带涩，具有浓厚感；己酸的呈香呈味特征为：强烈脂肪味，有刺激感，似大曲酒气味，爽口。

在浓香型白酒中，有机酸类香味成分的绝对含量仅次于酯类含量，为香味成分总量的14%～16%，约为总酯含量的1/4，其浓度在140～160mg/100mL。主要有乙酸、己酸、乳酸、丁酸、丙酸、戊酸、异戊酸、异丁酸、棕榈酸、油酸及亚油酸等。其中乙酸、己酸、乳酸、丁酸的含量均高，其总和占总酸的90%以上。己酸与乙酸的比例一般在1：（0.6～1.5），己酸与乳酸的比例在1：（1～0.5），己酸与丁酸的比例在1：（0.2～0.5），浓度的顺序一般为：乙酸>己酸>乳酸>丁酸。总酸含量的高低对浓香型白酒的风味有很大影响，它与酯含量的比例也会影响酒体的风味特征。若总酸含量低，酒体口味单薄，同样，总酯含量也相应不能太高，否则酒体显得“头重脚轻”；总酸含量太高也会使酒体口味变得刺激、粗糙、不柔和、不圆润。另外，酒体的风味、浓郁程度以及持久性，在很大程度上也取决于有机酸的种类和含量，尤其是一些高沸点有机酸。

有机酸类香味成分是白酒感官中重要的呈味成分，是新酒老熟的有效催化剂，也是生成酯类香味成分的前体物质，故有“无酸不成酒”的说法。有机酸可以调节白酒酒体的口味，使酒变得醇和味长。当白酒中的酸味成分的含量适度、比例协调时，就会减弱或消除白酒的燥辣感，从而增加白酒的醇厚感，减弱或消除白酒的苦味。白酒中有机酸类香味成分的含量过高则会抑制甚至掩盖白酒的香气，俗称“压香”；有机酸类香味成分含量不足则易出现酯香突出、苦味明显、酒体不干净等感官反应。在白酒储存过程中，酸类香味成分的种类及含量影响着白酒老熟的速度，对白酒的储存质量有一定影响。有机酸在白酒风味中扮演着重要的角色，因此，要不断丰富和提高对有机酸类香味成分在白酒产量和质量中重要作用的认识。

三、醇类香味成分

（一）醇类香味成分的感官特征

有机醇是分子里含有与烃基链结合着的羟基（—OH）的化合物。按照含羟基的数目不同，分为一元醇、二元醇和多元醇。分子结构式为：R—OH。白酒中主要醇类香味成分的物理性质及感官特征见表4-3。

表4-3　　白酒中主要醇类香味成分的物理性质及感官特征

名称	分子结构式	沸点/℃	味阈值/（mg/L）	感官特征
甲醇	—OH	64.7	—	有温和的乙醇气味，入口有刺激、灼烧感
正丙醇	 HO	97.2	>720	具有类似醚气味，入口有刺激感和苦味
正丁醇	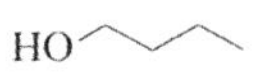 HO	117～118	>5	有特殊气味，入口有刺激感，稍涩苦
仲丁醇	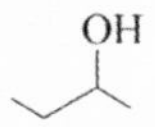 OH	99.5	>10	具有强烈的芳香味，爽口，味短
异丁醇	 HO	108.4	75	有微弱戊醇味，入口有苦味
正戊醇	 HO	138.06	10	略有奶油味、灼烧气味
异戊醇	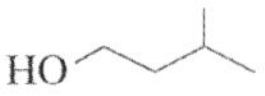 HO	132	6.5	有杂醇油气味，入口有刺激感，有涩味
正己醇	 HO	157.2～158	5.2	有芳香气味，油状，有黏稠感，气味持久，味微甜
β-苯乙醇	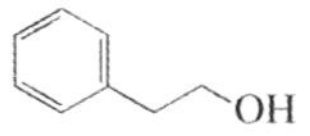 OH	220～222（98.7kPa）	7.5	有甜香气，似玫瑰气味，气味持久，微甜，带涩
糠醇	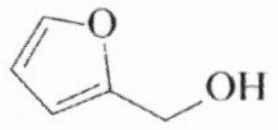 O OH	178～179	—	有油样焦煳气味，类似烤香香气，微苦
庚醇	 OH	175	1.1	有类似葡萄的果香气味，入口微甜
2,3-丁二醇	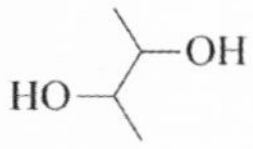 OH HO	179～182	—	有黄油、奶油的香气

（二）醇类香味成分的香味特点

白酒中的醇类香味成分，有正丙醇、仲丁醇、异丁醇、正戊醇、异戊醇、己醇、庚醇、辛醇等。酱香型白酒的总醇含量较高，它虽与清香型含量相当或略高，但种类更多，酱香型白酒总醇含量一般为200mg/100mL以上，浓香型白酒总醇含量一般在200mg/100mL

以下。

高级醇在白酒中的含量无论是从总醇含量来看，还是从各组成醇的含量来看，不同的酒，含量差异很大，尚未见其规律性，而这些组成和含量的差异又是造成各种酒不同口味的原因之一。一般认为高级醇在白酒中具有双重作用，稍少量的高级醇，是构成浓香型白酒丰富多彩酒体的主要成分，具有传统白酒的风味；高级醇含量过高，往往影响白酒的质量，所以白酒中对高级醇含量有一定的限制，应特别注意，高级醇的总含量一般不允许超过150mg/100mL。构成“总醇”的主要成分有正丙醇、异丁醇等，它们的含量约为总醇含量的80%以上，甚至95%以上。正丙醇一般可达50%，连同异戊醇可达总醇的70%~80%，以清香型白酒为最高，可高达90%，浓香型白酒较低，为65%~70%。各种有机醇类香味成分在不同香型的白酒中，感官特征如下。

1．正丙醇

在不同香型白酒中，正丙醇含量有着较明显的差异。酱香型白酒的正丙醇含量最高，含量变化幅度较大，一般含量为100mg/100mL，最高可达300mg/100mL；浓香型白酒的正丙醇含量普遍较低。各香型的白酒中正丙醇含量高低次序是：酱香型>清香型>浓香型。由于正丙醇的阈值较高，所以尽管它在酒中含量较大，但它对酒香气影响不大。

2．异戊醇

酱香型和清香型白酒中异戊醇的含量均比浓香型高，一般含量为50~60mg/100mL，各香型的白酒中异戊醇含量次序是：酱香型>清香型>浓香型。

3．正己醇

浓香型白酒中正己醇的含量一般在10mg/100mL以内，酱香型白酒的正己醇含量甚微。

在浓香型白酒中，醇类香味成分具有重要的呈味作用，它的总含量（乙醇除外）仅次于酯类和酸类含量，占第三位，为香味成分总量的10%~12%。醇类香味成分的特点是沸点低、易挥发、入口刺激感强，而有些醇类香味成分带有苦味。醇类的含量与酯类含量的比例应恰当，一般在1∶5左右。在醇类香味成分中，各成分的含量差别较大，以异戊醇含量最高，在白酒中各醇类香味成分的含量次序一般为：异戊醇>正丙醇>异丁醇>仲丁醇>正己醇>正戊醇。其中异戊醇与异丁醇对酒体风味影响较大，两者比例大约在3∶1。多元醇在浓香型白酒中含量较少，相对于一元醇而言，大多数多元醇的刺激性较小，较难挥发，并带有甜味，可以降低其它香味成分的刺激性，使酒体变得浓厚而醇甜。

四、羰基类香味成分

（一）羰基类香味成分的感官特征

醛和酮都是分子中含有羰基（碳氧双键）的化合物，因此又统称为羰基化合物。羰基与一个烃基相连的化合物称为醛，与两个烃基相连的称为酮。

羰基　　醛（R—CHO）　　酮（R—CO—R′）

羰基类香味成分是构成白酒香味的重要呈味成分，主要赋予酒体刺激感或辛辣感，同时可以起到促香或提香作用。白酒中主要羰基类香味成分的物理性质及感官特征见表4-4。

表 4-4　　白酒中主要羰基类香味成分的物理性质及感官特征

名称	分子式	沸点 /℃	味阈值 /（mg/L）	感官特征
乙醛	CH_3CHO	20.8	1.2	带有苹果香、青草香
丙醛	CH_3CH_2CHO	47.5 ~ 49	2	带有青草香
丁醛	$CH_3CH_2CH_2CHO$	75.7	0.0028	有清香，入口有明显刺激感
异丁醛	$(CH_3)_2CHCHO$	63.5（33.9kPa）	1.3	微带坚果气味，味刺激
异戊醛	$(CH_3)_2CHCH_2CHO$	92	0.12	具有微弱果香、坚果气味，味有刺激感
戊醛	$CH_3(CH_2)_3CHO$	103.4	0.11	具有坚果、苦杏仁、辛香
丙酮	CH_3COCH_3	56.2	—	具有溶剂气味、带弱果香、入口微甜，有刺激感
双乙酰	$CH_3COCOCH_3$	88 ~ 91	0.02	具有馊酸气味、脂肪气味、油味，入口微甜、爽口
醋酚	$CH_3CH(OH)COCH_3$	148	—	具有焦糖气味，带果香味，微甜，带苦味

低碳链的羰基类香味成分沸点较低，极易挥发。随着羰基类香味成分碳原子的增加，它们的沸点逐渐增高，在水中的溶解度下降。羰基类香味成分具有较强的刺激性气味，随着碳原子数的增加，它的气味逐渐向青草香气、果实香气及脂肪香气转变。酒体中的羰基类香味成分具有较强的刺激性口味，能赋予酒体较强的刺激感，起到助香作用。

（二）羰基类香味成分的香味特点

浓香型白酒中，羰基类香味成分的种类不多。就单一成分而言，乙醛和乙缩醛的含量最高，一般在10mg/100mL以上，其次是双乙酰、醋鎓、异戊醛等，其浓度在4～9mg/100mL。乙醛与乙缩醛在酒体中处于同一化学平衡，其比例一般在（0.5～0.8）：1。

羰基类香味成分大多数具有特殊的陈香并伴有酱香香气，能提高酒体品质。双乙酰和醋鎓带有特殊气味，较易挥发，它们与酯类香味成分作用，使酒体香气平衡、协调、丰满，并能促进酯类香气的挥发和改善。在一定含量范围内，同其它香味成分有一定的量比关系，它们的含量稍多能显著提高浓香型白酒的香气质量。从表4–4中可以看出，醛类香味成分香味较浓，脂肪族低级醛具有刺激性气味，随着碳链长度的增加，其香味强度逐渐增加，在C_8～C_{12}时香味强度达到最高值，偶数碳原子比奇数碳原子羰基类香味成分的香味强。

五、芳香族香味成分

酒中芳香族香味成分主要是指分子结构中至少含有一个苯环的化合物。它们是具有与开链化合物或脂环烃相连接的独特性质的一类化合物，具有较强烈的芳香气味，其呈香作用较大。

酒体中芳香族香味成分主要来源于蛋白质降解或氨基酸代谢。这类香味成分的感官特征一般都具有类似药草、辛香及烟熏的气味。酒体中存在的芳香族香味成分主要有酪醇、4–乙基愈创木酚、丁香酸等，其总量大约占微量香味成分总量的2%。

中国白酒中的主要芳香族香味成分的物理性质及感官特征见表4–5。

表4–5　中国白酒中的主要芳香族香味成分的物理性质及感官特征

名称	分子结构式	沸点/℃	感官特征
愈创木酚	OH O	205	带有水果香、花香、焦酱香、甜香、青草香

续表

名称	分子结构式	沸点 /℃	感官特征
4-乙烯基愈创木酚	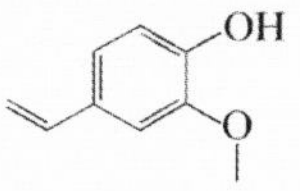 OH O	224	具有强烈香辛料、丁香和发酵类似香气，有炒花生气味。不溶于水，溶于油类，混溶于乙醇
4-甲基愈创木酚	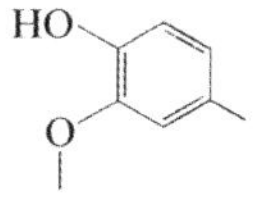 HO O	221 ~ 222	具有香辛料、丁香、香兰素和烟熏香气，略有苦味
4-乙基愈创木酚	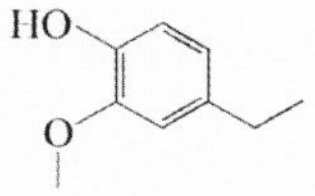 HO O	234 ~ 236	具有甜而暖的香辛料和草药似香气
对羟基苯乙醇	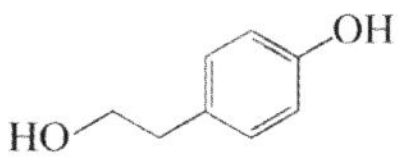 OH HO	195	—
苯乙醛	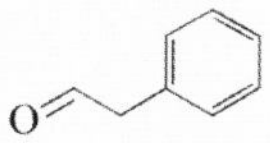 O	195	具有强烈风信子香气，低浓度时有杏仁、樱桃香味
苯甲酸	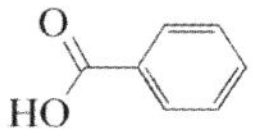 O HO	249	—
苯乙酸	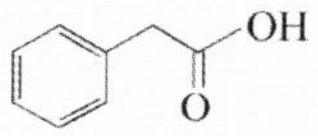 OH O	265	—
邻苯二甲酸二乙酯	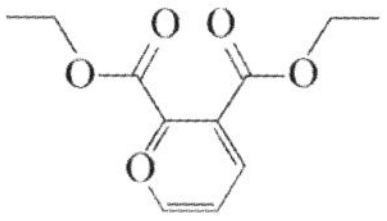 O O O O O	298 ~ 299	—

六、含氮香味成分

白酒中的含氮香味成分以吡嗪类化合物为典型成分，它们主要是四甲基吡嗪、三甲基吡嗪和2,6-二甲基吡嗪等吡嗪类化合物。此类香味成分的产生途径除了美拉德褐变反应途径外，还有蛋白质的热分解、氨基酸的加热分解反应和微生物的代谢等途径，详见图4-1。1，4位含氮的六元杂环是含氮香味成分，其感官特征一般具有坚果、焙烤、水果和蔬菜等气味，它们的嗅觉阈值极低，香气持久难消，对酒体空杯留香、形成酒体幽雅陈香和自然发酵香气、协调酒体香气等都有很好的效果，对白酒风味有重要贡献作用。这类香味成分在白酒中含量甚微，大多含量是每升有几微克到几百微克。

吡嗪类香味成分主要来源于酿酒过程中的热反应。酿酒原料中的基本组分为碳水化合物、蛋白质和脂肪，它们在酶、酸作用下，分解成单糖、氨基酸和脂肪酸。在热反应过程中的相互作用，最主要的是糖类与氨基酸之间发生的美拉德反应。这一反应所产生的香味成分具有香气幽雅、风格独特的特点，因而特别受重视。美拉德反应的产物十分复杂，既和参与反应的氨基酸及单糖的种类有关，也与受热的温度和时间有关，又和体系中的pH、水分等因素有关。一般来说，当受热时间较短、温度较低时，反应产物除了醛类以外，还有独特香气的内酯类和呋喃类香味成分；当温度较高、受热时间较长时，生成的香味成分种类有所增加，吡嗪、吡咯、吡啶类香味成分同时生成。在加热分解酪朊时，能分析检测出2-甲基吡嗪，2-乙基-6-甲基吡嗪等；从丝氨酸和苏氨酸等β-羟基酸的加热分解产物中能检出多种吡嗪类香味成分；在酱香型白酒的高温制曲、高温堆积、高温发酵等工艺环节中产生的吡嗪类香味成分，除了酶或非酶参与的褐变反应生成的产物外，其它大部分是微生物的代谢产物，因为这三个阶段中都存在大量的可产生吡嗪类香味成分的枯草杆菌。

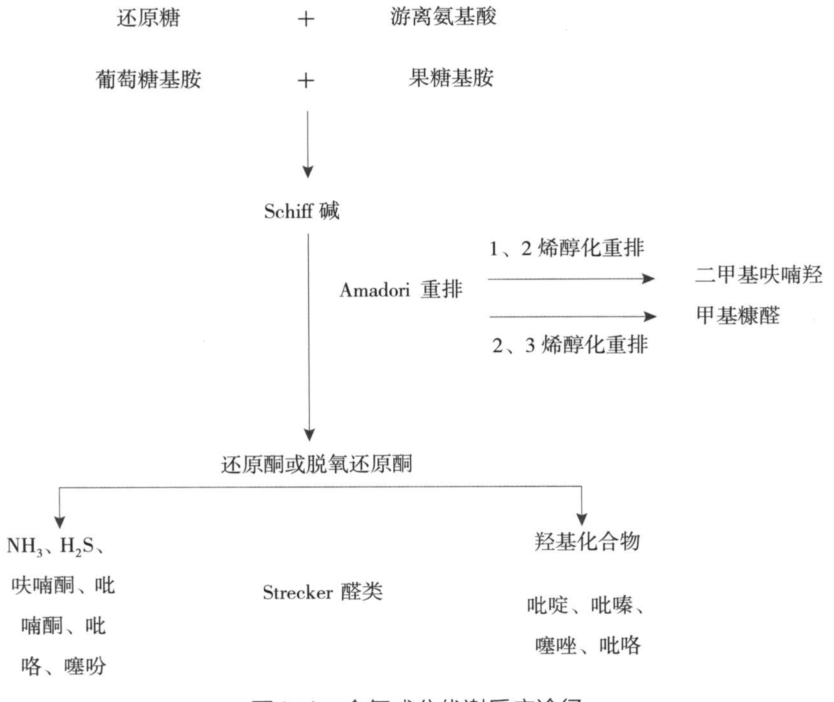

图4-1　含氮成分代谢反应途径

七、含硫香味成分

白酒中的含硫香味成分是指含碳硫键的有机化合物，它包括链状和环状的含硫化合物。其气味表现为有令人不愉快的气味，且持久难消，一般含硫香味成分的嗅觉阈值极低，很微量时就能察觉到它的气味。目前，白酒中已检出的含硫香味成分的种类不多，主要是新酒中的硫醇、硫醚、硫化氢及其它二硫、三硫类化合物。

白酒风味成分的来源

一、酿酒原料和辅料

酿酒原料一般为粮谷原料，其香味成分可分成两种情况：一是粮谷自身带有的芳香香气，这些组分通常由植物生长过程中的光合作用生成，呈现的香气一般较弱；另一种是经过热处理以后的熟粮谷的香气，它们是在加热过程中经非酶促反应产生，呈现一些特征香味。就其挥发性组分而言，粮谷种类不同，其挥发性组分种类有较大差异。

（一）高粱

高粱的内容物多为淀粉颗粒，外面一层由蛋白质及脂肪等组成的胶粒层，易受热而分解。高粱的半纤维素含量约为2.8%。高粱壳中的单宁含量达2%以上，但籽粒仅含0.2%～0.3%。微量的单宁及花青素等色素成分经蒸煮和发酵后，其衍生物为香兰酸等酚类香味成分，能赋予白酒特殊的芳香；过量的单宁会抑制酵母发酵，在大汽蒸馏时单宁会被带入酒中，造成酒的苦涩味。

（二）玉米

玉米的胚芽中含有大量的脂肪，若仅利用带胚芽的玉米酿制白酒时，则酒醅发酵时生酸快、升酸幅度大，且脂肪氧化而形成的中间产物带入酒中会影响酒质。一般采用玉米为原料生产白酒时应该脱去玉米胚芽。玉米含有60多种挥发性成分，包括C_1～C_9的饱和醇及1-辛烯-3-醇、4-庚烯-2-醇；C_2～C_9的饱和醛及2,4-癸二烯醛；C_6～C_9饱和甲基酮及4-庚烯-2-酮；芳香族香味成分及2-戊基呋喃。玉米中还含有较多的植酸，可发酵为环己六醇及磷酸，磷酸也能促进甘油（丙三醇）的生成，多元醇具有明显的甜味，因而玉米酿造的酒醇甜感较强。

（三）大米

大米的淀粉含量较高，蛋白质及脂肪含量较少，因而有利于低温缓慢发酵，酒体也较纯净。大米在混蒸混烧的蒸馏环节中，可将米饭的香味成分带至酒中，使酒质爽净，五粮液、剑南春酒等均配用一定量的大米。糯米质软，蒸煮后黏度大，须与其它原料配合使用，使酿成的酒具有甘甜味。大米有250多种挥发性成分，其中包括醇类、醛类、酮类、酸类、酯类、酚类、内酯类、乙缩醛类、呋喃类、吡嗪类、噻吩类、噻唑类等香味成分。其中，内酯类如γ-壬内酯，香气温和、甜而浓重；甲基酮类如3-戊烯-2-酮，甜而略带酸味。

（四）小麦、大麦

大麦和小麦除用于制曲外，还可用于酿酒生产。小麦中的碳水化合物，除淀粉外，还有少量的蔗糖、葡萄糖、果糖等（其含量为2%～4%），以及2%～3%的糊精。软质小麦的麦粒软，富含淀粉、蛋白质、脂肪、钙、铁、维生素B_1、维生素B_2、维生素B_5及维生素A。小麦蛋白质的组成以麦胶蛋白和麦谷蛋白为主，麦胶蛋白以氨基酸为主，这些蛋白质在制曲过程中可以生成特有的曲香香味成分，因此特别适宜作为制曲原料。

（五）豌豆

豌豆中含有的2-甲基-3-乙基吡嗪、2-甲氧基-3-异丁基吡嗪最为重要，具有极强的坚果香及甜焦香气，并含有丰富的蛋白质和维生素，为白酒香味成分的生成提供了丰富的前体物质。江淮、山西一带的酒厂采用豌豆制曲，其酿造的白酒具有明显豌豆香气。

（六）辅料

糠壳质地坚硬、吸水性差，白酒酿造中一般使用2～4瓣的粗糠壳，不使用细糠壳（细糠壳疏松度较低且含大米皮较多）。由于糠壳中含有多缩戊糖和果胶质等，在酿酒发酵过程中容易生成糠醛、甲醇等成分，在生产上其用量应该严格控制，在使用前必须清蒸除去杂质，清除异杂味。

二、酿造环境微生物

由水、土壤、气候、空气、生态链以及人类活动构成的大环境，是不以人的意志为转移的、不可控制的客观条件，直接制约着酿造环境中的微生物种群和数量，因此对以粮谷为原料、开放式操作、自然网罗环境中微生物菌群菌系接种发酵酿酒的中国白酒，是一种典型的地域资源型产品，其品质优劣的基础与酿造环境的微生物菌群菌系息息相关。

从四川盆地南缘的浅丘，向深丘、山区、云贵高原延伸，横跨了长江、沱江、赤水河等众多江河，水系非常发达，自然造就了这一区域常年温润的气候环境，必然能够滋生纷繁复杂的微生物菌群，这就为中国白酒酿造这种特殊的开放式生产操作带来先天的地域资源优势，川南黔北地带被公认为中国白酒酿造的黄金产区。这一黄金产区内曲坯体系、糟醅体系中纷繁复杂的微生物类群，必然发酵代谢出品类繁多的微量成分，为高品质的白酒酿造奠定优良的风味成分基础。

白酒的风味成分来源于原料、微生物及其代谢产物的相互作用。无论酒曲、窖泥还是糟醅都富集着大量的微生物，这些微生物由不同微生物种类组成，相互作用又相互依存。复杂的微生物代谢产物构成了白酒的组成成分，这些微生物的种类及组成在很大程度上决定了白酒的香味成分和酒体风格。白酒酿造过程中对白酒品质起着主要作用的微生物种类有酵母菌、霉菌、细菌和放线菌等。

（一）酵母菌

酵母菌是一类单细胞真核微生物，具有典型的细胞结构，有完整、具体的细胞核，属于无鞭毛、不运动的真菌。其形态多种多样，依种类的不同各有差异，一般有球形、椭圆形、卵圆形、柠檬形、腊肠形和菌丝形。另外，培养时间、营养状况等也会影响酵母菌形态。酵母菌的大小一般为（8～10）μm×（1～5）μm，发酵工业中常用的酵母菌个体平均直径为4～6μm，如图4-2所示。

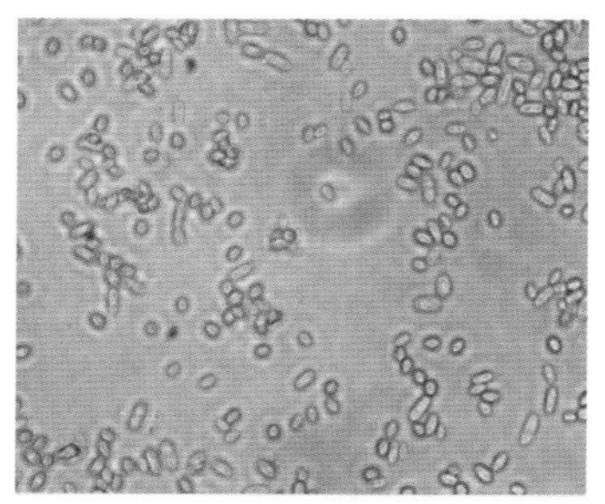

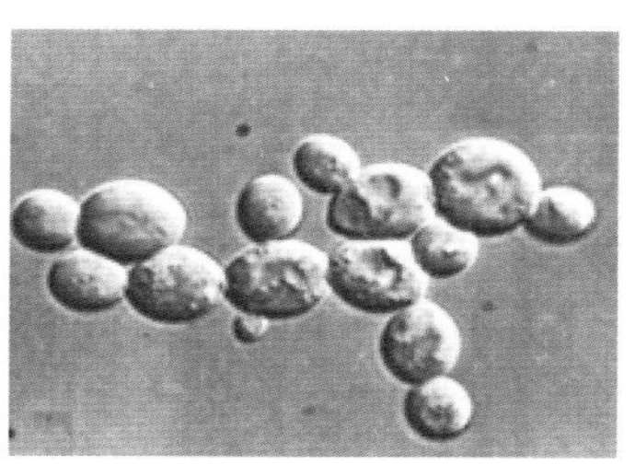

图4-2　显微镜下酵母菌

酵母菌发酵可形成多种代谢产物，白酒生产中常见的参与发酵的酵母菌有酒精酵母、生香酵母、假丝酵母等。酒精酵母是产酒精能力较强的一类酵母，一般以出芽的方式进行繁殖。生香酵母具有产酯能力，它能使酒醅中酯含量增加，呈现独特的香气。

（二）霉菌

霉菌是日常生活中常见的一类微生物，在固体培养基上形成绒毛状、絮状或蜘蛛状的菌丝体。如图4–3所示，不同的霉菌在一定的培养基上又能形成特殊的菌落，肉眼容易分辨，霉菌生长均匀程度是制曲中培菌管理和质量鉴定的重要依据之一。霉菌的菌丝宽3～10μm，长度不限，一般在低倍物镜下，就可以观察到霉菌，而且非常清晰。白酒生产中常见的霉菌有毛霉、曲霉、根霉、念珠霉、青霉和链孢霉。曲霉是与酿酒关系最密切的一类霉菌，是酿酒行业所用的糖化菌种，菌种质量的好坏同出酒率和基础酒的质量关系密切。毛霉的糖化能力强，因此常用于酒精和有机酸生产原料的糖化和发酵；根霉能够产生糖化酶，是酿酒工业常用的发酵菌，是小曲白酒生产的主要菌种，它能使淀粉转化为糖，具有边糖化边发酵的特性；青霉是制曲生产中常见的杂菌，具有对大曲中其它有益微生物的抑制作用，是酿酒上的有害菌，它能代谢生成使酒产生苦味的成分。

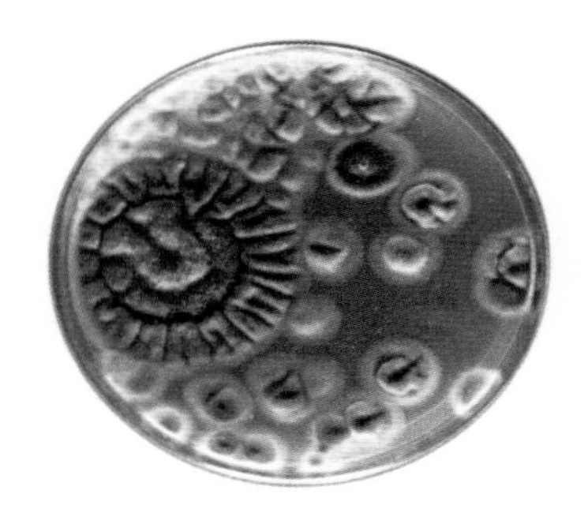
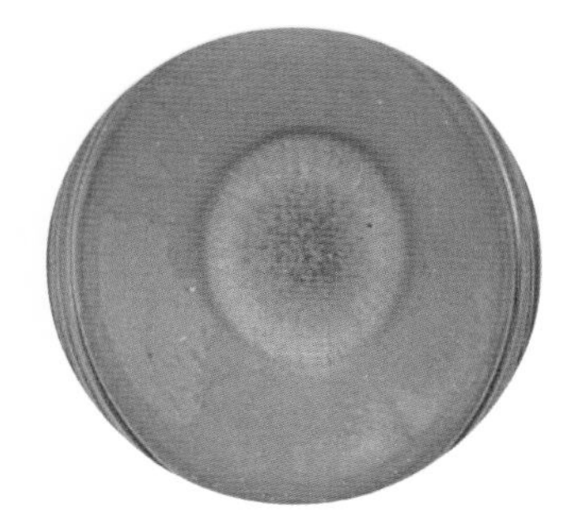

图4-3　霉菌菌落形态

（三）细菌

细菌是一类由原核细胞组成的单细胞生物，在自然界里分布最广、数量最多。细菌的基本形状可以分为以下三种。

1. 球菌

单球菌、双球菌、链球菌、四联球菌、八叠球菌、葡萄球菌。

2. 杆菌

短杆菌、长杆菌、棒杆菌、双杆菌、链杆菌。

3. 螺旋菌

螺菌、弧菌。

典型的细菌电镜图和示意图如图4-4所示。

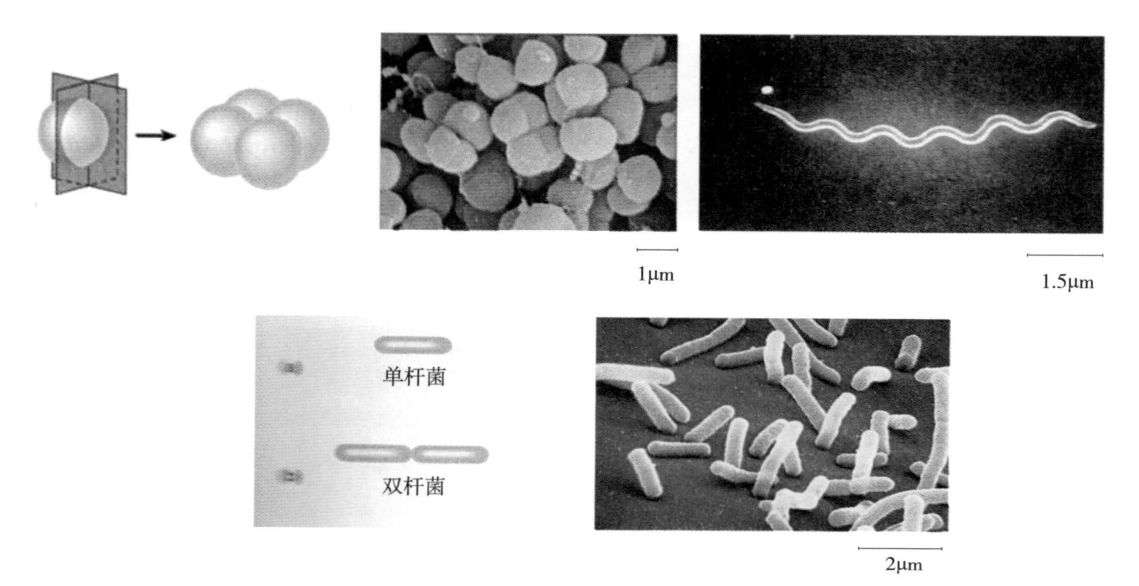

图4-4 细菌电镜图和示意图

白酒生产中常见的细菌有乳酸菌、醋酸菌、丁酸菌、己酸菌等。

乳酸菌是自然界中数量最多的菌种之一，大曲和酒醅中都存在乳酸菌。在糟醅中，乳酸菌能使发酵糖产生大量的乳酸，乳酸通过酯化产生乳酸乙酯，而乳酸乙酯使白酒具有独特的香味，因此白酒生产需要适量的乳酸菌。但乳酸含量过大会使酒醅酸度过大，会抑制酒精代谢，影响出酒率和酒质。而酒中乳酸乙酯含量过多，会使酒发闷、带涩味。

醋酸菌是白酒生产中不可或缺的菌类，固态法白酒采用开放式操作，在生产过程中会将一些醋酸菌带入窖池中参与发酵，醋酸菌的代谢产物成为白酒中乙酸的主要来源。乙酸是白酒主要香味成分之一，但乙酸含量过多会使白酒呈刺激性酸味，使口感变得粗糙。

己酸菌和丁酸菌属于梭状芽孢杆菌，主要栖息在窖池的窖泥中，它们可利用糟醅发酵过程中产生的黄水将营养物质渗透到窖泥中而代谢生成己酸和丁酸。己酸、丁酸是白酒重要的呈味成分，也是己酸乙酯和丁酸乙酯的前体物质。正是这些窖泥功能菌的作用，才产生出了窖香浓郁、回味悠长的浓香型白酒。

其次还有异养菌、各类发酵菌、多种产甲烷菌等，这些微生物的代谢产物也是香味成分，或相应香味成分的前体物质，同时这些微生物类群在发酵中相互作用，形成种类繁多的代谢产物，生成白酒中种类、数量繁多的香味成分。

三、酿酒生产过程中多途径的生化转化

在白酒酿造过程中，香味成分的来源除了酿酒原料外，绝大部分是通过微生物在酿酒过程中发酵代谢生成，窖泥、酒曲、糟醅中的微生物在主要代谢乙醇的同时，纷繁复杂的微生物通过协同作用，经复杂的生化反应代谢而成了酒中的酸类、酯类、醇类、醛类、酮类、芳香族、含氮、含硫等香味成分。其主要香味成分的代谢转化合成途径如图4-5所示。

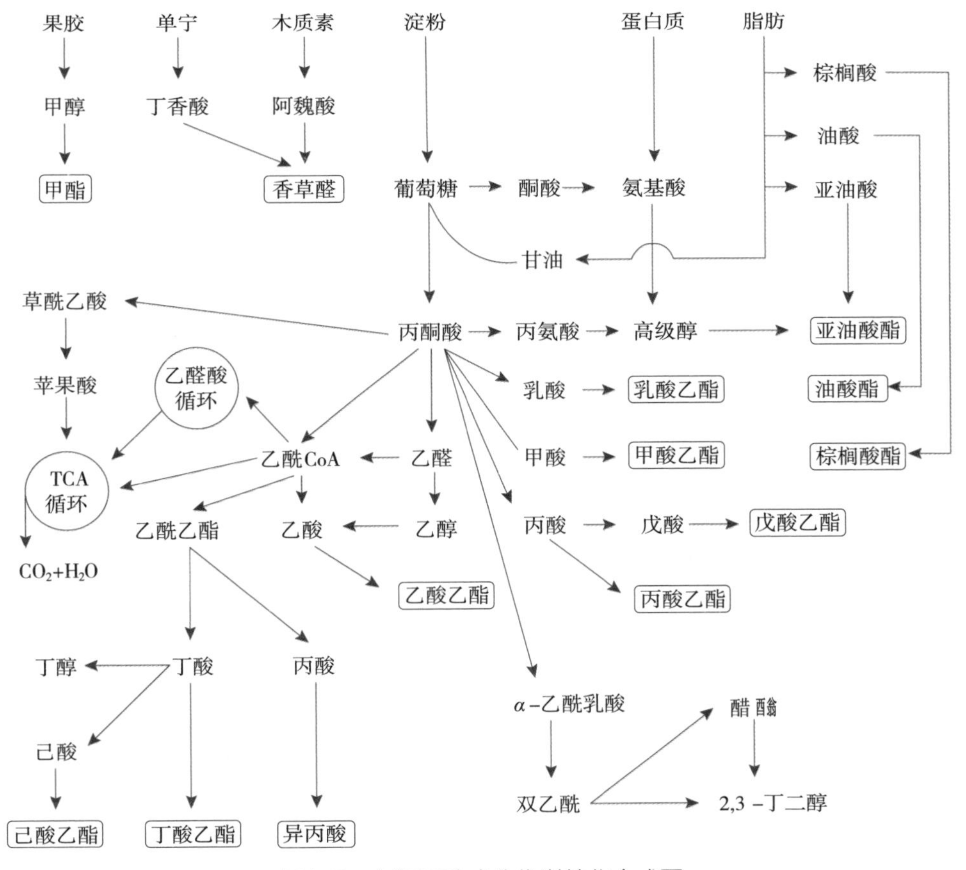

图4-5　白酒香味成分代谢转化合成图

从图4-5可以看出，生化反应途径不同，所形成的代谢产物也不同。另外，还有各类微生物酶直接或间接催化的生物合成反应也生成了白酒中众多的香味成分。其香味成分的形成机理详见本章第三节。

中国白酒的酿造包括酒精发酵和生香发酵两大方面。

酒精发酵过程包括：淀粉在水分和热力作用下糊化，淀粉结构得以膨胀；糊化后的淀粉在发酵体系内淀粉酶的作用下液化，将树枝状结构的淀粉分解为短链糊精，分子式结构的大小发生变化；糊精在发酵体系内糖化酶的作用下糖化，将短链糊精降解为葡萄糖等单糖；葡萄糖在发酵体系内酵母菌酒化酶的作用下转化为乙醇。根据不同的发酵类型，发酵体系内完成酒精单轮发酵期一般为几天到二十几天。

生香发酵过程包括：基质体系内的淀粉、蛋白质、脂肪、单宁、生物素、纤维素、半纤维素等成分，在一系列微生物及其酶的作用下，经过复杂的生化演化代谢，生成品类繁多的酸类、酯类、醛类、酮类、酚类、吡嗪、呋喃、萜烯、脂肽等微量成分。

浓香型白酒酿造以泥窖为发酵容器，其生香发酵过程中参与发酵代谢的微生物来源于大曲、窖泥和环境三大场所，其己酸乙酯、丁酸乙酯等主体香味成分以及主体窖香香气与窖泥微生物息息相关，代谢速率甚为缓慢，决定了浓香型白酒的单轮发酵期一般不低于45d，而泸州老窖为提高优质酒比率，则将单轮发酵期延长达60d，甚至180d以上；同时，浓香型白酒“一年一个生产配料循环周期、续糟配料”的工艺特征，还决定了糟醅体系中微量成分逐轮积淀、酒体日臻完美的酿造特征。“活态”泥窖微生物的生香性能则是逐年优良，其“以窖养糟、以糟养窖”的发酵特征是浓香型白酒“浓香之源”“窖香浓郁幽雅”的奥秘所在。

清香型白酒以陶缸（或水泥池、不锈钢槽等）为发酵容器，其生香发酵过程参与发酵代谢的微生物仅来源于大曲、环境两大场所，传统单轮发酵期约21d，为丰富酒体微量成分，现在发酵期延长至30d左右，其“一次投粮、三轮蒸煮、两轮发酵、两轮取酒”的工艺特征，决定了糟醅体系中微量成分的积淀不超过两轮。清香型白酒的“清蒸二次清”“一清到底”的工艺特征，是其酒体清香雅正的重要保障。

酱香型白酒以石壁泥底窖池为发酵容器，其生香发酵过程参与发酵代谢的微生物来源于大曲、窖底泥和环境三大场所，单轮发酵期约30d，其“两次投粮、九轮蒸煮、八轮发酵、七轮取酒”的工艺特征，决定了糟醅体系中微量成分的积淀不超过七轮。酱香型白酒晾堂堆积培菌发酵以及后期原酒的长期储存，是其酒体幽雅的重要来源。

米香型白酒以陶缸（或水泥池、不锈钢罐等）为发酵容器，其生香发酵过程参与发酵代谢的微生物仅来源于米曲和环境，单轮发酵期12～18d，其“一次投粮、两次蒸煮、一次发酵、一次取酒”的工艺特征，决定了醪液体系中微量成分的积淀仅有一轮。

四、酒曲

酒曲微生物在糟醅发酵体系中生长繁殖和代谢，产生的种类繁多的香味成分和酒曲自身带来的复合曲香味相结合，共同决定白酒酒体风格。长期以来有“曲定酒型”的说法，就是泛指以大曲作产酒、生香剂酿造的白酒中呈现的大曲复合曲香，谓之大曲白酒；以小曲作产酒、生香剂酿造的白酒，在酒体中呈现小曲香气，谓之小曲酒。但从目前的生产实际来看，该说法并不一定完全正确。

（一）大曲

1. 衡量大曲风味成分的指标

大曲是一种多酶多菌的微生态制品，大曲的活性指标就是大曲的动态指标，反映大曲复合曲香成分生成能力强弱的一类指标称为大曲的生香力。相关研究资料表明：大曲复合曲香是由氨基酸、脂肪酸、多糖及其聚合物等品类繁多的成分相互衬托构成。因而，在制曲过程中，制曲原料的蛋白质、脂肪、淀粉含量的变化，可以反映制曲原料自身生料转化的成熟度，即大曲生香能力的强弱变化。

（1）蛋白质转化力　是制曲过程中微生物及酶降解原料中蛋白质的能力强弱的指标。在制曲过程中，蛋白质的降解包括：制曲原料中的植物蛋白质和制曲微生物的此消彼长、衰老死亡的微生物菌体蛋白质在微生物及酶的作用下降解为氨基酸、氨态氮等成分。降解生成的氨基酸等成分一方面为制曲微生物的生长繁殖提供菌体合成的原料；另一方面，又成为大曲复合曲香成分重要的前体物质，也是白酒重要的呈香呈味成分。由于降解生成的氨基酸、氨态氮等均在粗蛋白测定中表现为样品的粗蛋白含量，因而以氨态氮这一指标来反映蛋白质转化力的强弱。

对制曲原料小麦以及制曲培菌发酵过程曲坯的氨态氮研究（结果列于表4-6）表明：制曲原料小麦的氨态氮为10mg/100g曲样左右，通过制曲培菌发酵过程，曲坯氨态氮逐渐增加并在14d左右稳定在300mg/100g曲样左右（表4-7对大曲进行理化指标的测定，其中氨态氮的平均值为281.23mg/100g曲样）。这充分说明制曲原料小麦中的蛋白质在曲坯发酵培菌过程中，在微生物及酶的作用下逐渐降解为氨基酸，并进一步降解为游离的氨态氮，起到为制曲微生物的生长繁殖过程中菌体蛋白质的合成提供氮源和形成大曲复合曲香成分等作用。

表 4-6　　制曲培菌发酵过程中曲坯氨态氮变化趋势　　单位：mg/100g 曲样

房号＼时间	小麦	0d	1d	2d	3d	4d	5d	6d
1#	9.45	6.30	10.21	13.90	37.53	45.10	96.79	85.41
2#	9.45	10.56	13.92	16.53	32.20	67.74	64.87	118.79
房号＼时间	7d	8d	9d	10d	11d	12d	13d	14d
1#	119.69	139.82	186.52	254.19	214.00	264.50	268.35	264.06
2#	133.11	167.34	223.94	266.13	294.28	313.68	320.40	323.10

表 4-7　　大曲的理化指标统计表

编号	酸度 /(mmol/10g)	淀粉 /%	水分 /%	氨态氮 /(mg/100g 曲样)
1	0.67	59.21	13.56	289.22
2	0.67	57.47	13.20	288.02
3	0.62	59.21	14.20	291.38
4	0.53	57.05	14.04	255.93
5	0.53	54.29	13.36	230.84
6	0.57	53.19	15.26	320.98
7	0.53	58.54	14.22	303.10
8	0.78	55.84	12.06	254.72
9	0.73	62.02	12.52	320.07
10	0.47	57.90	10.78	224.16
……	—	—	—	—
20	0.69	57.92	10.88	269.30
……	—	—	—	—
30	0.72	60.81	11.90	210.53
……	—	—	—	—
40	0.99	57.96	12.16	298.25
……	—	—	—	—

续表

编号	酸度/(mmol/10g)	淀粉/%	水分/%	氨态氮/(mg/100g曲样)
50	0.87	58.06	10.08	278.02
……	—	—	—	—
60	0.41	57.86	10.60	385.91
……	—	—	—	—
70	0.69	59.23	13.58	236.06
……	—	—	—	—
75	0.67	56.46	12.40	242.58
平均	0.82	58.37	12.18	281.23

大曲的蛋白质转化力是一种用来反映制曲过程中制曲微生物及酶降解制曲原料中的蛋白质的能力强弱的指标。以氨态氮含量高低来反映大曲自身的微生物及酶降解蛋白质的能力大小。氨态氮含量越高，表明制曲微生物及酶将蛋白质降解为小分子物质的能力越强，以此来反映提供制曲微生物菌体蛋白以及酶蛋白合成的氮源越丰富，生成积累的大曲复合曲香成分也越多。从表4–7所统计的75个大曲样品的氨态氮含量来看，氨态氮最大值为432.90mg/100g曲样，氨态氮最小值为163.72mg/100g曲样，氨态氮平均值为281.23mg/100g曲样。这充分说明了大曲的蛋白质转化力是大曲微生物及酶自身具备的一种降解蛋白质的能力，只要制曲工艺条件相同或相似，所生产大曲的蛋白质转化力就趋于一致；同时，由于代谢降解蛋白质的酶的微生物进入酿酒糟醅体系后，仍如酵母菌一样存在着一个“吸水复活—生长—繁殖—酶代谢”的“二次制曲”过程，因此，大曲的蛋白质转化力能否得到充分发挥，与酿酒配料、操作以及发酵条件密切相关。

（2）脂肪转化力　是制曲发酵过程中微生物及酶降解原料中的脂肪能力强弱的指标。在制曲过程中，脂肪的降解包括：制曲原料中的植物脂肪和制曲微生物的此消彼长、衰老死亡的微生物菌体脂肪在微生物及酶的作用下降解为脂肪酸等成分。降解生成的脂肪酸等成分一方面为制曲微生物的生长繁殖提供菌体合成的原料；另一方面，也是大曲复合曲香成分重要的前体物质，同时还是白酒重要的呈香呈味成分。

正如粗蛋白测定一样，粗脂肪的测定中，原料中脂肪降解的产物脂肪酸以及曲坯中的色素、固醇等均共同显示为粗脂肪含量，因而拟用脂肪酸含量的高低表征脂肪转化力。脂肪转化力虽是显示大曲复合曲香成分的重要指标之一，但到目前为止，还没有测定大曲脂肪酸更好的检测方法，因此大曲脂肪酸的测定方法将是今后共同探讨的方向。

（3）淀粉转化力　是制曲发酵过程中微生物及酶降解原料中生淀粉的能力强弱的指标，用淀粉消耗率数值表示。在制曲过程中，制曲原料中的生淀粉在微生物及酶的作用下降解，其相应的演变特征包括：①降解为葡萄糖，供给制曲微生物生长繁殖的碳源；②降解并形成三羧酸循环过程中的系列成分，也就是大曲的复合曲香成分或者曲香前体物质；③降解为葡萄糖，并进一步彻底氧化为CO_2和H_2O，同时释放大量能量，除一部分供制曲微生物生长繁殖的能量外，其余大量的能量以热量方式释放，表现出曲坯的自然积温，CO_2和H_2O也不断挥发散失，最终表现出曲坯得以自然风干。淀粉转化力既与曲块的容重密切相关，又与制曲原料的生料转化的成熟度密切相关，因而制曲过程淀粉消耗量的多少是判定大曲生香能力的一个重要特征指标。

$$\text{淀粉消耗率} = \frac{\text{制曲原料淀粉含量} - \text{成品曲淀粉含量}}{\text{制曲原料淀粉含量}} \times 100\%$$

通过测定制曲原料小麦淀粉含量，其标准水分条件（国家标准规定的小麦标准贮藏水分为12.5%）下的淀粉含量为63.01%。由表4-8可计算出：淀粉消耗率最小值为0.46%，淀粉消耗率最大值为23.55%，淀粉消耗率的平均值为8.79%。

不同成品大曲样品标准水分下的淀粉含量测定结果见表4-8。

表4-8　不同成品大曲样品标准水分下的淀粉含量测定结果

编号	淀粉/%	编号	淀粉/%	编号	淀粉/%	编号	淀粉/%
1	51.52	8	48.17	……	—	70	56.86
2	51.65	9	57.77	40	55.34	……	—
3	57.38	10	58.21	……	—	80	58.08
4	55.32	……	—	50	56.46	……	—
5	54.54	20	60.71	……	—	90	56.91
6	56.67	……	—	60	56.41	……	—
7	56.21	30	57.73	……	—	平均	57.46

制曲过程中原料的蛋白质转化、脂肪转化和淀粉消耗等都是大曲复合曲香成分生成积累的重要途径，它们转化的强弱，是反映大曲复合曲香成分生成积累的重要指标。但由于目前还没有找到合适的脂肪酸检测方法，因而，大曲生香力的特征指标，即为反映蛋白质转化的氨态氮和反映淀粉转化的淀粉消耗率两大指标。

2. 大曲风味成分的来源

大曲是酿酒生产中同时集糖化、发酵和生香功能于一体的复合生化制品原料，其生产主要以生料小麦（或配伍豌豆、大麦等）为原料制作曲坯，在制曲过程中自然网罗环境中的微生物（或部分来源于母曲）接种，在控制发酵条件下，曲坯中的微生物此消彼长地生长繁殖，同时在曲坯内伴随着酶的代谢和成分间的生化转化。在制曲工艺条件确定的前提下，传统大曲的品质主要取决于制曲所处的地理、气候、水质等环境条件所滋生和孕育的微生物类群。

现代科学技术的发展揭示：大曲在酿酒过程中具备的将淀粉转化为糖，再将糖转化为乙醇的糖化和发酵功能，已经完全可以依靠现代生物工程技术中的糖化酶和酒用活性干酵母来完成。同时，大曲在酿酒发酵过程中实现糖化、发酵功能的结果，基本相当于生产食用酒精。那么，传统大曲酒发酵仍离不开大曲参与发酵，其秘密所在就是大曲还具备的生香功能。第一，制曲过程中成分间的生化转化代谢形成了大曲复合曲香成分，进入大曲糟醅发酵体系并继续生化转化和代谢香味成分，这些成分随蒸馏过程进入酒体中；第二，大曲中纷繁复杂的微生物菌系和酶系，进入大曲酒发酵体系中又进一步此消彼长地繁殖代谢和生化转化，形成种类繁多的呈香呈味成分，它们随蒸馏过程进入酒体中。大曲在大曲酒发酵体系中表现出来的这两个方面的生香功能，其代谢机理复杂，代谢物质丰富，代谢途径繁多，是迄今为止任何技术不能替代的，也就是传统大曲酒生产迄今为止离不开大曲参与发酵的重要因素。同时，大曲的生香功能还表现在：大曲微生物所代谢的酯化酶进入大曲酒发酵体系后，将窖泥功能菌代谢的己酸、丁酸与糟醅体系中的乙醇缩合，生成的浓香型白酒主体香味成分如己酸乙酯、丁酸乙酯，随蒸馏进入酒体中。大曲的生香功能融合窖泥功能菌、糟醅微生物于一体，共同在大曲酒发酵体系内进行生化转化代谢，产生的香味成分随蒸馏提取进入酒体。虽然大曲酒酒体中的呈香呈味成分含量仅占成分总量的2%左右，但酒的质量远超食用酒精。

酿酒先辈们从酿酒历史中总结，把大曲在大曲酒酿造中的作用定为“酒之骨”。认为大曲在大曲酒酒体呈香呈味成分形成中的贡献达3成以上。大曲的品质主要表现为大曲的生香功能。对大曲品质的判定，从满足糖化、发酵功能角度看，现行测定大曲液化力、糖化力及其发酵力等参数指导意义并不大，仅就中温大曲与糖化酶酿酒比较而言，糖化酶活力为50000U，用量为以投粮计的0.5%~1%，则单位粮食发酵耗用酶活力为250~500U/g；而中温大曲糖化酶活力为400~700U/g，用量为以投粮计的20%，则单位粮食所拥有酶活力40~70U/g，远远不足以将淀粉完全转化为葡萄糖，但事实上两种方式酿造固态发酵酒，其出酒率趋于一致。这说明大曲在固态发酵体系内将淀粉转化为葡萄糖这一生化过程的实现，主要是大曲微生物在糟醅体系内又进一步活化、生长繁殖并进行酶的代谢所致。大曲发酵生成乙醇的能力的检测方法可以模拟清香型大曲酒生产，在实验室定量测定大曲生成乙醇的量比大小，就能反映出淀粉转化为乙醇的能力强弱，不必仅仅从感官上菌丝体白净与否，菌丝体粗壮与否，菌丝体密集与否来判断大曲发酵力；从满足大曲的生香功能角度看，一方面是测定其大曲的酯化力，反映其在大曲酒发酵体系中将己酸、丁酸和乙醇缩合生成浓香型大曲酒主体香味成分如己酸乙酯、丁酸乙酯的能力；另一方面，通过闻大曲复合曲香香气的浓郁程度、气味的纯正情况，判定大曲自身融入大曲酒发酵体系中的呈香呈味成分的多少和在大曲酒发酵体系中进一步生化转化呈香呈味成分的能力强弱。

从大曲具备的糖化、发酵和生香功能的生化原理来看，以中温大曲为例：曲坯入室安曲后，从制坯原料、母曲及制坯发酵环境中网罗的霉菌、酵母菌在低温（35℃以下）条件下，率先在曲坯表层生长繁殖并逐渐形成优势生长繁殖和酶的代谢，当霉菌菌丝体穿透曲坯表层后，曲坯里层才能通入空气（主要是利用氧气），霉菌、酵母才得以由表及里地生长繁殖和进行酶代谢。要保证霉菌、酵母菌的优势生长繁殖和酶代谢，制曲工艺上采取通风排潮透气的方式，让水分的蒸发带走多余的积热并通过温度梯度实现热量交换，从而散热来保持曲坯品温在35℃左右，根据季节的不同，霉菌、酵母菌优势生长繁殖和酶代谢的时间一般在5～7d，即低温培菌期。在低温培菌期，霉菌和酵母菌的生长繁殖和代谢，赋予了曲坯糖化、发酵和酯化功能。低温培菌结束后，将曲坯转移翻转，垒成5～7层，曲坯品温得以迅速升高，不再适合霉菌、酵母菌的良好生长繁殖，霉菌、酵母菌开始进入休眠体状态或部分衰老死亡，高温细菌则利用曲坯丰富的营养物质和残余的水分而大量生长繁殖并进行物质间的生化转化，形成特有的复合曲香，赋予了曲坯生香功能，曲坯水分也因高温而不断蒸发，直至不再适合微生物生命活动而终止了大曲的发酵过程。从这个意义上说，曲坯穿衣是大曲品质的基础，它不仅影响霉菌、酵母菌的生长繁殖和酶的代谢，制约大曲的糖化、发酵和酯化功能，还影响着高温转化期水分的排放。曲坯发酵过程的管理和发酵工艺参数的控制是大曲品质保障的关键，低温培菌期通风排潮透气不到位，影响霉菌菌丝体的渗透，制约着糖化、发酵和酯化生香功能；高温转化堆码间隙及堆码层数，影响着曲坯高温转化顶温，制约复合曲香成分的生成积累。

制曲所处的地理、气候和水质等自然因素，是影响大曲品质的不可控条件；而曲坯发酵过程管理和制曲工艺技术，则是影响大曲品质的可控条件。要生产出品质优异且稳定的大曲，必须同时满足不可控条件和可控条件优势。川南黔北这一中国白酒酿造的黄金产区，因其自然地理、气候、水质和土壤条件优势，孕育了泸州老窖、茅台、郎酒、五粮液等国家名酒。而生产品质优异且稳定的大曲的不可控环境条件优势，是中国白酒行业实现专业化制曲、商品化经营的强大竞争力。

3．大曲中风味成分的种类

大曲含有种类繁多的微生物酶系和纷繁复杂的微生物菌系，在白酒酿造中被总结为“曲乃酒之骨”“有好曲才有好酒”，这反映了大曲的质量与白酒品质有着极为密切的关系。受制曲工艺、制曲产区等因素影响，大曲筛选、富集、生长的微生物种类和数量及其代谢的大曲微量香气成分不尽相同，进而在酿酒发酵过程产生的呈香呈味成分也不尽相同，生产出的酒酒体风格和质量的各具特色。大曲含有的香味成分大致有吡嗪类、吡咯类、吡啶类、呋喃类、吡喃类、噻唑类等杂环类香味成分达数十种之多，它们在酒体中决定酒的质量与风格。

（二）小曲、麸曲

小曲是生料粮谷添加辣蓼草等作为抑菌剂制成的曲丸，开放式网罗环境中的微生物接种，纷繁复杂的微生物在曲丸中此消彼长、物质代谢，自然风干而成。由于采用了辣蓼草等抑菌剂，其主要的微生物菌系为霉菌、酵母菌，其微量成分较为丰富，并呈现出小曲特有的复合曲香香气，它们可以随蒸馏过程进入酒体。

随着现代微生物技术的发展，传统小曲制作方法逐渐被纯种根霉、酵母麸曲替代，通过采用经高温蒸煮的麸皮、糠麸等为基质，人为接种一种或者几种霉菌、酵母菌等菌株，在无菌空气条件下通风培养，其代谢的微量成分较为单一，复合曲香香气也相对单一。

五、发酵设备

中国白酒的发酵设备与世界其它蒸馏酒相比，简单而又独特，往往是与当地的自然条件相结合，就地取材，形成了不同地域的具有鲜明特色的发酵设备。发酵设备的不同，栖息的微生物种类和数量也就不同，代谢的产物也就不尽相同，从而形成了不同风格的酒体特征。浓香型白酒“窖池是基础”，也可以理解为“发酵设备是基础”，中国白酒酿造主要有陶缸、泥窖及石壁泥底窖这三种传统发酵设备。

（一）陶缸

图4-6 陶缸

传统陶缸（图4-6）的制作，是将陶土用机器进行粉碎、加水、搅拌，再人工翻掘一次。在专用底座上开始制作陶缸的底部，用胳膊粗的泥条盘好缸的雏形，旋转拉坯成型后继续叠加泥条，将泥条一节节连接，旋转中用蘸着泥水的麻丝抹平表面。用专用的工具找好边缘斜角，以便干燥定型后继续下一道工序，一口大缸并不能一次完成，一般需要三次堆加才能达到要求的高度。旋转中拉平缸壁的内外壁，用木棍保证缸口的圆整，第一节做好的缸体连同底座一起从作坊里抬出来进行晒干硬化，两节缸体堆加后修整衔接部分，缸的高度有了变化。经过拍打的缸壁有着独特的肌理和花纹，用泥巴修补瑕疵和缝隙。用水瓢和铁桶淋浇缸体，内外上釉，里面够不着的地方需用木棍绑着布条涂刷，刷过釉的缸体在烘干坊里烘干，再从烘干坊中拉出缸体装车进窑。一座缸窑要堆放多层，需要48h的连续烧制方能出窑。

陶缸作为发酵设备有两个作用：第一，可以避免发酵过程中水分的渗漏，保证发酵的正常进行；第二，可以隔绝酒曲微生物以外的其它菌种的进入，使粮糟在发酵时只充分利用酒曲和摊晾时环境带来的微生物进行生长繁殖、产酒生香。由于它具备这两个特点，所以在空气干燥、寒冷、土壤疏松、含沙量大的北方地区大都采用此类设备来酿酒。以陶缸作为发酵设备，陶缸自身不会给酿造过程的糟醅体系带来微生物菌种，所酿造的酒香味成分相对单一，具有清雅纯正的风味特征。

（二）泥窖

图4-7 泥窖

采用泥窖（图4-7）作为发酵设备的地方对酿酒生产所处的气候、地势、地下水位、水质、土壤等条件要求更为讲究。建窖所在地要求无地下漏水，土壤保水性能好，并将地下水、地表水与窖池区域隔离开，让窖池区形成一个小的、相对独立的环境状态。在新建窖池时，应考虑窖形、窖容及生产操作便利性等因素，同时增加粮糟和窖泥的接触面积，达到合理的窖池比表面积（尤其是底面积）。

窖池大小应与甑桶容积、投料量和工艺要求相一致。窖池大小以10～20m^{3}为宜；窖池深度以尽可能扩大窖池底面积和便于操作为标准；窖池越狭小，窖泥与糟醅接触机会越多，但过于狭长，不便操作，一般以长宽比为（1.6～2.0）：1为宜。新窖泥涂抹厚度：窖壁为10～15cm，窖底为20～30cm。

新搭建传统泥窖要求如下。

（1）先将窖壁按倾角15°建好，打扫干净。

（2）将楠竹削为长20～25cm，宽3～5cm的竹片，在距窖底30cm处，每隔15～20cm安装一片竹片，竹头留在墙外7～8cm，这样一直往上交错固定。

（3）将一根绳按竹片位置从下往上缠绕。在缠绕的同时将绳拉紧，增加对窖泥的抗压能力，四壁全部用一根绳缠绕为最佳。

（4）将发酵成熟的窖泥转入窖中，按工艺要求的厚度搭抹于窖壁，然后将泥抹平，并在窖底做好黄水收集坑。

（5）最后用薄膜将窖池盖好，以防止水分挥发和杂菌污染。

在投粮前，撒适量的大曲粉在窖泥表面，形成一层微生物接种层，有利于窖泥的老熟。

新建泥窖中的微生物群落需要在新的生态环境中驯化和适应，因而新建窖池只有经历一定年限的自然老熟过程，才能生产出优质浓香型白酒。中国白酒属于典型的地域资源型产品，其风味特征是由水质、土壤、气候、空气、生态链以及人类活动组成的生态系统、祖祖辈辈所形成的传统技艺和长期积淀的老酒所共同决定的，这也是中国白酒相别于世界其它蒸馏酒而形成自己独特风格的奥秘所在。

浓香型白酒的生产是在泥窖中进行发酵生香的，老窖泥在连续多年的酿酒生产特定条件下，经过长期的自然淘汰、驯化、优选而形成的一个特殊的微生物群落和微生态环境。窖泥既为微生物的生长繁殖提供了一个良好环境和载体，又为香味成分的生成提供了物质基础。新窖池产的酒香淡、尾净，低沸点的香味成分含量比老窖高，醇类、醛类成分也比老窖产的酒含量高，酒体略显单薄，香气较单一纯正。浓香型白酒的出酒率和品质的优劣很大程度上取决于窖泥的好坏，而窖泥质量的好坏，关键在于窖泥中所含微生物的种类和数量。窖泥中的主要微生物己酸菌对主体香味成分己酸乙酯的生成起着最重要的作用，它使产品具有浓郁的芳香、丰满的酒体。所以酿造浓香型白酒必须依赖和使用质量优良的窖泥。泥窖的好处在于窖泥保水性能好，适宜窖泥微生物生长繁殖，发酵温、湿度受环境影响小，有利于为微生物创造一个良好的生长繁殖和发酵环境，这与长江流域的（特别是长江中上游地区）土壤质地高度契合。浓香型白酒之所以普遍采用泥窖与当地地理条件密切相关，这也是酿酒工匠们经过长期的探索，充分利用天时、地利发明的独具地方特色的发酵设备。

正如1996年国家文物专家组组长罗哲文先生所言，世界上没有什么设备可以与1573老窖池群媲美，其它设备都有一定的生命周期，可泸州老窖1573国宝窖池群，其建窖以来连续不间断地沿用，且越用越好，真可谓无与伦比的“活文物”。

（三）石壁泥底窖

石壁泥底窖（图4–8）是用石块、黏土、砂石筑窖，四周用条石砌成，底部用黏性泥土铺成。

图4–8　石壁泥底窖

发酵过程中糟醅中其它微生物种类较少，窖底使用泥土供己酸菌栖息和代谢，可以在发酵过程中产生己酸及其酯类，促进酒体的丰满感。使用石壁泥底窖的主要有特型、酱香型等香型的白酒，这与江西、川南黔北交界处的地理环境有关。俗话说贵州“地无三尺平，天无三日晴”，川黔交界处多石少土，人们就地取材使用石头做窖池，而江西樟树的特型酒也选用当地特有的红褚条石修建。

从发酵设备角度讲，石壁泥底窖的窖底泥微生物也参与了酒体微量香味成分的代谢活动，赋予了酒体相应的窖底香气。

综上所述，一些发酵设备具备兼容性，产出酒的微量香味成分种类繁多，形成了自身独特的酒体风味特征。因此各类发酵设备除了起盛装糟醅作发酵容器的功能外，还在一定程度上决定着酒体的典型风格特征。

六、酿造工艺

（一）粮食配比

粮乃酒之肉。在传统白酒生产的工艺中，酿酒用粮的种类及其量比关系（配方）在一定程度上会影响酒体的风味特征。从古至今，酿酒前辈们根据各地的自然环境条件和粮食作物的种类来选择酿酒用粮食，并不断地优化种类和量比。黄河流域由于降水量偏少，人们种植的小麦、大麦、粳高粱、玉米就比长江以南地区多，因此黄河流域白酒产区多采用大麦、小麦、豌豆作曲，高粱、玉米等粮食作酿酒原料。而长江流域雨量充沛，盛产小麦、糯高粱、水稻等，所以用高粱、大米作原料酿酒也就比较普遍。

从酒的感官特征上看，纯高粱酿酒与多粮酿酒各有特色，一般情况下：多种粮食酿造的酒具有芳香浓郁、醇厚绵甜、尾味爽净的特点；单一高粱产的酒具有醇香浓郁、饮后尤香、清洌甘爽、回味悠长的特点。这说明不同粮食配比用作酿酒原料，在窖池基础、工艺相同的情况下，其酒体风味特征具有不同的个性。因此在设计酒体风味特征时一定要事先确定好原料粮食的种类、配比以及相应的生产工艺。但也应注意，即使相同的粮食配比情况下，不同产区酒体风格特征也不一致，或即使在相同产区，相同的粮食配比情况下，酒体风格也各有所长，这是不同的工艺参数、不同的窖池基础等造成的差异。

中国历史上酿酒的粮食种类繁多，但高粱因其含有适量的单宁，经高温蒸煮和发酵演化，可赋予酒体特有的芳香，谓之“高粱酒的味道”，是长期以来被民间赞誉的好酒味道，最终被选择为酿酒的主要原料。因此，我国众多名白酒基本上均以高粱为酿酒原料。泸州老窖、茅台酒、汾酒等以高粱为单一酿酒原料，这可看出高粱在中国白酒酿造中的地位。

（二）温度

温度是发酵的动力。温度对微生物的生长繁殖等整个生命活动都有极其重要的影响。酵母菌在低温入窖的条件下缓慢生长繁殖和进行物质代谢，温度缓慢上升，酵母菌菌体健壮，能保持旺盛的活力，酶不易破坏，耐酒精能力也强，发酵完全彻底，并可以抑制其它杂菌的繁殖。

浓香型白酒酿造十分注意低温入窖，因此入窖温度一般冬季控制在18～22℃，窖内糟醅体系中的微生物经吸水活化，利用糟醅体系中的氧气再度生长繁殖，并将碳源彻底氧化为二氧化碳和水，释放出大量能量，一部分供给菌体生长繁殖，多余能量转化为热量，表现出窖内糟醅体系既要求升温缓慢，又要求有足够的升温幅度，以达到酵母菌适宜的发酵温度，促进产酒发酵的良好进行，否则将影响产量、质量；因为夏季外界气温高，对开放式操作来讲，只能将糟醅入窖温度最大限度地控制在平地温或低于地温1～2℃，天气太过炎热的夏天，通常采取延长发酵期度夏。

清香型白酒酿造采用低温（10～15℃）入缸，低温入缸有以下几个好处：有利于醇甜成分的形成；有利于控酸产酯；有利于控制高级醇的形成。如果适当提高入缸温度，则顶火快，持续时间短，前期发酵迅速，产酒量低；高温入缸导致新产大楂酒酒体中12种微量香味成分含量产生显著性变化，新产酒酒体“香气较大，带酯香，酒体有直冲感，醇和感弱，味短，尾带腻”；夏季入缸温度较室温低1～2℃为好。

高温堆积发酵工序是酱香型白酒酿造的工艺核心，是糟醅充分利用环境和大曲中的好氧微生物进行“二次制曲”的过程，酱香型白酒高温大曲的糖化力低，并且几乎没有酵母菌，在堆积过程中，糖化酶的数量逐步增加，酵母菌数明显增多，达到每克数千万至上亿个，窖内糟醅体系中参与发酵的微生物体系与大曲发酵的微生物体系有较大的差异，尤其是产酒酵母都是在堆积过程中富集的。通过高温堆积，微生物在消长过程中相互协同利用，使酒体具备酱香突出、幽雅细腻、酒体醇和、回味悠长的风格特征。堆积发酵的质量直接影响酒的产量、质量，堆积发酵好，酒的产量和质量好，堆积发酵不好，酒的产量和质量均不好。

俗话说“有了汤汤（出酒率正常）才有酒香”，这不无道理，产酒发酵的正常与否，也直接影响到后期的生香发酵，只要产酒发酵正常，产出的酒体一般都风格典型。

（三）酸度

对续糟配料的浓香型白酒酿造工艺来说，入窖糟醅酸度是关键。酵母菌等有益微生物在偏酸性环境中生长良好，而杂菌则在中性或偏碱性条件下繁殖。因此，入窖酸度应控制在有利于酵母菌等有益微生物正常生长繁殖，而不利于杂菌生长繁殖的酸度范围内，以确保正常的产酒发酵。浓香型白酒的入窖糟醅的酸度一般控制在1.2～1.9mmol/10g，入窖糟醅酸度对酒质影响较大，一般老窖池出窖糟醅的酸度比新窖池出窖糟醅的酸度要大，酒质相应较好。有机酸对在糟醅体系内的生化反应及酒体储存酯化老熟反应中也起着非常重要作用。为了提高酒质，普遍在发酵后期采取增大糟醅酸度的工艺措施，如采用延长发酵期、回酒（酯化液）发酵等工艺，以取得良好的提高质量的效果。

清香型白酒的“一次投粮、三次蒸馏、两次取酒”的酿造特征，决定了清香型大曲酒“清蒸二次清、一清到底”的这一工艺措施带来的“养大楂、挤二楂”清香型大曲酒酿造的规律。养大楂的关键在于不使大楂酒醅酸度过高，只有养好大楂才能挤好二楂。所谓挤二楂，即在现有入缸酸度和淀粉的基础上，如何挤出更多的二楂酒。每次准备入料的缸，首先需用清水洗净，然后用一定浓度的花椒水再冲洗杀菌一次；缸底无余水，撒入适量底曲；达到入缸温度的新料倒入发酵缸内后，倒满铺平，扫清缸周围地上的残余材料；然后盖上石板，将缸口用新入秕子或谷糠封严，密闭发酵。以上即是清香型白酒控制酒醅酸度的有效方法。

酱香型白酒的“两次投粮、九次蒸煮、八次发酵、七次取酒”的酿造特征，决定了酱香型白酒酸度较高（约为280mg/100mL），其酸类由乙酸、乳酸、甲酸、丙酸、己酸、丁酸和氨基酸等组成，尤以乙酸、乳酸含量较多，高含量的有机酸是酱香型白酒品质细腻醇厚、回味悠远的重要原因之一。在酱香型白酒酿造过程中，入窖糟醅酸度逐轮次上升，比较合理的入窖糟醅酸度标准为（单位：mmol/10g）：下沙0.5～1.0，糙沙0.5～1.0，二次1.3～2.0，三次1.5～3.2，四次1.7～2.8，五次1.8～3.5，六次1.8～3.6。在实际生产过程中，要控制入窖糟醅酸度来抑制杂菌生长，维持正常的发酵。

（四）水分

水乃酒之血。淀粉变糖，糖被酵母菌转化利用，代谢分解为乙醇和二氧化碳，这一系列复杂的生化过程，都必须在有水的条件下才能进行。因此，入窖水分大小对于白酒生产影响极大。

对浓香型白酒酿造而言，一般情况是入窖水分较大，出酒率高些，但入窖水分过高，则生酸大，糟醅发软、显腻，黄水滴不尽；水分过少，糟醅显干、硬，残留淀粉高，发酵不良。浓香型白酒采用续糟配料，其继续用于配料的糟醅称为“母糟”，要做好浓香型白酒的质量型生产，就要求做好母糟质量基础的培养。一般我们提倡“柔酽母糟”，也就是少用糠低水的糟醅，这样的母糟才能够实现发酵过程的保水生香，入窖水分一般夏季控制在53%～56%，冬季控制在52%～55%，并选择低限为好。

清香型白酒酿造过程中，润糁结束后，迅速加后量水，使原料降温，补充新鲜的水分，不易结疙瘩。关于前量水与后量水的使用比例，应该适当增加前量占总水量的比例，这样能够使原料充足地吸收水分，有利于糊化。在实际生产中应当在总水分不变的前提下灵活地调整，冬季温度低，应当适当地增加后量，以促进酒醅升温；热季在工艺范围内适当地减少后量，防止水分过大，发酵过快，能够控制酒醅生酸，大糙入缸水分控制在50%左右为好。

酱香型白酒酿造过程中，蒸粮（蒸生沙）是先在甑篦上撒上一层糠壳，上甑采用见汽撒料，出甑时粮食不应过熟。出甑后再泼上热水（量水），保持适当的含水量，摊晾泼水后的生沙经摊晾、散冷，并适量补充因蒸发而散失的水分。酱香型白酒在发酵时一直强调低水分，比较合理的入窖糟醅水分标准为：下沙36%～40%，糙沙38%～42%，二次42%～47%，三次45%～50%，四次45%～51%，五次47%～52%，六次47%～54%。

（五）发酵期

由于窖泥功能菌代谢的己酸与糟醅体系中的乙醇缩合生成的己酸乙酯是浓香型白酒的主体香味成分，且其生成速率缓慢，因而浓香型白酒的单轮发酵期一般在45d以上，为进一步提高优质酒比例，现在普遍延长了单轮发酵期，一般不低于60d，也有的是70～90d。多年的生产实践证明，发酵期适当延长，有利于酒质的提高，主要是窖内发酵糟经微生物充分代谢而产生的酸、醇类等成分，经缓慢的酯化反应而生成酯类。发酵周期长，酸酯含量高，能赋予白酒更浓郁的香味，从而提高产品质量。但发酵期过长，糟醅酸度过大，对下排产酒发酵将会产生抑制作用，进而影响下轮出酒率，窖池周转率也低，因此合理调控单轮发酵期尤为重要。

清香型白酒发酵期一般为28d，为了增加发酵原料的香味成分和老熟度，将发酵期延长为56d，生产出的清香型白酒微量香味成分含量丰富，贮存后专门用于勾调特级产品。清香型白酒发酵管理要遵循“前缓、中挺、后缓落”的规律。在大粒入缸后3～7d，酒醅的温度要缓慢上升，每天升高1～2℃，升至34℃，保持3～5d，然后缓慢回落，直到出缸时，品温仍不能低于25℃；二粒原料的发酵管理则要求“前猛、中挺、一保到底”。控制发酵温度变化主要通过调节保温被或麦糠的厚度来实现。发酵28d后，发酵的质量达到要求了。缸中发酵好的酒糟称为酒醅。此时，把酒醅从缸中挖出，运至粒场，加入起疏松作用的糠壳，拌和均匀后，进行蒸馏。加入糠壳的作用是使酒醅在蒸馏工作中充分受热，提高出酒率，保证酒质，还可以吸收酒醅中的多余水分，有利于第二次发酵。

（六）蒸馏摘酒

中国固态发酵白酒的蒸馏提取，通常是在常压下蒸馏提取，以甑桶固态蒸馏为例，底锅水汽化后，形成较为均匀的蒸汽，首先加热接触甑篦子底层的糟醅，以含量较多的乙醇为首的低沸点香味成分率先汽化，并拖带醇溶性微量成分，逐渐向上加热更上一层糟醅，自身乙醇蒸气部分遇上层冷糟醅液化后又回流下行（底锅水中会残留有各种微量成分就是这个原理），再经过底锅水蒸气加热汽化，乙醇等种类繁多的香味成分反反复复地经过“汽化⇌回流”作用，乙醇为主体的低沸点香味成分蒸气拖带醇溶性香味成分在甑桶糟醅内不断地螺旋式上升，最终逸出甑桶表层糟醅，经连接甑盖和冷却器的过汽筒进入冷凝管，进入冷凝管上端的高温酒蒸气遇冷凝器列管外冷却水，热交换降温为低温酒蒸气，冷凝管中段低温酒蒸气遇列管外中温水，热交换液化为相对高温的酒液体，冷凝管下端高温酒液体遇列管外低温水，热交换降温为中温酒液。

随着蒸馏取酒的不断进行，甑桶内糟醅中乙醇浓度逐渐降低，取而代之的是水蒸气及其拖带的水溶性微量成分以及糟醅内大分子、高沸点微量成分的不断经过“汽化⇌回流”作用，螺旋式上升直至逸出甑内糟醅表面，形成尾段酒，直至酒尾（摘至流出的酒液含有较低酒精分）、尾水（继续蒸煮使粮食糊化过程流出的液体，基本不含酒精分）等不同段次的蒸馏产物先后流出。

刚从冷却器流出来的酒液含小分子、低沸点的微量成分（如甲醛、乙醛、硫化氢等）较多，还含有一部分上一甑残留的尾水等成分，因而呈现出浑浊、辛辣、刺激等感官体验，且酒体较杂，需要单独分开，谓之“除头”，这部分酒液称为“酒头”，传统工艺每甑摘取酒头0.5 ~ 1.0kg。对蒸馏过程馏分的控制，即是对原酒酒体风味的控制，为今后的储存、勾调等奠定基本的物质基础，这道工序在白酒酿造过程中尤为重要。

就浓香型白酒蒸馏摘酒工艺而言，除去酒头后，开始摘取“酒身”，也称中段酒、二段酒，酒花从豌豆花逐渐衍生为黄豆花、绿豆花、碎米花，酒液的酒精度也呈现逐渐降低的趋势。这个时候摘酒，谓之“转花摘酒”，此时摘酒的综合酒精度较高；有的企业则等到再转为口水花并出现水泡花后摘酒，谓之“断花摘酒”，此时摘酒的综合酒精度约为63%vol以上。尾段酒及酒尾、尾水含有较多的油酸乙酯、亚油酸乙酯、棕榈酸乙酯等大分子、高沸点微量成分，是中国白酒降度浑浊的主要成分，也是导致酒体杂味较重的缘由之一。随着对中国白酒认识的不断深入，浓香型白酒越来越重视分段量质摘酒工艺。研究表明：酒头数量以摘掉前段酒杂味为标准（每甑摘取2.5 ~ 5kg）；二段酒（谓之“精华酒”）以冷凝器流出的酒液不出现杂味为标准（通常仅占单甑总产量的20%左右），所得精华酒的酒精度较高（一般为68%vol ~ 72%vol），酒体中高沸点、大分子成分含量必然较少，经储存陈酿老熟勾调最终形成高品质成品酒，即便加冰降温降度饮用，酒体也不会出现特别浑浊甚至明显的浑浊状态。尤其是泸州老窖，更是把专业尝评员派到了酿酒班组把关分段量质摘酒工作，确保基础酒质量。

就清香型白酒蒸馏摘酒工艺而言，出缸酒醅拌和好糠壳后，用竹或藤编的簸箕将酒醅轻撒薄铺，装入甑内进行蒸馏。蒸汽冷却后所得液体随接酒管流出，经掐去酒头、截去酒尾，中段流出的液体称为大楂酒。大楂酒蒸馏在初期的酒精度高达72%vol以上，以后酒精度逐渐下降至48%vol左右，这称为清香型原酒，交入酒库后经化验评定，然后分级储存。大楂酒蒸馏后的酒醅出甑，摊晾后加入大曲，再入缸发酵28d左右，酒醅出缸蒸馏，取得二楂酒，即完成一个酿造周期。

就酱香型白酒蒸馏摘酒工艺而言，蒸馏酒温度高达40℃以上，比其它白酒高10 ~ 20℃，这使得在蒸馏过程中可以更好地分离酒精发酵的有效成分。糙沙酒蒸馏结束，酒醅出甑后不再添加新料，经摊晾，加尾酒和大曲粉，拌匀堆积，再入窖发酵一个月，取出蒸酒，即得到第二轮酒，也就是第二次原酒，称为“回沙酒”，此酒比糙沙酒香，醇和，略有涩味。以后的几个轮次均同“回沙”操作，分别接取三、四、五次原酒，统称“大回酒”，其酒质香浓，味醇厚，酒体较丰满，无邪杂味。第六轮次发酵蒸得的酒称为“小回酒”，酒质醇和，煳香好，味长。第七次蒸得的酒为“枯糟酒”，又称追糟酒，酒质醇和，有煳香，但微苦、糟味较浓。第八次发酵蒸得的酒为丢糟酒，稍带枯糟的焦苦味，有煳香，一般用作尾酒，经稀释后回窖发酵。

在中国白酒的蒸馏摘酒方面，浓香型白酒发酵周期较长，一般为60d以上，往往超过75d，摘酒的酒精度不得低于63%vol，要求必须经储存陈酿后才能组合勾调。传统清香型白酒发酵周期一般为21d（现延长至28d左右），且摘酒的酒精度通常也高于60%vol，酒体微量成分相对较少，经储存陈酿一段时间后才能勾调。小曲酒发酵期一般为7d，保持原浆酒入库酒精度为57%vol，其酒体微量成分较少，酒体相对较单一，储存期较短，要保持原浆酒较低的酒精度，一般工艺上采取了将尾段酒、酒尾甚至尾水等进一步接入原浆酒中的摘酒措施。酱香型白酒每轮的发酵周期为30d，要求原浆酒入库酒精度为54%vol左右，由于入库酒精度较低，必然有较多高沸点、大分子成分进入基础酒中，刚酿出来的酒体杂味较重，需经储存陈酿后，酒体才会逐渐变得柔和。

（七）原酒贮存

贮存也称为“储存”“陈酿”等，是将蒸馏获得的酒液，经尝评定级后，置于陶坛、酒海或不锈钢罐内，经过一定时间的储存，酒液中低沸点、小分子（甲醇、甲醛、乙醛等）成分，或发生挥发或氧化，一般三个月即可完成，称为“去新”“脱生”。酒液中水分子、乙醇分子、品类繁多的微量成分分子，依托酒体中含有的矿物质元素，相互缔合，形成分子团聚体。酒体的“阳刚之气”日渐退却，“阴柔之躯”逐渐显露，变得越来越醇和、润滑、黏稠、细腻。

小曲酒发酵期一般为7d，其酒体微量成分较少，酒体相对较单一，储存期一般不长，往往是刚烤出来就逐渐出售；酱香型白酒以较低酒精度入库，必然有较多高沸点、大分子成分进入原浆酒中，刚烤出来的酒体杂味较重，往往盘勾后再进行陈酿三年，使其酒体变得柔和后才适宜饮用；清香型白酒传统发酵周期21d（现延长至28d左右），且摘酒的酒精度通常也高于60%vol，酒体微量成分相对较少，储存陈酿半年即可出售；浓香型白酒发酵周期较长，一般为45d以上，往往在60～90d等，摘酒的酒精度较高，为63%vol，储存陈酿三年再组合勾调。

白酒风味成分的生成机理

一、醇类香味成分的生成机理

在酒精发酵过程中，除生成大量的乙醇外，还同时生成其它有机醇类香味成分。有机醇类香味成分的生成主要是由微生物对原料中的糖、氨基酸、果胶质等成分进行降解和发生复杂的生化反应的结果。另外，有机酸也可以还原生成相应的醇。

（一）由果胶质生成甲醇

甲醇（CH_3OH）的前体物质为果胶质，在各种不同的酿酒原料中或多或少均含有果胶质其主链是由α-D-半乳糖醛酸基通过1,4糖苷键连接而成的。高甲氧基果胶质中超过一半的半乳糖醛酸是甲酯化的，它们是一类天然果胶质，在微生物（如黑曲霉）的果胶甲酯酶作用下，能分解成果胶酸和甲醇。

$$\underset{\text{高甲氧基果胶}}{[RCOOCH_3]_n} + nH_2O \xrightarrow{\text{果胶甲酯酶}} \underset{\text{果胶酸}}{nRCOOH} + \underset{\text{甲醇}}{nCH_3OH}$$

（二）由氨基酸脱羧、脱氨形成高级醇

高级醇（RCH_2OH）是指具有3个及以上碳原子的一元醇，包括正丙醇、仲丁醇、戊醇、异丁醇等。白酒中的杂醇油就是包含这些高级醇，以异丁醇和异戊醇为主，溶于高浓度乙醇而不溶于低浓度乙醇及水，不溶解时呈油状。由氨基酸脱羧、脱氨，生成比氨基酸分子少一个碳原子的高级醇，这种反应一般在酵母菌细胞内进行，其反应通式如下。

$$\underset{\text{氨基酸}}{RCH(NH_2)COOH} + H_2O \rightarrow \underset{\text{高级醇}}{RCH_2OH} + \underset{\text{氨}}{NH_3} + CO_2$$

（三）由糖生成醇

1．由糖生成高级醇

由糖代谢生成丙酮酸，丙酮酸与氨基酸作用，生成另一种氨基酸和另一种有机酸（α–酮酸）；该有机酸脱羧变成醛，再还原成高级醇。

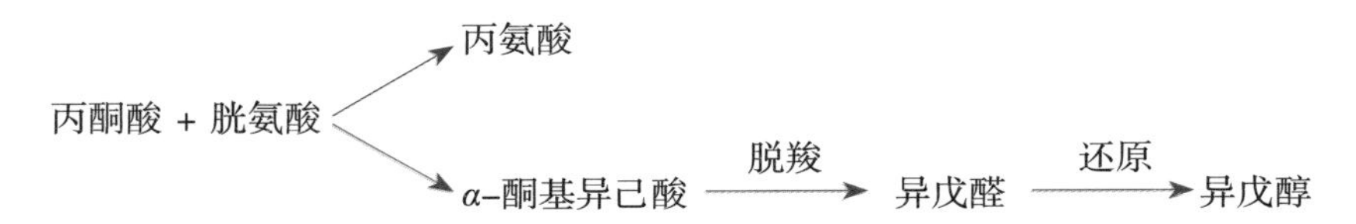

2．由糖生成多元醇

微生物在有氧条件下发酵可生成多元醇。多元醇在白酒中呈甜味，白酒中的多元醇类，以甘露醇（即己六醇）的甜度最高。多元醇在酒体风味中可以起缓冲作用，使白酒体更加丰满醇厚。低温发酵有利于这些醇甜成分的生成，控制发酵缓慢进行、延长发酵期等措施，都有利于多元醇的生成积累。

（1）甘油（丙三醇）　甘油［$C_3H_5(OH)_3$］是糖代谢过程中由磷酸二羟基丙酮加氢还原成磷酸甘油，再去磷酸得到。其反应式如下。

$$\underset{\text{葡萄糖}}{C_6H_{12}O_6} \longrightarrow \underset{\text{磷酸二羟基丙酮}}{2CH_2OHCOCH_2O{-}P} \xrightarrow{+2H} \underset{\text{磷酸甘油}}{2CH_2OHCHOHCH_2O{-}P} \xrightarrow{\text{磷酸酯酶}} \underset{\text{甘油}}{2C_3H_5(OH)_3}$$

酵母菌在代谢生成乙醇的同时，也生成部分甘油。

$$\underset{\text{葡萄糖}}{2C_6H_{12}O_6} + H_2O \longrightarrow \underset{\text{甘油}}{2C_3H_5(OH)_3} + \underset{\text{乙酸}}{CH_3COOH} + \underset{\text{乙醇}}{C_2H_5OH} + 2CO_2$$

甘油可增加酒的醇甜味，使酒体丰满醇厚，甘油主要产于发酵后期。一般低温入窖、缓慢发酵有利于甘油的生成。

（2）甘露醇　甘露醇［$C_6H_8(OH)_6$］的生成是由霉菌完成的，某些混合型乳酸菌也可利用己糖产生甘露醇。

$$\underset{\text{己糖}}{3C_6H_{12}O_6} + H_2O \longrightarrow \underset{\text{甘露醇}}{2C_6H_8(OH)_6} + \underset{\text{乳酸}}{CH_3CHOHCOOH} + \underset{\text{乙酸}}{CH_3COOH} + CO_2$$

（3）2,3–丁二醇　2,3–丁二醇（$CH_3CHOHCHOHCH_3$）是二元醇，主要由细菌利用葡萄糖发酵产生。

$$C_6H_{12}O_6 \longrightarrow CH_3CHOHCHOHCH_3 + 2CO_2 + H_2$$

葡萄糖　　　　2,3-丁二醇

葡萄糖在某些芽孢杆菌作用下，经丙酮酸脱羧，缩合生成醋翰（3-羟基丁酮），后者还原生成2,3-丁二醇。2,3-丁二酮经酵母菌还原也能形成2,3-丁二醇。葡萄糖在气杆菌、某些芽孢杆菌的作用下，使丙酮酸脱羧，催化生成3-羟基丁酮，后者再还原生成2,3-丁二醇，在碱性条件下，3-羟基丁酮易被氧化成2,3-丁二酮，2,3-丁二酮可直接还原为2,3-丁二醇。

$$2CH_3COCOOH \xrightarrow{-CO_2} CH_3COCHOHCH_3 \longrightarrow CH_3COCOCH_3 \longrightarrow CH_3CHOHCHOHCH_3$$

丙酮酸　　3-羟基丁酮　　2,3-丁二酮　　2,3-丁二醇

二、酸类香味成分的生成机理

固态法白酒的生产操作属于开放式，环境中、酒曲中及窖泥中均有大量微生物，在生产过程中自然会接种大量的微生物，它们在进行酒精发酵的同时，必然产生大量的有机酸。很多原料成分如还原糖、有机醇、蛋白质、脂肪等都能被微生物转化成酸类香味成分。

（一）甲酸

甲酸（HCOOH）主要由发酵中间产物丙酮酸和水反应生成，同时生成乙酸。

$$CH_3COCOOH + H_2O \longrightarrow HCOOH + CH_3COOH$$

丙酮酸　　　　甲酸　　乙酸

（二）由醋酸菌将葡萄糖发酵成乙酸

乙酸又名醋酸（CH_3COOH），各种白酒中都有乙酸的存在，它是丁酸、己酸及其酯类形成的主要前体物质。乙酸主要通过以下途径生成。

1．乙醇的氧化

$$CH_3CH_2OH + O_2 \longrightarrow CH_3COOH + H_2O$$

乙醇　　　　乙酸

醋酸菌是重要的氧化细菌，在浓香型大曲酒生产中弊大利小，应注意防范醋酸菌过度繁殖。

2. 发酵过程中伴随乙醇的生成而生成

$$2C_6H_{12}O_6 + H_2O \longrightarrow C_2H_5OH + CH_3COOH + 2C_3H_5(OH)_3 + 2CO_2$$

葡萄糖　　乙醇　　乙酸　　丙三醇

3. 葡萄糖经过发酵生成乙醛，乙醛经歧化作用，生成乙酸

$$2CH_3CHO + H_2O \longrightarrow C_2H_5OH + CH_3COOH$$

乙醛　　乙醇　　乙酸

（三）由乳酸菌将葡萄糖发酵成乳酸

乳酸（$CH_3CHOHCOOH$）主要由乳酸菌发酵生成的，其中经异型乳酸菌代谢而生成的在白酒生产中较为普遍。大体有以下反应途径。

$$C_6H_{12}O_6 \longrightarrow CH_3CHOHCOOH + C_2H_5OH + CO_2$$

葡萄糖　　乳酸　　乙醇

$$2C_6H_{12}O_6 + H_2O \longrightarrow 2CH_3CHOHCOOH + CH_3COOH + C_2H_5OH + 2CO_2 + 2H_2$$

葡萄糖　　乳酸　　乙酸　　乙醇

（四）由丁酸菌将葡萄糖或含氮化合物发酵生成丁酸

丁酸又名酪酸（$CH_3CH_2CH_2COOH$），由丁酸菌或异型乳酸菌发酵生成。反应途径如下。

$$C_6H_{12}O_6 \longrightarrow CH_3CH_2CH_2COOH + 2CO_2 + 2H_2$$

葡萄糖　　丁酸

$$RCHNH_2COOH \xrightarrow{H^+} CH_3CH_2CH_2COOH + NH_3 + CO_2$$

氨基酸　　丁酸　　氨

乙醇、乙酸经丁酸菌作用脱水也能生成丁酸，有的细菌可以直接从乳酸发酵生产丁酸。

（五）葡萄糖发酵生成己酸

己酸（$CH_3CH_2CH_2CH_2CH_2COOH$）主要由两种方式生成。

1. 由乙醇、乙酸合成丁酸、己酸

$$CH_3CH_2OH + CH_3COOH \longrightarrow CH_3CH_2CH_2COOH + H_2O$$

乙醇　　乙酸　　丁酸

$$2CH_3CH_2OH + CH_3COOH \longrightarrow CH_3CH_2CH_2CH_2CH_2COOH + 2H_2O$$

乙醇　　　乙酸　　　　　　　己酸

当乙酸量较多时，主要产物为丁酸；而当乙醇含量比乙酸占优势时，主要产物才是己酸。因此，酒精发酵越好，生成的己酸及其酯类才越多。这也是为什么我们强调“高产才优质”的原因，只有发酵正常的、出酒率高，才能产生更多的香味成分。

2．葡萄糖发酵生成己酸

$$2C_6H_{12}O_6 \longrightarrow CH_3(CH_2)_4COOH + CH_3COOH + 4CO_2 + 4H_2$$

葡萄糖　　　己酸　　　乙酸

（六）由蛋白质分解生成氨基酸

氨基酸［RCH（NH_2）COOH］是由蛋白质通过微生物的蛋白水解酶作用分解而来。原料和微生物菌体都含有蛋白质，它们是氨基酸的主要来源。

（七）由脂肪分解生成高级脂肪酸

脂肪酸（$C_{15}H_{31}COOH$）是由脂肪水解而来，原料和微生物菌体的脂肪都能分解产生。

$$(C_{15}H_{31}COO)_3C_3H_5 + 3H_2O \longrightarrow C_3H_5(OH)_3 + 3C_{15}H_{31}COOH + 3H_2$$

棕榈酯　　　　　甘油　　　棕榈酸

有机酸类香味成分在酒中既是重要的呈味成分，又是酯类香味成分生成的前体物质，在香味成分转换过程中有着重要的作用。提高白酒质量的技术措施之一就是提高发酵体系的酸度，使发酵体系内有机酸含量丰富，以此作为反应基质生成大量的香味成分，从而提高酒体的丰满度，所以白酒行业内有“无酸不成酒”的说法。

三、酯类香味成分的生成机理

酯类香味成分是白酒香味成分的重要组成部分，酯类香味成分的生物合成一般是在发酵后期，由酸和醇在生香酵母、黄曲霉等微生物的作用下酯化产生的。浓香型白酒（泸型酒）中的主体酯类香味成分为己酸乙酯、乳酸乙酯、乙酸乙酯、丁酸乙酯等。

（一）酸、醇经酯化作用生成酯

通过微生物体内的酯化酶进行，使酸类先形成酰基辅酶A，再与醇缩合成酯。

$$\underset{}{RCOOH} \rightarrow \underset{\text{酰基辅酶A}}{RCO \sim SCoA} + \underset{\text{醇}}{R'OH} \rightarrow \underset{\text{酯}}{RCOOR'} + \underset{\text{辅酶A}}{CoA\text{-}SH}$$

某些生香酵母（汉逊酵母，假丝酵母等）都有较强的产酯能力，可以将乙醇与有机酸进行缩合而形成酯。

1. 乙酸乙酯

乙酸乙酯（$CH_3COOC_2H_5$）的生物合成途径是丙酮酸氧化脱羧为乙酰辅酶A，或丙酮酸脱羧为乙醛，再氧化为乙酸，在转酰基酶作用下生成乙酰辅酶A，然后在酯化酶催化下与乙醇生成乙酸乙酯。

$$CH_3COCOOH \xrightarrow{-CO_2} CH_3CHO \xrightarrow{O_2} CH_3COOH \xrightarrow[\text{转酰基醇}]{CoASH\ ATP} CH_3CO \sim SCoA$$

$$CH_3COCOOH \xrightarrow{CoASH} CH_3CO \sim SCoA \xrightarrow[\text{酯化酶}]{CH_3CH_2OH} CH_3COOC_2H_5$$

2. 丁酸乙酯、己酸乙酯

根据Nordstrom的理论，丁酸乙酯（$C_3H_7COOC_2H_5$）、己酸乙酯（$C_5H_{11}COOC_2H_5$）的合成途径可表示为：

$$C_3H_7COOH \xrightarrow[\text{转酰基酶}]{CoASH\ \ ATP} C_3H_7CO{\sim}SCoA \xrightarrow[\text{酯化酶}]{+C_2H_5OH} \underset{\text{丁酸乙酯}}{C_3H_7COOC_2H_5}$$

$$C_5H_{11}COOH \xrightarrow[\text{转酰基酶}]{CoASH\ \ ATP} C_5H_{11}CO{\sim}SCoA \xrightarrow[\text{酯化酶}]{+C_2H_5OH} \underset{\text{己酸乙酯}}{C_5H_{11}COOC_2H_5}$$

3. 乳酸乙酯

乳酸乙酯（$CH_3CHOHCOOC_2H_5$）的生物合成途径是：乳酸在转酰基酶作用下生成乳酰辅酶A，再在酯化酶催化下与乙醇缩合生成乳酸乙酯。

$$CH_3CHOHCOOH \xrightarrow[\text{转酰基酶}]{\text{CoASH ATP}} CH_3CHOHCO\sim SCoA \xrightarrow[\text{酯化酶}]{+C_2H_5OH} CH_3CHOHCOOC_2H_5$$

乳酸乙酯

低级酯也可以由生香酵母生物合成，像己酸乙酯等含六碳以上的高级酯则可能主要由某些霉菌来完成，如浓香型白酒提高酒体质量的“翻沙工艺”主要是通过在二次发酵过程中添加大曲、黄水、酒尾以及低等级酒等进行强化发酵生香，通过酯化酶的作用生成大量香味成分，以达到提高酒质的目的。

（二）通过化学反应来产酯

$$RCOOH + R'OH \rightarrow RCOOR' + H_2O$$

通过化学反应来生成酯类香味成分的反应速度极其缓慢，所以通过延长发酵时间或贮酒时间，可以使酯化作用产生一定量的酯类香味成分，利于增加酒的香气。

四、醛类香味成分的生成

酒中的醛类主要是由醇和酸的氧化还原而成，也会由糖生成醛类。

（一）由醇氧化成醛

$$2CH_3CH_2OH + O_2 \rightarrow 2CH_3CHO + 2H_2O$$

乙醇　　　　乙醛

（二）相应的酸还原成醛

$$RCOOH+H_2 \longrightarrow RCHO+H_2O$$

（三）由糖生成醛

$$C_6H_{12}O_6 \xrightarrow{-2H_2} 2CH_3COCOOH \xrightarrow{-2CO_2} 2CH_3CHO$$

葡萄糖　　丙酮酸　　乙醛

（四）由醛和醇缩合生成缩醛

白酒中的缩醛以乙缩醛为主，其含量几乎与乙醛相等，它由醇、醛缩合而成。

缩醛由醛和醇经缩合反应而成，反应通式为：

$$RCHO + 2R'OH \rightleftharpoons RCH(OR')_2 + H_2O$$

醛　　醇　　　　缩醛　　水

乙缩醛反应式为：

$$CH_3CHO + 2C_2H_5OH \longrightarrow CH_3CH(OC_2H_5)_2 + H_2O$$

乙醛　　乙醇　　　　乙缩醛

五、酮类香味成分的生成机理

α-联酮包括2,3-丁二酮（双乙酰）、3-羟基丁酮（醋鎓）等。2,3-丁二醇是一个二元醇，但由于其具有酮的性质，也将它列入α-联酮类。α-联酮类香味成分是名优白酒入口喷香、醇甜、后味绵长的重要成分，在一定含量范围内，α-联酮类香味成分在酒体中含量越多，酒质越好。

（一）2,3-丁二酮

2,3-丁二酮又称双乙酰（$CH_3COCOCH_3$），是由糖代谢中间产物丙酮酸与焦磷酸硫胺素（TPP）结合转化成活性丙酮酸，经脱羧后生成活性乙醛，然后与丙酮酸缩合成α-乙酰乳酸，经非酶氧化生成2,3-丁二酮。2,3-丁二酮经酵母菌还原可生成2,3-丁二醇。

另外，在发酵和白酒储存过程中，乙醛和乙酸相互作用，经过缩合而生成2,3-丁二酮；也可由乙酰辅酶A和活性乙醇缩合生成。

$$CH_3CHO + CH_3COOH \longrightarrow CH_3COCOCH_3 + H_2O$$

乙醛　　乙酸　　　　2,3-丁二酮

乙酰辅酶A + 活性乙醇 ——→ 2,3-丁二酮 + 辅酶A

2,3-丁二酮含量较低时，呈类似蜂蜜样的香甜，在白酒中的含量为0.2 ~ 1.1g/L，可增强喷香。

（二）3-羟基丁酮

3-羟基丁酮又名乙偶姻（$CH_3COCHOHCH_3$）或醋鎓，有刺激性，在酒体中含量适中时有增香和调味的作用，在大曲酒中含量为0.44 ~ 1.8g/L。

1．在发酵过程中，乙醛经过缩合而生成3-羟基丁酮

$$\underset{\text{乙醛}}{CH_3CHO} + \underset{\text{乙醛}}{CH_3CHO} \longrightarrow \underset{\text{3-羟基丁酮}}{CH_3COCHOHCH_3}$$

2．2,3-丁二酮和乙醛经过氧化还原反应生成3-羟基丁酮

$$\underset{\text{2,3-丁二酮}}{CH_3COCOCH_3} + \underset{\text{乙醛}}{CH_3CHO} + H_2O \longrightarrow \underset{\text{3-羟基丁酮}}{CH_3COCHOHCH_3} + \underset{\text{乙酸}}{CH_3COOH}$$

3．丙酮酸经过缩合反应而生成3-羟基丁酮

$$\underset{\text{丙酮酸}}{2CH_3COCOOH} \longrightarrow \underset{\text{3-羟基丁酮}}{CH_3COCHOHCH_3} + 2CO_2$$

4．由双乙酰生成，同时生成乙酸

$$\underset{\text{双乙酰}}{2CH_3COCOCH_3} \xrightarrow{+2H_2} \underset{\text{3-羟基丁酮}}{CH_3COCHOHCH_3} + \underset{\text{乙酸}}{2CH_3COOH}$$

3-羟基丁酮经过酵母菌的还原作用可以生成2,3-丁二醇。

实际上，2,3-丁二醇、2,3-丁二酮及3-羟基丁酮三者之间是可经氧化还原反应而相互转化的。

$$\underset{\text{2,3-丁二醇}}{\begin{matrix}CH_3\\|\\CHOH\\|\\CHOH\\|\\CH_3\end{matrix}} \underset{+H_2}{\overset{-H_2}{\rightleftharpoons}} \underset{\text{3-羟基丁酮}}{\begin{matrix}CH_3\\|\\CO\\|\\CHOH\\|\\CH_3\end{matrix}} \underset{+H_2}{\overset{-H_2}{\rightleftharpoons}} \underset{\text{2,3-丁二酮}}{\begin{matrix}CH_3\\|\\CO\\|\\CO\\|\\CH_3\end{matrix}} \xrightarrow[+2H_2]{\text{酵母还原酶}} \underset{\text{2,3-丁二醇}}{\begin{matrix}CH_3\\|\\CHOH\\|\\CHOH\\|\\CH_3\end{matrix}}$$

α-联酮类香味成分对酒的入口喷香、落口绵甜，对完善浓香型大曲酒的风味起着微妙和关键作用。

六、芳香族香味成分的生成机理

芳香族香味成分是一种碳环化合物，是苯及其衍生物的总称（包括稠环烃及其衍生物）。它们在白酒中含量虽少，但呈香作用却很大，在含量极低的情况下，也能呈现出

强烈的香味。白酒中的芳香族香味成分主要来源于蛋白质的分解产物，其次是木质素、单宁等。另外，芳香族香味成分相互转化也能形成新的芳香族香味成分。

（一）阿魏酸、4-乙基愈创木酚、香草醛

阿魏酸、4-乙基愈创木酚、香草醛都是白酒中的重要香味成分。它们主要由木质素的降解而生成。木质素是由四种醇单体（对香豆醇、松柏醇，5-羟基松柏醇、芥子醇）形成的复杂酚类聚合物，在漆酶（酚氧化酶）的作用下，生成水溶性成分，再与细胞色素有关的氧化酶系作用后进一步水解而得到这些中间产物。

木质素 → 阿魏酸（OH，OCH_3，$CH=CHCOOH$）→ 香草醛（OH，OCH_3，CHO）→ 香草酸（OH，OCH_3，COOH）⇌ 香草酸酯（OH，OCH_3，COOR）→ 4-乙基愈创木酚（OH，OCH_3，CH_2CH_3）

小麦中含有少量阿魏酸，在制曲过程中，经微生物作用生成大量的香草酸和少量的香草醛。但大曲经酵母菌发酵后，一部分香草酸变成4-乙基愈创木酚。小麦经酵母菌发酵后，香草酸也会大量增加。阿魏酸经酵母菌和细菌发酵后，生成4-乙基愈创木酚和少量香草醛。香草醛经酵母菌、细菌发酵也会转化成4-乙基愈创木酚。

阿魏酸具有轻微的香味和辛味，4-乙基愈创木酚具有类似酱油的香味，其含量在0.1mg/L时就可使人感觉出强烈的香气。

（二）丁香酸

丁香酸是一种呈味成分，带有愉快的清香味。高粱中含有酚类香味成分，其中有较多的阿魏酸和丁香酸。高粱等粮食经发酵后，主要形成丁香酸、丁香醛和其它一些芳香

族香味成分。粮食中的单宁经微生物作用后生成丁香酸，单宁又称为单宁酸或鞣酸，其结构复杂且因产地不同而有差异，不同地区、不同品种高粱的单宁含量见表4–9。

表 4–9　不同地区、不同品种高粱的单宁含量　单位：%

地区	类型	平均含量
北方	粳高粱	0.50
	糯高粱	0.98
四川	粳高粱	1.43
	糯高粱	1.44
澳洲	粳高粱	0.15
美洲	粳高粱	0.4

由表4–9可以看出，四川的粳高粱与糯高粱单宁含量接近，但远高于北方高粱，而澳洲高粱和美洲高粱的单宁含量相对较低。低于0.4%称为低单宁高粱，高于1%称为高单宁高粱，一般来说，高粱皮颜色越深，单宁含量越高。

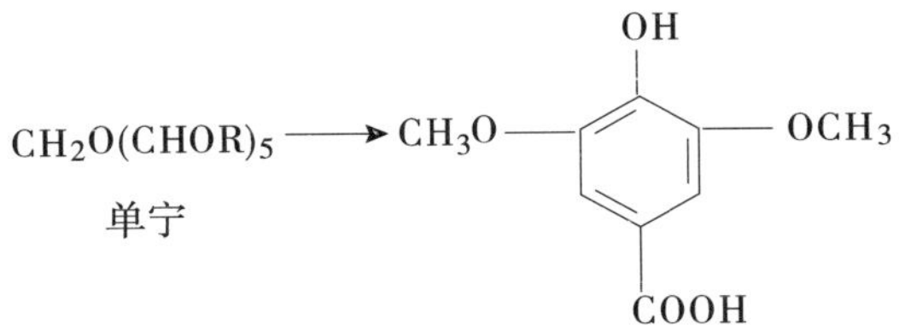

$$CH_2O(CHOR)_5 \longrightarrow \text{丁香酸（4-OH, 3,5-}OCH_3\text{, 1-}COOH\text{ 苯环）}$$

单宁　　丁香酸

白酒中还有许多其它的酚类，如丁香酚（2–甲氧基–4–烯丙基苯酚）、异丁香酚（2–甲氧基–4–丙烯基苯酚）、2,4–二甲酚、间甲酚、对甲酚、邻甲酚、对乙酚及苯酚等。

（三）酪醇

酪醇又称对羟基苯乙醇（$C_8H_{10}O_2$），是酪氨酸经酵母菌发酵、脱氨脱羧而生成的。酪氨酸脱氨、脱羧生成酪醇的反应式如下：

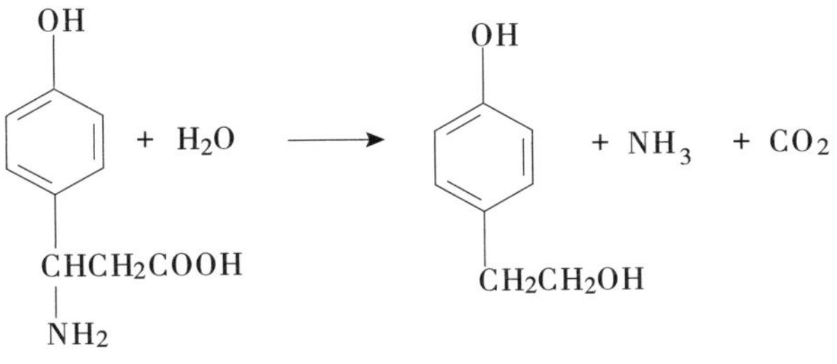

$$HO-C_6H_4-CH(NH_2)CH_2COOH + H_2O \longrightarrow HO-C_6H_4-CH_2CH_2OH + NH_3 + CO_2$$

酪氨酸　　酪醇

酪醇含量适当可使白酒具有愉快的芳香气味，含量过高则会给白酒酒体带来苦味。在白酒生产中，若用曲量过大、蛋白质分解过多，发酵温度又偏高时，会增加酪醇的生成量，使酒体发苦，而且苦味感持续时间长。

第四节 白酒风味成分的呈香呈味原理

形成食品风味的物质基础是它的组分构成和组分特征，白酒风味及风格的形成也离不开它的香味组分。以目前的分析技术结果可知，白酒中除水和乙醇以外，还含有成百上千种有机成分，这些香味组分都具有各自的感官特征，但由于它们共同在一个体系中存在，因而相互影响、相互作用。这些组分在酒体中的数量、比例的不同，使得组分在体系中相互作用、相互影响的程度也不相同，综合表现出的感官特征也就不一样，这样就形成了不同的白酒感官风格特征。研究白酒的风味特征，实际上就是研究单一香味组分的感官特征以及在同一个混合溶液体系内的综合感官特征，研究它们之间的相互作用关系和它们的不同组成如何表现出不同的风格特征。

就单一香味组分来说，虽然它具有自身固有的感官特征，但在一个共同体系内能否表现出它原有的感官特征，还要看在同一体系中各组分的浓度及其量比关系，各组分自身的阈值大小以及同一体系中其它组分或外部条件对它的阈值影响。一般可以将单一组分在同一体系中所起的作用归纳为下述几种情况。

第一，对某单一组分来说，如果在体系中与其它组分相比较，它的绝对含量高，在体系中的阈值也比较低，且由于组分的化学结构决定了它的感官特征，这一类组分在白酒体系中会呈现出原有组分或接近原有组分的感官特征。例如，浓香型白酒中的己酸乙酯就具有这一作用和特点，其在浓香型白酒中呈现出自身特有的水果香气。

第二，对某单一组分来说，在体系中与其它组分相比较，如果它的绝对含量不高，阈值在体系中较适中，这样的单一组分在白酒体系中一般不完全呈现出自身的感官特征。换言之，它在体系中将会受到具有比它更强香味强度组分的影响，但它又具有一定的香味强度，那么它在体系中将不会完全保持原有的感官特征，它会与其它组分相互作用形成一种新的复合感官特征。例如，在芝麻香型白酒体系中，乙酸乙酯由于受到具有焦香气味的组分影响（吡嗪类、3-甲硫基丙醇等组分），不能在体系中表现出明显的原有清雅的感官特征，而形成了一种新的复合感官特征。

白酒中香味成分分子结构式见表4-10。

表 4-10　白酒中香味成分分子结构式

名称	分子结构式	名称	分子结构式
酯类	R—C(=O)—O—R′	醇类	R—OH
酸类	R—C(=O)—OH	酚类	ArOH
醛	R—C(=O)—H	酮	R—C(=O)—R′
呋喃	（呋喃环，O）	吡嗪	（吡嗪环，N、N）
噻吩	（噻吩环，S）	硫醇	R—SH
硫醚	R—S—R′	硫酚	Ar—SH

第三，对某单一组分来讲，如果它与体系中其它组分相比较，香味强度较小，虽然在体系中它不会呈现出原有的感官特征，但是，由于它的物理、化学性质会使白酒体系中其它组分的物理、化学性质发生变化，从而影响整个体系中其它组分所表现出的感官特征。这种组分的作用是比较重要的，但也经常由于它的含量较小而被人忽视。例如，白酒体系中的油酸或其它高沸点组分，它们在体系中的含量很小，自身的感官特征不是很明显，阈值相对较低，香味强度较小，在体系中无法呈现出它们原有的感官特征。但是，正因为这一类组分具有沸点高、能改变体系的共沸点或饱和蒸汽压、影响其它组分的挥发等特性，从而使整个体系的感官特征发生了变化。

第四，对某单一组分而言，它在体系中与其它组分相比较，其浓度、香味强度以及自身的其它特征使得其对体系的物理、化学性质作用不明显。这种组分在体系中既不呈现出原有的感官特征，也不会发挥明显的影响其它香味成分作用。一般可认为这种组分在体系中对香味的贡献较小。

组分在体系中的作用是相对的，绝对不起作用的组分是没有的。研究组分在体系中所起的感官作用时，既要考虑它自身的特性，又要综合考虑体系的因素多变的影响，这样才能从本质上认识酒体风味的形成，找到影响白酒品质的主要因素。下面结合酒中的主要组分特点，介绍这些组分的感官特征及在白酒中的呈香呈味原理。

一、有机酸类香味成分的呈香呈味原理

在白酒中除水和乙醇外，有机酸类香味成分占组分总量的14%～16%，它们是白酒中重要的呈香呈味成分。白酒中有机酸的种类较多，大多是含碳链的脂肪酸化合物。根据碳链的不同，脂肪酸呈现出不同的电离强度和沸点，同时它们的水溶性也不同。这些含不同碳链的脂肪酸在酒体中电离出H^+的强弱程度会呈现出差异，也就是说它们在酒体中的呈香呈味作用也不同。根据这些有机酸在酒体中的含量及其特性，可将它们分为三大类。

（1）含量较高、较易挥发的有机酸　在白酒中，除乳酸外，乙酸、己酸和丁酸都属于较易挥发的有机酸，这四种酸都在白酒中含量较高，是较低碳链的有机酸。相比其它有机酸而言，它们都较易电离出H^+。

（2）含量中等的有机酸　这些有机酸一般是3个碳、5个碳和7个碳等奇数碳原子的脂肪酸。

（3）含量较少的有机酸　这部分有机酸种类较多，大部分是一类沸点较高、水溶性较差、易析出的有机酸，碳原子一般在10个或10个以上，例如，油酸、癸酸、亚油酸、棕榈酸、月桂酸等。

有机酸在白酒中的呈香呈味作用有以下几个方面。

（一）呈香作用

有机酸的呈香作用在白酒香气表现上不十分明显。就其单一组分而言，它主要呈现出酸的刺激气味、脂肪气味。有机酸与其它组分相比沸点较高，因此，在酒精-水溶液体系中对气味的贡献不突出。而在特殊情况下，如酒在酒杯中长时间敞口放置，或倒去酒杯中的酒，放置一段时间再闻空杯，能明显感觉到有机酸的气味特征。这也说明了由于沸点高，它的呈香呈味作用主要体现在对酒体口味的影响上。

（二）呈味作用

白酒中的羧酸在酒精-水溶液中会发生解离，因而它以羧酸分子、羧酸负离子和氢离子这三种物质形态共同作用于人们的味觉器官。苦味成分和酒中的某些成分之间存在一种明显的相互作用，这些成分中就包括有机酸类香味成分。因此，酒中酸度过大则白酒的香和味显得不协调，当人在疲倦的状态下品尝白酒，易将酸陈味辨别为苦味；存放时间较长的低度酒因水解反应，加之人的身体状况不好时，往往给人以更为明显的苦味。

白酒对味觉刺激的综合反应就是口味。对口味的描述尽管多种多样，但感官品评都有共识，如讲究白酒入口的后味、余味、回味等。有机酸主要表现出对味的贡献，是白酒最重要的味感成分，它能延长酒的后味，丰富味道和丰满度，减少或消除杂味，可出现甜味和回甜感，消除燥辣感，可适当减轻中、低度酒的水味。

有机酸类香味成分在白酒中的呈味作用大于它的呈香作用。它的呈味作用主要表现在有机酸贡献H^+，使人感觉到酸味和刺激感，同时它与其它香味成分协同，赋予白酒丰富的口味。由于羧基电离出H^+的强弱受其碳链负基团的性质影响，同时酸味的强弱也会受到碳链负基团的影响，因此，各种有机酸在酒体中呈现出不同的酸刺激感和不同的酸味。

白酒中含量较高的低碳链有机酸，一般易电离出H^+，较易溶于水，表现较强的酸味及酸刺激感，这一类有机酸是酒体中酸味的主要供体。

含量中等的有机酸，它们有一定的电离出H^+的能力，虽然提供给体系的H^+不多，但由于它们一般含有一定长度的碳链和各种负离子基团，使体系中的酸味呈现出多样性和持久性，协调了小分子酸的刺激感，延长了酸的持久时间。

含量较少的有机酸，以往人们对它的重视程度不够，实际上它们在白酒中的呈香呈味作用同样是举足轻重的。这一类有机酸碳链较长，电离出H^+的能力较小，水溶性较差，一般呈现出很弱的刺激感，可以忽略它们的呈味作用。但是由于这些酸具有较长的味觉持久时间和柔和的口感，并且沸点较高、易析出、黏度较大，易改变酒体香味成分的饱和蒸汽压，使体系的沸点发生变化，改变其它组分的酸电离常数，从而影响了体系的酸味持久度和柔和感，并改变了气味分子的挥发速度，起到了调和体系口味、稳定体系香气的作用。例如，在相同浓度下，乙酸单独存在时，气味和酸刺激感强而易消失，而有适量油酸存在时，乙酸的酸刺激感减小，气味变得柔和而持久。这就表明了这类有机酸在酒体中同其它香味成分协同，共同起到呈香呈味作用。

二、酯类香味成分的呈香呈味原理

酯类香味成分是白酒中除乙醇和水以外含量最多的一类组分，它约占总组分含量的60%。白酒中酯类香味成分多以有机酸的乙酯形式存在。

（一）呈香作用

在白酒的香气特征中，绝大部分是以突出酯类香气为主的。就酯类单体组分来讲，根据形成酯的对应酸的碳原子数的多少，酯类呈现出不同强度的香气。含1～2个碳的酸形成的酯，香气以果香气味为主，易挥发，香气持续时间短；含3～5个碳的酸形成的酯，有脂肪气味，带有果香气味；6～12个碳的酸形成的酯，果香气味浓厚，香气有一定的持久性；含13个及以上碳的酸形成的酯，果香气味很弱，呈现出一定的脂肪气味和油哈味，它们沸点高，凝固点低，很难溶于水，气味持久而难消失。

在白酒酒体中，酯类香味成分与其它组分相比绝对含量较高，而且大都属于较易挥发和香气较强的有机成分，它们表现出较强的香气特征。从组分的香气特征而言，一些含量较高的酯类，由于它们的浓度及香气强度占有绝对的主导作用，使整个酒体的香气呈现出以酯类香气为主的香气特征，并表现出某些酯类原有的感官香气特征。例如，浓香型白酒中的己酸乙酯，在酒体中占有主导作用地位，使浓香型白酒的香气呈现出以己酸乙酯为主体的复合香气特征。含量中等的一些酯类，由于它们有类似其它酯类的香气特征，因此它们可以对酯类的主体香气成分进行“修饰”“补充”和“完善”，使整个酒体香气更丰满、浓郁。含量较少或甚微的一类酯大多是一些长碳链有机酸形成的酯，它们的沸点较高，果香香气较弱，香气特征不明显，在酒体中很难明显突出它的原有香气特征，但它们的存在可以使体系的饱和蒸汽压降低，延缓其它组分的挥发速度，起到持久和稳定香气的作用。

从组分挥发性而言，乳酸乙酯沸点较高，易使其它组分挥发速度降低，含量超过一定范围时，会使酒体香气不突出。油酸乙酯、月桂酸乙酯等高沸点的酯类香味成分在酒体中含量甚微，阈值也较小，当它们的含量在一定范围时，可以改变体系的香气挥发速度，起到持久、稳定香气的作用，且不呈现出它们原有的香气特征；当它们的含量超过一定的限度时，虽然体系的香气变得持久了，但它们各自原有的香气特征也表现出来了，使酒体带有明显的脂肪气味和油哈味，降低了酒体的舒适度。

（二）呈味作用

酯类香味成分的呈味作用会因为它的呈香作用非常突出和重要而被忽略。实际上，由于酯类香味成分在酒体中的绝对浓度与其它组分相比高出许多，而且它的味觉阈值较低，其呈味作用也就相当重要。在白酒中，酯类香味成分在其特定浓度下一般表现为微甜、带涩，并带有一定的刺激感，有些酯类还表现出一定的苦味。例如，已酸乙酯在浓香型白酒中含量一般为150～250mg/100mL，呈现出甜味和一定的刺激感，若它含量降低，则甜味也会随之降低。乳酸乙酯则表现为微涩带苦，当酒中乳酸乙酯含量过多，则会使酒体发涩带苦。

三、醇类香味成分的呈香呈味原理

除乙醇和水外，醇类香味成分占白酒组分12%左右的比例。

（一）呈香作用

由于醇类香味成分的沸点比其它组分的沸点低，易挥发，这样它可以在挥发过程中“拖带”其它组分一起挥发，起到“助香作用”。醇类香味成分随着碳链的增加，香气逐渐由麻醉样香气向水果香气和脂肪香气过渡，沸点也逐渐增高，香气也逐渐持久。白酒中含量较多的是一些小于6个碳的醇类香味成分，它们一般较易挥发，表现出轻快的麻醉样香气、微弱的脂肪香气及油哈味。

（二）呈味作用

醇类香味成分的味觉作用在白酒中相当重要，它是构成白酒味觉的骨架，主要表现出柔和的刺激感和微甜、浓厚的味觉，有时也赋予酒体一定的苦味。饮酒的嗜好性与醇类成分的刺激性、麻醉感和入口微甜、略带后苦的感官刺激感有一定的联系。

四、羰基类香味成分的呈香呈味原理

除了水和乙醇外，羰基类香味成分在白酒香味组分中占6%～8%。低碳链的羰基类香味成分沸点极低，极易挥发。它比相同碳数的醇类和酚类香味成分沸点还低，这是因为羰基类香味成分不能在分子间形成氢键的缘故。随着碳原子的增加，它的沸点逐渐增高，在水中的溶解度也逐渐下降。

（一）呈香和助香作用

羰基类香味成分具有较强的刺激性香气，随着碳链的增加，它的香气逐渐由刺激性香气向青草香气、水果实香气、坚果香气及脂肪香气过渡。白酒中含量较高的羰基类香味成分主要是一些低碳链的醛、酮类香味成分。在白酒的香气成分中，由于这些低碳链的醛、酮化合物与其它组分相比较，绝对含量不占优势，因此它们在感官上表现出较弱的芳香香气，主要以刺激性香气为主，在整体香气中不十分突出低碳链的醛、酮类香味成分原有的气味特征。但这些成分沸点极低、易挥发，可以促进其它香气分子挥发，尤其是在酒体入口时很容易挥发。所以，这些有机物在酒体中实际起到了“提扬”香气和促进入口“喷香”的作用。

（二）呈味作用

羰基类香味成分尤其是低碳链的醛、酮类，它们赋予酒体较强的刺激感，也就是人们常说的“酒劲大”。

五、酚类香味成分的呈香呈味原理

酚类香味成分都具有较强烈的芳香香气，均呈弱酸性，在环境中易被氧化，阈值极低。这类成分的感官特征一般类似药草香气、辛香香气及烟熏香气，它们在白酒中含量甚微，其总量也不超过微量组分总量的2%，所以它们在酒体中的呈味作用不是很明显。但值得一提的是，一般芳香族的酸类香味成分沸点较高，比相应的脂肪酸沸点还高。这些微量的芳香酸成分是否在空杯留香和对酒体香气的稳定和持久方面起一定的作用，还需进一步研究。

近年来人们对酚类香味成分的呈香作用的研究十分重视。由于这类成分的香气阈值极低，而且具有特殊的香气特征，它们的存在也会对白酒的香气产生影响。它们原有的香气特征明显而具特殊性，易与其它香气融合或补充、修饰其它类香气，形成更具特色的复合香气；也可被其它香气修饰形成类似它原有的特征香气。它们在一些特殊香型白酒或在白酒特殊香气中的作用还没有彻底研究清楚，例如，有人曾提出在酱香型白酒香气中的所谓“酱香”香气，4-乙基愈创木酚是其主体成分，4-乙基愈创木酚原组分的感官特征可描述为“辛香香气，或类似烟熏的香气”，它被认为是酱油香气的特征组分，它的香气阈值极低（＜1μg/100mL）。但研究表明，4–乙基愈创木酚的香气特征与酱香型白酒的“酱香”香气有一定的差异，将它作为酱香的主体成分还值得商榷。但至少说明4–乙基愈创木酚的香气特征在这类白酒香气中发挥了一定的作用。它是否与烘烤香气、焦香香气、煳香香气共同融合形成了特殊的复合香气特征还不得而知，但毕竟它的香气特征易与上述香气融合，并具有较为类似的香气特征。当然，其它酚类香味成分的呈香作用也不能忽视，但还有待进一步深入研究。

六、杂环类香味成分的呈香呈味原理

有机化学中将具有环状结构且除碳原子外还包含有其它原子的化合物称为杂环化合物。杂环上常见的其它原子为氧、氮、硫三种原子。含氧的杂环化合物一般称作呋喃（O）；含硫的杂环化合物称为噻吩（S）；含氮的杂环化合物根据杂环上碳原子数的不同，命名也不同，吡嗪的分子式是（N N）。也有含两个其它原子的杂环化合物。

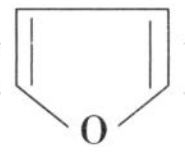

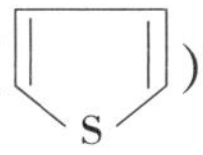

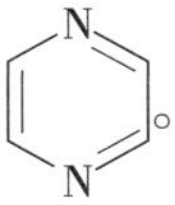

（一）呋喃类香味成分的呈香呈味原理

呋喃类香味成分可以由碳水化合物和抗坏血酸的热分解而生成，也可以由糖和氨基酸相互作用生成。因此，可以说呋喃类成分几乎存在于所有的食品之中。近几年来对白酒中呋喃类香味成分的呈香作用进行了深入研究。呋喃类香味成分的感官特征主要是类似焦糖、水果、坚果、焦煳等香气，它们的香气特征较明显，香气阈值极低，很容易被人觉察，白酒中含量较高的呋喃类香味成分是糠醛。

除此之外，在研究景芝白干酒的香味组分时，又新发现了一些呋喃类香味成分。这些呋喃类香味成分含量很少，其总量占总组分的比例（除水和乙醇）也不超过1%。它们的呈味作用主要体现在糠醛的微甜、带苦的味觉特征。其它呋喃类香味成分在白酒中含量太低，在味觉上构不成很强的呈味作用。

关于呋喃类香味成分在白酒中呈香作用方面的研究目前还不是很深入，但也引起了足够的重视。国外学者对呋喃类香味成分的研究给我们提供了许多启示。例如，日本从清酒的陈酒香气特征组分的分析中发现，4,5–二甲基–3–羟基–2,5–二氢呋喃–2–酮是陈酒香气的特征组分；酱油香气的特征组分之一是2-乙基-5-甲基-4-羟基-2H呋喃酮-3（HEMF）；3-甲酰基呋喃是朗姆酒的香气特征组分之一；γ-内酯在白兰地及威士忌酒中被认为香气组分等。结合白酒生产的原料、工艺流程，可以肯定呋喃类香味成分必然也存在于白酒之中。因为白酒生产使用的原料是含淀粉的碳水化合物，同时在发酵过程中有有机酸的存在，蒸馏过程中有热化学反应，这些条件都能产生一定数量的呋喃类香味成分。另外，从对白酒的香气嗅辨上，也能感觉到一些似呋喃类香味成分的焦香香气和甜样焦糖香气的特征。这些特征香气在芝麻香型白酒和酱香型白酒香气中尤为明显。从目前对白酒的组分分析结果来看，至少分析确定了2-乙酰呋喃、2-戊基呋喃、5-甲基糠醛、糖醛等成分的存在，也为上述的推测提供了有力证据。因此，呋喃类香味成分的呈香作用与构成具有焦香香气或类似这类香气特征的白酒香气有着某种内在联系。同时，在白酒储存过程中，呋喃类香味成分的氧化、还原反应与构成白酒的陈香香气的成熟度与丰满度，也有着密切的关系。

（二）吡嗪类香味成分的感官特征及呈香呈味原理

吡嗪类香味成分是在食品中分布较广泛的一类特征性组分。这类成分主要是通过氨基酸的斯特克尔（Strecker）降解反应和美拉德反应（Maillard）产生的。

吡嗪类香味成分的感官特征一般是具有坚果、焙烤、水果和蔬菜等香气特征。从白酒中已经鉴别出的吡嗪类香味成分有几十种，但绝对含量很少。它们一般都具有极低的香气阈值，极易被察觉，香气持久难消。近年来对这类成分在白酒中的呈香作用的研究非常重视，通过分析表明，在有较明显焦香、煳香香气的香型白酒中，吡嗪类香味成分的种类及绝对含量相应较高。这说明吡嗪类香味成分的香气特征可能影响着部分香型白酒的香气类型和风格特征。关于吡嗪类香味成分如何与呋喃类、酚类香味成分相互作用，从而赋予了白酒香气的特殊风格方面的研究还有待深入进行。

七、含硫香味成分的呈香呈味原理

白酒中的含硫香味成分是指含碳硫键的有机化合物，它包含链状和环状的含硫化合物。葱、蒜、蘑菇等食品中的含硫成分较多。一般含硫的成分香气阈值极低，很微量的存在就能察觉它们的香气。它们的香气非常典型，一般表现为刺激性强、持久性强。在浓度较稀时，它们表现为有葱蒜样香气；极稀浓度时，则有咸样的焦煳或蔬菜香气。目前，从白酒中检出的含硫香味成分只有几种，除杂环化合物中的噻吩外，还有硫醇和二硫、三硫化合物等，它们在白酒中含量极微。如在景芝白干酒中检出的3-甲硫基丙醇、3-甲硫基丙酸酯，被认为是该类酒的特征组分。3-甲硫基丙醇在浓度很稀时，有似咸煳香或似焦香香气，也有似咸样酱（菜）香气特征，3-甲硫基己醇则有似泥土香气特征。根据含硫化合物的一些香气特征，能否猜测它的呈香作用与一些白酒中的“窖香”香气和“咸酱”香气，或修饰焦香、煳香香气有着某种联系，这同样还有待进一步深入研究。

第五节

白酒风味成分的分析技术

我国白酒历史悠久，源远流长，产品风格独特，传统技艺精湛，深受人民喜爱。过去由于分析检测技术和设备的匮乏，人们只能靠尝评来评价白酒质量，对于影响白酒风味的组分知之甚少。白酒的主要成分是乙醇和水，占了白酒成分总量的98%左右，而溶于其中约占2%的醇、醛、酸、酯等众多香味成分，却决定着白酒的香型、风味和质量。多年来，白酒科研人员致力于对白酒中呈香呈味成分的剖析来探究酒中奥妙，20世纪70年代以来，科研人员将气相色谱技术应用于白酒的分析检测，使白酒成分的检测得到了技术性的突破。除了气相色谱技术，将液相色谱与质谱联用技术作为补充，实现了更多组分的分析，同时离子色谱、分子原子光谱等对于影响酒体风味及食品安全的成分的分析技术也在不断发展。

一、色谱技术

色谱技术的使用历史并不长，1906年俄国植物学家茨维特（M. S. Tswett）首先将绿色植物叶子的石油醚提取物，通过一根垂直的装有粉状碳酸钙的玻璃柱管，在玻管上部出现不同色谱的谱带。

其基本原理为：用流动相洗固定相柱管，谱带随着试剂的加入以不同的速度向下移动，利用混合物中各物质在两相间分配系数不同的原理，当溶质在两相间做相对移动时，各物质在两相间进行多次分配，从而使各组分得到分离，再用不同检测器对目标化合物进行数据收集，得到不同的电信号响应，在记录仪上记录相应信号随时间变化的微分曲线，即为色谱流出信号，也称色谱图（一般为电压–时间“mV–min”变化曲线图）。

色谱图峰值数据体现的信息有以下几个。

（1）峰保留时间（即被测样品组分从进样开始到柱后出现该组分浓度极大值时的时间） 表示物质类别。不同物质都有一确定的保留时间，可作为色谱定性分析的依据。

（2）峰面积（或峰高） 可以对物质组分进行定量测定（内标法、外标法、面积归一化法），组分的峰面积（或峰高）与所测组分的含量（或浓度）成正比。

（3）色谱峰数目 可以判断试样中所含组分的最少个数。

（4）色谱峰峰间距及其宽度 可对色谱柱的分离效能进行评价。

常见的色谱分析方法有：柱层析色谱法、薄层色谱法、气相色谱法、液相色谱法、离子色谱法。

在白酒质量控制中应用较为广泛的主要为气相色谱及其联用技术、液相色谱及其联用技术，离子色谱稍有涉及。

（一）气相色谱技术

气相色谱法是以气体为流动相的柱色谱法。在实际工作中，气相色谱法是以气–液色谱为主。气相色谱分析技术具有分离效能高、选择性好、检测灵敏度高、样品用量少、分析速度快、应用范围广等优点。

1964年，沈怡方、金佩璋、曾祖训等白酒科研人员在内蒙古轻工所利用纸层析和柱层析技术首次对白酒中的微量香味成分展开剖析。1976年使用邻苯二甲酸二壬酯与吐温混合固定液填充柱（DNP柱）直接进样法测定白酒中醇、醛、酯等主要香味成分的方法，解决了困扰着白酒科研人员多年的分离、分析问题。此后数年间，在国内科研单位和一些白酒生产企业的共同努力下，气相色谱在白酒分析中得到了极其广泛的应用。一方面，随着色谱技术的进步以及酒类香味分析手段的创新，对白酒的香味组分的剖析研究不断向纵深发展。20世纪80年代，在浓香型、清香型、米香型白酒的三项国家标准中首次规定了风味组分己酸乙酯、乙酸乙酯的含量和气相色谱分析方法，不仅推动了白酒的技术发展，也改变了以前白酒评比以香取胜的质量评价方法，气相色谱仪在白酒生产分析检测中也得到了迅速的推广和应用。20世纪90年代，国内白酒香味成分的分析方向已从以往偏重定性种类的发掘转变为高效分离同准确定量相结合，研究工作在较多地融入国外新技术的同时，更多考虑的是如何把握定量的准确性和用于产品质量控制分析的实用性。另一方面，通过各种渠道把实用的气相色谱分析技术推向白酒生产企业，使其在白酒发酵过程的成品组合勾兑，特别是对产品的质量把握上发挥重要作用。

随着不同香型白酒的香味特征成分不断被发现，相关标准也进行多次修订和补充，分类更加清晰明确，技术更加完善。现行国家标准GB/T 10345—2007《白酒分析方法》规定了气相色谱法测定9种白酒香味组分的检测技术，10种不同香型白酒的国家标准对这些特征指标的含量进行了限定（详见表4-11），这对提高产品质量、加强行业监管、维护市场秩序发挥了重要的作用。

表4-11　不同香型白酒气相色谱特征组分及执行的国家标准

序号	香型分类	气相色谱指标	标准代号
1	浓香型白酒	己酸乙酯	GB/T 10781.1—2006
2	清香型白酒	乙酸乙酯	GB/T 10781.2—2006
3	米香型白酒	乳酸乙酯、β-苯乙醇	GB/T 10781.3—2006
4	凤香型白酒	乙酸乙酯、己酸乙酯	GB/T 14867—2007
5	豉香型白酒	二元酸（庚二酸、辛二酸、壬二酸）二乙酯总量、β-苯乙醇	GB/T 16289—2018
6	特香型白酒	丙酸乙酯	GB/T 20823—2017
7	芝麻香型白酒	乙酸乙酯、己酸乙酯、3-甲硫基丙醇	GB/T 20824—2007
8	老白干香型白酒	乳酸乙酯/乙酸乙酯、己酸乙酯、乳酸乙酯	GB/T 20825—2007
9	浓酱兼香型白酒	己酸乙酯、正丙醇	GB/T 23547—2009
10	酱香型白酒	己酸乙酯	GB/T 26760—2011

气相色谱仪由气路系统、进样系统、分离系统、温控系统、检测及数据处理系统五个部分组成，分为填充柱气相色谱仪和毛细管柱气相色谱仪，二者在构造上的主要差别是：后者柱前装有分流、不分流进样器，柱后加尾吹气路。目前较先进的气相色谱仪气路系统采用了电子流量控制阀，进样系统配置有自动进样器，数据处理系统配置电脑工作站。

1．填充柱气相色谱仪

国家标准GB/T 10781—2006规定了浓香型、清香型与米香型白酒采用DNP填充柱

（邻苯二甲酸二壬酯与吐温混合固定液）分析白酒中己酸乙酯和乙酸乙酯含量的方法。这一直接进样方式目前已广泛应用于测定白酒中主要的醇、醛、酯等10多种风味物质成分。DNP填充柱及填充柱气相色谱仪见图4-9，采用DNP填充柱气相色谱仪分析浓香型白酒的香味成分色谱图见图4-10。

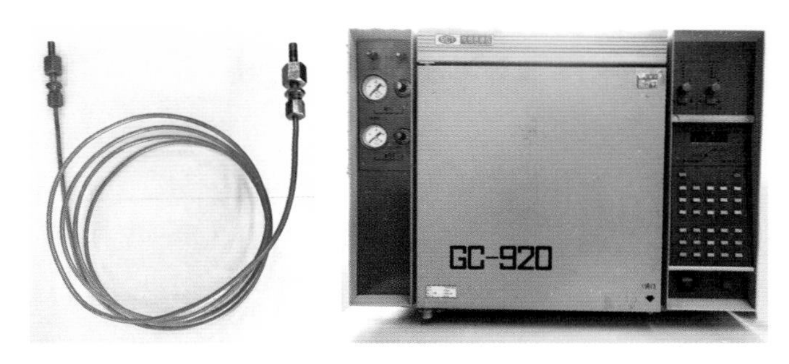

图4-9　DNP填充柱及填充柱气相色谱仪

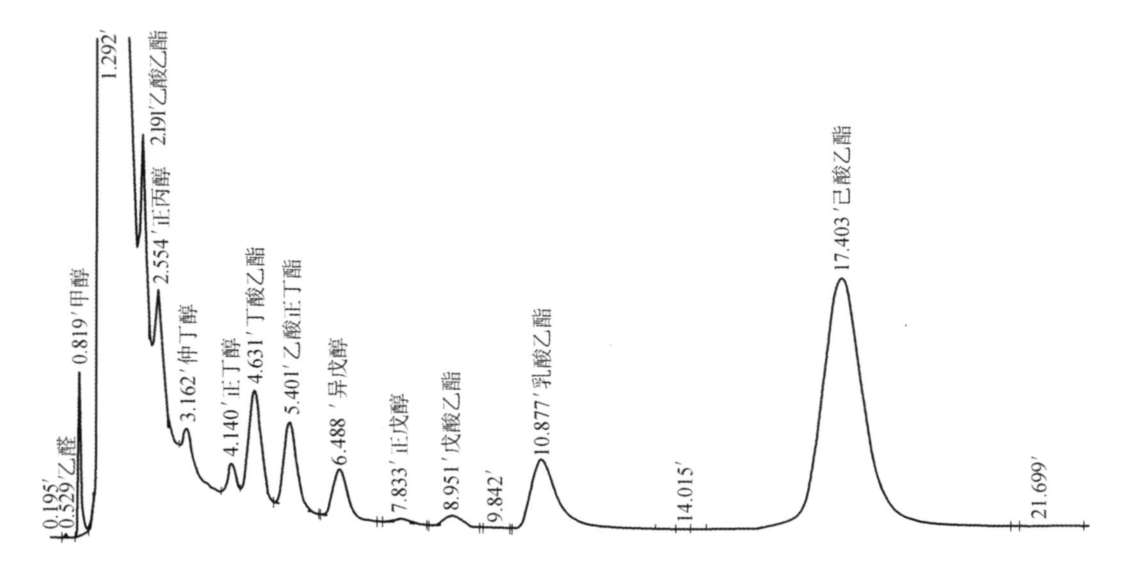

图4-10　DNP填充柱分析浓香型白酒中醇、醛、酯等组分的气相色谱图

近年来，随着色谱分析技术的快速发展和白酒业界质量控制人员多年来的不懈努力，实际分析的成分种类已经远远超过了国家标准中涉及的主体香味成分。

2．毛细管柱气相色谱仪

随着时代的发展和技术的进步，20世纪80年代后期，逐步开发出一系列采用各种类型毛细管柱（PEG20M、键合 FFAP，IN-Wax，DB-Wax与CP-Wax 57CB）的直接进样方式，可以定量测定白酒中60余种醇、醛、酸、酯等风味成分。

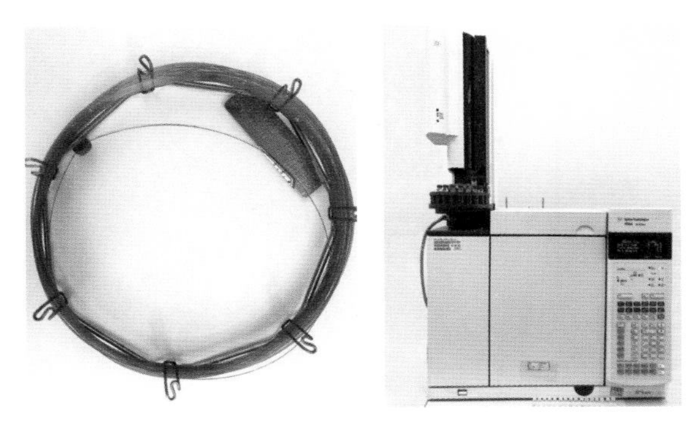

图4-11　毛细管柱及毛细管柱气相色谱仪

毛细管柱气相色谱仪分析法采取直接进样方式，分别利用叔戊醇、乙酸正戊酯和2-乙基丁酸3种内标对不同沸程的醇、醛、酸、酯等易挥发组分进行定量分析，可定量检测50～60种易挥发风味组分。目前毛细管柱气相色谱仪分析法被许多名优白酒厂用作白酒科研分析的必备手段。采用CP-Wax毛细管柱定量分析浓香型白酒风味成分的气相色谱图见图4-12，采用DB-Wax毛细管柱定量分析浓香型白酒风味成分的气相色谱图见图4-13。

（二）气相色谱-质谱联用技术（GC-MS）

1. 质谱分析技术

质谱法（MS）即利用电场和磁场将运动的离子按它们的荷质比（电荷-质量比）分离后进行检测的方法。测出离子的准确质量即可确定离子的化学组成。质谱法是纯物质鉴定的最有力工具之一，其中包括相对分子质量测定、化学式的确定及结构鉴定等。在众多的分析测试方法中，质谱法被认为是一种同时具备高特异性和高灵敏度，且得到了广泛应用的普适性方法。质谱仪器一般由样品导入系统、离子源、质量分析器、检测器、数据处理系统等部分组成。

乙酸乙酯质谱图见图4-14。

己酸乙酯质谱图见图4-15。

质谱仪作为检测器，检测的是离子质量，并获得化合物的质谱图，解决了气相色谱定性的局限性，既是一种通用型检测器，又是有选择性的检测器。质谱在检测中拥有不可替代的优势，主要表现在以下几点。

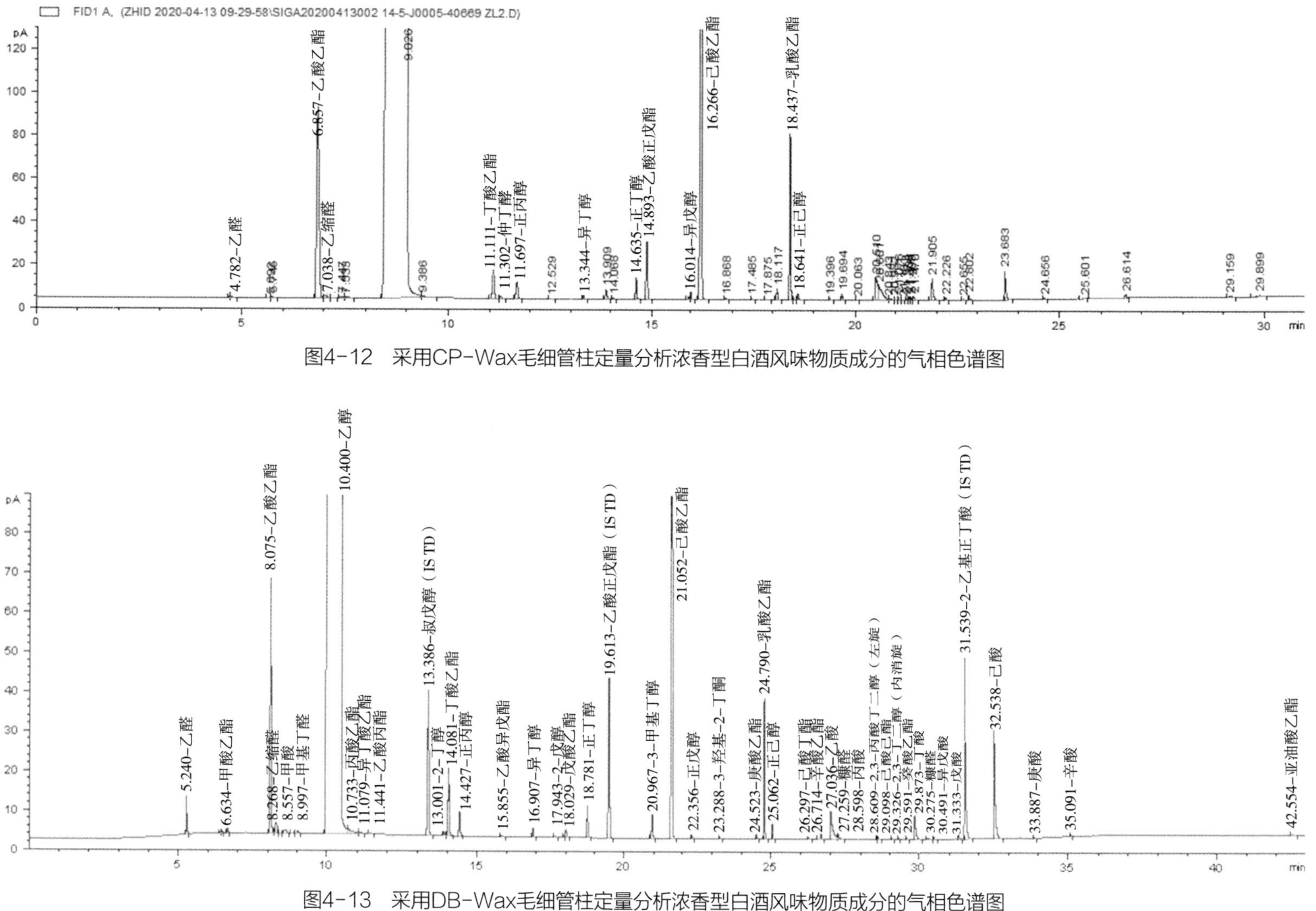

图4-12 采用CP-Wax毛细管柱定量分析浓香型白酒风味物质成分的气相色谱图

图4-13 采用DB-Wax毛细管柱定量分析浓香型白酒风味物质成分的气相色谱图

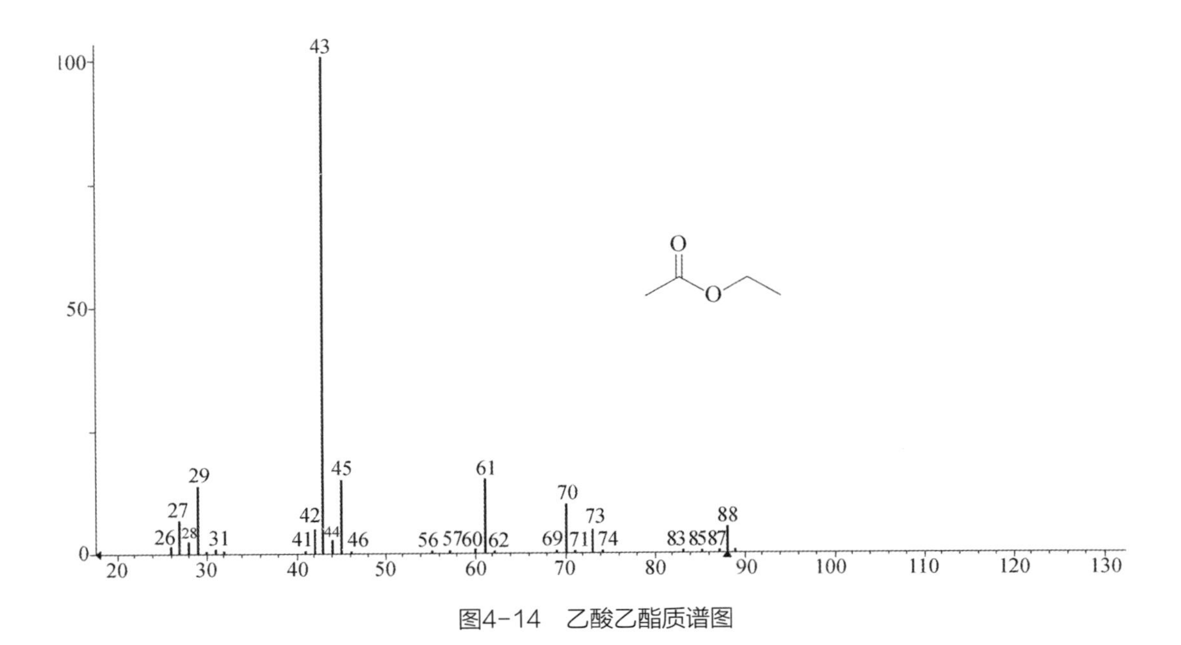

图4-14　乙酸乙酯质谱图

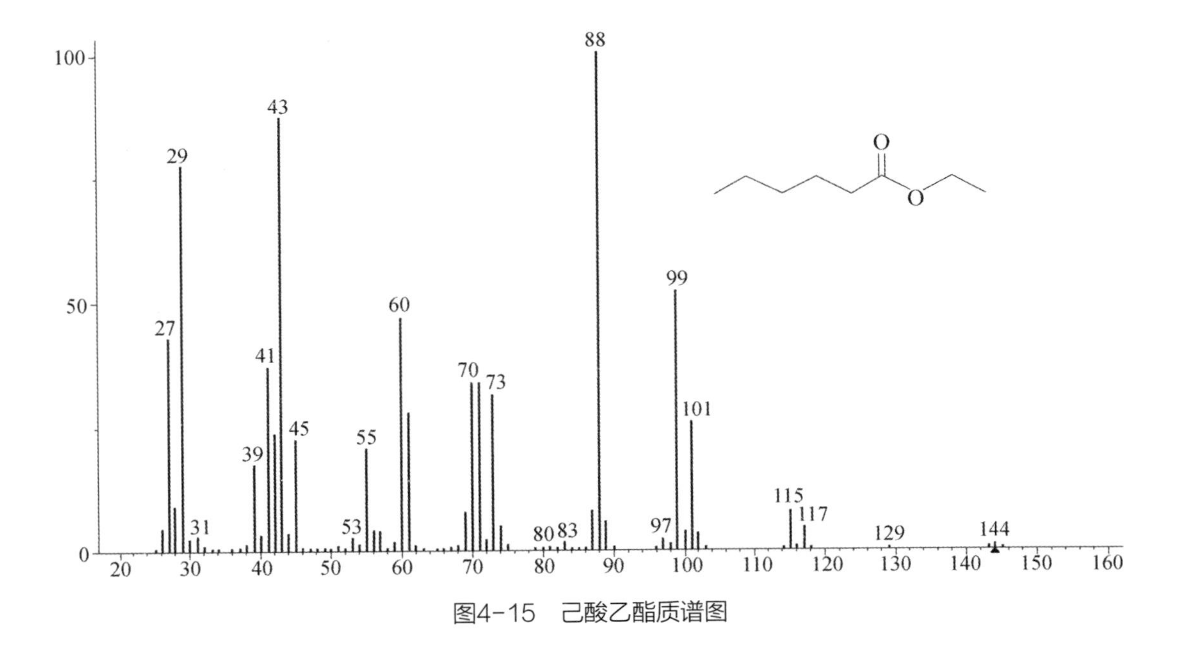

图4-15　己酸乙酯质谱图

（1）广适性检测器。

（2）高灵敏度　检测限低，高灵敏度，它可以检出$<10^{-12}$g水平的成分，通过选择离子检测方式，其检测能力还可以提高一个数量级以上。

（3）分离能力强　即使在色谱上没有完全分离开，但通过MS的特征离子质量色谱图也能分别画出它们各自的色谱图来进行定性定量，可以给出每一个组分丰富的结构信息和分子质量，并且定量结果十分可靠。

2. 气相色谱-质谱联用分析技术

（1）气相色谱-质谱联用仪 GC-MS联用仪由气相色谱仪、质谱仪和控制器（化学工作站）组成，是一种测量离子荷质比的分析仪器。气相色谱（GC）具有极强的分离能力；质谱（MS）对未知化合物具有独特的鉴定能力，且灵敏度极高。

GC-MS联用技术，是将分离技术与质谱法相结合的分析检测方法，是分析方法的一项突破性进展，可以充分发挥气相色谱高分离效率和质谱专属定性的能力，兼有两者之长，成为分离和检测复杂化合物的最有力工具之一，能够定性定量分析检测各种各样的复杂化合物。

气相色谱-质谱仪及其三维谱图见图4-16。

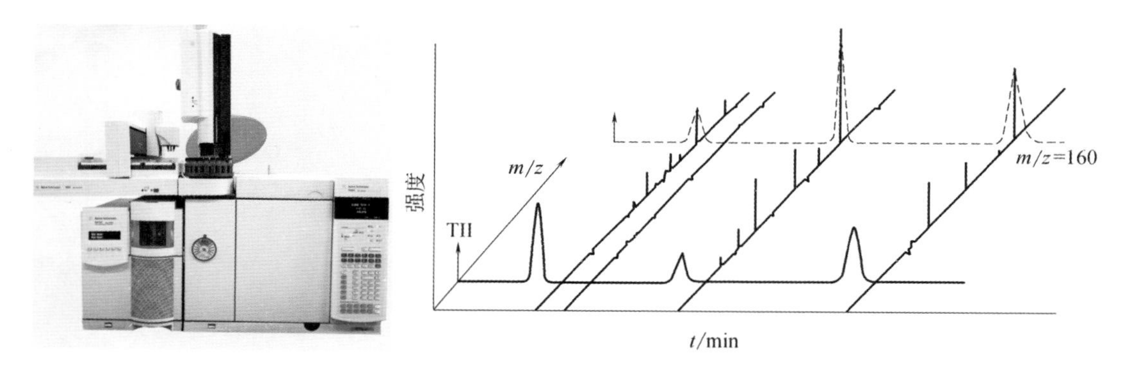

图4-16 气相色谱-质谱仪及其三维谱图

（2）GC-MS联用技术特点

①气相色谱仪作为进样系统，将待测样品进行分离后直接导入质谱仪进行检测，极大地提高了对混合物的分离、定性、定量分析效率。

②质谱仪作为检测器，检测的是离子质量，获得化合物的质谱图，解决了气相色谱无法定性的局限性。

③可获得更多信息，GC-MS联用可得到质量、保留时间、强度三维信息，增强了解决问题的能力，使化合物定性更具专属性，依据色谱保留时间就可以区分质谱特征相似的同分异构体。

④GC-MS联用技术的发展促进了分析技术的计算机化，实现了高通量、高效率分

析的目标。

总之，GC-MS联用技术兼有色谱分离效率高、定量准确以及质谱的选择性高、鉴别能力强、提供结构信息丰富、便于定性等特点。

现代GC-MS的分离度和分析速度、灵敏度、专属性和通用性，至今仍是其它联用技术难以达到的，因此只要待测成分适于用气相色谱（GC）分离，气相色谱-质谱就成为联用技术中首选的分析方法。

白酒的风味物质微量有机成分的GC-MS分析色谱图见图4-17。

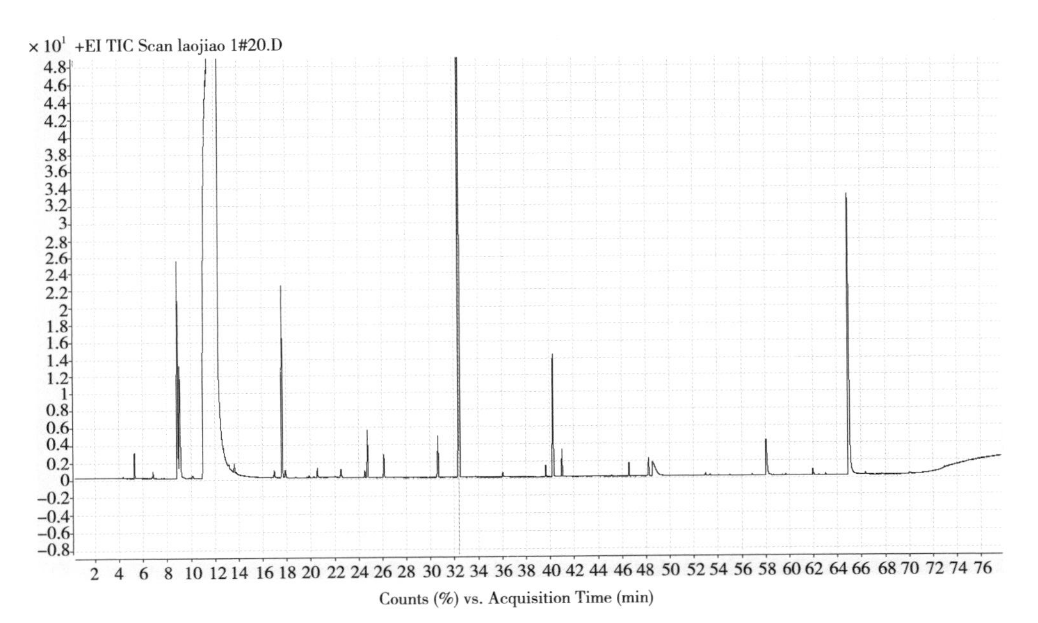

图4-17　白酒的风味物质微量有机成分的GC-MS分析色谱图

（3）GC-MS联用技术在白酒行业的应用

GC-MS联用技术始于20世纪50年代后期，随着计算机软件和电子技术的发展，此技术日益成熟，功能日趋完善，目前已广泛应用于生化、环保、材料、食品、医药等领域，也被用于白酒中复杂的风味物质组分的鉴定和定量检测，以及对挥发性物质进行深度的剖析。

GC-MS联用技术主要采用电子轰击离子源（EI）电离方式及低分辨单级四极质谱仪做化合物定性定量分析。对化合物进行鉴定时，可利用已经建立的化合物的质谱数据库（标准质谱库）。现有可供购买的标准质谱库（如Nist08 MS Library、NBS、EPA/NIH Mass Spectral Data Base和Wiley Registry of Mass Spectral Data等）收集的电子轰击质谱几十万张，涉及几十万个化合物。电子轰击（EI）质谱有“分子质量信息”“结构信息”，可以通过谱库检索鉴别待测化合物。检索匹配率越高（最高为100%），待测物质的鉴定越可靠，对于深入剖析白酒酒体中极微量的风味物质成分提供了强有力的支持。

GC-MS用于目标化合物的定量分析案例有：氨基甲酸乙酯（EC）是发酵食品和酒精饮料的副产物，是联合国粮农组织（FAO）重点监控物质，GC-MS技术能够对发酵酒中质量安全指标——氨基甲酸乙酯（EC）进行定量监测。EC全扫图见图4-18。

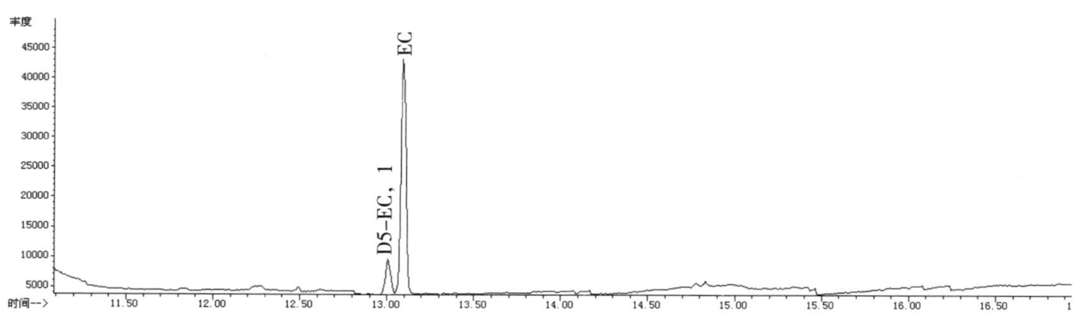

图4-18　氨基甲酸乙酯全扫图

GC-MS用于杂质成分的鉴定和定量分析，难点是杂质含量太低，对仪器灵敏度要求较高；杂质成分和样品主成分保留时间非常接近，不好分离，鉴定非常困难，定量更难。白酒生产中如果接触含有塑化剂的器具、管线和包材等，就存在被污染的风险，SN/T 3147—2017《出口食品中邻苯二甲酸酯的测定方法》采用GC-MS联用技术就可以对23种塑化剂（邻苯二甲酸酯类物质，见表4-12）进行准确定量监测，保障酒体质量安全。邻苯二甲酸酯全扫图见图4-19。

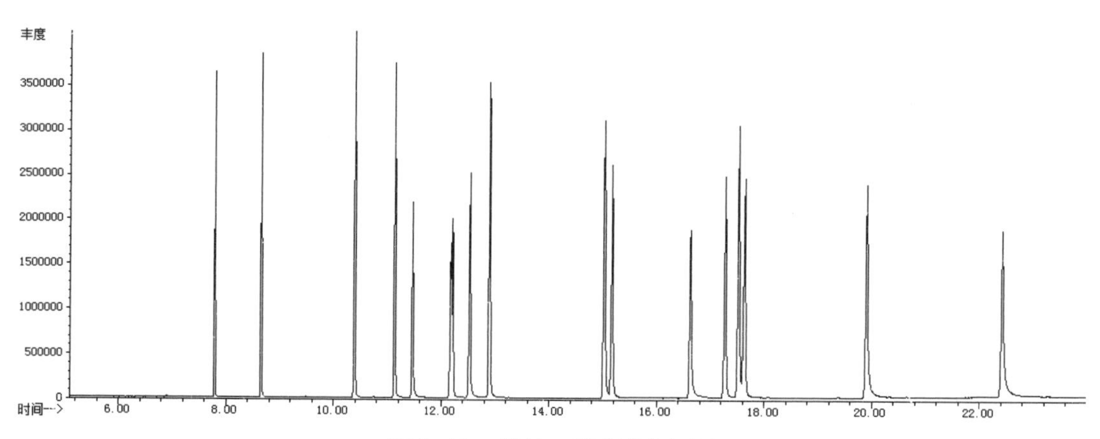

图4-19　邻苯二甲酸酯全扫图

表 4-12　GC-MS 联用技术可测定的 23 种塑化剂（邻苯二甲酸酯类物质）

序号	中文名称	英文名称	缩写	CAS 号	分子式
1	邻苯二甲酸二甲酯	Dimethyl phthalate	DMP	131-11-3	$C_{10}H_{10}O_4$
2	邻苯二甲酸二乙酯	Diethyl phthalate	DEP	84-66-2	$C_{12}H_{14}O_4$
3	邻苯二甲酸二异丙酯	Diisopropylo- phthalate	DIPrP	605-45-8	$C_{14}H_{18}O_4$
4	邻苯二甲酸二烯丙酯	Diallyl phthalate	DAP	605-45-8	$C_{14}H_{14}O_4$
5	邻苯二甲酸二丙酯	Dipropyl phthalate	DPrP	131-17-9	$C_{14}H_{18}O_4$
6	邻苯二甲酸异丁酯	Diisobutyl phthalate	DIBP	131-16-8	$C_{16}H_{22}O_4$
7	邻苯二甲酸二丁酯	Dibutyl phthalate	DBP	84-68-5	$C_{16}H_{22}O_4$
8	邻苯二甲酸二（2-甲氧基）乙酯	Bis（2-methoxyethyl）phthalate	DMEP	117-82-8	$C_{14}H_{18}O_6$
9	邻苯二甲酸二异戊酯	Di-iso-amyl phthalate	DIPP	605-50-5	$C_{18}H_{26}O_4$
10	邻苯二甲酸二（4-甲基-2-戊基）酯	Bis（4-methyl-2-pentyl）phthalate	BMPP	146-50-9	$C_{20}H_{30}O_4$
11	邻苯二甲酸二（2-乙氧基）乙酯	Bis（2-ethoxyethyl）phthalate	DEEP	605-54-9	$C_{16}H_{22}O_6$
12	邻苯二甲酸二戊酯	Dipentyl phthalate	DPP	131-18-0	$C_{18}H_{26}O_4$
13	邻苯二甲酸二己酯	Dihexyl phthalate	DHXP	84-75-3	$C_{20}H_{30}O_4$
14	邻苯二甲酸丁基苄基酯	Benzyl butyl phthalate	BBP	85-68-7	$C_{19}H_{20}O_4$
15	邻苯二甲酸二（2-丁氧基）乙酯	Bis（2-n-butoxyethyl）phthalate	DBEP	117-83-9	$C_{20}H_{30}O_6$
16	邻苯二甲酸二环己酯	Dicyclohexyl phthalate	DCHP	84-61-7	$C_{20}H_{26}O_4$
17	邻苯二甲酸二（2-乙基）己酯	Bis（2-ethylhexyl）phthalate	DEHP	117-81-7	$C_{24}H_{38}O_4$
18	邻苯二甲酸二庚酯	Di-n-heptyl phthalate	DHP	3648-21-3	$C_{22}H_{34}O_4$
19	邻苯二甲酸二苯酯	Diphenyl phthalate	DPhP	84-62-8	$C_{20}H_{14}O_4$
20	邻苯二甲酸二正辛酯	Di-n-octyl phthalate	DNOP	117-84-0	$C_{24}H_{38}O_4$
21	邻苯二甲酸二异壬酯	Diisononyl Ortho-phthalate	DINP	68515-48-0	$C_{26}H_{42}O_4$
22	邻苯二甲酸二异癸酯	Diisodecyl Ortho-phthalate	DIDP	26761-40-0	$C_{28}H_{46}O_4$
23	邻苯二甲酸二壬酯	Dinonyl phthalate	DNP	84-76-4	$C_{26}H_{42}O_4$

（三）液相色谱技术

液相色谱技术是以液体为流动相的色谱分析技术。

液相色谱法主要用于不易挥发组分的分离，如有机酸、氨基酸等在酒体香味中起着或好或坏的作用，通过检测其含量有利于对其进行控制及改善酒体风味。

通常称液相色谱（LC）为经典液相色谱，HPLC又称高压液相色谱法或高速液相色谱法，该法是20世纪70年代，在经典液相色谱法基础上，结合气相色谱理论发展起来的一种新的色谱分析方法。它与经典液相色谱法的区别是填料颗粒小而均匀，小颗粒具有高柱效，但会引起高阻力，需用高压输送流动相，故又称高压液相色谱法。试样经过液相色谱柱得到分离后，经过检测器得到对应的电信号，以色谱峰的数目、保留时间、色谱峰面积及峰宽信息等判断试样结果及仪器性能。常用的检测器有紫外吸收、示差折光、荧光、化学发光检测器等。其中紫外吸收检测器（Ultraviolet-Visible Detector，UVD）是液相色谱中应用最广泛的检测器，几乎所有液相色谱仪都配置了这种检测器。

在高效液相色谱仪（图4-20）上直接进样，可同时分析出白酒中乳酸、乙酸的含量，结果见图4-21。此方法快速、分离效能高、准确度高、灵敏度高、检测浓度范围宽，对强吸收物质检测限可达1ng。

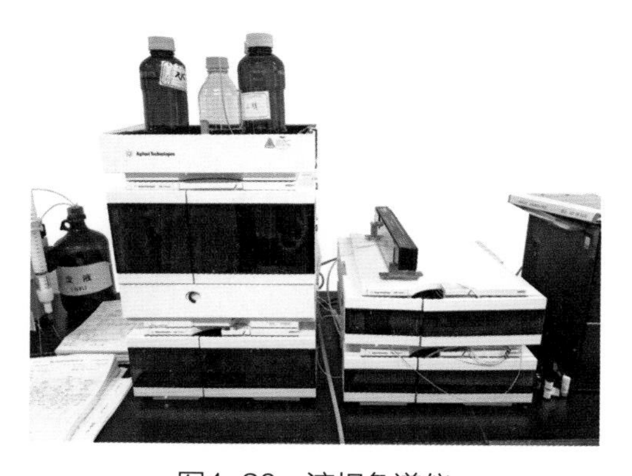

图4-20　液相色谱仪

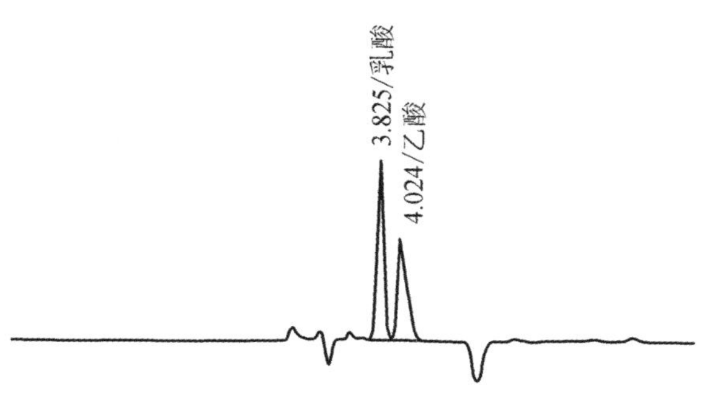

图4-21　白酒样品液相色谱图

高效液相色谱还可用于涉及酒体口感及安全性能成分的测定，如对非法添加的甜味剂（安赛蜜、糖精钠）等的测定。

糖精钠液相色谱图见图4-22。

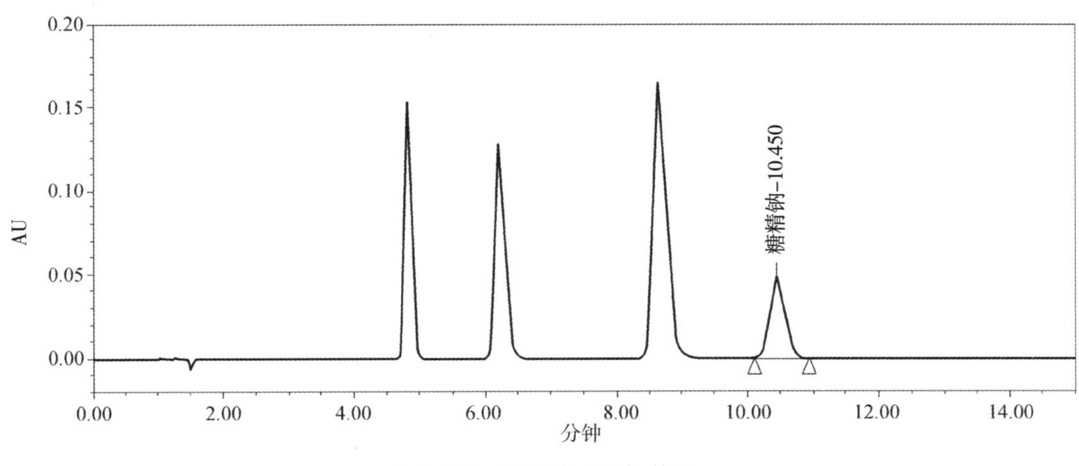

图4-22　糖精钠液相色谱图

（四）液相色谱-质谱法（LC-MS）

液相色谱-质谱（LC-MS）联用仪（图4-23）由液相色谱系统和质谱仪等部分组成，主要是先通过液相色谱对所检测物质进行分离，再通过质谱来鉴定。液相色谱（LC）可分离极性的、离子化的、不易挥发的、高分子质量的、热不稳定的化合物。同时，LC-MS联用弥补了传统LC检测器的不足，具有分离能力高、灵敏度高、检测限低、应用范围更广和极强的专属性等特点，越来越受到人们的重视。据估计，已知化合物中约80%的化合物均为亲水性强、挥发性低的有机物、热不稳定化合物及生物大分子，这些化合物广泛存在于食品、生物、医药、化工和环境等领域，需要用LC分离。因此，LC与MS的联用可以解决GC-MS无法解决的问题。

图4-23　高效液相色谱-质谱仪

LC-MS联用技术的研究起步于20世纪70年代。进入20世纪90年代，LC-MS联用技术的发展最为引人注目。目前LC-MS联用已被应用于白酒行业，其检测白酒酒体中的多种痕量甜味物质（甜味剂）和非挥发性物质（有机酸类）作用显著。

采用超高效液相色谱-串联四极杆质谱仪技术可以直接快速测定白酒中非法添加的8种甜味剂（安赛蜜、糖精钠、甜蜜素、三氯蔗糖、阿斯巴甜、阿力甜、纽甜和甜菊糖苷）含量。该技术前处理步骤简单、分离度好、准确度和灵敏度高，能够满足白酒中多种痕量甜味剂残留的分析要求。

众所周知，优质白酒酿造工艺复杂特殊，其发酵过程中会产生一些醇甜物质（高级醇、多元醇、氨基酸等），适度的甜味不仅可以平衡酒类发酵过程中的苦涩等杂味，而且能使酒醇厚、绵软。为保护我国传统产品，按照国家标准规定（GB/T 10781.1《浓香型白酒》、GB/T 10781.2《清香型白酒》等），以粮谷为原料，经传统固态法发酵、蒸馏、陈酿、勾兑而成的白酒，不得添加任何非自身发酵产生的呈香呈味成分，包括甜味剂。该联用技术可用于对白酒中非法添加的甜味剂的检测，对规范保护传统白酒行业发挥着重要作用。

采用超高效液相色谱–串联四极杆质谱仪可同时检测白酒中的微量有机酸（没食子酸、阿魏酸、儿茶素、咖啡酸、木犀草素、绿原酸和对香豆酸）的含量。非挥发性物质组分的定量检测对于深入剖析和研究酒体风味物质组分及量比关系，采取相应的生产工艺措施提高白酒质量具有重要意义。

7种有机酸的TIC色谱图见图4–24。

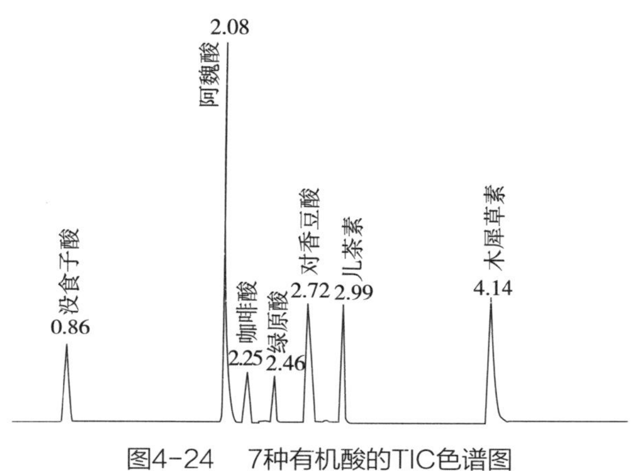

图4-24　7种有机酸的TIC色谱图

（五）离子色谱法

离子色谱法（Ion Chromatography）简称IC，是一种分析阴离子和阳离子的液相色谱方法，也是高效液相色谱（HPLC）的一种。从狭义上讲，离子色谱法是以低交换容量的离子交换树脂为固定相对离子性物质进行分离，用电导检测器连续监测流出物电导变化的一种色谱方法。其流动相多是酸、碱、盐和络合剂，分离柱以离子交换剂为填料，检测器通常为电导检测器。在离子性成分（特别是无机阴离子）的分析方面，离子色谱具有独特优势，已经广泛应用于化工、环境保护、石油、地质、制革化学、医药、食品、冶金、纺织等诸多领域中，其在白酒检测中的主要应用如下。

离子色谱法可用于测定白酒中呈味有机酸，如乳酸、乙酸、丙酸、甲酸、山梨酸、己酸、戊酸、草酸、琥珀酸、柠檬酸等多达20种与酒体风味相关的有机酸。同时离子色谱还可分析酒体中阴离子（F^-、Cl^-、SO_4^{2-}、NO_3^-和PO_4^{3-}）的含量，这些阴离子在酒体中的存在可直接影响酒体风味，增加酒体咸味感等。

离子色谱仪见图4-25。

20种有机酸溶液分析谱图见图4-26。

白酒中阴离子含量分析谱图见图4-27。

图4-25　离子色谱仪

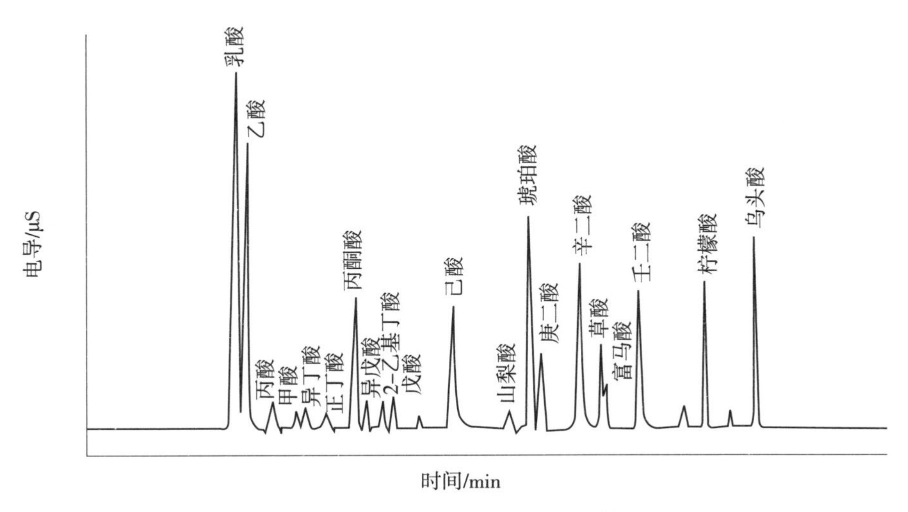

图4-26　20种有机酸溶液分析谱图

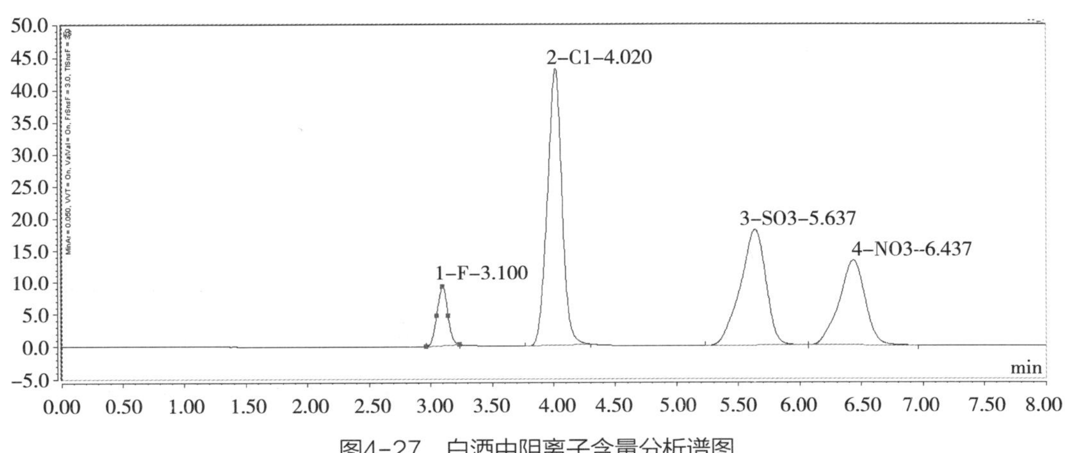

图4-27　白酒中阴离子含量分析谱图

二、光谱分析技术

光谱分为分子光谱和原子光谱。物质中的分子或原子按照固有频率振动，在波长连续变化的光照射时，与分子或原子固有频率相同的特定波长的光即被吸收，再通过色散系统，按照波长依次排列就形成了光谱图。

分子光谱中以红外光谱使用较为广泛，它是分析化学领域的一种物质成分分析方法，由于样本采集方便快捷，已广泛应用于化学、食品科学等领域。

目前在白酒中使用的原子光谱有等离子体电感耦合质谱、原子吸收光谱和原子荧光光谱。

（一）红外光谱技术

红外光谱特征选择能够克服混合物中对分析结果解析性较小的元素的影响，充分提取所需要的具有解释力的光谱信息，有助于进一步处理光谱。白酒的成分决定了不同白酒的红外光谱非常相似，这给红外光谱分析带来很大难度。

白酒中含量不同的物质，其吸收峰高度不同。基于此，通常用近红外光谱处理技术同化学计量技术相结合的方法建立数学模型，能快速检测白酒酒精度、总酸、总酯和己酸乙酯（或其它风味物质）含量等。同时根据需求，可利用近红外分析技术针对糟醅中的水分、酸度、淀粉、还原糖等指标进行检测，快速掌握糟醅在酿造发酵过程中各种指标的变化。

通过以上测试可以实时检测白酒发酵过程中的样品理化数据，是白酒产品质量快速鉴定、防伪与溯源的重要技术方法；同时可为后续的原辅料配比调整、基础酒分级、酒体设计提供准确的科学依据，为白酒的产量和质量打好坚实的物质基础。另外，近红外光谱法在白酒的指标测定方面具有方便、快捷、无损的优点，适合大批量样品分析，适用于过程监督。

近红外光谱仪见图4-28。

近红外检测技术在白酒生产检验方面的发展尚不成熟，主要有以下几个方面原因。

（1）目前食品行业没有近红外检测标准。

（2）近红外检测模型建立需要大量具有代表性的样品，而理想的样品可能很难获得。

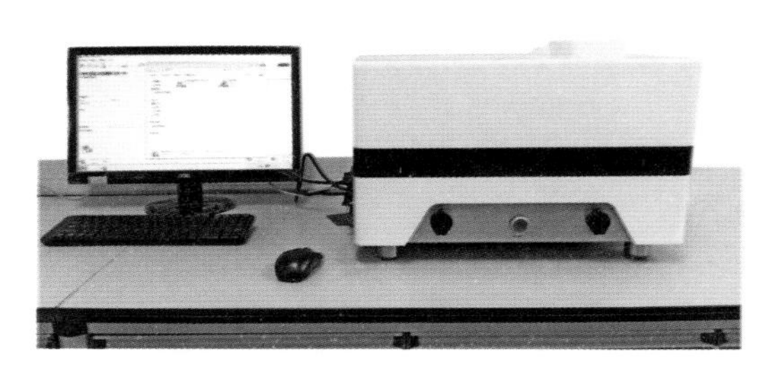

图4-28　近红外光谱仪

（3）样品搜集后采集光谱的方式有多种，各物质需要多次的比对试验确定。

（4）建模过程中，需要相关专业知识和经验；建好的模型也要随着原料差异，以及生产配方、加工工艺的变化而进行实时维护、更新与升级。

（5）精密光学仪器受技术限制，存在国外品牌仪器销售价格居高不下、国内近红外设备精度低、稳定性差的现状。

综上所述，目前近红外光谱技术用于白酒行业分析结果的稳定性和准确度不如经典分析方法。所以，近红外光谱技术在生产检验中的应用还需要不断向前推进。

（二）原子光谱分析技术

1. 电感耦合等离子体质谱仪

电感耦合等离子体质谱仪（ICP-MS，图4-29）于20世纪80年代刚问世就受到了普遍关注，目前已经被广泛应用于地质、材料、环境、医学等领域，是21世纪元素分析领域最有前途的分析手段。

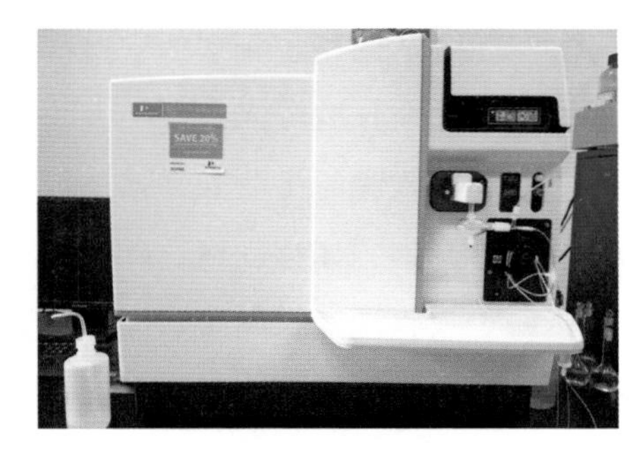
图4-29　电感耦合等离子体质谱仪（ICP-MS）

电感耦合等离子体质谱仪由ICP焰炬、接口装置和质谱仪三部分组成。

电感耦合等离子体（ICP）是目前用于原子发射光谱的主要光源，同时也作为原子化器，其最大的优点在于具有很高的温度，多种元素都可得到很好的原子化。因此，它可与多种检测器，如AES、OES、MS联用，用于原子定性、定量分析。

电感耦合等离子体质谱仪分析法，是以独特接口技术将电感耦合等离子体的高温（6727℃）电离特性和四极杆质谱仪的灵敏、快速扫描的优点相结合而形成的一种新型元素和同位素分析技术。

ICP-MS分析技术优势为：可以覆盖元素周期表上大部分的元素，且分析速度快、检出限低、背景干扰少。这项技术已被广泛应用于酒类的分析检测、真假鉴别以及原产地保护等方面。

在白酒分析中，ICP-MS主要用于重金属的检测。

白酒中的微量元素对白酒的品质起着重要的作用，其中有毒有害元素必须进行严格的控制，如铅、镉、锰、铝等元素都会对人体健康造成影响。铁含量过高则会引起酒色发黄发红，产生铁腥味；而钾、钙、钠等元素则是人体的重要组成部分，参与人体内多种物质的新陈代谢；另一些元素，如稀土元素，则常用于名优酒原产地的分析，同时，这些元素直接影响酒体的口感。因此，对白酒中的微量元素进行分析测定，对于白酒的品质控制有着重要意义。

2．原子吸收光谱和原子荧光光谱

原子吸收光谱法是基于试样蒸气中被测元素的基态原子对由光源发出的该原子的特征性窄频辐射产生共振吸收进行定量分析的方法。此法既可用于某些常量组分的测定，又能进行mg/L、μg/L级微量测定。

原子荧光光谱是1964年以后发展起来的分析方法。原子荧光光谱分析法具有很高的灵敏度，校正曲线的线性范围宽，能同时测定多种元素。原子荧光光谱是介于原子发射光谱和原子吸收光谱之间的光谱分析技术。它的基本原理是基态原子（一般为蒸气状态）吸收合适的特定频率的辐射而被激发至高能态，而后在激发过程中以光辐射的形式发射出特征波长的荧光。

原子吸收和原子荧光光谱一般只用于对酒体口感影响及安全性能有影响的重金属和其它有毒元素，如锰、铅、砷等的检测。

原子吸收光谱仪见图4-30。原子荧光光谱仪见图4-31。

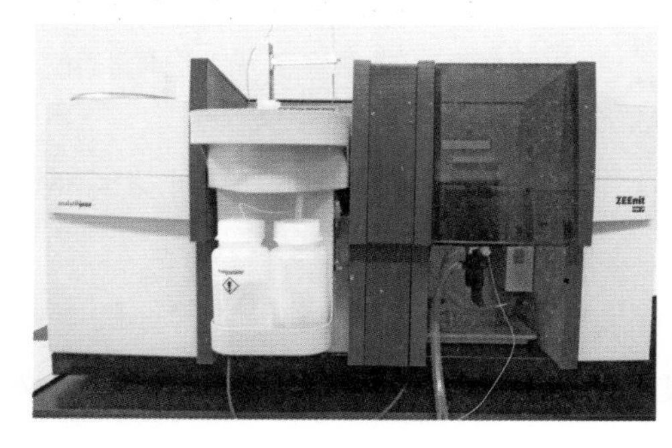

图4-30　原子吸收光谱仪

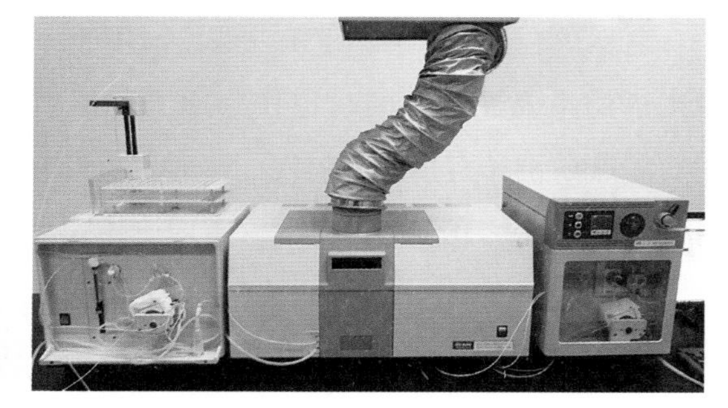

图4-31　原子荧光光谱仪

综上所述，目前日趋完善的先进的仪器分析技术，如气相色谱、气质联用（含同位素质谱）、液相色谱、液质联用、离子色谱、红外光谱、ICP-MS等已相继应用于白酒的生产过程分析和质量检测。特别是色谱-质谱联用技术对不同香型白酒产品的风味物质组分定性分析、定量检测，对白酒微量成分的深入剖析，为白酒生产工艺的优化、尝评组合、成品勾兑、白酒风格的研究和创新、白酒新产品研发提供了强有力的技术支持。光谱、质谱技术应用于白酒安全指标的监测，对白酒终端产品质量控制发挥着重要的作用。

第五章

尝评

第六节 十二种香型白酒的尝评

第五节 白酒的尝评训练

第四节 白酒尝评风味轮方法

第三节 白酒尝评的方法

第二节 白酒尝评的条件

第一节 白酒尝评的原理

白酒尝评的原理

对白酒的质量进行综合判断一般采用理化色谱分析和感官检验相结合的方法。理化色谱检验通过分析检测仪器和化学分析方法对酒中的微量香味成分和理化指标进行分析检测；感官检验就是人们常说的尝评、品评等，它是利用人的感觉器官（眼睛、鼻子、舌头和口腔等）对白酒的色泽、香气、口味、风格进行综合判断的一种方法，又分为视觉检验、嗅觉检验、味觉检验、风格检验等各环节。白酒的色泽、香气、口味、风格形成不仅取决于香味成分的种类和它们各自的含量，还取决于各种香味成分之间的量比关系是否协调平衡，人们可以通过尝评对白酒的品质进行综合感官评价。

一、食品风味学

风味（flavor）是指人以口腔为主的感觉器官对食品产生的综合感觉（嗅觉、味觉、视觉以及触觉）。“风味”两字可理解为：“风”即飘逸的、较易挥发的成分，能引起人的嗅觉反应，主要是指食品的香气；“味”是不易挥发的成分在口腔内引起人的味觉反应。味觉反应和嗅觉反应共同对人的感受产生综合作用，反映出人对食物产生愉悦的或不舒服的感觉。而实际上，食品所产生的风味是建立在复杂的香味成分组成的基础上，涉及很多因素，它是一种物理的、化学的、心理的综合反应。食品的风味感觉如表5-1所示。

表5-1　　食品的风味感觉

	感官刺激因素	感觉划分
味觉	甜、苦、酸、咸、辣、鲜、涩……	化学感觉
嗅觉	花香、木香、酒香、腥、臭……	
触觉	硬、黏、热、凉	物理感觉
运动感觉	滑、干	
视觉	色、形状	心理感觉
听觉	声音	

风味成分一般具有以下特征。

（1）数量多、含量微。

（2）大多是非营养成分。

（3）所引起人的各种感觉同风味成分的分子结构密切相关。

（4）多为热不稳定的成分。

（一）食品的心理感觉

食品的心理感觉主要指食品的色泽、形状和品类给人带来的心理感受。

（二）食品的物理感觉

食品的物理感觉主要指由食品的工艺特点决定的一些食品特征，如食品的质构特征色泽、形状、温度等，食品工艺学在该领域有诸多研究。

（三）食品的化学感觉

食品的化学感觉指各种风味成分直接刺激人的口腔和鼻腔所产生的生理反应。这些物质在鼻腔和口腔的化学感应分别称为嗅感和味感。

食品的风味决定了人们对食品的可接受程度。广义的食品风味是指摄入口腔的食品刺激人的各种感觉受体，使人产生短时间的综合的生理感觉，该感觉受人的生理、心理、习惯和环境的支配，带有强烈的地区性的特殊倾向和嗜好。因此在白酒酒体设计时应考虑不同区域的消费群体对白酒口感嗜好的差异。

二、白酒尝评的生理学原理

白酒是食品工业中的一大分支，尝评是利用人的眼、鼻、口、舌等感觉器官来判断酒质的优劣。感觉器官在尝评中的功能见表5-2。

表 5-2　感觉器官在尝评中的功能

器官	感觉分类	刺激种类	类型
眼	视觉	色泽、透明度、悬浮物、挂杯等	外观
鼻	嗅觉	芳香、异香、不愉快的香气等	香

续表

器官	感觉分类	刺激种类	类型
口（舌）	嗅觉	从口到鼻消失的香气等	香
	味觉	酸、甜、苦、咸等	味
	化学感觉	收敛性、刺激性等	味
	物理感觉	黏滞度、冷热或温度的高低等	味
耳	听觉	声音的有无或大小等	音

（一）视觉

眼睛为视觉器官，光作用于眼睛，使其感受细胞兴奋，其信息经视觉神经系统加工后便产生视觉。通过视觉，人和动物能感知外界物体的大小、明暗、颜色、动静，获得对机体生存具有重要意义的各种信息，至少有80%以上的外界信息经视觉获得，视觉是人和动物最重要的感觉器官之一。

眼球结构见图5-1。

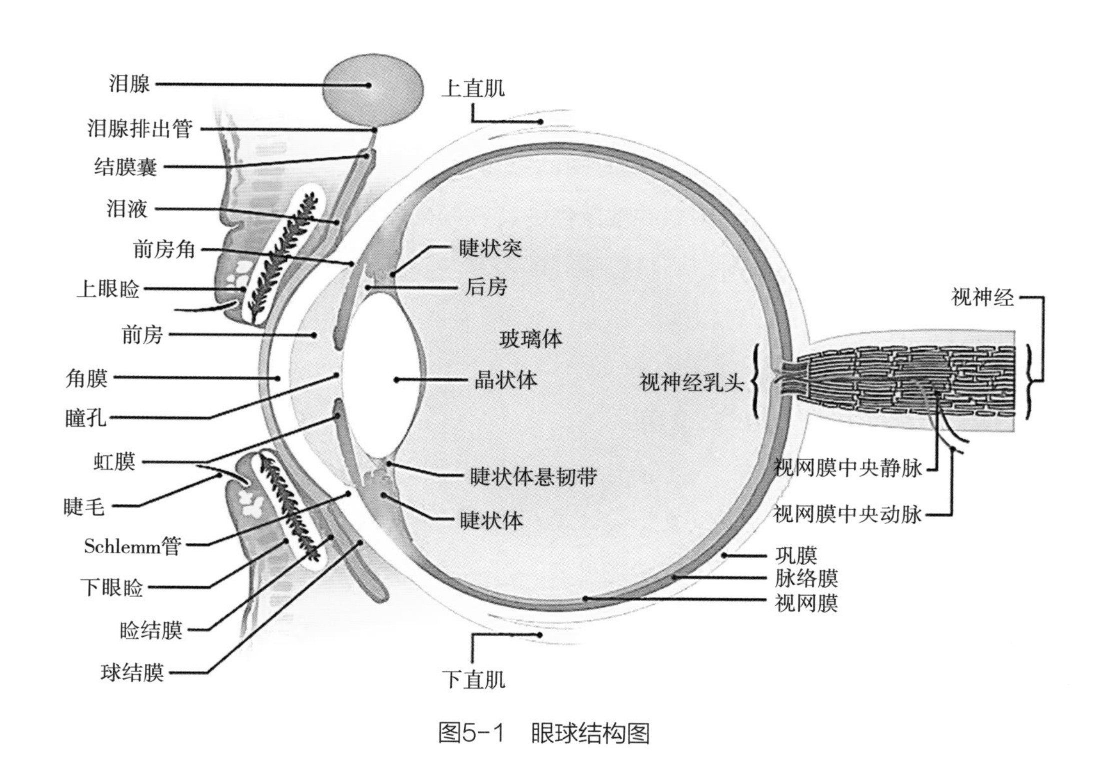

图5-1　眼球结构图

不能正确鉴别颜色的人称为色盲，色盲不能担任尝评员。

（二）嗅觉

人的嗅觉器官是鼻腔。当香气成分随着空气进入鼻腔时，经由鼻腔的甲介骨形成复杂香气的流向，其中一部分到达嗅觉上皮，该部位带有黄色素的嗅斑，呈星状，其表面积为2.7～5.0cm²。嗅觉上皮由支持细胞、基底细胞和嗅觉细胞组成。其中嗅觉细胞为杆状，一端到达嗅觉上皮表面，浸入分泌在上皮表面的液体中；另一端是嗅球部分，与神经细胞相连，把刺激传达到大脑。嗅觉细胞的表面由于细胞的代谢作用经常保持负电荷。当遇到香气成分时，其表面电荷发生变化，从而产生微电流，刺激神经细胞，使人嗅闻出香气。从嗅闻到气味至发生嗅觉的时间为0.1～0.3s。

鼻腔结构见图5-2。

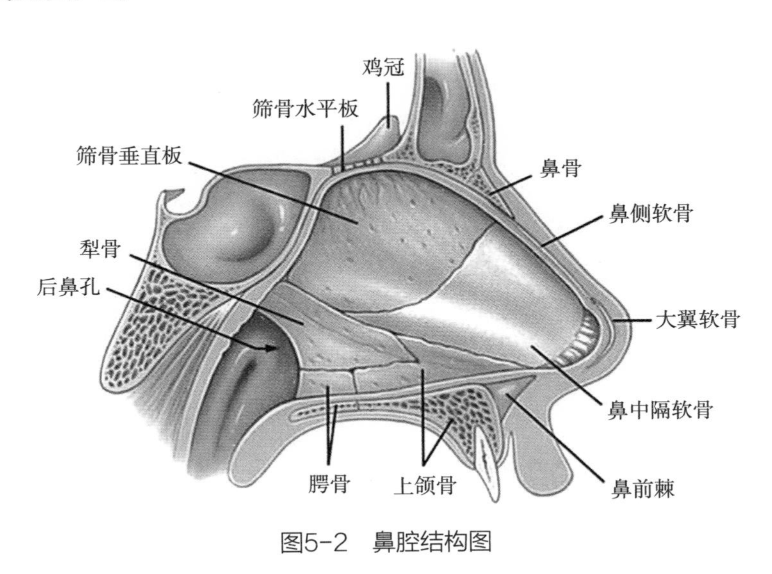

图5-2 鼻腔结构图

1. 嗅觉器官在白酒品评中的运用具有以下特点。

（1）人的嗅觉灵敏度较高　一般来说，人的嗅觉比仪器灵敏，正常人经过一段时间的特定训练，嗅觉功能可提高。人的嗅觉灵敏度较高，但与其它嗅觉发达的动物相比，还相差甚远。例如狗辨别气味的能力相当强，可从诸多气味中嗅出特定的味道，它辨别气味的能力是人类的100万甚至1000万倍。

（2）人的嗅觉容易适应，也容易疲劳　正如西汉刘向所云："如入芝兰之室，久而不闻其香""如入鲍鱼之肆，久而不闻其臭"。嗅觉反应也正如此，当人停留在具有特殊气味的地方一段时间之后，对此气味就会完全适应而无所感觉，这种现象称为嗅觉器官适应。而当人们的身体不适、精神状态不佳和环境不同时，嗅觉的灵敏度会下降。所以，利用嗅觉闻香要在一定身体条件下和环境中才能发挥嗅觉器官的作用。在尝评时，避免嗅觉疲劳极为重要。伤风感冒或嗅闻过浓的气味对嗅觉的干扰极大。参加尝评前要休息好，不允许带化妆品等香味过大的物质进入尝评室，以免干扰尝评环境。

（3）嗅盲者不能参加尝评　对香气的刺激反应不灵敏的人称为“嗅盲”，患有鼻炎的人往往容易产生嗅盲。由于嗅觉感受器（图5-3）的嗅细胞存在于鼻腔的最上端淡黄色的嗅觉上皮内，它们所处的位置不是呼吸气体流通的通路，而是被鼻甲的隆起掩护着。带有气味的空气只能以回旋式的气流接触到嗅感受器，所以慢性鼻炎引起的鼻甲肥厚常会影响气流接触嗅感受器，造成嗅觉功能障碍。因此，嗅盲者不能参加尝评。

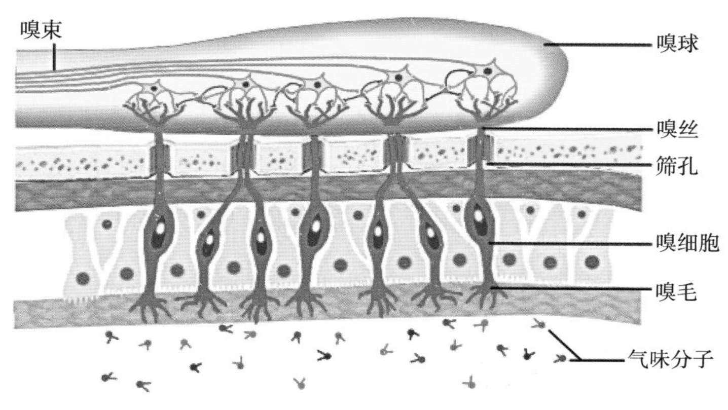

图5-3　人类嗅觉感受器的构成

2．嗅觉识别的生理原理

（1）大脑识别气味的机理　由于嗅感物质和人体生理器官的复杂性，对于为什么人能识别众多的不同气味，长期以来都没有清晰的概念和统一的定论。直到20世纪50年代，发展出了两种理论来说明分子性质和嗅觉刺激之间的关系。

①立体化学理论：由Amoore提出，又称“锁匙”机制。该理论解释了气体分子与气味受体之间的相互作用，并被广泛接受。假定气味受体拥有特殊形状的结构布局，当到达的气味分子拥有与之契合的形状和大小时，气体分子则占据此气味受体并激发嗅觉反应。20世纪90年代初，在哥伦比亚大学的Buck和Axel的努力下，气味受体的基因定位取得了突破性进展，进一步支持了Amoore的理论，Buck和Axel因对嗅觉基因方面研究的巨大贡献，而荣获了2004年度诺贝尔生理学或医学奖。

②振动理论：由Wright首先提出，后由Turin发展完善。该理论把对气味的识别归因于分子的能量水平。气味受体设置高、中、低能量的电位差来传导神经信号。一旦刺激物的活动可以填补气味受体的电位差，使得环路完成，一种生化过程将放大此信号，打

开一个离子通道，向嗅球发出生物电脉波，使得气味得以识别。

（2）嗅球　嗅球是嗅觉信息向中枢传递的第二站，第一站是鼻腔表层细胞中的双极嗅觉神经元。它们将嗅觉感受器产生的神经冲动传递到嗅球中的二级神经元（帽状神经元，mitral cell），完成第一阶段的信息传递。嗅球的主要结构包括嗅神经纤维、丝球小体（glomerulus）、冠状细胞、多种类型的中间神经元、由冠状细胞和中间神经元发出的复杂纤维束等。其中，丝球小体是嗅神经纤维与冠状细胞树组成的，这些结构在嗅球内层次分明，排列整齐。

3．嗅感物质的分类及特点

嗅感物质必须具备一些基本特性：①水溶性或油溶性；②有一定的挥发性和表面活性；③分子质量较小。据已有资料表明，从未发现相对分子质量大于294的物质具有嗅感。在所有的化学元素中，只有16种元素对产生嗅觉具有作用，它们是：H、C、Si、N、P、As、Sb、Bi、O、S、Se、Te、F、Cl、Br、I。有机化合物是嗅感物质的主体，在目前已经收录的800多万种有机化合物中，能产生嗅觉刺激的物质有50万种以上。

（三）味觉

味觉是呈味物质作用于口腔黏膜和舌面的味蕾，通过味细胞传入大脑皮层所引起并随即分辨出味道的一种兴奋感觉。呈味物质刺激口腔（图5-4）内的味觉感受体，然后通过一个收集和传递信息的神经感觉系统传导到大脑的味觉中枢，最后通过大脑综合神经中枢系统的分析，从而产生味觉。不同的味觉产生于不同的味觉感受体，味觉感受体与呈味物质之间的作用机理也各不相同。

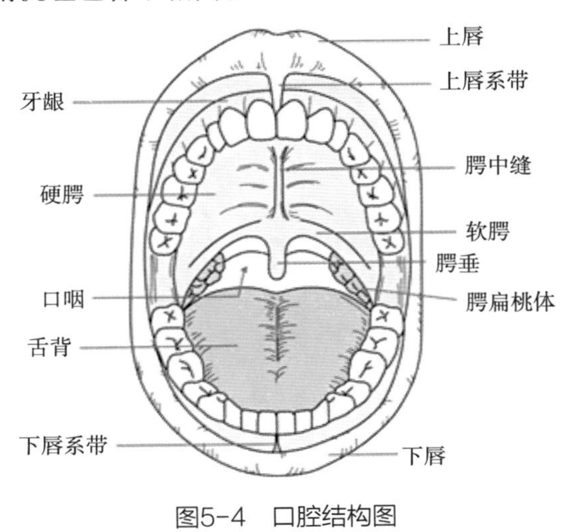

图5-4　口腔结构图

1．基本味觉及其传达方式

在我国，五味指酸、甜、苦、辣、咸。中医有“酸入肝、辛入肺、甘入脾、苦入心、咸入肾”五行说。味觉是指食物刺激口腔内的味觉器官产生的一种感觉。然而从味觉科学来说，只有甜、酸、咸、苦4种基本味觉。辣味不属于味觉，不是由味觉神经传达的，它是口腔黏膜、鼻腔黏膜、皮肤和三叉神经因受到刺激而引起的一种神经热感；涩味也不属于味觉，它是由于甜、酸、苦味含量比例失调所造成，由蛋白质凝固而产生的一种收敛感觉。

（1）酸味　是酸溶液刺激舌黏膜产生的一种感觉，起主导作用的是其中的氢离子，氢是定位基，酸根离子为助味基，酸味的类型和强弱与酸根离子相关。

（2）咸味　是无机盐刺激舌黏膜产生的一种感觉，具有纯正咸味的物质只有NaCl。凡具有Na^+、K^+、Li^+、Ca^{2+}等阳离子和Cl^-、Br^-、I^-、SO_4^{2-}、NO_3^-、CO_3^{2-}等阴离子的盐，在相应的浓度下都有咸味。如KCl溶液在较低浓度时具有甜味，但随其浓度的增加，首先变得有苦味，然后同时出现苦味和咸味，浓度达到一定值时变为相对纯的咸味。

（3）甜味　是一种最受欢迎的味觉，产生甜味的物质有很多，如糖类、某些醇类、某些氨基酸等，其中蔗糖的甜味最纯正。

（4）苦味　是一种难以接受的味觉，但适当的苦味能给人带来愉悦感产生苦味的物质很多，典型的苦味物质是生物碱类，如奎宁。

（5）鲜味　是有些氨基酸能产生的一种味觉，具有酸、甜、苦、咸的平衡作用和风味增强的作用。典型的鲜味物质是谷氨酸钠（MSG），该物质随酸度的变化，可以产生咸、鲜、酸的风味变化。

基本味觉是通过唾液中的酶进行传达的。如碱性磷酸酶传达甜味和咸味，氢离子脱氢酶传达酸味，核糖核酸酶传达苦味。所以，在尝评前不能长时间说话、唱歌，应注意休息，以保持足够的唾液分泌，使味觉处于灵敏状态。

2．味感分布

在口腔黏膜尤其是舌的上表面和两侧分布了许多突出的疙瘩，称为乳头。在乳头里有味觉感受器，又称味蕾，它是由数十个味细胞呈蕾状聚集起来的。这些味蕾在口腔黏膜中还分布在上腭、咽头、颊肉和喉部。味蕾乳头呈现不同的形状，感受不同的味感。有的乳头能感受两种以上的味感，有的只能感受一种味感。所以口腔内舌头的味感分布并无明显的界限，有分析认为舌尖占味觉的60%，舌边占30%，舌根占10%左右，见图5-5和表5-3。

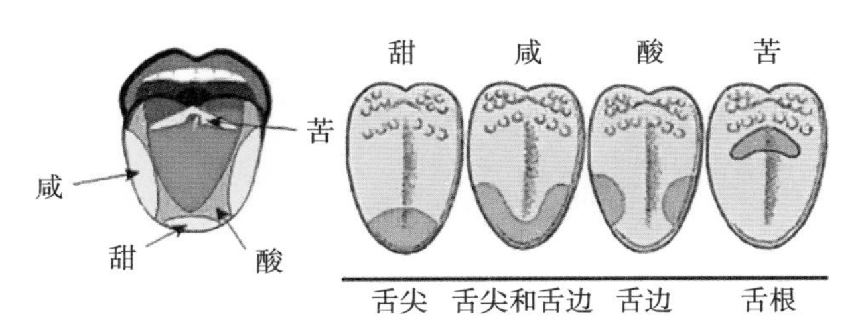

图5-5　人的味觉敏感区域分布图

表 5-3　味觉分布表

部位	味蕾乳头形态	敏感的味觉	味觉占比
舌尖	茸状	甜、咸	60%
舌边	叶状	酸、咸	30%
舌根	轮状	苦	10%

舌尖对于酸味感觉并不特别灵敏，对甜味比较敏感；舌根部分对苦味比较敏感；舌的中央和边缘对酸味具有敏锐的感觉；整个口腔黏膜对涩味均有感觉，舌尖感觉尤为敏捷。咸感最快，苦感最慢，所以有的食品在品尝后会出现后苦味。从刺激到味觉反应仅需1.5～4.0ms，较视觉快一个数量级。

3．味觉的特点

（1）味觉容易疲劳，不容易恢复　味觉容易疲劳，尤其是经常饮酒、吸烟及吃刺激性强的食物会加快味觉的钝化。长时间不间断地进行尝评，更容易使味觉疲劳甚至暂时失去知觉。所以在尝评期间要注意休息，防止味觉疲劳。

味觉也容易恢复，只要尝评不连续进行，且在尝评时坚持用水漱口，并在尝评期间不吃刺激性食物，都有利于味觉的恢复。

（2）味蕾、味觉的敏感程度同年龄有很大关系　人类的感官最灵敏的年龄在30～50岁，多数人在50～60岁时还可以维持稳定的感官能力。随着年龄的增大，感官分辨的能力会逐渐衰退，年龄越大，灵敏度越低，甚至消失。但年龄较大的人经验更丰富，尝评技巧、酒体设计水平更高，对酒体风味的认知能力更强，更能把握消费者的需求。

（四）唾液

人的唾液是由耳下腺、颚下腺、舌下腺三大液腺分泌而成。此外，还有口唇腺、颊腺、舌腺、唾液腺等分泌透明液。唾液在人的生理上有以下作用和特点：

1．溶解作用

食物只有经过唾液溶解以后，才能被味蕾及味神经所接受。唾液也是食物的润滑剂，食物只有在溶解后才能顺利吞咽下去，进入消化系统。

2．分泌多种酶

唾液中含有多种酶，其中有催化能力极强的淀粉酶、液化酶和糖化酶（β-淀粉酶）。唾液中的酶和味感有着直接的关系：氢离子脱氢酶激活H^+而产生酸味；甘油磷酸酶激活核糖核酸而呈苦味。比如，吃馒头、米饭时，长时间咀嚼会产生甜感。

3．防止口腔干燥和清洗作用

唾液有利于说话及食物下咽。唾液呈微碱性，长时间讲话后，唾液则变为酸性，味觉灵敏度急剧下降，甚至感到口干舌燥。

4．杀菌和血液凝固作用

唾液中有丰富的蛋白质及口腔中的残留物，可在口腔中发酵而产生乳酸，腐蚀牙齿而出现蛀牙，或产生丁酸而口臭。所以尝评员要特别注意口腔卫生。

三、香味阈值

（一）阈值和香味强度

1．阈值的定义

阈值是人们对某种香气或香味成分所能感觉到的最低浓度，又称香气或香味界限值。阈值包括嗅阈值和味阈值两大类。闻香的阈值称作嗅阈值，尝味的阈值称作味阈值。阈值越低的成分其呈香呈味的作用越大。了解白酒各种香味成分的阈值，可以根据它们各自的含量来判断每种香味成分在整个白酒酒体中所起的作用，衡量其含量对白酒酒体的影响程度，进而探讨各种香味成分之间的相互作用关系和对整个酒体香气的影响程度，对酒体风格的影响。

（1）刺激阈值或感觉阈值（SL） 能够引起某种感觉所需要的呈香呈味物质的最小刺激含量。这时不需要识别出是什么样的刺激，只需识别出引起感觉反应的化合物最小浓度，也称绝对阈值。

（2）识别阈值（RL）　感知到的可鉴别呈香呈味成分引起的感官刺激的最小含量值。一般识别阈值大于感觉阈值，如氨的感觉阈值为0.1mg/L，识别阈值为0.6mg/L，H_2S的两种阈值分别是0.0005mg/L和0.006mg/L，甲硫醇的两种阈值分别为0.0001mg/L和0.0007mg/L。

（3）差别阈值或辨别阈值（DL）　可感觉到的呈香呈味成分刺激强度差别的最小含量。

2．呈香单位

呈香单位反映各种香味的强弱程度，又称香味强度。呈香单位与阈值的关系可表示为：

$$U=\frac{F}{T}$$

式中　U——呈香单位

F——香味成分的浓度，mg/L或μg/L

T——香味阈值，mg/L或μg/L

呈香单位主要是浓度（F）与阈值（T）两者变动的结果：在相同温度、溶剂和浓度下，阈值小的香味成分，其香味强度大；阈值大的香味成分，其香味强度小。

各种香气成分在单体香气和复合香气存在的情况下，因受浓度、温度、溶剂、易位等因素的影响，其呈香特征也不同。中国白酒是由诸多纷繁复杂的香气、香味成分组成的混合溶液体系，其表征出来的是各种香味成分的复合香味。若能将理化分析与感官尝评在实际应用上结合起来，同时了解白酒中香味成分的量比关系，掌握其呈香单位和阈值，就能为科学勾调创造有利条件。

白酒中某种香气成分的香气阈值会受其它呈香呈味成分的影响，当它们相互之间比例恰当时，便能发出诱人的香气；如果比例失调，会使白酒的香味不协调，甚至会出现邪杂气味。同样，呈香物质在白酒中的浓度和相对比例，只能反映出它们在白酒中的香味强弱，但并不能完全、真实地反映白酒的香味优劣程度。因此，科学技术发展到今天，虽然有了能分析极微量香味成分的精密检测仪器，但判定白酒的质量优劣仍离不开人们的嗅觉。但可以相信，随着酒体风味成分数据库的建立，将来有可能通过人工智能的方式实现用仪器鉴别酒体质量。

在相同溶液体积中，含量高、阈值低的单体成分，其呈香呈味的强度大，对白酒的质量和风格影响也较大。

（二）嗅阈值

嗅阈值是指人的嗅觉器官（鼻子）对某种香气成分的最低检出量或能感觉到的最低浓度。

不同物质的嗅阈值见表5–4。

表 5-4　　　　不同物质的嗅阈值

项目	浓度/(mg/L)	尝评人数	能检出人数	检出率/%
己酸乙酯（水[a]）	3.04	22	6	27.3
己酸乙酯（30%vol乙醇[b]）	3.04	22	1	4.5
丁酸乙酯（水）	0.15	22	7	31.8
丁酸乙酯（30%vol乙醇）	0.15	22	7	31.8
乙酸乙酯（30%vol乙醇）	60	21	13	61
乳酸乙酯（30%vol乙醇）	100	21	9	42.9

注：a以蒸馏水为溶剂，b以乙醇体积分数30%为溶剂。

从表中数据可以看出以下几点。

（1）己酸乙酯在3.04mg/L的浓度下才能被嗅闻出，但检出率不高；以水为溶剂比以30%vol乙醇为溶剂检出率高。

（2）丁酸乙酯在0.15mg/L的浓度下即能被嗅闻出。

（3）乙酸乙酯和乳酸乙酯的浓度分别在60mg/L和100mg/L时，能被嗅闻出来。

（4）不同溶剂中所测定阈值的检出率不同，以30%vol乙醇为溶剂的检出率低，主要是受乙醇气味影响所致。

（三）味阈值

味阈值是指人的味觉器官（舌头）对某种香味物质的最低检出量或能感觉到的最低浓度。

不同物质的味阈值见表5–5。

表 5-5　　　　不同物质的味阈值

项目	浓度/(mg/L)	尝评人数	能检出人数	检出率/%
己酸乙酯（水[a]）	3.04	22	6	27.3
己酸乙酯（30%vol乙醇[b]）	3.04	22	0	0
丁酸乙酯（水）	0.15	22	10	45.5
丁酸乙酯（30%vol乙醇）	0.15	22	7	31.8

续表

项目	浓度/(mg/L)	尝评人数	能检出人数	检出率/%
乙酸乙酯（30%vol乙醇）	60	21	13	61
乳酸乙酯（30%vol乙醇）	100	21	9	42.9

注：a：以蒸馏水为溶剂，b：以乙醇的体积分数30%为溶剂。

几种物质在不同介质中的阈值见表5-6。

表 5-6　几种物质在不同介质中的阈值　单位：mg/L

物质名称	介质	
	水（味阈值）	空气（嗅阈值）
丁醇	240	0.24
甲硫醇	0.02	0.0002
β-紫罗酮	0.007	0.00007
丁酸戊酯	5	0.05
乙硫醇	0.3	0.003
正癸醇	0.1	0.001

从表5-6可以看出，一般物质在水中的味阈值比在空气中的嗅阈值大10～100倍之多，说明嗅觉要比味觉灵敏得多。因此评酒时，可适当多用嗅觉来感知香气香味成分来初步判定酒体质量。

（四）呈味成分之间的相互影响

1. 对比现象

对比现象是指两种或两种以上味感刺激类型不同的呈味成分对主要呈味物质特有味感的突出和协调作用。两个呈味物质同时入口称为同时对比，而在已有的味感基础上再感受新的味感称为继时对比。如在味精溶液中加入一定量的食盐可使鲜味增加；在10%的蔗糖水溶液中加入1.5%的食盐可使甜味更甜爽；在15%的砂糖溶液中添加0.001%的奎宁，其甜度比不添加奎宁时强。

2. 变调现象

变调现象是指两种味感刺激类型不同的呈味物质的相互影响，其中一种呈味物质的味感出现明显的变化，特别是先摄入的味感给后摄入的味感造成的变味现象。如刚吃过中药，接着喝白开水，感到水有些甜味；先吃甜食，接着饮酒，感到酒似乎有点苦味。基于变调现象的存在，在尝评白酒时，一般要求遵循“先尝评清香型白酒再尝评浓香型白酒，最后尝评酱香型白酒”的顺序进行出样。在日常生活中，我们不主张饮用白酒时喝太甜的饮料。

3．相乘现象

两种具有相同味感的物质共同作用，可显著增强其味感的现象称为相乘作用，也称协同作用。如味精与5'–肌苷酸共同使用，能增强鲜味若干倍；甘草苷本身的甜度为蔗糖的50倍，但与蔗糖共同使用时，其甜度为蔗糖的100倍。

4．相消现象

一种呈味物质能抑制或减弱另一种物质的味感称为相消现象。一般酸味、咸味、鲜味相互之间都具有风味相消的现象。如味精能降低菜肴的咸味，可减少糖精的后苦味等。

白酒尝评的条件

白酒尝评的准确性，除与尝评员感觉器官的灵敏性和尝评技术水平有关外，还与尝评环境和尝评器具等有关。

一、尝评酒样条件

（一）酒样温度要求

酒样的温度会影响人对香味感觉的灵敏度。人的味觉较灵敏的温度在21～30℃。为了保证尝评结果的准确性，要求各轮次的酒样温度应保持一致，以免因温度的差异而影响尝评的结果。

（二）酒样编组顺序要求

酒样的编组根据颜色深浅按照从无色到有色的顺序；酒精度按照由低到高的顺序；香型根据其放香程度由淡到浓，一般按清香、米香、凤香、其它香、浓香、酱香的顺序；质量档次按从低档到高档的顺序进行排样。

二、尝评环境条件

（一）隔音要求

尝评室不得有震动和噪声，应保持安静。噪声会影响人的听力，使血压上升、唾液分泌减少和注意力分散等，从而影响尝评结果。因此，尝评室的环境分贝在40dB（A）以下最为理想。

（二）温、湿度要求

环境的温度、湿度对人的味觉灵敏程度有较大影响，尝评室应保持一定的温、湿度，一般要求尝评室温度为20～25℃，湿度为50%～60%较适宜。

（三）通风要求

尝评室应有换气设备，确保室内空气新鲜、清洁。

（四）室内环境要求

尝评室内空气要求新鲜洁净，没有任何香气和杂味；光线充足、柔和，一般为中等灰色（反射率为40%～50%），尽可能利用自然光，使用无直射光线的散射光照明；墙壁、地板和天花板等材料与涂料应无气味、耐水、耐磨、耐火和防霉等；尝评室内要保持整洁，设备简柔。

（五）设施设备要求

尝评室应采用专用的尝评桌及品酒杯，并备有水杯、痰盂以及尝评评分信息系统等。漱口、洗手用水应使用专用水管，冬季还要有热水管，排水应密闭通畅。另外，还应有恒温酒样的设备。

（六）休息室要求

休息室应具备有利于营造心情舒畅的气氛，便于尝评员在尝评前休息等待。

（七）尝评时间要求

尝评时间一般在上午9～11时、下午3～5时较适宜。

感官尝评室的平面设计见示意图5-6、图5-7、图5-8。

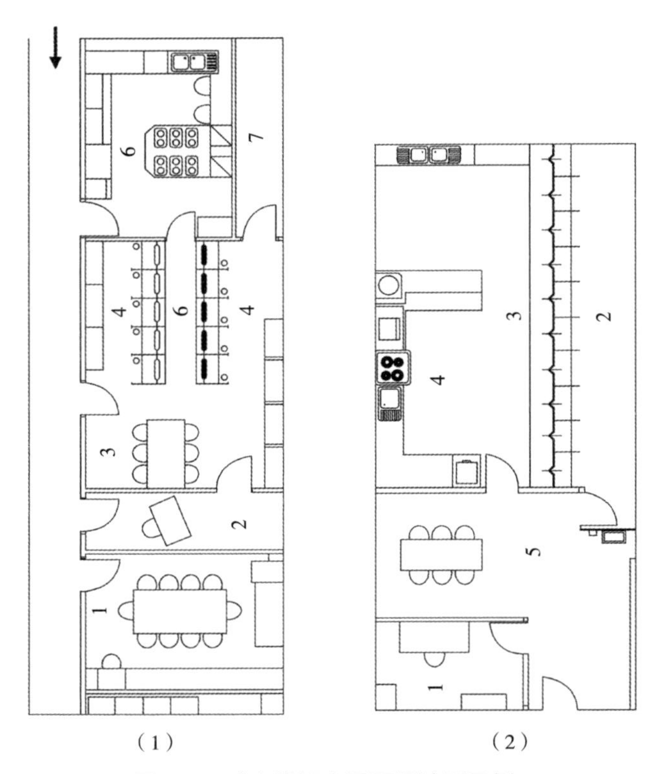

图5-6 感官尝评室平面设计图示例

（1）1—会议室 2—办公室 3、4—评价小间 5—样品分发区 6—样品制备区 7—贮藏室
（2）1—办公室 2—评价小间 3、4—样品分发区 5—会议室和集体工作区

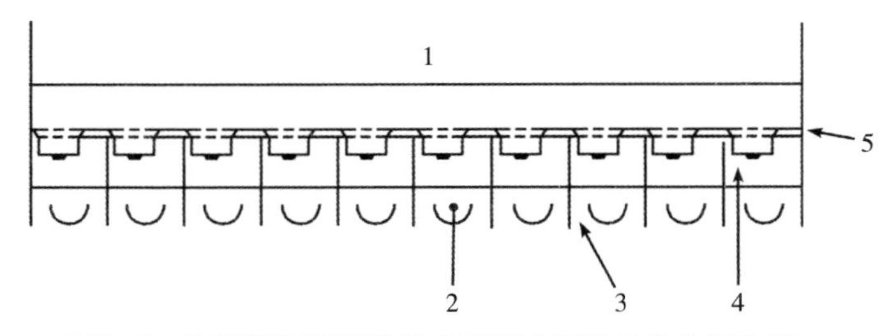

图5-7 用隔断隔离开的独立尝评小间及工作台平面图

1—工作台 2—独立品评小间 3—隔板 4—小间 5—开有样品传递窗口的隔断

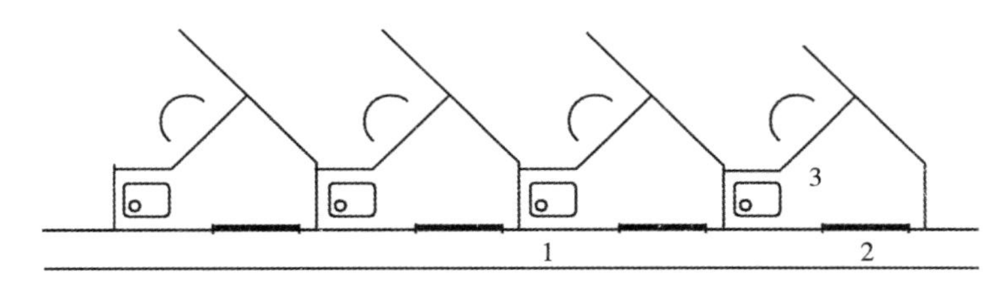

图5-8　人字形独立尝评小间

1—工作台　2—窗口　3—水池

三、尝评器具要求

尝评器具通常使用由玻璃制成的酒杯。因酒的品种不同，使用的尝评杯也不一样，常用的酒杯见图5-9。

图5-9　常见酒类容器

注：1OZ=28.35g。

国际上通用的蒸馏酒尝评一般采用郁金香型（Tnlip）酒杯。郁金香型酒杯（图5-10）为无色无花纹的玻璃杯，脚高、肚大、口小、杯体光洁、厚薄均匀。标准白酒品酒杯见图5-10，满容量为50～55mL，最大液面处容量为15～20mL（执行GB/T 33404—2016）。

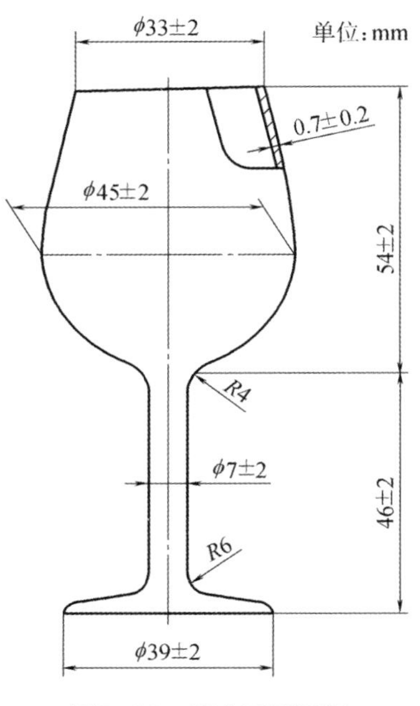

图5-10　郁金香型酒杯

酒杯的材质和洁净度对酒样的色泽、香气、口味等有影响。因此，尝评器具应具有无色、透明、材质均一等特点。

（1）器具的颜色、透明度、大小、形状和质量等要求一致，应无色透明、无异味。

（2）玻璃器具应先用无味洗涤剂洗涤，再用热水洗涤数次，然后再用蒸馏水清洗，最后用清洁的绸布将水擦干。洗涤后的器具不应倒置放在木质的台或盘等上面，以免在存放过程中沾染上其它气味。

（3）洗涤干燥后的器具口朝上置于搪瓷盘或不锈钢等金属盘中或悬空倒置在专用酒杯架上，为避免灰尘落入杯内，可用清洁的纱布盖上。

白酒尝评的方法

一、尝评的方法

尝评的方法有多种，根据尝评的要求可以分为以下几种。

（一）一杯尝评法

先拿出一杯酒样尝评，然后再拿出另外一杯酒样进行尝评，要求对两杯酒样做出差异评价。一杯尝评法一般用于训练和考核尝评员的记忆力和感觉器官的灵敏度。

（二）两杯尝评法

一次拿出两杯酒样，其中一杯是标准样，另一杯是被检酒样，要求尝评比较两杯酒样的异同点。有时为了训练尝评员感官的准确性，可能两杯酒都相同。

（三）三杯（或三角）尝评法

一次拿出三杯酒样，其中两杯是同一种酒，要求准确尝评，找出两杯相同的酒样，并找出与第三杯酒样的差异。三杯尝评法一般用于训练尝评员的再现性和辨别能力，提高尝评结果的准确度。

（四）顺位尝评法

将几种酒样密码编号进行暗评，以酒质优劣排列顺序，分出名次。此法一般用于训练尝评员对酒质差异的分辨能力。

（五）计分尝评法

1. 传统计分尝评法

将酒样分别进行暗评，按色泽、香气、口味、风格打分和写评语，总分为百分制，其中色10分、香25分、味50分、格15分。然后将各项分值相加，按总分排列顺位或名次，见表5-7、表5-8。

2. 新型计分尝评法

中国酒业协会的尝评评分标准按照酒样的香气、绵柔/绵长、醇甜、协调、爽净/幽雅、回味、陈味/空杯留香、个性一共8项进行尝评打分，总分为百分制。其中香气20分，绵柔/绵长20分，醇甜10分，协调10分，爽净/幽雅10分，回味10分，陈味/空杯留香10分，个性10分。以浓香型白酒尝评结果打分情况为例，见表5-9、表5-10。

表5-7　传统评分标准

色泽		香气	
项目	分数	项目	分数
无色透明	10	具备固定香型的香气特点	25
浑浊	-4	放香不足	-2

续表

色泽		香气	
项目	分数	项目	分数
沉淀	-2	香气不纯	-2
悬浮物	-2	香气不足	-2
带色（除微黄色外）	-2	带有异香	-2
		有不愉快气味	-5
		有杂醇油气味	-5
		有其它臭气	-7
口味		风格	
项目	分数	项目	分数
具有本香型的口味特点	50	具有本品的特有风格	15
欠绵软	-2	风格不突出	-5
欠回甜	-2	偏格	-5
淡薄	-2	错格	-5
冲辣	-3		
后味短	-2		
后味淡	-2		
后味苦（对小曲酒放宽）	-3		
涩味	-5		
焦煳味	-3		
辅料味	-5		
酒尾味	-5		
杂醇油味	-5		
糠腥味	-5		
其它邪杂味	-6		
注："+"表示加分，"-"表示扣分。			

表 5-8　　白酒尝评记录表

年　月　日

酒样编号	评酒计分				总分（100分）	评语	顺位
	色（10分）	香（25分）	味（50分）	格（15分）			
1							
2							

续表

酒样编号	评酒计分				总分（100分）	评语	顺位
	色（10分）	香（25分）	味（50分）	格（15分）			
3							
4							

评酒员：

表 5-9　浓香型白酒尝评打分表

编号	项目	项目分类	分值				
1	香气	窖香幽雅浓郁	19.2	19.4	19.6	19.8	20
		窖香浓郁	18.2	18.4	18.6	18.8	19
		窖香较浓郁	17.2	17.4	17.6	17.8	18
		窖香一般	15	15.5	16	16.5	17
			14	14.5			
2	绵柔/绵长	丰润绵柔	19.2	19.4	19.6	19.8	20
		润和绵柔	18.2	18.4	18.6	18.8	19
		绵柔	17.2	17.4	17.6	17.8	18
		稍绵柔	15	15.5	16	16.5	17
3	醇甜	醇厚醇甜	9.2	9.4	9.6	9.8	10
		醇甜	8.2	8.4	8.6	8.8	9
		稍醇甜	7.2	7.4	7.6	7.8	8
		欠醇甜	5	5.5	6	6.5	7
4	协调	自然协调	9.2	9.4	9.6	9.8	10
		协调	8.2	8.4	8.6	8.8	9
		稍协调	7.2	7.4	7.6	7.8	8
		欠协调	5	5.5	6	6.5	7
5	爽净/幽雅	爽净余香	9.2	9.4	9.6	9.8	10
		爽净	8.2	8.4	8.6	8.8	9
		稍爽净	7.2	7.4	7.6	7.8	8
		欠爽净	5	5.5	6	6.5	7
6	回味	回味余香	9.2	9.4	9.6	9.8	10
		余香	8.2	8.4	8.6	8.8	9
		余香稍短	7.2	7.4	7.6	7.8	8
		欠余香	5	5.5	6	6.5	7

续表

编号	项目	项目分类	分值				
7	陈味/空杯留香	陈味舒雅	9.2	9.4	9.6	9.8	10
		陈味突出	8.2	8.4	8.6	8.8	9
		陈香明显	7.2	7.4	7.6	7.8	8
		有陈香	5	5.5	6	6.5	7
8	个性	风格典型	9.2	9.4	9.6	9.8	10
		风格突出	8.2	8.4	8.6	8.8	9
		风格明显	7.2	7.4	7.6	7.8	8
		欠风格	5	5.5	6	6.5	7

尝评结果统计如下表：

表 5-10　　　　尝评记录表

年　月　日

杯号	香气	绵柔/绵长	醇甜	协调	爽净/幽雅	回味	陈味/空杯留香	个性	总分	等级	评语
1											
2											
3											
4											
5											

评酒员：

评分范围：93分以上（含93分）为优级酒，89～93分（含89分）为一级酒，89分以下为二级酒。

（六）明评法和暗评法

根据评酒的目的、提供酒样的数量、尝评员人数的多少，可采用明评和暗评的评酒方法。

1. 明评

明评又分为明酒明评和暗酒明评。明酒明评是公开酒名，尝评员之间可以明评明议，相互交换讨论，最后统一意见，打分并写出评语。暗酒明评是不公开酒名，酒样由专人倒入编号的酒杯中，由尝评员集体评议，交流感受，最后统一意见打分，写出评语，并按质量高低排出名次。

2．暗评

暗评是将酒样密码编号，从倒酒、送酒、评酒、统计分数、写综合评语，按质量高低排出顺序的全过程。暗评分段保密，最后公布评酒结果。尝评员做出的评酒结论具有权威性，其它人无权更改。

二、尝评的步骤、影响因素与技巧

白酒质量的感官评价主要包括色泽、香气、口味、风格四个方面，尝评的步骤是眼观其色、鼻闻其香、口尝其味，并综合色泽、香气、口味、风格，综合判定酒体的整体质量。

（一）尝评步骤

1．眼观其色

在白酒尝评时，利用视觉器官来判断白酒的色泽和外观状况，包括透明度、有无悬浮物和沉淀物等。白酒的色泽和外观不允许有其它颜色和悬浮物、沉淀物等，一般储存时间较长的酒颜色微黄。储存容器不同，其含有的金属离子对酒体老熟的影响效果也不相同，在酒中形成的络合物也不同，所以出现的颜色深浅也就不一致。判断酒体颜色的方法是先把酒样放在尝评白色桌上，观察酒样色泽深浅，同时做好记录。在观察透明度、有无悬浮物和沉淀物时，要把酒杯拿起来轻轻摇动。酒样色泽可描述为无色透明、微黄色、黄色、微浑浊、有沉淀、有异物等，根据观察的结果，对照标准打分并作色泽的鉴评评语。

2．鼻闻其香

白酒香气的鉴别是通过嗅觉系统来完成的，将酒杯端在手里，离鼻子10～20mm进行闻，初步判定香气情况，然后将酒杯靠近鼻孔进行嗅闻，对酒轻轻吸气1～2s，不能对酒呼气，一杯酒最多闻三次就要进行准确的香气描述，闻完一杯酒后要休息片刻，再闻另一杯。若香气不正，应描述出是何种气味，如霉味、油哈味等；若有特殊香气，也应描述出是何种特殊香气，如曲香、糟香等。闻香的次序为：先按1#→2#→3#→4#→5#的顺序逐一嗅闻，嗅闻完后再按从5#→4#→3#→2#→1#的顺序逐一嗅闻，做好记录，分辨香气的浓淡、是否舒适、幽雅、细腻，有无刺激感，然后再从淡到浓逐一加以区别，综合几次闻香的情况，写出准确的评语。

对酒样要做细致的辨别，可以采用空杯闻香的方法进行嗅闻判定。酒样尝评完后，将酒倒出，留出空杯，放置一段时间或放置过夜，再鉴别空杯留香。

3．口尝其味

白酒口味通过味觉系统来感觉，一般常用浓厚、醇、爽、甜、净和风格等表示白酒的味道。口味可分为醇厚、丰满、味长、味短、淡薄、短淡、回味悠长、爽净等。通过尝评，白酒香味的感觉可以有以下描述形式：浓郁指酒入口后酒体浓郁的感觉；喷香指酒入口后味大冲鼻；酱味指有类似焦香陈爽感；清爽指味淡带有轻快感；陈味指有陈香老酒的感觉；悠长指酒体香味在口腔中保留的时间长；味淡（短）指味很短淡，入口后很快就消失了；回味指饮后香味成分在口腔内仍有较长时间的停留感。白酒醇味的感觉分为醇厚（绵软、柔和）、醇甜、醇酸（果酸）等。

白酒爽口的感觉可以有以下描述形式：清爽指无杂味，有舒适的感觉；爽快，味协调，有愉悦的后感。白酒中杂味的感觉可分为苦（分微苦、稍苦、苦）、涩（分微涩、稍涩、涩）、燥（分微燥、稍燥、燥辣、暴香）及其它不正常的味感，其它杂味应根据实际味觉反应进行细致的描述。

口感鉴别时先将盛有酒样的酒杯端起（一般50mL的酒杯装入30mL样酒），吸取0.5～1.0mL酒于口腔内，仔细尝评其味，尝评时要遵循从淡到浓或从低度到高度的原则。酒样入口时，应使酒样先接触舌尖，然后均匀分布到舌头两侧，最后均匀分布到舌根部，然后鼓动舌头，使酒液铺满舌面，进行味觉的全面判断。

4．综合风格

风格也就是风味，也称酒体，是白酒的色泽、香气和口味的综合体现，反映出每个白酒产品的独特个性。根据色泽、香气、口味的鉴评情况，综合判定白酒的典型风格。各种香型的名优白酒都有自己独特的风格。白酒风格特征有以下描述形式：风格突出、风格典型、风格好、有风格、风格差等，这是酒体中各种微量香味成分达到一定比例及含量后的综合感官反映。如泸州老窖特曲酒的典型风格具备“醇香浓郁、饮后尤香、清洌甘爽、回味悠长”的特征。

（二）影响尝评结果的因素

尝评是一项非常细致的工作，往往会因尝评条件不同而造成尝评结果存在差异，主要表现为以下五个方面。

1．顺序效应

有1#、2#两种酒样，如果先尝评1#酒样，然后再尝评2#酒样，就会发生偏爱某个酒样的心理作用。如果偏爱先尝评的现象，称为正顺序效应；反之，称为负顺序效应。因此，在安排尝评顺序时，必须是从1#→2#，再从2#→1#进行相同次数的尝评。在长期的尝评实践中，应注意自己有无顺序效应及轻重程度，并在尝评中加以克服。

2．后效应

在尝评前一种酒后，其感觉往往会影响后尝酒的感觉的现象，这称为后效应。因此尝评一杯酒后，要适当休息片刻，消除前一杯酒的感觉后，再尝评另一杯酒。在尝评过程中，应注意自己有无后效应以及轻重程度，在尝评时加以总结克服。

3．顺效应

人的嗅觉和味觉经长时间连续刺激，就会变得迟钝，以致最后变为无知觉的现象，这称为顺效应。为了避免发生这种现象，每次尝评的酒样不宜安排过多，酒样较多时，要分组（轮）次进行，每尝评完一组酒样后，应稍作休息，并用清水或淡茶水漱口，使人的感觉器官尽快恢复到最灵敏的状态。

4．尝评室环境的影响

由于尝评室内的气味、温度、湿度、噪音、震动、光线等都会影响尝评结果，因此，在修建尝评室时应合理设计，尽可能使上述条件不至于对尝评工作产生影响。

5．尝评器具的影响

由于白酒是“水-乙醇-香味成分”的混合溶液，具有水溶性与醇溶性的双重特性，容易将环境中接触到的其它成分吸收溶解于酒中，使酒有异杂味。尝评器具是否清洁干净，酒杯的形状、大小、材质、酒液液位高低等均会影响尝评的结果。

6．尝评员因素的影响

尝评员的技术水平、身体状况、思想情绪等均会影响尝评结果。因为生病或情绪不好时，人的感觉器官都会失调，无法准确地尝评鉴别，所以尝评员应有稳定的情绪和健康的身体。

（三）尝评技巧

（1）尝评时，一般采用“一看、二闻、三尝”的顺序进行品尝。应充分发挥嗅觉的作用，根据酒的香气大小、幽雅舒适程度、主体香是否突出等，对酒样的质量进行初步判断，然后结合视觉和味觉的判断结果，最终确定酒样的风格特征。这样也可防止味觉疲劳，减少各种尝评效应的发生，保证尝评结果的准确性。

（2）每次尝评的酒样入口量一般为0.5～1.0mL，在口中停留的时间一般为3～5s，入口量和停留时间要尽量保持一致。尝评时不要吞酒或尽量少吞酒，使酒完全均匀分布在舌面和口腔中，停留、仔细体会，品完后及时吐出。

（3）在初步判定酒体风格后，可利用空杯留香进一步判断其品质。风格好的酒空杯留香持久、香气丰富、层次感强，风格差的酒香气很容易消失或者残留的香气不愉悦。

（4）在对同一轮酒不能完全确定质量差异时，可将酒样顺序打乱再次暗评，根据此时排列的顺序对应出杯号，此法在一定程度上可克服心理因素的影响。

（5）评酒前禁止食用生姜、蒜、葱、辣椒或过甜、过咸、油腻的食品，以免影响评酒效果。

第四节 白酒尝评风味轮方法

中国白酒是世界著名的六大蒸馏酒之一，其独特的发酵工艺赋予了白酒香味成分的特殊性及复杂性。目前用于白酒感官评价的方法是在我国五届评酒会的基础上发展总结起来的，属于一种传统的评价方法。窖香浓郁、醇厚丰满、香味协调、回味悠长、优雅细腻等描述白酒感官特征的语言看似简单，其实不易理解，即使专业的品酒师也需要经过长期的训练与体会后才能对白酒的描述语言达到真正理解的程度。而不同的品酒师对同一酒样感官描述的表达可能不完全相同，很难形成统一的标准，这可能与中国传统文化讲究含蓄、内敛、抽象的习惯高度契合。但是，随着白酒开拓国际市场，成为英国葡萄酒及烈酒教育基金会WSET（Wine & Spirite Education Trust）烈酒认证课程内容之一，我们用传统的白酒品评专业术语无法向国外的消费者准确描述中国白酒的美妙，因此需要采用全球通用的味觉描述方法来描述中国白酒。

白酒风味轮是指将表示白酒感官特征的术语按照类别顺序形成轮盘状排列，以方便认识和表达白酒风味的术语集。是描述特征术语和评价强度尺度是感官描述分析的评价手段，特别是在酒类（葡萄酒、啤酒、威士忌、白兰地等）和食品的感官描述分析研究中，“风味轮”作为一套风味特征的描述术语以及对应参比物质的评价标准，是将酒类定量描述分析标准化的重要标志。“风味轮”描述术语体系以及对应的风味参考物质是感官描述分析中必备的参考标准，也是筛选、训练品酒师的工具。风味轮的构建统一了各类酒的感官描述标准，使描述语言简单易懂，将酒体的质量水平以消费者最容易接受的方式表现出来，易于和消费者沟通，优化产品风格从而不断适应消费需求变化的需求。

白酒风味轮见图5-11。

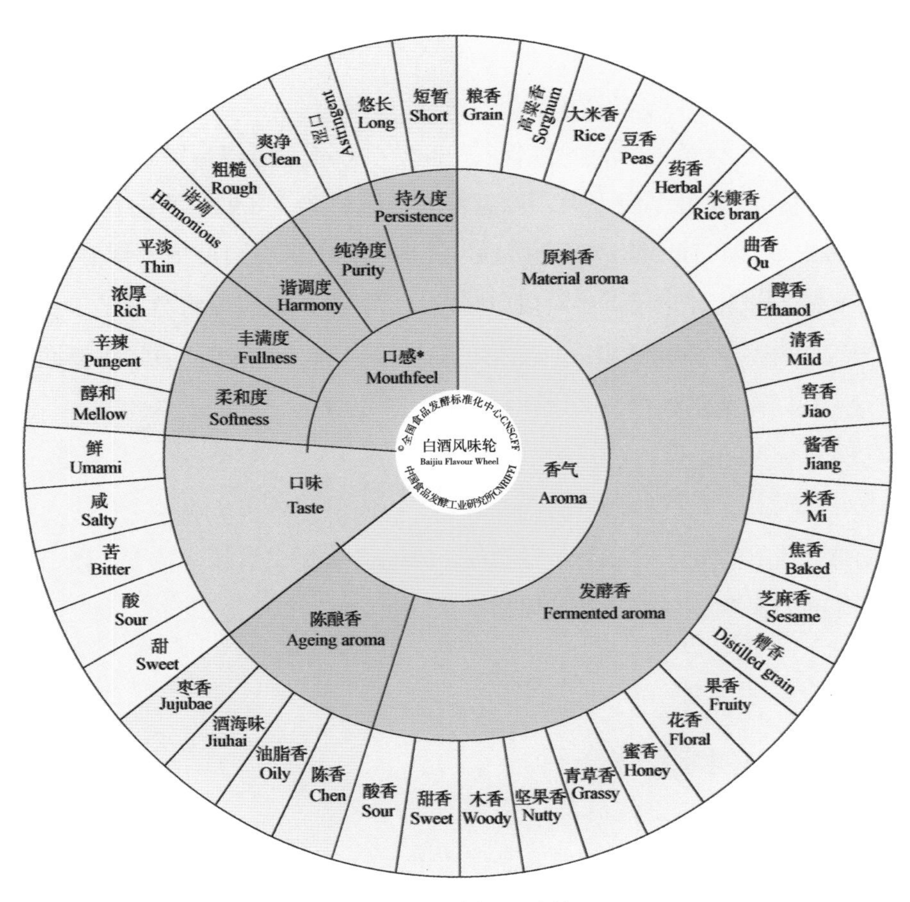

图5-11　白酒风味轮

一、感官品评

根据GB/T 33404—2016《白酒感官品评导则》的规定，将酒样品评标准分述如下。

（一）外观（色泽）

将酒杯拿起，以白色的品酒桌面或白纸为背景，采用正视、俯视及仰视方式，观察酒样有无色泽及色泽深浅。然后轻轻摇动，观察酒液澄清度、有无悬浮物和沉淀物。

（二）香气

通过嗅闻方式对酒体的香气进行鉴别，首先将酒杯举起，置酒杯于鼻下10～20mm处微斜30°，头略低，采用匀速舒缓的吸气方式嗅闻其静止香气，嗅闻时只能对酒吸气，不要呼气。再轻轻摇动酒杯，增强香气挥发聚集，然后嗅闻。为了进一步辨别酒体的细微差别，还可以将酒液倒空，放置一段时间后嗅闻空杯留香。

（三）味觉（口味）

每次入口酒量应保持一致，一般保持在0.5～1.0mL，可根据酒精度和个人习惯进行进口量的调整。品尝时，使舌尖、舌边首先接触酒液，并通过舌的搅动，使酒液平铺于舌面和舌根部，同时使酒液充分接触口腔内壁，酒液在口腔内停留时间以3～5s为宜，仔细感受酒的滋味并记录下各阶段口味及口感特征。最后可将酒液吐出，缓慢张口吸气，使酒气随呼吸从鼻腔呼出，判断酒的后味（余味、回味）。通常每杯酒品尝2～3次，品评完一杯，用清水漱口，稍微休息片刻，再品评另一杯。

（四）风格

综合酒体香气、口味、口感等特征感受，结合各香型白酒风格特点，做出总结性评价，判断其是否具备典型风格或独特风格（个性）。

二、白酒风味轮术语

根据GB/T 33405—2016《白酒感官品评术语》的规定，将白酒感官评价术语进行总结归纳，分述如下。

1．原料香

由白酒酿造原料具有的特征香气。

2．发酵香

在白酒发酵过程中产生的特征香气。

3．陈酿香

在白酒陈酿过程中生成的特征香气。

4．粮香（多粮香）

高粱、大米、小麦等多种粮食原料蒸煮、发酵后经蒸馏使白酒呈现的类似粮食糊化后产生的特征香气。

5．高粱香

高粱蒸煮、发酵后经蒸馏使白酒呈现类似高粱糊化后的特征香气。

6．大米香

大米等蒸煮、糖化发酵后经蒸馏使白酒呈现类似蒸熟大米的特征香气。

7．豆香

豌豆、黄豆等豆类经蒸馏发酵后使白酒呈现的类似豆类的特征香气。

8．药香

制曲环节中加入中药材或陈酿过程中使白酒呈现类似中药材的特征香气。

9．米糠香

大米蒸煮、发酵后经蒸馏使特香型白酒呈现类似米糠的特征香气。

10．曲香

大曲、麸曲或小曲等经参与发酵后使白酒呈现的特征香气，是空杯留香的主要成分。

11．醇香

白酒中醇类成分呈现的特征香气。

12．清香

白酒中以乙酸乙酯为主的多种成分呈现的特征香气。

13．窖香

白酒生产中采用泥窖发酵等工艺产生的多种成分呈现的优雅舒适的特征香气，是浓香型白酒的典型特征香气之一。

14．酱香

采用高温制曲、高温堆积发酵的传统酱香酿造工艺使白酒呈现的特征香气，是酱香型白酒的典型特征香气之一。

15．米香

米香型白酒中以大米为原料糖化发酵、蒸馏后带有的乳酸乙酯、乙酸乙酯、β-苯乙醇为主的特征香气。

16．焦香（焙烤香）

白酒呈现的类似烘烤粮食的特征香气。

17．芝麻香

白酒呈现的类似焙炒芝麻的特征香气。

18．糟香

白酒呈现的类似发酵糟醅的特征香气。糟香是固态法发酵白酒的重要特点之一，是白酒自然感的体现，它略带焦香香气和焦煳香气及固态法白酒的固有香气，它带有母糟发酵的香气，一般是长发酵期的质量糟醅经蒸馏才能产生这种香气。

19．果香

白酒呈现的类似果类的特征香气。

20．花香

白酒呈现的类似植物花朵的特征香气。

21．蜜香

白酒呈现的类似蜂蜜的特征香气。

22．青草香（生青味）

白酒呈现的类似树叶、青草的特征香气。

23．坚果香

白酒呈现的类似坚果的特征香气。

24．木香

白酒呈现的类似木材的特征香气。

25．甜香

白酒呈现类似甜味感受的特征香气。

26．酸香

白酒中挥发性酸类成分所呈现的特征香气。

27．陈香

陈酿工艺是白酒自然形成的老熟的特征香气。陈香香气在特征上表现为幽雅的复合香气。陈香又可分为窖底陈香、老酒陈香、酱陈、油陈和醇陈等。

（1）窖底陈香　指具有窖底香的陈香或陈香中带有优质老窖窖底泥香气，似皮蛋气味，舒适细腻，是由窖香浓郁的底糟或双轮底酒经长期储存后形成的特殊香气。

（2）老酒陈香　是陈香老酒的特有香气，丰满、幽雅，酒体一般略黄，酒精度一般略低，酒的储存时间长。

（3）酱陈　有点酱香气味，似酱油气味和高温大曲香气的综合反映。所以，酱陈似酱香又与酱香香气有区别，香气丰满，但比较粗糙。

（4）油陈　指带脂肪酸酯的油陈香气，既有油味又有陈味，但不油哈，很舒适怡人。

（5）醇陈　指香气欠丰满的老陈香气（清香型尤为突出），清雅的老酒香气，这种香气是由酯含量较低的基础酒经长时间储存所产生。

28. 油脂香

陈肉坛浸工艺使白酒呈现的类似脂肪的特征香气。

29. 酒海味

酒海储存工艺使白酒呈现的特征香气。

30. 枣香

陈酿工艺使白酒呈现的类似甜枣的特征香气。

31. 异常气味（异味）

白酒品质降低或感染异杂物所呈现的非正常气味或味道。

32. 糠味

白酒呈现的类似生谷壳等辅料的特征气味。

33. 霉味

白酒呈现的类似发霉的特征气味。

34. 生料（粮）味

白酒呈现的类似未蒸熟粮食（生粮）的特征香气和味觉。

35. 辣味

白酒呈现的辛辣刺激性的特征味觉。

36. 硫味

白酒呈现的类似硫化物的特征香气。

37．汗味

白酒呈现的类似汗液的特征香气。

38．哈喇味

白酒呈现的类似油脂氧化酸败的特征香气。

39．焦煳味

白酒呈现的类似有机物烧焦煳化的特征香气和味觉。

40．黄水味

白酒呈现的类似黄水的特征香气和味觉。

41．泥味

白酒呈现的类似窖泥的特征香气和味觉。

42．口味（味道、滋味）

味觉器官感受到白酒风味物质的刺激而产生的感觉。

43．甜味

白酒中某些物质（例如多元醇）呈现的类似蔗糖的特征味觉。

44．酸味

白酒中某些有机酸呈现的类似醋的特征味觉。

45．苦味

白酒中某些物质呈现的类似苦杏仁、黄连的特征味觉。

46．咸味

白酒中某些盐类呈现的类似食盐的特征味觉。

47. 鲜味

白酒中某些物质呈现的类似味精的特征味觉。

48. 口感

舌头与口腔黏膜感受到白酒风味物质的刺激而产生的综合感觉。

49. 柔和度

白酒入口后感受到的酒体柔顺程度。

50. 醇和（柔和、平顺、平和）

白酒入口后感受到的酒体的高柔和度。

51. 辛辣（燥辣）

白酒入口时感受到的酒体的低柔和度。

52. 丰满度

白酒入口后酒体各种味觉感觉的丰富程度。

53. 浓厚（丰满、醇厚、饱满、丰润、厚重）

白酒入口后酒体的高丰满程度。

54. 平淡（清淡、淡薄、寡淡）

白酒入口后酒体的低丰满程度。

55. 谐调度

白酒入口后酒体各种味觉感受的舒适程度。

56. 谐调（平衡、协调、细腻）

白酒入口后酒体的高谐调程度。

57. 粗糙（失衡、不协调）

白酒入口后酒体的低谐调程度。

58. 纯净度

白酒下咽后感受到的酒体润滑干净程度。

59. 爽净（净爽）

白酒下咽后酒体的高纯净程度。

60. 涩口（欠净）

白酒下咽后酒体的低纯净程度，舌面产生收敛的感官反应。

61. 持久度

白酒下咽后酒体余味持续的时间长度。

62. 悠长（绵长）

白酒下咽后酒体余味的持久度长。

63. 短暂

白酒下咽后酒体余味的持久度短。

64. 风格（格）

白酒整体风味呈现的综合特点。

65. 典型风格

白酒与所标识的风格一致。

三、白酒感官定量描述分析方法

白酒感官定量描述分析方法是参考了GB/T 12313《感官分析方法　风味剖面检

验》，建立的一种定性定量白酒感官特征的评价方法。方法采用白酒风味轮（GB/T 33405—2016图A.1）定性产品特征，采用数字标度（GB/T 33405—2016表B.1）定量特征强度或滞留度。表5-11为采用九点标度对两种产品的感官定量描述分析结果，图5-12为特征香气柱形图，图5-13为特征口味口感剖面图。

表 5-11　　白酒感官描述分析方法用表示例

酒样	特征														
	外观		香气				口味			口感					风格
	无色	澄清度	窖香	粮香	陈香	…	甜	酸	…	柔和度	丰满度	谐调度	纯净度	持久度	典型性/个性
酒样1	7	7	8	5	4		6	3		8	4	6	4	3	8
酒样2	8	7	7	6	1		5	5		7	5	7	3	5	6
……															

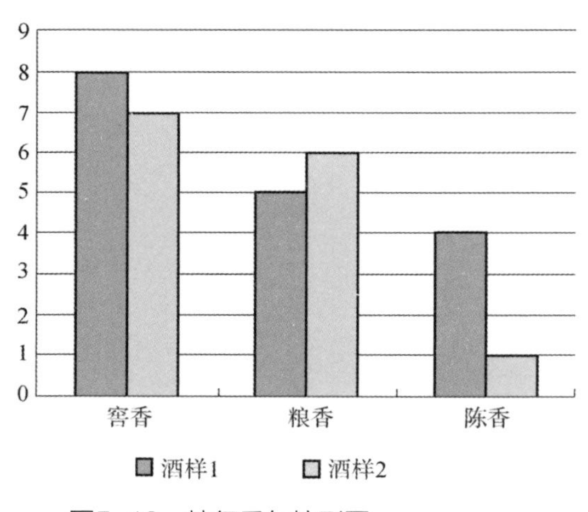

图5-12　特征香气柱形图

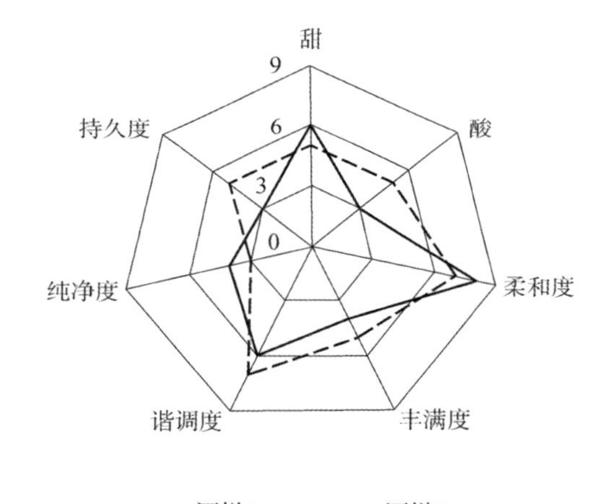

图5-13　特征口味口感剖面图

第五节

白酒的尝评训练

尝评既是一门技术，又是一门艺术。尝评可直接通过观色、闻香、品味来确定其质量及风格的优劣。因此，一名合格的尝评员在专业知识上、品评经验上都应具备一定的品评水平。

一、尝评员的基本功要求

（一）检出力

尝评员应具有灵敏的视觉、嗅觉和味觉，对色泽、香气、口味有很强的辨别能力，这种能力即检出力。要具备良好的检出力就需要经过长期的训练，对酒体的香、味、风格具有很强的分辨能力，能灵敏地分辨出不同酒体香气、口味的细微差异，检出力是尝评员应具备的基本技能之一。

（二）识别力

在提高检出力的基础上，尝评员应能正确识别出不同香型白酒的风格特征以及同香型、不同风格类型的白酒及其优缺点。

（三）记忆力

尝评员应通过不断的训练和实践，广泛接触各种香型和不同风格类型的白酒，在尝评过程中不断增强自己的记忆力，准确地记住不同香型、不同风格的白酒特点，做到能够准确地分辨出不同类型和风格白酒的典型性和共同点，尝评工作中的重现性和再现性就是考核尝评员的记忆力。

（四）表现力

尝评员不仅能根据酒样的色泽、香气、口味和风格进行打分，而且能具备对不同酒体的风味、风格准确地用文字和语言表述的能力，称为表现力。

二、尝评员需具备的能力

尝评是国内外检验食品质量、确定风味好坏的快速而重要的方法。尝评是通过尝评人员的眼、鼻、口、舌等感觉器官和大脑思维来完成的。因此尝评人员在把握产品质量中担任着极其重要的责任。目前分析检测仪器还不能对酒质的优劣做出全面快速的评价，所以尝评技术具有相当重要的科学性和现实意义。当然尝评技术也要不断与现代科学技术相结合，逐步走向科学化和标准化，更好地为生产和质量服务。

出厂产品质量的优劣和消费者长期对某个产品的喜爱和接受程度能够反映出一个酿酒企业生产技术和尝评技术的水平高低。尝评结果是否准确、标准、科学，产品质量是否稳定，反映了企业的质量控制水平。因此，尝评员责任非常重大，必须虚心学习，刻苦钻研，同时要逐渐掌握和运用现代科学技术，使尝评技术逐步科学、精准和高效，减少人为因素对质量判定的误差。一名合格的尝评技术人员应加强练好尝评基本功，总结尝评经验，不断提高尝评技术，积累丰富的尝评经验，掌握熟练的尝评技巧和能力。为此，尝评员还必须做到以下几点。

（一）尝评能力与经验

尝评员必须热爱本职工作，认真学习有关的技术知识，将尝评工作与现代科学技术结合起来，提高尝评技术水平。尝评员应广泛接触各种类型的白酒，练好尝评基本功，注意总结和积累丰富的尝评经验，不断提高检出力、识别力、记忆力和表现力。既要有比较熟练的尝评技巧和能力，又要有一定的表达能力，对酒样的评语应精简准确。

（二）实事求是、认真负责的态度

尝评员要具有大公无私、实事求是、认真负责的精神，要坚持质量第一、以质论酒、客观公正的原则。

（三）熟悉产品质量标准、生产工艺

尝评工作必须与酿酒生产相结合，尝评员必须加强学习，扩大知识面，应熟悉酿酒生产工艺，通过尝评找出产生质量差异的原因和存在的问题，提出解决方案，运用尝评结果来指导、改进酿酒生产工艺和酒体设计工艺，促进酒质的提高。要熟练地了解和掌握国家、行业、地方以及企业的产品标准和不同风格的产品特征，同时还要熟悉同类、同型的其它白酒的生产工艺、产品质量标准和风格特点，发现问题、找出差距、学习先进、指导生产，从而提高产品质量。

（四）保持身体健康、感官灵敏

尝评员必须身体健康，认真保护好嗅觉、味觉器官，工作期间尽量少吃或不吃刺激

性大的食物，平时不能醉酒，使自己的感觉器官始终保持高度的灵敏性；要坚持锻炼身体，预防疾病，保持健康；加强记忆力的训练，增强记忆力。

（五）树立服务社会的理念

要经常了解和收集市场反映、消费者的意见和需求，不断通过市场调研，及时掌握消费者的饮用习惯发生的变化，对消费者需求进行认真细致的分析，改进工艺，从而优化和研发适应市场的产品，使产品在保持自己的独特风格的同时，满足和丰富广大消费者的需求和爱好。

三、遵守评酒规则

（1）评酒前，尝评员要休息好，精力充沛，精神饱满，不得擦香水，不能使用带香味的洗涤剂洗手。评酒室中严禁带入有芳香味的食品、化妆品、用具等。

（2）评酒前30min和尝评过程中不得吸烟（为减少影响，一般应在评酒前用清水漱口去除口腔中的杂味）。原则上，尝评员不得吸烟。

（3）评酒前不能吃得过饱，不得吃刺激性强和影响尝评效果的食品（评酒过程中也不例外）。

（4）评酒中要保持绝对安静，思想高度集中，不得大声喧闹，禁止互相交换尝评意见和互看评语内容，必须各自独立尝评。

（5）评酒时，酒样入口要少，尽量不吞酒，酒应均匀分布在舌面上和口腔里，仔细辨别其风味。

尝评员应具备良好的职业素养，其尝评能力、思想觉悟和知识水平决定了尝评结果的准确性和客观性。只有高素质的尝评员，才能客观评价酒的质量，找出产生质量问题的根源和提出解决质量缺陷的办法。

四、尝评员的训练

尝评员的训练主要包括视觉、嗅觉、味觉的训练和准确性、重复性、再现性、质量差的训练两方面。

（一）视觉、嗅觉、味觉的训练

1．视觉的训练

以黄血盐配制0.10%、0.15%、0.20%、0.25%、0.30%不同浓度的水溶液，共分5个色阶，密码编号，分别倒入酒杯中，观察色泽，由浅至深排列顺序。如此反复进行训练，以达到正确辨别色泽深浅的目的。在进行视觉训练时，以蒸馏水为对照样，以提高辨别能力。

2．嗅觉的训练

（1）区分不同特征香气　用玫瑰、香蕉、菠萝、橘子、香草、柠檬、薄荷、茉莉、桂花等芳香物质，分别配制1～8mg/L的水溶液，密码编号，倒入酒杯中，以5杯为一组，嗅闻香气，并写出其特征香气。

（2）区分不同成分的特征香气　以乙酸、丁酸、乙酸乙酯、*β*–苯乙醇、醋酚（3–羟基丁酮）、双乙酰（2,3–丁二酮）等呈香物质，配制不同浓度的乙醇溶液（以30%vol乙醇为溶剂）。分别倒入酒杯中，密码编号，5杯为一组，嗅闻其香气并写出成分名称。这种训练不但能检验嗅觉的灵敏度，还能训练判断单体香味成分准确性的能力。呈香成分在一定浓度下的特征香气见表5–12。

表5-12　呈香成分在一定浓度下的特征香气　单位：g/100mL

化学名称	分子式	浓度	香气特征
乙酸	CH_3COOH	0.05	醋味
丁酸	$CH_3(CH_2)_2COOH$	0.002	汗味
乙酸乙酯	$CH_3COOC_2H_5$	0.01	似乙醚香气，有清香感
乙酸异戊酯	$CH_3COOC_5H_{11}$	0.006	似香蕉香气
丁酸乙酯	$CH_3(CH_2)_2COOC_2H_5$	0.0075	似水果香气，有爽快感
己酸乙酯	$CH_3(CH_2)_4COOC_2H_5$	0.005	带有菠萝、苹果香气
β–苯乙醇	$C_8H_{10}O$	0.005	似玫瑰香气
双乙酰	$CH_3COCOCH_3$	0.05	有清新爽快香感
醋酚	$CH_3COCHOHCH_3$	0.05	略有酸馊味，似糟香感

注：上表呈香物质均采用食品分析纯。

3．味觉的训练

（1）区分特征味觉 用砂糖、食盐、柠檬酸、味精、奎宁配制成不同浓度的水溶液，分别倒入酒杯中，密码编号进行品尝，区分不同的味觉感受，并写出其味觉特征，见表5-13。

表5-13 呈味物质不同浓度及味觉特征 单位：g/100mL

呈味物质	纯度	浓度	味觉特征
砂糖	99%	0.5	甜味
食盐	食品分析纯	0.15	咸味
柠檬酸	食品分析纯	0.04	酸味
味精	95%以上	0.01	鲜味
奎宁	针剂纯	0.004	苦味

在进行味觉训练时，可将蒸馏水编入样品中进行暗评，以检验味觉的可靠性。

（2）区分浓度差 将砂糖配成0.5%、0.8%、1.0%、1.2%、1.4%、1.6%水溶液；将食盐配成0.15%、0.20%、0.25%、0.30%、0.35%、0.40%水溶液；将味精配成0.01%、0.015%、0.02%、0.025%、0.030%等不同浓度的水溶液，密码编号，尝评区分不同味觉及浓度差，准确写出由浓至淡或由淡至浓的排列顺序。

（3）区分酒精度高低 用除浊后的固态发酵法白酒或脱臭的食用酒精按3%vol～5%vol一梯度配成不同酒精度的溶液。分别倒入酒杯中，密码编号，以5杯为一组，品尝区分不同酒精度，并写出由低至高或由高至低的酒精度排列顺序。

（二）准确性、重复性、再现性和质量差的训练

1．准确性训练

通过香型鉴别训练，熟悉各种白酒的工艺特点，掌握它们的色泽、香气、口味、风格，并用语言准确地描述其香型、风格特征、生产工艺、发酵设备、糖化发酵剂等。

2．重现性训练

重现是指在同一轮次中出现两个或两个以上相同的酒样。在重现性训练时，在同一轮次插入两个或两个以上相同的酒样，通过反复闻香、尝评，找出相同的酒样，它们的

评语及打分都应该一致。

3. 再现性训练

再现是指同一个酒样在不同轮次中出现，尝评员应能准确地找出来。在再现性训练时，在不同轮次插入相同的酒样，通过反复闻香、尝评，找出相同的酒样，并标示出它所处的不同轮次和所在轮次的杯号，它们的评语及打分也应该一致。

4. 质量差训练

质量差是指在同一轮次中同一香型酒样的质量优劣排序。在质量差训练时，通过反复尝评，排列出质量优劣顺序，准确打分和写评语，并指出产生质量差异的原因。

通过上述的反复训练，强化记忆，掌握尝评的技巧，不断提高检出力、识别力、记忆力和表达力等尝评技能，从而具有快速、准确尝评的能力。

十二种香型白酒的尝评

不同香型的白酒以及相同香型不同流派、不同品种的白酒体现着不同的风格特征（或称典型性），这些风格的形成源于不同的酿酒原料、糖化发酵剂、发酵设备、发酵形式、生产工艺、储存方式、勾调技术以及地理环境，从而形成了中国白酒百花齐放、各有千秋的景象。表5-14所列举的是十二种香型白酒的原料及风格特点。

表 5-14　十二种香型白酒的原料及风格特点

序号	香型	主要代表	原料		工艺特征	感官特征
			糖化发酵剂原料	酿酒原料		
1	浓香型	泸州老窖特曲	小麦	高粱	泥窖固态发酵、续糟配料、混蒸混烧	无色（微黄）透明，窖香浓郁，绵甜醇厚、香味协调、尾净爽口
		五粮液	小麦、豌豆、高粱等	高粱、大米、玉米、糯米、小麦		

续表

序号	香型		主要代表	原料		工艺特征	感官特征
				糖化发酵剂原料	酿酒原料		
2	酱香型		茅台酒、郎酒	小麦	高粱	两次投粮、多轮次发酵，具有“四高两长”的特点	微黄透明，酱香突出，幽雅细腻，酒体醇厚，回味悠长，空杯留香持久
3	清香型	大曲清香	汾酒、宝丰酒	大麦、豌豆	高粱	清蒸清烧、地缸发酵、清蒸两次清	无色透明，清香纯正，醇甜柔和，自然谐调，余味净爽
		麸曲清香	牛栏山二锅头、红星二锅头	麸皮、酵母菌	高粱	清蒸清烧、水泥池发酵	无色透明，清香纯正（以乙酸乙酯为主体的复合香气明显），口味醇和，绵甜爽净
		小曲清香	江津老白干、云南小曲	大米、高粱、大麦、中药	高粱或玉米	清蒸清烧、小曲培菌糖化、配糟发酵	无色透明，清香纯正，具有粮食小曲酒特有的清香和糟香，口味醇和回甜
4	米香型		三花酒	大米、辣蓼草	大米	小曲培菌糖化、半固态发酵、釜式蒸馏	无色透明，蜜香清雅，入口柔绵，落口爽净，回味怡畅
5	芝麻香型		景芝白干、扳倒井	麸皮、小麦	高粱、小麦、麸皮	泥底砖窖、大麸结合、清蒸续楂	清澈（微黄）透明，芝麻香突出，幽雅醇厚，甘爽谐调、尾净，具有芝麻香型白酒特有风格
6	兼香型	酱兼浓	白云边	小麦	高粱	多轮次发酵，酱香、浓香工艺并用	清亮（微黄）透明，芳香幽雅，舒适、细腻、丰满，酱浓谐调，余味爽净悠长
		浓兼酱	口子窖	小麦	高粱	酱香、浓香分型发酵产酒	清亮（微黄）透明，浓香带酱香，诸味谐调，口味细腻，余味爽净
7	特香型		四特酒	面粉、麸皮、酒糟	大米	红褚条石窖发酵、混蒸混烧老五甑工艺	酒色清亮，酒香芬芳，酒味纯正，酒体柔和，诸味谐调，香味悠长
8	药香型		董酒	小麦、大米加中药材	高粱	大小曲分开使用，大小曲酒醅串蒸工艺	清澈透明，药香舒适，香气典雅，酸味适中，香味谐调，尾净味长
9	凤香型		西凤酒	大麦、豌豆	高粱	新泥窖发酵、混蒸混烧、续糟老五甑工艺	无色透明，醇香秀雅，醇厚丰满，甘润挺爽，诸味谐调，尾净悠长
10	老白干香型		衡水老白干	小麦	高粱	地缸发酵、混蒸混烧、老五甑工艺	清澈透明，醇香清雅，甘冽挺拔，丰满柔顺，回味悠长，风格典型

续表

序号	香型	主要代表	原料		工艺特征	感官特征
			糖化发酵剂原料	酿酒原料		
11	豉香型	玉冰烧	米饭、黄豆、酒饼液和小曲母	大米	小曲液态发酵，釜式蒸馏制得酒，再经陈化处理的肥猪肉浸泡	玉洁冰清，豉香独特，醇和甘润，余味爽净
12	馥郁香型	酒鬼酒	小麦、米、根霉曲	高粱、大米、糯米、玉米、小麦	大小曲并用、泥窖发酵、清蒸清烧	清亮透明，芳香秀雅，绵柔甘冽，醇厚细腻，后味怡畅，香味馥郁，酒体净爽

一、浓香型白酒

浓香型白酒以泸州老窖为典型代表，因产于四川省泸州市，在国家标准中也称泸型酒。浓香型白酒主要以川派浓香和江淮派浓香著名，而在全国的浓香型名白酒中，川派浓香就有五个，除泸州老窖以外，还有五粮液、剑南春、全兴大曲、沱牌曲酒。也有人将四川省五个浓香型白酒感官特征分别描述如下。

泸州老窖的感官特征为：醇香浓郁、饮后尤香、清洌甘爽、回味悠长。

五粮液的感官特征为：喷香、丰满、协调。

剑南春的感官特征为：味爽洌、醇厚。

全兴大曲的感官特征为：浓而不酽，雅而不淡，醇甜尾净。

沱牌曲酒的感官特征为：绵甜醇厚，尾净余长。

与川派浓香型白酒不同，其它地域的浓香型白酒整体而言，其窖香、曲香、粮香比同川派浓香型白酒有所不同，酒体浓郁丰满程度也存在不同，感官特征主要以淡雅为主，味甜尾净，尾味短。例如，洋河大曲的酒体风格为醇净；双沟大曲酒体风格特征体现为香气稍大，味长；古井贡酒的酒体风格特征体现为前香好、香浓、味长；宋河粮液的酒体风格特征体现为有窖香、味清雅。

（一）酿酒原料

1．单粮浓香型白酒

高粱。

2．多粮浓香型白酒

高粱、大米、糯米、小麦、玉米。

（二）糖化发酵剂

中温大曲。

（三）发酵设备

泥窖（图5-14）。

图5-14 泥窖（泸州老窖国窖1573国宝窖池群）

（四）发酵形式

固态发酵。

（五）单轮发酵期

一年为一个配料循环生产周期，4～5次投粮，每年4～5排发酵，4～5次取酒，一般单轮发酵期达到60d以上。

（六）工艺特点

泥窖固态发酵、续糟配料、混蒸混烧、千年老窖万年糟。其陶坛储酒情景如图5-15所示。

图5-15 陶坛储酒（泸州老窖纯阳洞）

（七）香味成分特征

优质浓香型白酒的风味成分以己酸乙酯为主，再辅以适量的乳酸乙酯、乙酸乙酯、丁酸乙酯。一般认为四大酯的比例需适宜：乳酸乙酯/己酸乙酯＜1，乙酸乙酯/己酸乙酯＜1，丁酸乙酯/己酸乙酯＜1（为0.1左右）。

（八）标准评语

酒体具有“以浓郁窖香为主的、舒适的复合香气，绵甜醇厚，协调爽净，余味悠长”的风味特点。

（九）品评要点

1. 色泽

无色或微黄透明，清亮透明，无悬浮物，无沉淀。

2. 香气

窖香浓郁舒适、陈香幽雅协调。

3. 口味

浓厚、甘爽程度越好的酒，其质量越好，从后味长短、净爽程度等方面进行综合评价。

4. 质量差判别方法

通过香气浓郁、陈香幽雅协调、香味谐调、酒体醇厚、后味净爽等方面，以及空杯留香时间的长短来判别。优质的浓香型白酒的绵甜感良好，反之则较差。酒体香味谐调与否、空杯香气存在时间长短是区分白酒质量差的主要依据。

5. 浓香型白酒中常见的异杂味

主要有糠味、尾子味、泥味、涩味、胶味等。

二、酱香型白酒

酱香型白酒以贵州茅台酒为典型代表，因产自贵州茅台镇，国家标准中也称茅型酒。茅台酒、郎酒、武陵酒同属酱香酒，它们的酒体风格也有区别：茅台酒细腻协调，酸味适宜，空杯留香好；郎酒酱香略大，果酸味较突出；武陵酒酱香中略有焦香味。它们工艺基本一致，只因气候、土质、水源、原料、曲温的差异等原因造成酒体风格上的区别。

（一）酿酒原料

高粱。

（二）糖化发酵剂

高温大曲。

图5-16　条石壁泥底窖

（三）发酵设备

条石壁泥底窖（图5-16）。

（四）发酵形式

固态发酵。

（五）单轮发酵期

一年一个生产周期，每个周期需进行9次蒸煮，8轮次发酵，7次取酒，每轮次发酵期30d左右。

（六）工艺特点

多轮次晾堂固态堆积培菌，石壁泥底窖发酵。其陶坛储酒情景如图5-17所示。

图5-17　陶坛储酒（郎酒天宝洞）

（七）香味成分特征

（1）酱香型白酒的特征香味成分暂无定论，目前主要有4-乙基愈创木酚、吡嗪及加热香气说、呋喃类和吡嗪类说、10种特征等多种说法。

（2）酱香型白酒按照其香味特征不同可分成三大类酒体：酱香酒、醇甜酒、窖底香酒。酱香酒具有酱香浓郁，口感细腻的特点；醇甜酒的酱香较为清淡，味道醇甜；窖底香酒有窖香香气，是己酸和己酸乙酯及酱香成分浑然一体的香气，其既有浓香型酒的特点，又区别于浓香型酒。

（3）含氮成分含量为十二种香型白酒之最，正丙醇、庚醇、辛醇含量也相对较高。

（八）标准评语

酒体具有“酱香突出，香气幽雅，空杯留香；酒体醇厚，丰满，诸味协调，回味悠长”的风味特点。

（九）品评要点

1．色泽

无色或微黄透明，清亮透明，无悬浮物，无沉淀。

2．香气

酱香突出，酱香、焦香、煳香的复合香气，酱香＞焦香＞煳香，幽雅舒适。

3．口味

酸度高，酒体醇厚、丰满、幽雅细腻。

4．空杯留香

优质酱香的空杯留香时间较为持久，在评价酱香型白酒质量的时候可以借助这种方法。

5．质量差判别方法

从白酒感官特征而言，酱香型白酒主要从酱香、果香、焦香和空杯留香以及醇陈等角度判别其质量优劣。优质酱香型白酒一般都有明显的果香，没有果香的酱香型白酒显得比较粗糙或焦香太突出，不协调；有果香的酱香型白酒香气显得更加细腻、悠长。味感强调果酸味，其余味觉要求基本上同浓香型白酒。

三、清香型白酒

由于地域和工艺的不同，将清香型白酒分为大曲清香型白酒、麸曲清香型白酒和小曲清香型白酒三个流派。大曲清香型白酒以山西的汾酒为典型代表，国家标准中也称汾型酒；麸曲清香型白酒以北京的二锅头为主要代表，成品酒有清香的风格，略带有麸皮的香气；小曲清香型白酒产区主要集中在四川、重庆和云南等区域，带有糟香和糖化粮食的综合香味，个别略带泥窖香气。清香型白酒具有以乙酸乙酯、乳酸乙酯为主体的清雅、协调的复合香气，口味柔和、绵甜净爽、余味悠长。在香气上强调有陈香，产品以陈香、清雅干净为特征。

（一）大曲清香型白酒

图5-18　地缸（汾酒）

图5-19　陶坛库（汾酒）

1. 酿酒原料

高粱。

2. 糖化发酵剂

低温大曲。

3. 发酵设备

土陶地缸（图5-18）。

4. 发酵形式

固态发酵。

5. 单轮发酵期

28d左右。

6. 工艺特点

清蒸清烧、清蒸二次清。汾酒的陶坛库如图5-19所示。

7. 香味成分特征

（1）乙酸乙酯为主，其含量占总酯的50%以上。

（2）乙酸乙酯与乳酸乙酯的含量之比一般在1：0.6左右。

（3）乙缩醛的含量占总醛的15.3%。

（4）酯含量大于酸含量，一般酯酸比为（4.5～5.0）：1。

8. 标准评语

酒体具有“清香纯正，具有以乙酸乙酯为主体的优雅、协调的复合香气；酒体柔和谐调，绵甜爽净，余味悠长”的风味特点。

9. 品评要点

（1）色泽 无色或微黄透明，清亮透明，无悬浮物，无沉淀。

（2）香气 清雅、纯正，以乙酸乙酯香气为主，乳酸乙酯香气为辅。

（3）口味 爽净，高等级酒体无任何邪杂味。因酒精度较高，初尝时刺激感较强；再尝时刺激感明显减弱，甜味突出，饮后有余香。

（4）总体特征 突出“清、爽、绵、甜、净”五大特点。

（二）麸曲清香型白酒

1. 酿酒原料

高粱。

2. 糖化发酵剂

麸曲酒母（大曲、麸曲结合）。

3. 发酵设备

水泥池。

4. 发酵形式

固态发酵。

5. 单轮发酵期

7d左右。

6. 工艺特点

清蒸清烧。

7. 香味成分特征

以乙酸乙酯和乳酸乙酯的复合香气为主。

8．标准评语

酒体具有“清香纯正，具有以乙酸乙酯为主体的优雅、协调的复合香气；酒体柔和谐调，绵甜爽净，余味悠长”的风味特点。

9．品评要点

（1）色泽　无色或微黄透明，清亮透明，无悬浮物，无沉淀。

（2）香气　清雅、纯正，以乙酸乙酯为主，乳酸乙酯为辅。

（3）口味　爽净，高等级酒体无任何邪杂味。因酒精度较高，初尝时辣感较持久；再尝时辣感明显减弱，甜味突出，饮后有余香。

（4）总体特征　突出“清、爽、绵、甜、净”五大特点。

（三）小曲清香型白酒

1．酿酒原料

高粱。

2．糖化发酵剂

小曲。

3．发酵设备

水泥池（图5-20）或小坛、小罐。

4．发酵形式

固态发酵。

图5-20　水泥池发酵

5．单轮发酵期

四川小曲清香白酒为7d左右；云南小曲清香白酒为30d左右。

6．工艺特点

清蒸清烧。

7. 香味成分特征

香气以乙酸乙酯和乳酸乙酯复合香气为主。

8. 标准评语

酒体具有“香气自然，纯正清雅，酒体醇和（或柔和）、甘冽净爽”的风味特点。

9. 品评要点

（1）色泽　无色或微黄透明，清亮透明，无悬浮物，无沉淀。

（2）香气　清雅、纯正，香气以乙酸乙酯为主、乳酸乙酯为辅。

（3）口味　特净，优级品无任何邪杂味；初尝时因酒精度较高，刺激感较强；再尝时刺激感感明显减弱，甜味突出，饮后有余香。

（4）总体特征　突出“清、爽、绵、甜、净”五大特点。

四、米香型白酒

米香型白酒带有典型的β-苯乙醇淡雅蜜甜的玫瑰花香气，带有醪糟香气，入口醇甜。其口味浓厚程度比浓香型和清香型白酒要小很多，香味持续时间也短很多。以桂林三花酒为典型代表。

（一）酿酒原料

大米。

（二）糖化发酵剂

小曲。

（三）发酵设备

不锈钢大罐或陶坛（图5-21）。

图5-21　陶坛储酒

（四）发酵形式

半固态发酵。

（五）单轮发酵期

7d左右。

（六）工艺特点

半固态发酵。

（七）香味成分特征

（1）主要含乳酸乙酯和乙酸乙酯及适量的β-苯乙醇（详见GB/T 10781.3—2006）。

（2）高级醇含量高于酯含量。其中异戊醇最高达160mg/100mL，高级醇总量200mg/100mL，酯总量约150mg/100mL。

（3）乳酸乙酯含量高于乙酸乙酯，两者比例为（2～3）：1。

（4）乳酸含量最高，占总酸的90%。

（5）醛含量低。

（八）标准评语

酒体具有“米香纯正，清雅，酒体醇和，绵甜爽洌，回味怡畅”的风格特点。

（九）品评要点

1．色泽

无色，清亮透明，无悬浮物，无沉淀。

2．香气

香气是乳酸乙酯、乙酸乙酯、适量β-苯乙醇的复合香气。

3．口味

甜、略发闷、柔和、刺激性小。

4．后味

稍短、但爽净，优级酒后味怡畅。

五、凤香型白酒

凤香型白酒属清香带浓香，因用泥窖发酵、续楂混蒸、酒海储存，所以酒带有泥香气味和酒海（图5-22）的特殊香气，形成了香、甜、苦、辣、麻诸味协调的独特风格。主要以陕西西凤酒为典型代表。

（一）酿酒原料

高粱。

图5-22　酒海

（二）糖化发酵剂

中温大曲。

（三）发酵设备

泥窖。

（四）发酵形式

固态发酵。

（五）发酵期

传统为12～14d，现在调整为28～30d。

（六）工艺特点

混蒸混烧、续糟老五甑工艺。

（七）香味成分特征

（1）香气以乙酸乙酯为主，己酸乙酯为辅。

（2）异戊醇含量高，高于浓香型，是浓香型的2倍。

（3）乙酸乙酯与己酸乙酯的含量比例约为4∶1。

（4）特征香气成分为丙酸羟胺、乙酸羟胺等（酒海溶出物）。

（八）标准评语

酒体具有“醇香秀雅，具有以乙酸乙酯和己酸乙酯为主的复合香气；醇厚丰满，甘润挺爽，诸味谐调，尾净悠长”的风味特点。

（九）品评要点

1. 色泽

无色或微黄，清亮透明，无悬浮物，无沉淀。

2. 香气

醇香，具有以乙酸乙酯为主，己酸乙酯为辅的复合香气。

3. 口味

入口挺拔感强；酸、甜、苦、辣、香俱全，诸味谐调；回甜、诸味浑然一体。

4. 特殊香气

酒海储存香气。

六、特香型白酒

特香型白酒具有清、浓和略带酱味的特点，略带醇甜味，又带有生面粉的糟香气。以江西四特酒为典型代表。感官特征主要表现为“酒色清亮，酒香芬芳，酒味纯正，酒体柔和，清、浓、酱三香谐调，香味悠长”。

（一）酿酒原料

大米。

（二）糖化发酵剂

大曲（制曲用面粉、麸皮及糟醅）。

（三）发酵设备

红褚条石壁泥底窖（图5-23）。

图5-23　红褚条石壁泥底窖

（四）发酵形式

固态发酵。

（五）发酵期

45d左右。

（六）工艺特点

老五甑混蒸混烧。

（七）香味成分特征

（1）富含奇数碳脂肪酸乙酯，主要包括丙酸乙酯、戊酸乙酯、庚酸乙酯、壬酸乙酯，其总量为白酒之冠。

（2）含有大量的正丙醇，与茅台酒、董酒相似。

（3）高级脂肪酸乙酯总量超过其它白酒近一倍，相应的脂肪酸含量也较高。

（4）乳酸乙酯含量高，居各种乙酯类之首，其次是乙酸乙酯和己酸乙酯。

（八）标准评语

酒体具有“优雅舒适，诸香谐调，兼有浓香、清香、酱香的特征香气，但三种香气均不露头的复合香气；柔绵醇和，绵甜，香味谐调，余味悠长”的风味特点。

（九）品评要点

1. 色泽

无色或微黄，清亮透明，无悬浮物，无沉淀。

2. 香气

清香中带有浓香是主体香，细闻有焦煳香，浓、清、酱兼而有之。

3．口味

入口类似庚酸乙酯味道，香味突出，柔和、绵甜、稍有糟香。

七、豉香型白酒

豉香型白酒中β–苯乙醇为米香型的2倍有余，带有β–苯乙醇的玫瑰花香，经肥肉浸泡陈化，有油哈味。以广东玉冰烧为典型代表。

（一）酿酒原料

大米。

（二）糖化发酵剂

小曲。

（三）发酵设备

地缸、不锈钢大罐发酵。

（四）发酵形式

液态发酵。

图5–24　肥猪肉浸泡陈酿

（五）单轮发酵期

20d左右。

（六）工艺特点

基础酒使用经陈化处理的肥猪肉浸泡陈酿（图5–24和图5–25）。

图5–25　陈酿车间

（七）香味成分特征

（1）酸、酯含量低。

（2）高级醇含量高。

（3）β-苯乙醇含量为所有白酒之冠。

（4）含有高沸点的二元酸酯，是豉香型白酒的独特成分，如庚二酸二乙酯、壬二酸二乙酯、辛二酸二乙酯。

（5）豉香型白酒国家标准中规定：β-苯乙醇含量≥25mg/L（优级），二元酸二乙酯总量≥0.8mg/L（详见GB/T 16289—2018）。

（八）标准评语

酒体具有“豉香纯正，清雅；醇和甘滑，酒体谐调，余味爽净”的风味特点。

（九）品评要点

1．色泽

无色或微黄，清亮透明，无悬浮物，无沉淀。

2．香气

豉香、油脂香气突出。

3．口味

入口醇和、刺激感低，后味绵长，余味净爽，带油哈味道。

八、芝麻香型白酒

芝麻香型白酒具有清中带酱、带浓、带芝麻香的特点，吡嗪类香味成分在芝麻香中起主要作用，有焙烤香。当它与呋喃类（甜香）、酚类（烟味）、噻唑（坚果味）、含硫成分（葱香）共同组合构成了独特的炒芝麻香味。以山东景芝白干为典型代表。

（一）酿酒原料

高粱、小麦（麸皮）。

（二）糖化发酵剂

以麸曲为主，高温大曲、中温大曲、强化菌曲混合使用。

（三）发酵设备

水泥池、砖窖。酿造车间如图5-26所示。

（四）发酵形式

固态发酵。

（五）单轮发酵期

30～45d。

图5-26　芝麻香白酒酿造车间

（六）工艺特点

清蒸混入。

（七）香味成分特征

（1）吡嗪成分含量在1100～1500μg/L。

（2）检出五种呋喃成分，其含量介于酱香型白酒与浓香型白酒之间。

（3）己酸乙酯含量平均值为174mg/L左右。

（4）β-苯乙醇、苯甲醇及丙酸乙酯含量低于酱香型白酒。

（5）景芝白干含有一定量的丁二酸二丁酯，平均值为4mg/L左右。

（6）国家标准中规定：高度酒的己酸乙酯含量为0.10～1.20g/L，3-甲硫基丙醇含量≥0.5mg/L；低度酒的己酸乙酯含量为0.10～1.00g/L，3-甲硫基丙醇含量≥0.4mg/L（详见GB/T 20824—2007）。

（八）标准评语

酒体具有“芝麻香优雅纯正，醇和细腻，香味谐调”的风味特点。

（九）品评要点

（1）色泽　无色或微黄，清亮透明，无悬浮物，无沉淀。

（2）闻香　带有芝麻香的复合香。

（3）入口　突出焦糊香味，细品有类似炒芝麻的香气。

（4）口味　醇厚，带有轻微焦香味。

九、兼香型白酒

由于地域、工艺的差异，兼香型白酒形成了“酱中带浓”和“浓中带酱”两种不同的风格流派。

（一）酱中带浓

以湖北白云边为典型代表，在风格上以酱香为主，酱兼浓，工艺上以酱香工艺为主。

1．酿酒原料

高粱。

2．糖化发酵剂

高温大曲。

3．发酵设备

水泥池。

4．发酵形式

固态发酵。

5．单轮发酵期

一年九轮次发酵，每轮发酵30d左右。

6．工艺特点

多轮次固态发酵，1～7轮为酱香工艺，8～9轮为混蒸混烧浓香工艺。

7．香味成分特征

（1）庚酸含量平均为200mg/L。

（2）庚酸乙酯含量高，多数样品为200mg/L。

（3）乙酸异戊酯含量较高。

（4）丁酸、异丁酸含量较高。

8．标准评语

酒体具有“酱浓谐调，优雅馥郁，细腻丰满，回味爽净”的风味特点。

9．品评要点

（1）色泽　无色或微黄，清亮透明，无悬浮物，无沉淀。

（2）香气　酱香为主，略带浓香。

（3）口味　入口时酱香较突出，带浓香，较细腻，后味较长。

（二）浓中带酱

以黑龙江玉泉酒为典型代表，在风格上以浓香为主，浓兼酱，基本属于浓香工艺。

1．酿酒原料

高粱。

2．糖化发酵剂

大曲。

3．发酵设备

水泥窖、泥窖并用。兼香型白酒窖池见图5–27。

图5-27　兼香型白酒窖池

4．发酵形式

固态分型发酵。

5．单轮发酵期

浓香型酒发酵60d左右；酱香型酒发酵30d左右。

6．工艺特点

采用酱香、浓香分型发酵产酒，分型储存，勾调（按比例）而成兼香型白酒。

7．香味成分特征

（1）己酸乙酯含量高于酱兼浓酒1倍左右。

（2）己酸大于乙酸（酱兼浓正好相反），乳酸、丁二酸、戊酸含量较高。

（3）正丙醇含量低。

（4）己醇含量达到40mg/100mL。

（5）糠醛含量较高。

（6）β-苯乙醇含量较高。

（7）丁二酸二丁酯含量高。

（8）浓酱兼香型白酒国家标准中规定：高度酒的正丙醇含量范围为0.25～1.20g/L，己酸乙酯含量范围为0.6～2.0g/L，固形物≤0.80g/L；低度酒的正丙醇含量范围为0.20～1.00g/L，己酸乙酯含量范围为0.5～1.60g/L，固形物≤0.80g/L（详见GB/T 23547—2009）。

8．标准评语

酒体具有“浓酱谐调，优雅馥郁，细腻丰满，回味爽净”的风味特点。

9．品评要点

（1）色泽　无色或微黄，清亮透明，无悬浮物，无沉淀。

（2）香气　浓香为主，带明显酱香。

（3）口味　绵甜爽净，以浓香为主，柔顺、细腻、浓酱协调，后味有酱味。

十、药香型白酒

闻香有较浓郁的复合香气，药香香气突出，带有丁酸及丁酸乙酯的复合香气，入口能感觉出酸味、醇甜、回味悠长。以贵州董酒为典型代表，也称董型酒。

（一）酿酒原料

高粱。

（二）糖化发酵剂

大曲（图5-28）、小曲（图5-29）并用。

图5-28　药香型大曲
（规格：12cm × 7cm × 5cm）

（三）发酵设备

大小不同材质窖并用。

（四）发酵形式

固态发酵，大曲酒、小曲酒分别发酵。

图5-29　药香型小曲
（规格：3.5cm × 3.5cm × 3.5cm）

（五）单轮发酵期

小曲7d左右，大曲香醅8个月左右。

（六）工艺特点

大、小曲酒醅串蒸工艺。

（七）香味成分特征

1. “三高”

高级醇含量高、总酸含量高、丁酸乙酯含量高。

2. “一低”

乳酸乙酯含量低。

3. 两反

醇含量>酯含量；酸含量>酯含量。

（八）标准评语

酒体具有“香气幽雅，微带舒适药香，醇和浓郁（或柔顺），甘爽味长”的风格特点。

（九）品评要点

1．色泽

无色或微黄，清亮透明，无悬浮物，无沉淀。

2．香气

浓郁，酒香、药香协调，舒适。

3．口味

入口酸味大，后味长。

4．总体特征

有大曲酒的浓郁芳香、醇厚味长，有小曲酒的绵柔、醇和，有舒适药香、窖香及爽口的酸味。

十一、老白干香型白酒

原属于清香的范畴，由于采用混蒸混烧工艺，酒体醇厚丰满，有中温大曲清香特有的挺拔感和陈香。酒体清雅干净，后味悠长。以衡水老白干为典型代表。

（一）酿酒原料

高粱。

（二）糖化发酵剂

中温大曲。

（三）发酵设备

地缸（图5–30）。

图5–30　老白干地缸发酵

（四）发酵形式

地缸固态发酵。

（五）发酵期

15d左右。

（六）工艺特点

混蒸混烧、续糟、老五甑工艺，短期发酵。

（七）香味成分特征

（1）以乳酸乙酯与乙酸乙酯为主。

（2）乳酸乙酯含量＞乙酸乙酯含量。

（3）己酸、丁酸、戊酸含量均不高。

（4）戊酸含量比大曲清香酒高；丁酸含量与大曲清香酒接近；乙酸含量与乳酸含量均高于大曲清香酒。

（5）乙醛含量高于大曲清香酒。

（6）老白干酒杂醇油含量高于大曲清香酒，尤其是异戊醇含量为47mg/100mL，高于大曲清香酒近1倍。

（7）理化标准：高度酒（优级）乳酸乙酯含量≥0.4g/L，低度酒乳酸乙酯含量≥0.3g/L，乳酸乙酯含量：乙酸乙酯含量≥0.80；己酸乙酯含量≤0.03g/L（详见GB/T 20825—2007）。

（八）标准评语

酒体具有“醇香清雅，具有以乳酸乙酯和乙酸乙酯为主体的自然协调的复合香气；酒体谐调、醇厚甘洌，回味悠长”的风味特点。

（九）品评要点

1．色泽

无色或微黄，清亮透明，无悬浮物，无沉淀。

2. 香气

醇香与酯香复合的香气，细闻有类似大枣香。

3. 口味

入口有挺拔感，醇厚丰满、甘洌，后味净爽。

十二、馥郁香型白酒

融合两种香型工艺为兼香，多种香型工艺为馥郁香。在味感上，不同品尝时段能感觉出不同的香气，“前浓、中清、后酱”。酒体醇和、丰满、圆润，体现了高度酒不烈、低度酒不淡的特点。主要以酒鬼酒为典型代表。

（一）酿酒原料

高粱、糯米、大米、小麦、玉米。

（二）糖化发酵剂

小曲培菌糖化，大曲配糟发酵。

（三）发酵设备

泥窖。

馥郁香型白酒窖池见图5-31。

图5-31　馥郁香型白酒窖池

（四）发酵形式

固态发酵。

（五）单轮发酵期

30～60d。

（六）工艺特点

整粒原料，大小曲并用，泥窖发酵，清蒸清烧。

（七）香味成分特征

（1）以酒鬼酒为例，己酸乙酯与乙酸乙酯含量较为突出，二者成平行的量比关系。

（2）乙酸乙酯与己酸乙酯的含量比一般为（1～1.4）：1。

（3）四大酯含量的比例关系　乙酸乙酯：己酸乙酯：乳酸乙酯：丁酸乙酯=1.14：1：0.57：0.19。

（4）丁酸乙酯含量较高，己酸乙酯：丁酸乙酯=（5～8）：1，而浓香型白酒中己酸乙酯：丁酸乙酯=10：（1～1.5）。

（5）有机酸含量高，高达200mg/100mL以上，其含量远高于浓香型、清香型、四川小曲清香型白酒，乙酸、己酸的含量最高（占总酸70%左右），乳酸次之（约占总酸19%），丁酸含量占总酸约7%。

（6）高级醇含量适中，高级醇含量一般在110～140mg/100mL，高于浓香型和清香型白酒，低于四川小曲清香型白酒。

（八）标准评语

酒体具有“清亮透明，芳香秀雅，绵柔甘洌，醇厚细腻，后味怡畅，香味馥郁，酒体净爽”的风味特征。

（九）品评要点

1．色泽

无色或微黄，清亮透明，无悬浮物，无沉淀。

2．闻香

浓中带酱，芳香舒适，诸香协调。

3．口味

入口绵甜，柔和细腻，后味长，净爽。

第六章

基础酒验收与管理

固态法白酒采用开放式、多菌种共同发酵的生产模式，虽然同一厂家基础酒酿造采用的原料和生产工艺大致相同，但由于受酿酒生产季节、原料配比及其品质、生产工艺、发酵条件以及酿酒师的技术和操作技能、蒸汽压力等外在因素的影响，每窖甚至每甑所产的基础酒在感官、风格特征方面均存在一定差异。因此，基础酒在入库储存前需通过感官品评、理化分析，对其进行综合定级分类，组合形成不同等级、不同风格类型的基础酒后再进行储存陈酿，为后续酒体设计和新产品研发打下坚实的质量基础。

酒精度测量

在基础酒验收储存工作中，要进行基础酒酒精度测量及其换算等工艺操作。

白酒的度数表示酒中乙醇的体积分数，通常是以20℃时的体积分数表示的，如50%vol的白酒，表示在20℃时100mL的白酒中含有50mL乙醇。

常用的酒精度测量方法有：密度瓶法、酒精计法。现在白酒企业常用的是酒精计法。

酒精计的测量原理是根据密度计原理设计的：乙醇的密度小于水，乙醇含量越高的酒，密度也越小，因此浮力也越小。酒精计就是根据这种差异而计算出乙醇含量的。

一、酒精计和温度计的使用

酒精计具有几种不同的规格，在白酒企业中一般采用三支一组；温度计采用0～100℃的水银温度计。其使用步骤为：将擦拭干净的量筒、酒精计和温度计，用待测酒样润洗2～3次后，然后将待测酒样倒入量筒中，静置数分钟，等样液中的气泡逸出后，放入酒精计和温度计（0～100℃，分刻度0.1），再轻轻按一下酒精计，待稳定后，水平观测与凹液面相切处的刻度值（图6-1），记下酒精度和温度的读数。

二、查表

当酒精计放入不同的酒液中时，便可观察到一个具体的示值，根据这个示值和该酒液的温度，利用《酒精度和温度校正表》（附录三）查出在标准温度（20℃）时该酒液的酒精度。例如，用温度计测得某酒液的温度为15℃，酒精计测得该温度下酒液的体积浓度（体积分数）为59%vol，则可在《酒精度和温度校正表》中从表最左列上找到15℃，再从该表最上行找到酒精计示值59%vol，两栏的交叉点为60.8，即这种酒液在标准温度（20℃）时的酒精度为60.8%vol。

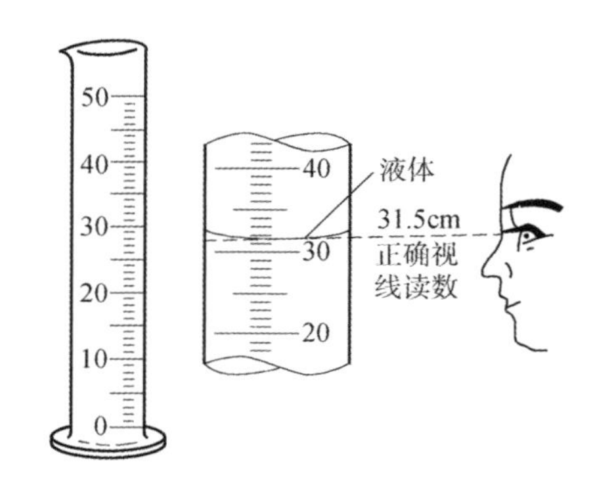

图6-1 量筒及其读数方法

基础酒验收

中国白酒生产采用传统固态法或半固态法、多菌种共酵的生产模式，影响基础酒质量的因素较多，酿造出来的基础酒口感风味存在着一定差异。作为固态或半固态发酵的产物，不管存在什么样的风格差异，其微量香味成分都是极其丰富的，只是不同工艺、不同香型的酒体香味成分含量过高或过低而形成了不同的酒体个性特征。

基础酒的验收以感官定级分类为主，理化分析为辅。有的企业将符合浓、香、爽、甜、净、有风格等标准的基础酒定为一类；口感有小缺陷但无异味的，如味较不爽净、略有杂味、微涩的基础酒定为一类；酒体有明显异味的基础酒定为一类进行分类验收。有的企业验收的质量标准以香气正、味净为基础，在这个基础上，只要还具备浓、香、爽、甜、风格等特点之一，都可以验收作为合格的基础酒，例如香气正、尾净、浓香味好；香气正、味净、香长；香气正、味净、风格突出等均可作为合格基础酒验收。总的来说，基础酒验收就是将不同理化指标或感官特征的基础酒进行尝评分类，再将相同风格的基础酒进行分质并坛（桶）的组合，实现优势互补，达到提高产品质量的要求。

一、基础酒验收工艺的发展

基础酒的验收工艺经历了三种模式：

（一）混装验收

蒸酒时除头去尾后，基础酒流到断花后摘酒，再根据基础酒酒体口感，尝评定级，验收为调味酒、特曲、头曲、二曲、三曲等基础酒类别或特级、一级、二级、三级等基础酒等级的模式。

（二）分段验收

基础酒除头去尾后，上甑工按照不同馏分的比例进行分段摘酒，然后由尝评员根据各段酒的酒体特征，验收定级为一级、二级、三级、四级等基础酒等级的模式。

（三）量质分段验收

基础酒除头去尾后，在摘酒的过程中，上甑工边尝评边分段，根据不同段次基础酒的口感进行量质摘酒，然后尝评员根据不同段次的酒体口感，结合理化指标，尝评定级，验收为具有各类风格的基础酒的模式。

基础酒在入库储存前需对其进行定级分类，以形成不同等级、不同类别、不同风格的基础酒。根据不同的糟源类别、不同的摘酒段次，经尝评定级后划分为不同等级、不同类别、不同风格的基础酒。生产中的糟源类别主要分为产酒糟、质量糟、底糟、双轮底糟、面糟等。摘酒段次主要分为头段、二段、三段、尾段等。

二、基础酒验收工艺

（一）样品接收

（1）酿酒班组生产出来的基础酒，交至酒库班组，由库房人员对其进行生产车间、生产窖池、糟源类别、生产时间、生产重量等信息的记录。

（2）酒库工作人员将酿酒生产班组交到酒库的基础酒取样，将每个样品信息（酒源、糟源、酒精度、重量、日期等）贴在样品瓶上，当天送样的信息表及其样品送至尝评备样室。图6-2为基础酒取样及入库流程。

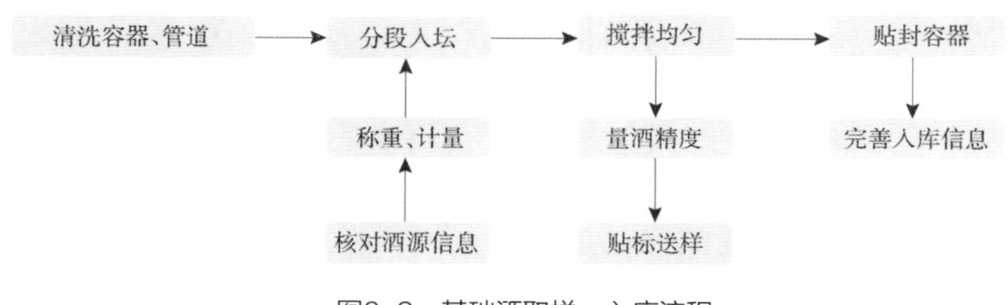

图6-2　基础酒取样、入库流程

备样室人员接收基础酒样品时，将信息表与实际的样品进行准确细致的清点核对。

（3）备样人员将样品按照糟源、段次分类放置，并且将酒源、酒精度、重量等记录下来。

（二）备样

（1）将放置的样品进行密码编号分组，备样员将每组酒样按顺序排列，每轮次不超过6杯酒样。其次将瓶中酒样倒入洁净的酒杯中，保持每杯酒样的液面基本一致，用针管吸入适宜的加浆水，放入每杯酒样中进行降度处理。

（2）将每组酒送至尝评室，按杯号顺序从左到右排列，由尝评员进行感官尝评。

（三）感官分类定级

（1）尝评员根据各类基础酒的标准，对不同酒样进行尝评。尝评员尝评酒样时要求环境安静，空气新鲜，凝心静气，以质论酒。

（2）尝评员端起酒杯观察酒液色泽，色泽要求无色透明或微黄透明，无悬浮异杂物，光泽度好，无失光现象；端起酒杯离鼻10～20mm处反复嗅闻；再尝评酒样，按照酒体风格特点分类定级基础酒。

（3）待尝评员独立尝评定级完毕后，统计每杯酒、每个尝评员的定级情况，综合起来最终确定感官分类等级。

三、样品数据分析

色谱室分析人员将尝评待检测的酒样吸取一定量做理化色谱分析；记录分析数据，及时反馈数据。

四、综合定级

根据感官分类定级情况、理化色谱数据，按照各类酒源质量标准，将基础酒最终定级信息反馈给生产部门，并进行分类储存。定级流程如图6-3所示。

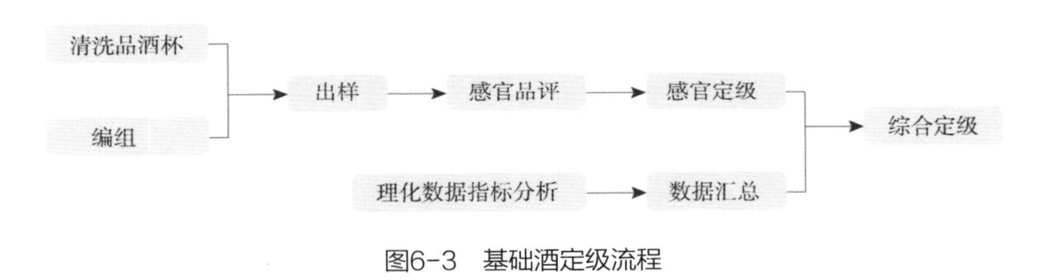

图6-3　基础酒定级流程

基础酒入库管理

酿酒班组生产出来的基础酒，交至酒库班组，尝评定级后由库房人员完善其车间、生产窖池、糟源类别、生产时间、生产重量、组合定级等生产信息的记录。

一、入库小样组合

在储酒过程中，要先进行小样组合实验，即当大容器中已装了部分酒后，在进其它酒源前，需将大容器中原有的酒与将要入桶的酒，按比例进行小样组合，达到质量标准，合格后方可进新酒，这样才能保证酒质稳定，避免新酒影响老酒酒质。每个大容器定等级、定型后，就不应再组合新酒进去。进行成品酒酒体设计时，只能在已经达到储存期的酒源中选择基础酒，这种方法虽然改用了大容器，但仍保留了陶坛储酒的优点。

还有一种储存组合方法只经基础酒定级，不分风格特点定型，同等级的酒组合后，装在容器中储存，达到储存期后再经过简单的组合调整，以弥补储存过程中酒质发生的变化，使之达到质量标准，然后再进行调味。这个方法比较方便易行，但缺点是同季节所产的酒在一起组合，而没有考虑到不同季节酒的质量差异，这些应在组合、酒体设计中设法解决，以求酒质全面、稳定和一致。

图6-4所示为入库小样组合流程。

小样组合 → 确定方案 → 出具放样单 → 调度安排

图6-4　入库小样组合流程

二、入库储存

储存工序是白酒传统工艺的一道重要工序，优质的基础酒随着时间的延长越存越好，储存期越长的白酒，价值越高。从科学的角度来说，一定时间的储存期，可以减少新酒的刺激感和辛辣味以及部分异杂味等，这些不良气味主要是由低沸点的醛类、烯类游离分子等成分造成的。通过一段时间的储存，低沸点成分挥发，白酒中发生的各种物理、化学变化，使刺激感和不愉快的气味减少，柔和绵甜增加，香味被烘托出来，醇厚感增强，风格突出，促进白酒质量的提高。但是白酒都应强调有一个合理、科学的储存期，基础酒储存到一定年限，香味成分含量达到一定的平衡，酒质逐渐趋于稳定，发生的变化减少。不是时间越长的酒其酒质就越好，首先基础酒自身质量要好，在合理的储存时间后酒质达到最佳。基础酒储存期也要考虑企业的资金成本，根据不同的酒源使用价值制定合理的储存期。

基础酒入库管理流程见图6-5。

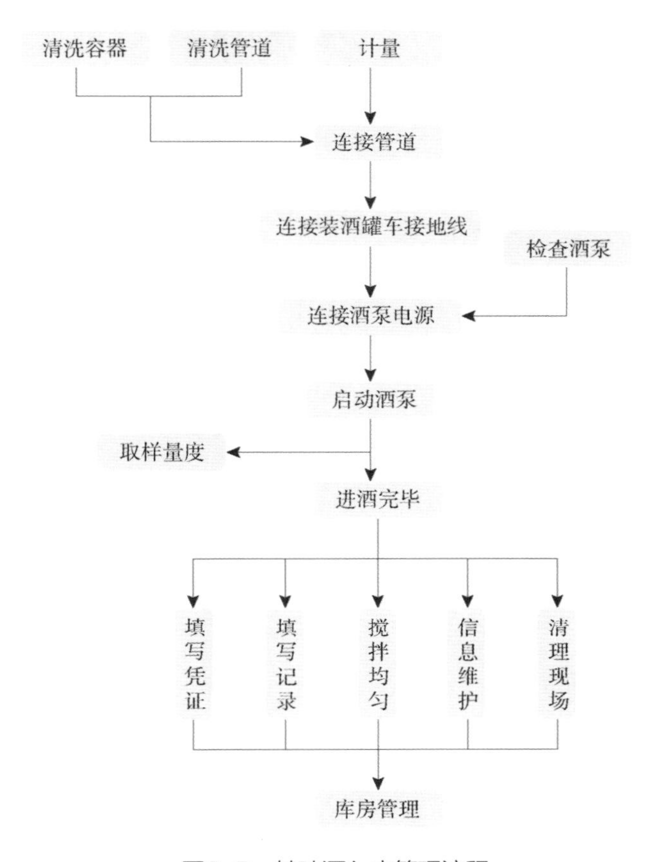

图6-5 基础酒入库管理流程

（一）分等级、分类型储酒

基础酒先入库储存在陶坛内，再取样验收、定级。一般是2～3个等级，一个等级3～4种类型（窖香型、醇甜型、浓厚型），红糟酒、丢糟酒也应尽量分别定级装入容器。分等级、分类型地验收储酒可以丰富酒源类别，在后期的组合、调味中有更多选择，有利于酒体设计的改进与发展。

（二）调味酒的储存

调味酒应采用陶坛储存，利于酒体的老熟以保持调味酒的质量、独特的个性和风格特征。

（三）搭酒的储存

一般的基础酒和搭酒可经组合后储存在同一个容器中。异杂味较严重的搭酒，应分开用容器储存，不能混装入容器，以免影响其它基酒的质量，给组合和调味带来困难。沾染油味、异杂味等不能同其它基础酒组合的酒，应采用专门的容器单独储存，通过其它方式单独处理。

第四节 酒库管理

一、基本术语

（一）质量

这里所说的质量，是指物理上的质量。在国际单位制中，质量的单位是千克（kg），我国习惯在日常生活和贸易中用重量来代替质量，即重量是质量的同义词。

（二）密度

物体的质量（m）与其体积（V）之比在一定温度、压力条件下是一个常数，该常数表示物质分子排列疏密的程度，称为密度。

均匀物质或非均匀物质的密度为：

$$\rho=m/V$$

ρ为密度，在SI中密度的单位是千克每立方米（kg/m^3）。习惯上常用克每立方厘米（g/cm^3）。由于体积的单位也采用毫升（mL），所以日常工作中有人用g/mL作为密度单位。例如，60%vol的酒在20℃时的密度为0.9091g/mL，即60%vol白酒1mL，其质量为0.9091g。

（三）容积

容积是指容器内可容纳物质（液体、气体或固体微粒）的空间体积或容积。SI中容积的单位是立方米（m^3），习惯上用升（L）、毫升（mL）来计量。《预包装食品标签管理通则》GB7718—2011中规定“液态食品，用体积升（L）(l)、毫升（mL）(ml)，或用质量克（g）、千克（kg）”标注。白酒、酒精的体积一般采用升（L）或毫升（mL），$1mL=1cm^3$。

（四）酒精浓度

酒精浓度指一定质量或一定体积的酒液中所含纯乙醇的多少。酒精浓度有两种表示方法：

（1）质量分数　即100g酒液中所含纯乙醇的克数，以*m*/*m*表示。

（2）体积分数　指在温度20℃时100mL酒液中所含纯乙醇的体积（mL），就是通常所说的酒精度，以%vol表示。如52%vol酒，指酒液在温度20℃时，100mL酒液中含有52mL乙醇。

（五）温度

温度是指物体的冷热程度。要确定一个物体的冷热程度必须使用温度计。我们平时使用的温度计上通常会标有字母℃，表示采用的是摄氏温标。摄氏温标规定为：冰水共存时的温度为0℃，沸水的温度为100℃。0℃和100℃之间分成100等份，每一份为1摄氏度，符号为℃。

二、酒库管理知识

在酿酒生产中，酒库管理尤为重要。不能把酒库管理简单地看作是酒的存放和收发，应该看成酿酒生产工艺的重要组成部分之一，是工艺管理上的重要一环，是一个质量再生产过程。酒源在坛（罐）的储存过程中，质量仍在不断发生变化，为了保证其储存环境的稳定性，就必须严格控制酒源在酒库之间的进出、转运等操作工序。

（一）基础酒安全管理

由于基础酒中的酒精浓度很高，若遇火源或电火花，容易引起燃烧，造成火灾、爆炸，直接威胁到财产安全和人的生命安全。因此酒库的防火、防静电、防泄漏在基础酒库房管理中尤其重要。因此，基础酒酒库所使用的电气设备必须是防爆电气设备；工作人员进出库区时必须穿纯棉工作服、防静电鞋，禁止携带火种、使用手机等；生产场地内不准抽烟，禁止无关的人员进入库区。

（二）现场清洁管理

生产现场要保持清洁，每天对酒库及四周进行清扫；每次工作完成以后要对所用的设备及器具（过滤机、空气泵、电泵、周转罐等）进行清洗，并放在规定的地方。

（三）基础酒储存管理

为了保证基础酒的质量，储存管理应做到以下几点。

（1）新生产的基础酒入库时，应先经专业尝评人员评定等级后，按等级或风格组合装入相应容器中。基础酒的尝评定级应该按照不同发酵周期、不同糟源、不同窖龄的窖池来源等工艺参数来制定相应标准。各种不同风味的基础酒，不要不分好坏任意组合，否则无法保证基础酒质量。

（2）容器标识明确，详细建立库存档案，写明坛号、产酒日期、窖号、生产车间和班组、风格特点、毛重、净重、酒精度等。定级后的基础酒，应附上理化色谱分析的数据，这些原始的基础数据可以通过计算机系统管理，为酒体设计、计算机勾调系统创造更好的条件。

（3）基础酒储存后，还要定期品尝复查，调整质量等级，尝评员做到对库存酒心中有数。

（4）调味酒单独原度储存，不能任意合并，若有转运指示，所有转运酒源的车辆、运输管道等都要反复清洗，最后以少量酒源透洗，避免污染酒源。

（5）酒体设计人员要与酒库管理员密切联系，随时了解掌握库房酒源信息，酒库管理人员应全力配合酒体设计人员掌握储酒情况。

（四）容器的标识

基础酒储存容器一般都采用大小罐并用。大容器（不锈钢大罐）储存优级、普级基础酒；小容器（如陶坛）储存调味酒或特级基础酒，储存一定时间后再将特级基础酒按各自的特点和使用情况组合入大罐，再次储存。

基础酒在入库后，需对其质量、重量等基础数据进行区分标识，记录储存容器中基础酒的详细资料卡悬挂在容器的醒目处。在基础酒酒库中的标识，其内容一般有：入库时间、重量、酒精度、等级、使用时间、口感评价等，并将色谱分析报告和理论检测主要指标同时附上，以方便基酒的管理和使用。浓香型白酒酒库标识的一般格式见表6-1。

表 6-1　浓香型白酒酒库标识的一般格式

入库时间：	生产班组：
重量（kg）：	酒精度（%vol）：
等级（名称）：	己酸乙酯（g/L）：
总酸（g/L）：	总酯（g/L）：
管理人员：	使用时间：

（五）基础酒储存管理的注意事项

1．酒体及储存容器要干净

基础酒储存前容器要清洗干净。新酒在酿造过程中可能含有一些灰尘、蛋白质、胶质、纤维等杂质，这些杂质经过长时间的沉淀后，附在容器壁上或沉淀在容器底部，而这些成分会影响到新酒的质量，给新酒带来异杂味。因此新酒在储存前可经初步过滤后再装入干净的储存容器。

2．应加强组合

在基础酒的储存过程中要不断进行定期品评，发现其在储存过程中的变化规律，通过组合弥补其储存过程中酒体质量变化的不足，提高储存效果。

三、酒库智能管理系统

（一）酒库动态计量管理及自动预警系统

保障酒源安全、质量稳定、计量准确、酒源信息等的有效管理是白酒生产企业应高度重视的。充足的基础酒储备是保证产品质量稳定的前提，真实准确的基础酒储备信息是指导酿酒生产和保障产品质量的基础，安全、高效的库房管理一直是白酒行业追求的目标。随着基础酒价值的不断提升，酒库的安全监管需求越来越紧迫，特别是储存过程中酒体质量变化的状况要引起高度关注。

储酒罐应安装液位计，液位计可以比较准确地反映罐体中基础酒的液位高度，但不能有效地反映出酒罐中酒体的实际重量（质量）。另外，酒库可以实施进出酒源的自动计量，酒罐中白酒的重量（质量）可以根据进出记录计算而得，是一个静态的量（在此称为静态计量），但酒罐中酒的实际重量（质量）一般存在差异，静态计量可以作为一个参考。因为罐体在储存过程中，液位可能会发生改变，静态计量就不能很好地解决此类问题。

精确的罐体计量是企业生产管理的需求，同时也是指导酿酒生产和市场产品研发的重要依据。动态库存管理能很好地反映基础酒储存的实际重量（质量）。同时，能根据液位的变化，动态监控罐内酒体的储存安全情况。

因此，酒库动态计量管理及自动预警系统（Dynamic Measurement Management and

Automated Early Warning System for Liquor Storehouse，DMM&AEW-LS）的重点在于根据罐区储存罐内液位，结合罐体容积以及库内温度变化，对罐内基础酒进行动态计量，以及实时监测罐内酒源液位，实现罐内酒源液位变化的实时监控，并能根据生产计划，对不同酒源储存量进行判断，实现基础酒储存量准确计量和预警。

（二）阀阵控制系统

白酒企业为了在市场上提高竞争实力，越来越重视白酒的质量及成本的管理与控制。作为现代配管系统的关键环节——双座阀的使用，是保证产品质量的同时，达到生产最大化、操作最简化的较好途径。随着国外技术、设备的引入及酿酒工艺日臻完善，生产规模越大，输酒管道系统越复杂。因此，输酒系统是控制产品在各个部分间正确流动，保证产品质量不被外部细菌、污物污染的关键。

传统的白酒厂发展到现代化的大型白酒企业，其输酒系统也经历了诸多的改变。由最初完全手工操作的软管系统，到管板系统，逐渐演变成为全自动控制，以双座阀为主，配合其它阀门管路的阀阵系统。

为了满足生产工艺要求，又必须解决管路系统的矛盾，阀阵管路系统应运而生。阀阵系统主要有如下特点。

首先，阀阵的全封闭设计，隔断管路中液体与空气的接触，阀体的无死角设计等保证了完美、快速的CIP清洗，解决了在线清洗的问题，将产品受污染的概率降到最低。其次，阀阵的紧凑性，可以使酒库的空间得到很好的利用。阀门的集中安装，一方面可以实现阀门的自动控制，另一方面可以使白酒生产管理更加现代化，也便于阀门的维修管理。另外，阀阵可以在阀门供货商的车间中组装完毕，交货后客户只需要进行与其它管路的连接，就可以实现原设计的功能。能够缩短白酒厂输酒系统安装的时间并提高安装精度。并且，在阀阵的设计中，为考虑今后企业生产的扩建，能够预先准备一定的扩展空间和功能，却不会增加阀阵制造的成本，因此，也大大降低了建设的成本。

（三）基础酒信息化管理技术

基础酒入库的信息管理以前一般采取手工做账的模式。随着计算机技术、信息技术、网络技术的发展，白酒企业先后开展了单机版的数据库、网络版的数据库、SAP系统（Systems Applications and Products in Data Processing）等基础酒储存管理的信息化研究，使酒库信息管理逐渐步入科学化、规范化的轨道，酒库的信息查询和更新更加及时、准确，进一步减轻了劳动强度，提高了工作效率，保证了数据的准确性。

（四）白酒生产自动化控制管理系统开发

针对白酒企业生产过程及基础酒质量控制方面的技术难题，白酒企业可根据自身情况，量身定制智能管理系统，从而实现基础酒转运过程中的精确计量和数据实时采集，直接保证了基础酒安全准确储存，大大降低了酒损。该系统的应用能提高企业酒库智能化、自动化管理水平，减少中间周转环节，避免管道阀门的人工转换，可提高基础酒转运效率和生产效率，有效节约人力成本和能耗。

作为白酒生产管理的核心组成部分，白酒生产自动控制及信息管理系统重点解决了白酒生产基础酒计量不准确、基础数据采集困难或不及时、无法实施在线监控等库房管理以及储存生产过程操作不方便等难点问题，实现了白酒一键勾调，实现了生产管理及生产过程的准确计量及数字化控制。通过软件系统对设备开启的历史记录，实现库房管理的全面监控，确保酒库安全；通过白酒生产原始数据的集中、实时采集，实现生产数据的真实、准确、及时记录；通过信息管理系统实现数据的汇总分析，为企业提供决策支持。

1. 系统组成

白酒生产自动控制及信息管理系统是对白酒生产过程进行检测、控制和管理的系统，采用分散就地控制、集中调度管理的思路，形成一套完整的基础酒储存、转运、组合、勾兑、过滤、输送灌装的控制和管理体系。系统按白酒的生产区域和工艺流程分为三个部分。

（1）基础酒库区子系统　包括对酿酒车间生产、车辆运输、基础酒组合控制和管理。通过数据采集在计算机上进行监视和控制，对相应的参数进行设置和管理，实现基础酒从生产车间、槽车到基础酒储罐的自动化控制及准确计量，显示储罐中基础酒的实时容量、液位、温度等信息。

（2）组合勾调区子系统　采用酒源放样单管理，根据工艺要求设定组合勾调配方，由计算机进行系统控制，自动开启相应的泵和阀门，通过流量计进行计量，准确地将基础酒、加浆水等打入组合罐，原料添加完毕后自动启动搅拌机搅拌。组合勾调结束后打入成品酒库区，完成整个组合勾调过程中原料的定量输送和设备自动启停，实现组合勾调过程的全面系统管理。

（3）成品库区子系统　可以查询到成品酒库区各种规格、品种的储存量，将成品酒输送给灌装车间，完成输送过程中的精确计量和输送管道存酒的双向清理。系统中实时显示监测设备的使用状态，如阀门、酒泵、酒罐、仪表等状态，通过组态界面直观显示全部工艺过程，可以根据工艺不同，对其相应的参数进行设置和调整，对数据进行校正，通过信息平台可以对数据进行查询，产生统计报表，完成打印等操作。当某个时间段出现报警时会弹出报警对话框，并详细记录报警信息进行处理和用于历史报警查询。

2．系统配置

主要包括控制设备、现场检测调节仪表设备以及软件系统。选用全球知名公司的产品以保证设备的可靠性、稳定性和操作方便性，通过企业实际应用系统完全能够满足白酒生产过程控制管理的需求。

3．按需量身定制

白酒生产工艺操作虽然简单，但储酒罐数量众多，分区分散布置，工艺管路交叉错综复杂，在有关控制操作方法上各企业也有差别。如各罐区跨区域互为输酒连通的方式，借用过滤、组合勾调管道实现引水、顶水及压缩空气顶酒等工艺步骤来实现，组合勾调环节采用单罐组合勾调还是多罐同时组合勾调，包装生产线高位罐液位控制有无必要，初滤、精滤设备的安装位置等，可根据白酒企业生产需求进行定制组合、开发系统。

生产自动控制在白酒企业生产中的应用，彻底改变了传统白酒生产工艺设备落后、能耗大、成本高的状况，对提高生产效率、提高产品质量、提高生产管理水平，适应现代白酒生产新要求起到了重要作用。

第七章 白酒酒体设计工艺

第一节 不同原料配比工艺设计

第二节 酿酒工艺设计

第三节 白酒的组合与储存工艺

第四节 白酒的调味工艺

第五节 新产品的酒体设计

第六节 酒体设计实例

白酒酒体设计工艺是指按照产品质量标准选取不同的基础酒，对成品酒的色泽、香气、口味、风格进行设计和研发的工艺流程。广义的酒体设计工艺包括从原料选择、酿酒工艺的确立开始，贯穿基础酒酿造、尝评定级、储存、组合勾调、加浆过滤、出厂审批等生产环节。它包括酿酒生产工艺设计、基础酒储存管理、酒体设计、酒源后处理、出厂前审批、理化分析等工艺环节。白酒酒体设计工艺流程见图7-1。

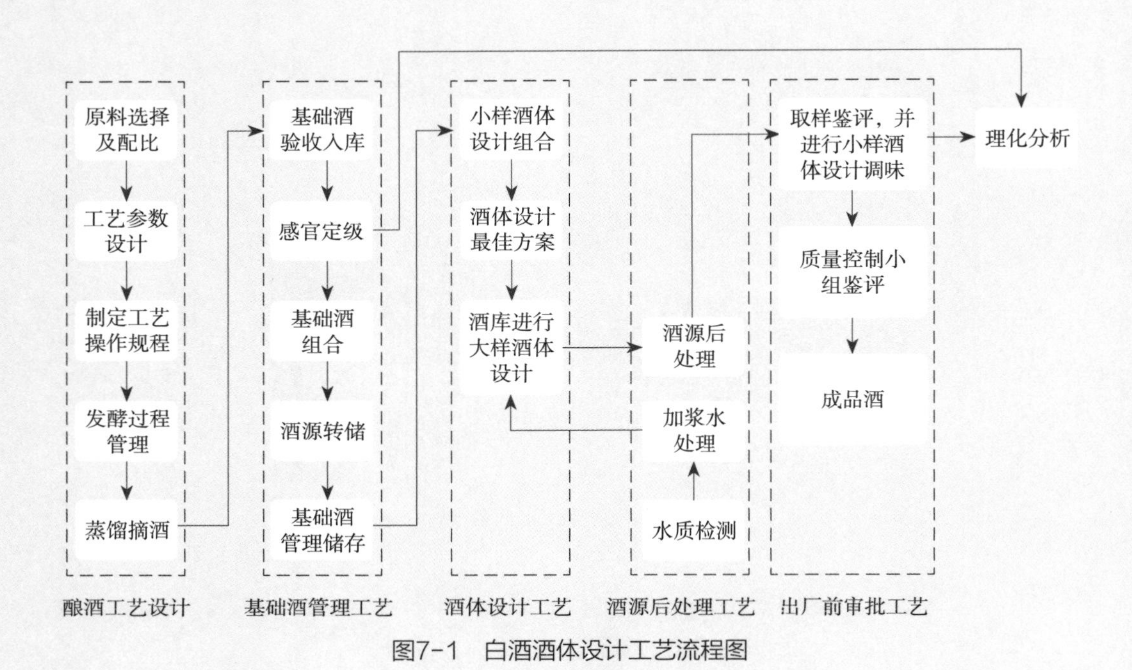

图7-1　白酒酒体设计工艺流程图

第一节

不同原料配比工艺设计

千百年来，中华民族独创了一套以高粱或大米为主要原料，或者以高粱为主，搭配一定比例的大米、糯米、玉米、小麦等粮谷原料，以大曲或小曲为糖化发酵剂酿造中国白酒的传统生产工艺。这是我国劳动人民在长期的实践中总结出来的、具有世界独创性的传统技艺。新中国成立以来，传统酿酒工艺不断同现代科技相结合，从对白酒传统生产工艺的三大试点（1957年由陈茂椿牵头的泸州老窖试点、1964年由周恒刚牵头的茅台试点、1963年由秦含章牵头的汾酒试点）、微生物发酵机理的研究、香味成分的剖析、尝评勾调技术的研发入手，逐步解开了传统工艺的神秘面纱，使我国白酒工业有了很大的发展。自新中国成立以来，由国家相关部委统一组织，先后举行了五届全国评酒会，逐步确定了白酒的12种典型香型。其中浓香型白酒是现有12种香型白酒中市场与生产占比最大的白酒，约占70%全国白酒市场份额，深受广大消费者的喜爱。一些名优酒企也相继开发了浓香型系列白酒产品，如清香型的黄鹤楼和酱香型的茅台、郎酒的系列酒等。白酒香型的发展融入了科技的附加值，白酒的香和味是白酒产品的固有属性，那么，不同香型白酒的香、味与其使用的酿酒原料有着怎样的关系？研究表明，原料配比的不同对白酒的香型和酒体风格特征的形成有重要影响。

一、不同香型白酒之间的关系及其各种酿酒原料的酿造特点

白酒的发酵过程以酒精发酵为主线，同时伴随呈香呈味成分的生成。目前，公认的白酒香型有12种，浓香型、酱香型、清香型、米香型是基本香型，其它8种香型都是在这4种香型的基础上通过工艺和技术的创新形成了独特工艺，衍生出的新香型。

从图7-2我们可以看出，12种香型白酒之间存在着以下关系。

（1）浓香同酱香结合衍生兼香型（酱中带浓，浓中带酱）。

（2）浓香同清香结合衍生凤香型。

（3）浓香、清香、酱香结合衍生特型或馥郁香型。

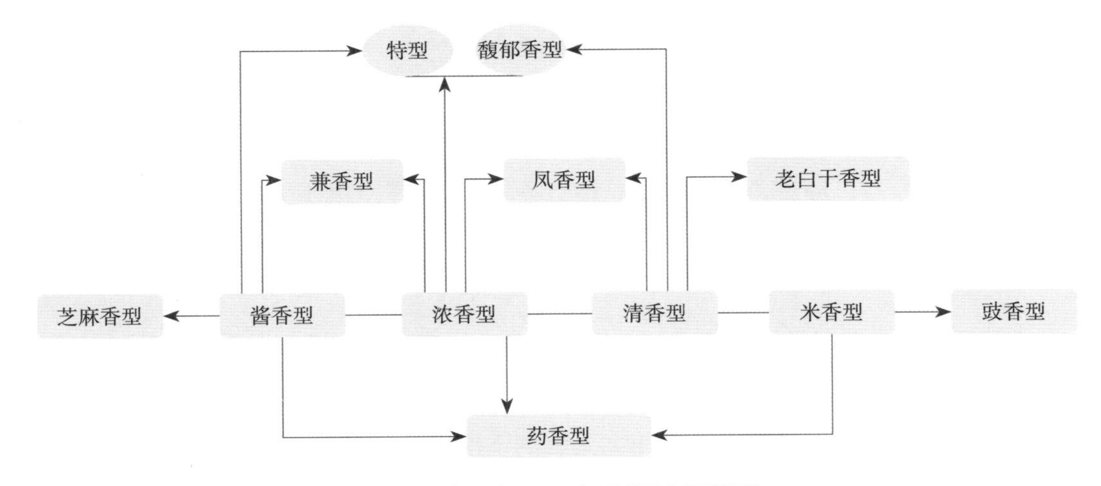

图7-2　中国白酒12种香型及相互关系

（4）以酱香为基础衍生芝麻香型。

（5）以米香为基础衍生豉香型。

（6）以浓香、酱香、米香为基础衍生药香型。

（7）以清香为基础衍生老白干香型。

浓香、清香、酱香、米香是基本香型，它们独立地存在于各种白酒香型之中。浓香、清香、酱香、米香是其它8种香型的基础，其它8种香型是在这4种基本香型基础上以一种、两种或两种以上的香型生产工艺的融和，形成了自身的独特工艺，从而产生了新香型。

中国白酒的酿造原料十分丰富，不同的原料在酿造过程中会产生不同的风味成分，即便是同一种风味成分的生成量也不同。因此，原料是影响白酒质量和风格的重要因素之一，是白酒发酵的物质基础，故有“粮为酒之肉”之说。不同的原辅料在发酵时可以将其自身独有的香气成分带入酒中，使白酒呈现特有的粮香、曲香、糟香等香气，口感也各不相同。白酒界有“高粱酿酒香，大米酿酒净，酒米（糯米）酿酒厚（绵），玉米酿酒甜，小麦酿酒糙”的说法，这些认识都反映了原料对白酒酒质和风格有着较大的影响。

每一种香型白酒都有着各自的风格特征及典型产品，用于酿酒的原料及配比也不尽相同。酿酒原料的配比可分为两种，一种是只用单一高粱或者大米酿酒，习惯上称为“单粮型”白酒。在白酒生产中，单粮型白酒在制曲生产中单独使用了小麦，或混合使用了大麦、豌豆等。严格意义上讲，单粮型白酒不能简单地称为“单粮”，它只是在酿酒原料上使用了一种粮食。以使用纯小麦或小麦、大麦、豌豆配比制曲，高粱为酿酒原料的白酒包含浓香型的泸州老窖，酱香型的茅台、清香型的汾酒等。另一种是以高粱为主，多种粮食按不同配比混合发酵的白酒，称为“多粮型”白酒，这类白酒包含浓香型的五粮液、剑南春等。不管是“单粮型”还是“多粮型”，因原料及配比、酿酒工艺技术、发酵设备等不同，相同粮食配料的白酒的酒体风格差异也较大，可见本书第五章表5-14。

粮谷类原料是酿造传统白酒的首选原料，但粮谷原料品种多，性质各异，在发酵过程中代谢生成的风味成分及其生成量也不同。高粱、小麦、大米、糯米和玉米是最为常见的酿酒原料，经过多年的实践总结出各种酿酒原料的酿造特点。

1. 高粱

在我国，高粱是最适合用来酿造白酒的原料。国家名优白酒中大部分都采用高粱为主要原料，部分适当搭配大米、糯米、玉米、小麦等其它粮谷原料酿酒。高粱的营养成分和物理性质非常适合酿造白酒，用高粱酿酒不但产酯种类多，并且共有代谢酯类也多，这也从理论上阐述了“高粱产酒香”的科学原理。高粱酿酒出酒率高、酒体粮香舒适、醇厚浓郁、香醇甘洌，在酿造白酒上独具优势，是主要的酿酒用粮。单粮浓香型、酱香型、清香型、兼香型、药香型、凤香型和老白干香型共7种香型的白酒都只用高粱作为酿酒的唯一原料；多粮浓香型、芝麻香型和馥郁香型共3种香型的白酒以高粱为主要酿酒原料，搭配适量的其它粮谷类原料酿酒。

在本书第二章第一节表2-2中可以发现高粱的种类较多，由于品种不同其主要成分的含量也不同，所酿的酒质和风格也有所差异。一般来说，糯高粱酿的酒比粳高粱酿的酒更香，出酒率也更高。

2．小麦

小麦是理想的制曲原料，其营养成分丰富，有较多的无机元素和维生素含量，黏度适宜，非常适合酿酒微生物的生长繁殖。小麦蛋白质的组成以麦胶蛋白和麦谷蛋白为主，麦胶蛋白中氨基酸较多，这些蛋白质通过发酵生成白酒特殊的香味成分。在多粮型白酒酿造中，小麦的配比量不宜过多，以免酿酒时产生大量的热量，使酒的糙辣感增加，故有“小麦酿酒糙”的说法。用粉碎过的小麦酿酒发酵，酒醅的水分不能过大，否则酒醅的黏度大，不易操作。

3．大米

大米的淀粉含量高，脂肪及纤维素含量较少，有利于低温缓慢发酵。大米酿的酒口感较净。特型、米香型和豉香型白酒都使用大米作为酿造主要用粮。大米蒸煮后黏性大且糊烂，在多粮发酵时用量过大容易导致发酵不正常。

4．糯米

糯米多用于液态发酵酿酒，有的固态发酵酿酒工艺也添加少量糯米。糯米质软，蒸煮后黏度大，因此用糯米酿酒时，使用的比例不要过大，要与其它粮食按一定比例混合发酵。添加适量糯米能增强酒的醇厚感，也能使酒的绵柔感增加。

5．玉米

玉米是工业微生物发酵的好原料。玉米含植酸较多，它在发酵过程中分解成肌醇和磷酸，前者增加酒的甜味，后者能促进酒中甘油的生成，增加白酒醇甜感，这可能是“玉米酿酒甜”的原因。玉米在蒸煮后疏松适度，不易黏糊，有利于发酵，所产的酒醇甜感好。但因玉米脂肪含量较其它原料高，在发酵中被微生物所利用，导致白酒的异杂味重。因此，多种粮食发酵时，玉米在投粮总量中占比较少。

综上所述，粮谷类原料在性质上各具特色，是传统白酒酿造原料的首选，可以根据所设计酒体的风格特点来选择酿酒原料，比如，浓香型白酒的制曲原料采用优质小麦或大麦、小麦和豌豆混合后作为制曲原料酿酒，所酿的酒曲香舒适；高粱是芝麻香的主要酿酒原料，但单以高粱为酿酒原料其氮源不足，使得芝麻香的焦香不够突出，风味不全面，所以采用加入小麦、麸皮、大米和小米来调整酿酒原料中碳氮比，增加其芝麻香和酱香香气，形成自己的风格特征。

二、原料中的主要成分及其对酿酒的作用

不同原料所含的成分不同，其出酒率和白酒的风格也不尽相同；同一种原料也因产地、品种不同使得出酒率和酒体风格存在明显差异，所以原料种类的多少及配比、酿酒生产工艺对酒体的感官特征也存在一定影响。

1．淀粉

淀粉是自然界分布极广的有机物，由D–葡萄糖单位相连接聚合而成，化学分子式为（$C_6H_{10}O_5$）$_n$。淀粉还含有0.2%～0.7%的矿物质及约0.6%的脂肪酸，它们以吸附状态存在于淀粉颗粒中。淀粉不溶于冷水，也不溶于乙醇和乙醚。其分子结构见图7–3。

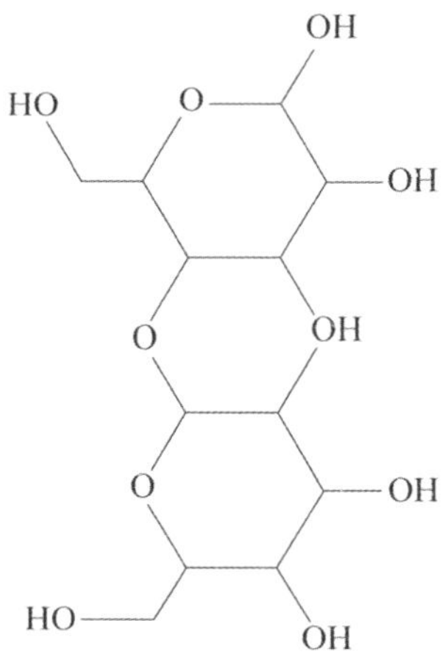

图7–3　淀粉分子结构

在酿酒生产中，淀粉是整个糖化发酵过程中微生物利用的主要物质之一，粮谷中淀粉的含量对白酒出酒率和酒质有着重要的影响。粳性粮谷的淀粉颗粒外层由支链淀粉所组成，占80%～90%，内层为直链淀粉，占10%～20%。糯性粮谷的内外层基本为支链淀粉。酿酒生产中酒精和大部分呈香呈味成分生成是由微生物利用原料中的淀粉或淀粉的水解产物进行代谢而生成的。

淀粉是由几百或几千个葡萄糖分子组成的高分子化合物，主要存在于植物的种子或根块里，高粱、小麦等酿酒原料中淀粉含量都比较高。在酿酒过程中，淀粉经糖化酶的作用生成葡萄糖，葡萄糖再通过酒化酶的作用生成乙醇和二氧化碳，其总的化学反应方

程式如下所示：

$$(C_6H_{10}O_5)_n+nH_2O \rightarrow nC_6H_{12}O_6 \rightarrow 2nC_2H_5OH+2nCO_2$$

按上式进行计算，理论上100kg淀粉需吸收11.11kg水，生成111.1kg葡萄糖，而这些糖可生成乙醇56kg、二氧化碳54kg，所以原料的淀粉含量高，产酒率也相应高。

淀粉经发酵代谢除生成乙醇与二氧化碳外，同时也是霉菌、酵母菌等微生物的营养物及能源。

2．蛋白质

蛋白质是一种结构复杂的大分子质量有机化合物，除含碳、氢、氧、氮、硫外，有时还含磷、铁。蛋白质的结构分为一级结构和空间结构（包括蛋白质的二级、三级和四级结构），蛋白质完全水解后的基本单位是α–氨基酸。

在酿酒生产中，一方面，蛋白质在制曲和发酵过程中为微生物提供氮源，是微生物所必需的营养成分；另一方面，蛋白质在发酵过程中生成一些杂醇油、氨基酸、酯类和其它香味成分，能增加白酒的风味。氨基酸的衍生物是构成白酒曲香味的重要成分，使白酒绵柔醇厚、香味协调、口感舒适，但其含量不能过高，过高会生产过量的高级醇，使白酒饮后上头。原料中的蛋白质含量过高时，易感染杂菌，造成生酸过多，影响正常发酵。正常情况下，白酒生产用的原料所含蛋白质已足够，无须另外添加蛋白质，但可以通过调整原料配比适当提高制曲原料中蛋白质的含量。

3．脂肪

脂质（或脂类）是由脂肪酸与醇作用生成的酯及其衍生物的统称，是油、脂肪、类脂的总称，一般不溶于水而溶于脂溶性溶剂。脂肪[$C_3H_5(OCOR)_3$]所含的化学元素主要是C、H、O，它是由甘油和脂肪酸组成的三酰甘油酯（图7–4），其中甘油的分子比较简单，而脂肪酸的种类和长短却不相同。因此脂肪的性质和特点主要取决于脂肪酸，不同食物中的脂肪所含有的脂肪酸种类和含量不一样。脂肪在发酵过程中可以生成少量的高级脂肪酸及酯类，但其含量若过高，则发热量大，杂菌生长繁殖快，生酸快、生酸幅度也高，影响出酒率和酒的品质，因此脂肪含量过高对酿酒有害而无益，在生产中一般要控制酿酒原料中脂肪的含量，少用玉米等脂肪含量高的原料。

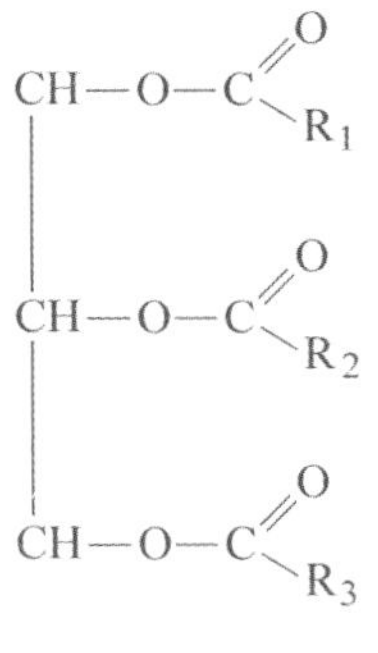

CH—O—C(=O)—R_1
|
CH—O—C(=O)—R_2
|
CH—O—C(=O)—R_3

图7–4　甘油三酯分子结构

4．果胶

果胶是构成高等植物细胞质的物质之一。它在薯类（如甘薯、木薯、马铃薯）以及甜菜等原料中含量较多，粮谷类原料中含量一般较少。

果胶的组成与性质随原料种类不同有很大差异，分子结构见图7-5，在蒸煮过程中以及高温发酵情况下，易被分解为甲醇。

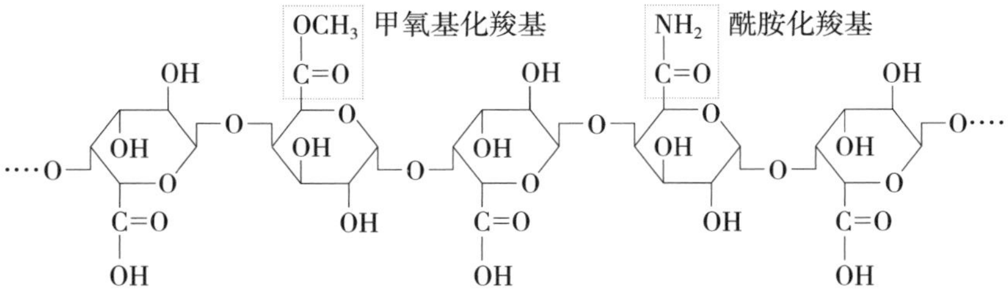

图7-5　果胶分子结构

白酒中甲醇含量应在标准规定范围内，过量对人体有很大的毒性，故要严格控制其含量。

5．单宁

单宁（$C_{76}H_{52}O_{46}$）又称单宁酸、鞣质，其在结构上有多个羟基，是一类有机酚类复杂化合物的总称，在消化酶的作用下，它能与蛋白质生成难溶于水的复合物，从而影响食物的消化吸收。图7-6所示为组成单宁的常见单体。

高粱籽粒的单宁含量较高。微量的单宁对发酵过程中的有害微生物有一定抑制作用，能提高出酒率。单宁产生的丁香酸、丁香醛等香味成分能增强白酒的芳香风味。因此，含有适量单宁的高粱是酿制优质酒的优良品种。但是单宁味苦涩、具有收敛性，遇铁盐呈绿色或褐色，遇蛋白质生成的络合物会产生沉淀，妨碍酵母菌生长发育，降低发

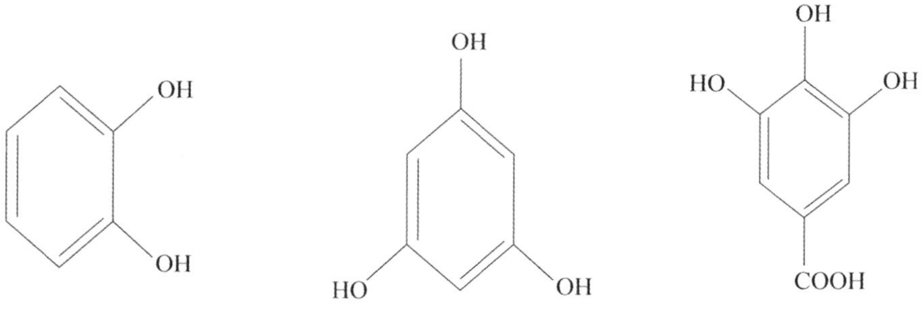

（1）儿茶酚　（2）根皮酚　（3）没食子酸

图7-6　组成单宁的常见单体

酵能力，故单宁含量过高的高粱品种也会影响酒的品质。在本书第二章第一节表2-2中可以看到不同高粱品种的单宁含量情况。因此，选育和应用单宁酶活力强的霉菌和耐单宁能力强的酵母菌，使单宁充分氧化，是解决单宁含量偏高影响发酵和酒质的一个重要途径。

6．灰分

灰分一般是指原料中所含有的钾、钠、镁、铁、硅等矿物元素。这些微量物质是微生物生命活动不可缺少的，也是辅酶的组成成分。辅酶在微生物代谢过程中起主要作用。微生物对灰分需求量甚微，原料中灰分含量应该是多还是少，目前尚未有研究结果，一般认为以能满足微生物生长代谢需要为佳。

7．纤维素

纤维素是由许多葡萄糖分子缩合而成的多糖，是植物细胞壁的主要成分。它是自然界中分布最广、含量最多的一种多糖，占植物界碳含量的50%以上。在酸性环境中蒸煮极易脱水生成糠醛，影响酒的品质。它在酿酒生产中一般不被利用，但能起填充剂的作用，补充发酵体系中的氧气含量，利于微生物生长繁殖；同时起到疏松糟醅的作用，利于蒸馏取酒，和充分提取酒糟中的香味成分。

8．水分

高粱等原料中含有适当的水分，是维持其生命并保护其色、味和品质所必不可少的物质，但若原料中水分含量过多，则引起呼吸作用旺盛，使原料本身干物质损失，并导致原料（粮食）发热、霉变、虫蛀等。因此原料中水分适宜与否，均对原料的储存、使用有较大影响。一般而言，高粱、小麦等原料的水分含量应在11%～13%为宜。

三、不同原料配比对酒体风味特征的影响

酿酒原料是产品质量和风味的物质基础。单一粮食和多种粮食的不同品种及配比，由于所含物质成分及含量的不同，在发酵过程中生成的微量香味成分也有所差别，但这不是区别酒质优劣好坏和风格特征的主要因素。除原料外，酿酒工艺、发酵设备、酒曲等对酒体质量和风格的影响也非常大，所有的香味成分大多来源于微生物对原料中的淀粉、蛋白质、脂肪等成分的代谢，对同一粮糟比的配料来看，从各种成分的含量，单粮

和多粮并无大的差异。茅台、泸州老窖等是以高粱为原料；五粮液、剑南春等则以高粱、大米、糯米、小麦、玉米等多种粮食为原料。几个不同白酒生产企业酿酒原料的配比情况见表7-1。

不同的酿酒原料及配比对白酒的风格有一定影响，如五粮液香气馥郁、浓烈，泸州老窖窖香浓郁舒适、口感醇净，洋河口感绵柔等。此处以浓香型白酒为例，将几个不同浓香型白酒企业代表产品的感官风味特征对比如下（表7-2）。

表 7-1　　主要香型酿酒原料配比　　单位：%

品名		香型	高粱	大米	糯米	小麦	玉米
单粮型白酒	泸州老窖	浓香型	100	—	—	—	—
	茅台	酱香型	100	—	—	—	—
	汾酒	清香型	100	—	—	—	—
	郎酒	酱香型	100	—	—	—	—
多粮型白酒	五粮液	浓香型	36	22	18	16	8
	剑南春	浓香型	40	20	20	15	5
	洋河大曲	浓香型	50	15	10	15	10

表 7-2　　不同浓香型白酒企业的产品感官评语

品名	感官特征
国窖1573	窖香幽雅、绵甜爽净、柔和协调、尾净香长
泸州老窖特曲	醇香浓郁、饮后尤香、清洌甘爽、回味悠长
五粮液	香气悠久，醇厚甘美，入喉净爽，各味谐调
剑南春	芳香浓郁，滋味悠美，清洌甘爽，余香悠长
沱牌大曲	窖香浓郁，清洌甘爽，绵甜醇厚，尾净余长
洋河大曲	入口甜，落口绵，尾爽净，回味香

不同的酿酒原料及其配比在一定程度上会影响白酒中风味物质的种类、生成量，以及它们的量比关系。因此在酒体工艺设计过程中，可以选择不同的原料及配比来设计生产出所需风格特征的基础酒源。不同的酿酒原料生成的香味成分虽有差别，但并不代表酿酒时添加的种类越多越好。酿酒原料是影响酒体风格的要素之一，并不是唯一和绝对要素，酒体风格的形成和工艺操作、生态环境和微生物种群等因素关系更为密切，不同

白酒生产企业生产的白酒酒体感官特征各有特色，这些白酒的不同口感与各个厂家不同的地理环境和酿酒、制曲、勾调、酒源后处理以及水处理等生产工艺密切相关。这就是一些白酒企业虽然原料配比完全一样，但生产出来的酒的风格却有差别的主要原因。因此，最佳原料配比还要加上生产工艺的设计，包括制曲工艺、酿酒工艺、储存工艺以及勾调工艺的科学设计才能生产出个性独特的优质产品。

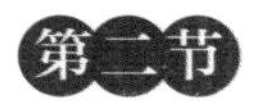

第二节 酿酒工艺设计

一、酿酒工艺

（一）酿酒工艺分类

中国白酒受地理环境、气候、原料品类、制曲工艺、发酵设备、酿酒工艺、勾调技艺等因素的影响，不同的白酒体现着不同的风格特征。目前，白酒的酿造工艺可分为固态发酵法、半固态发酵法和液态发酵法等三类工艺。

固态发酵法是以曲类、酒母等为糖化发酵剂，以高粱、大米等淀粉质原料为酿酒原料，经蒸煮、糖化、发酵、蒸馏、陈酿和勾兑等工艺生产白酒的方法。固态发酵法是大曲酒、小曲酒和麸曲酒的主要生产工艺，如酱香型白酒、浓香型白酒、清香型白酒、米香型白酒和其它香型白酒。

半固态发酵法分为两种工艺，一是先培菌糖化后发酵，米香型白酒采用前期固态培菌糖化，后期液态发酵、蒸馏的生产工艺；二是边糖化边发酵，豉香型白酒采用固态蒸料糊化，再进行在液态环境中边糖化边发酵、液态蒸馏生产的方法。

液态发酵法是以液态蒸煮糊化、液态糖化与发酵、液态蒸馏生产白酒的方法。它具有机械化程度高、劳动生产率高、淀粉出酒率高、原料适应性强、改善劳动环境、辅料用量少等特点。

（二）浓香型白酒酿酒工艺分类

浓香型白酒是我国特有的传统白酒之一，历史悠久，风格独特。因其发源于四川泸州，因此又称为泸型酒。其工艺特点为："老窖固态发酵，续糟配料，混蒸混烧，千年老窖万年糟"。浓香型白酒的酿造，根据使用原料的种类不同，可分为单粮酿造和多粮酿造。单粮酿造以高粱为酿酒原料；多粮酿造则以高粱为主，再适量配比玉米、大米、小麦、糯米等粮谷作为酿酒原料。根据配料蒸馏方式的不同，可以分为分层堆糟混合蒸馏、分层堆糟分层蒸馏；根据入窖工艺不同，可以分为：原窖法工艺、跑窖法工艺和老五甑法工艺。严格上讲，老五甑法工艺也可以采用原窖法工艺和跑窖法工艺。

糟醅的种类如下。

（1）万年糟　循环使用的糟醅，俗称为万年糟。

（2）母　糟　粮糟发酵完毕后出窖，用于投粮蒸馏的酒糟，亦可称为糟醅。

（3）出窖糟　发酵完毕后，出窖待蒸馏的糟醅。

（4）上甑糟　出窖糟醅经加料拌匀后，用于上甑的糟醅。

（5）出甑糟　蒸馏取酒后的糟醅。

（6）粮　糟　加入粮食原料，蒸煮后的糟醅。

（7）入窖糟　摊晾冷却后加曲待入窖发酵的糟醅。

（8）发酵糟　在窖池内处于发酵状态的糟醅。

（9）红　糟　出窖糟醅不添加粮食，仅拌和少量糠壳后上甑，经蒸馏取酒、摊晾加曲后覆盖于窖内粮糟上面发酵的糟醅，因其位置处于窖池最表层，又称为面糟。

（10）丢　糟　面糟经蒸馏、取酒、出甑后，不再用于发酵的糟醅。

不同类型糟醅的关系见图7-7。

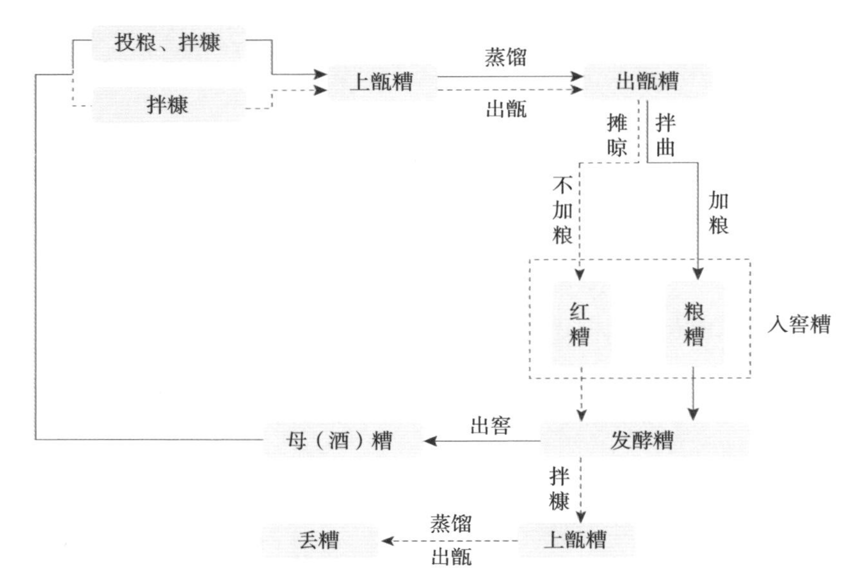

图7-7　不同类型糟醅的关系

1．按配料蒸馏方式分类

（1）分层堆糟混合蒸馏　该工艺操作方法为：将窖池内的糟醅取出，除底糟、面糟外，各层糟醅分层堆糟，上甑前将不同层次糟醅的混合后，加入原辅料，蒸馏取酒。分层堆糟混合蒸馏示意图见图7–8。

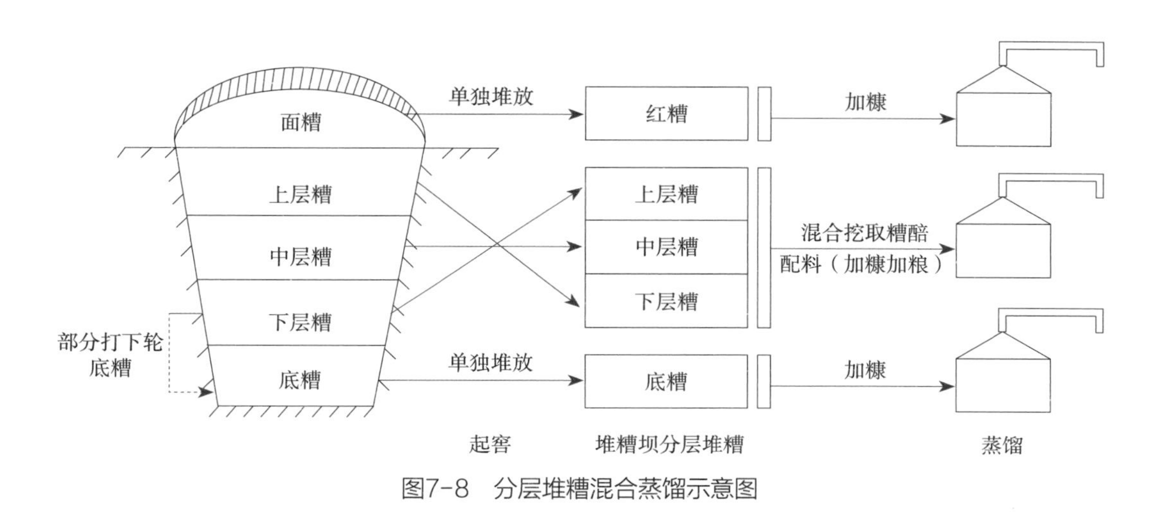

图7-8　分层堆糟混合蒸馏示意图

（2）分层堆糟分层蒸馏　该工艺操作方法为：将窖池内的糟醅取出，各层糟醅分层堆糟、分层配入原辅料，分层蒸馏取酒。分层堆糟分层蒸馏示意图见7–9。

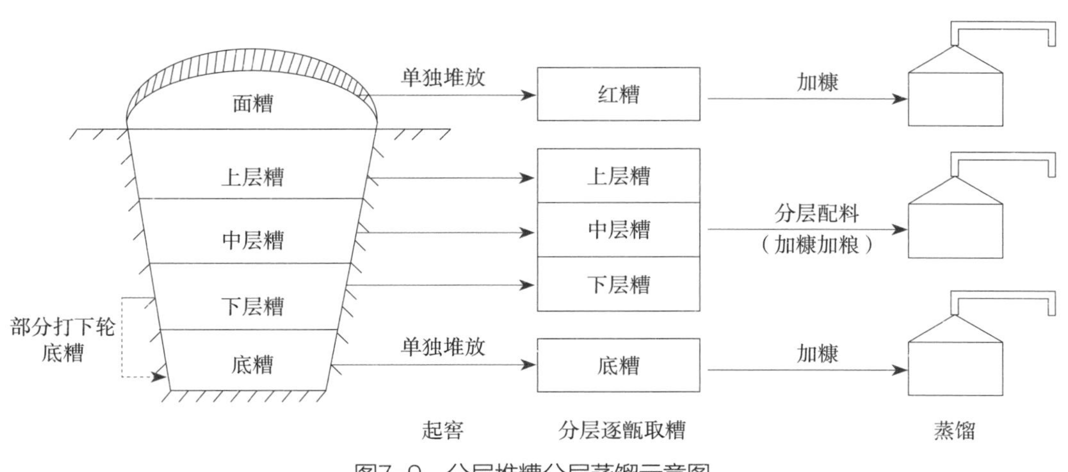

图7-9　分层堆糟分层蒸馏示意图

原则上，以上配料蒸馏工艺均适用于跑窖法工艺、老五甑法工艺，而分层堆糟混合蒸馏仅适用于原窖法工艺。

2．按操作方式分类

（1）原窖法工艺　该工艺操作方法为：本窖发酵糟经不同配料蒸馏方式取酒后，蒸煮糊化、打量水、摊晾、拌曲后仍然放回到原来的窖池内密封发酵。发酵完毕后，将母糟逐层起运至堆糟坝按层由下而上堆放，上层糟（黄水线以上）取完后进行滴窖操作，滴窖完成后再取出下层糟堆于上层糟上面。具体堆糟方法是：面糟、底糟单独堆放，上、下层糟按起窖顺序逐层由下往上堆放。配料方式采用分层堆糟混合配料。原窖法工艺示意图见图7-8。

原窖法工艺的优点如下。

①粮糟的入窖条件基本一致，甑与甑之间产酒质量比较稳定。

②甑与甑间的粮、糠、水等的量比关系保持相对稳定，有规律性，易于掌握，入窖糟的酸度、淀粉浓度、水分基本一致。

③微生物长期生活在一个基本相同的环境里，有利于微生物的驯化和发酵。

④开窖后可以对出窖糟和黄水的情况进行充分的鉴定和分析，有利于总结经验与制订改进措施。

⑤在堆糟坝堆放的过程中，可能有好氧微生物参与了二次发酵，有利于香味成分的进一步生成。

原窖法工艺的缺点是操作上劳动强度大，出窖糟酒精易挥发损失，不利于分层蒸馏。

此工艺具体操作工艺流程见图7-10。

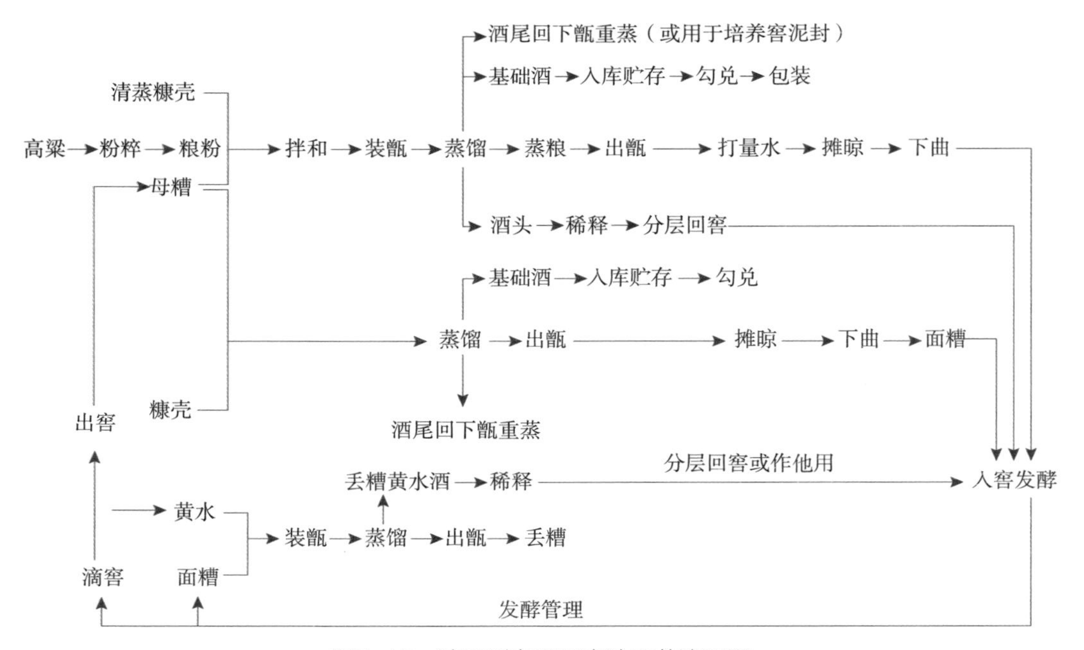

图7-10　浓香型白酒原窖法工艺流程图

（2）跑窖法工艺　此工艺操作方法为：在生产时先腾出一个空窖池，然后把另一个窖池内的糟醅经不同配料蒸馏取酒后，蒸煮糊化、打量水、摊晾、拌曲后装入预先准备好的空窖池中，密封发酵；而原来装满发酵糟的窖池成为一个空窖。配料蒸馏方式可分为分层堆糟混合蒸馏、分层堆糟分层蒸馏。跑窖法工艺示意图见图7–11。

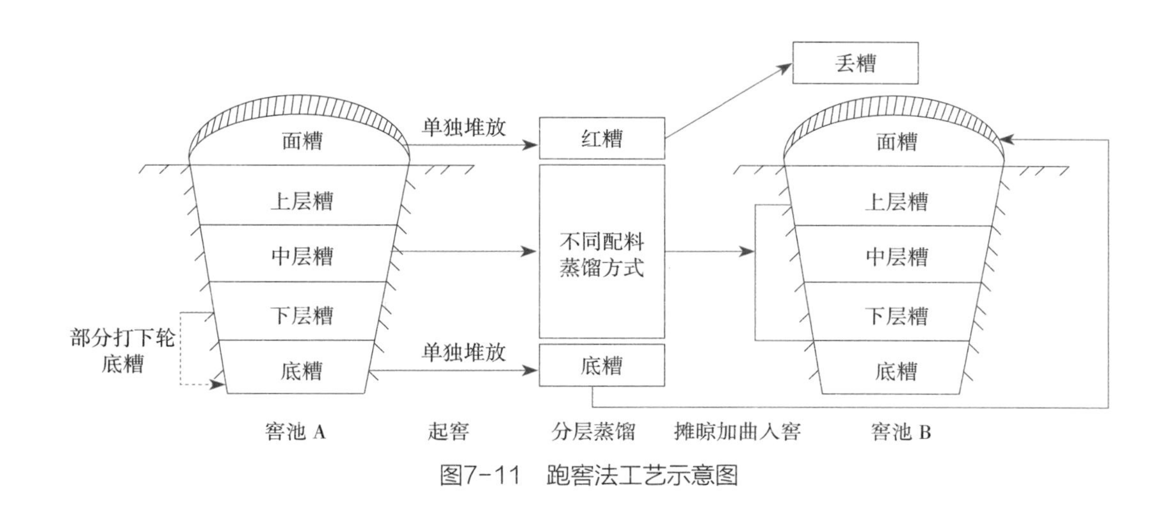

图7–11　跑窖法工艺示意图

跑窖法工艺的优点：

①上轮上层糟醅成为下轮的下层糟醅，上轮下层糟醅成为下轮的上层糟醅，有利于调整糟醅的水分和酸度，有利于有机酸的充分利用，从而提高酒质。

②操作上劳动强度较小，起运一甑蒸一甑，糟醅中香味成分挥发损失小。

③便于采取分层蒸馏，分级并坛等提高酒质的措施。

跑窖法工艺的缺点：

①班组窖池大小（甑口数）要求一致。

②甑与甑之间糟醅的酸度和水分差异较大，工艺参数及配料、配糠、量水用量不稳定，也不一致，规律性较差，给操作、配料带来了一定的困难，不利于培养糟醅风格。

③不利于总结经验与教训。

具体操作工艺流程见图7–12。

（3）老五甑法　老五甑法又称为老五甑分层蒸馏工艺。老五甑分层蒸馏工艺以苏、鲁、皖、豫一带酿酒生产工艺为代表。

此工艺操作方法为：窖池内有四甑糟醅，出窖后加入新的原辅料分成五甑糟醅进行蒸馏。五甑糟醅中有四甑糟醅继续入窖发酵，其中一甑糟醅不加粮食，称为回糟或面糟；另一甑糟醅是上轮的回糟经发酵、蒸馏后所得，不再入窖发酵，称为丢糟。老五甑分层蒸馏工艺见图7-13。

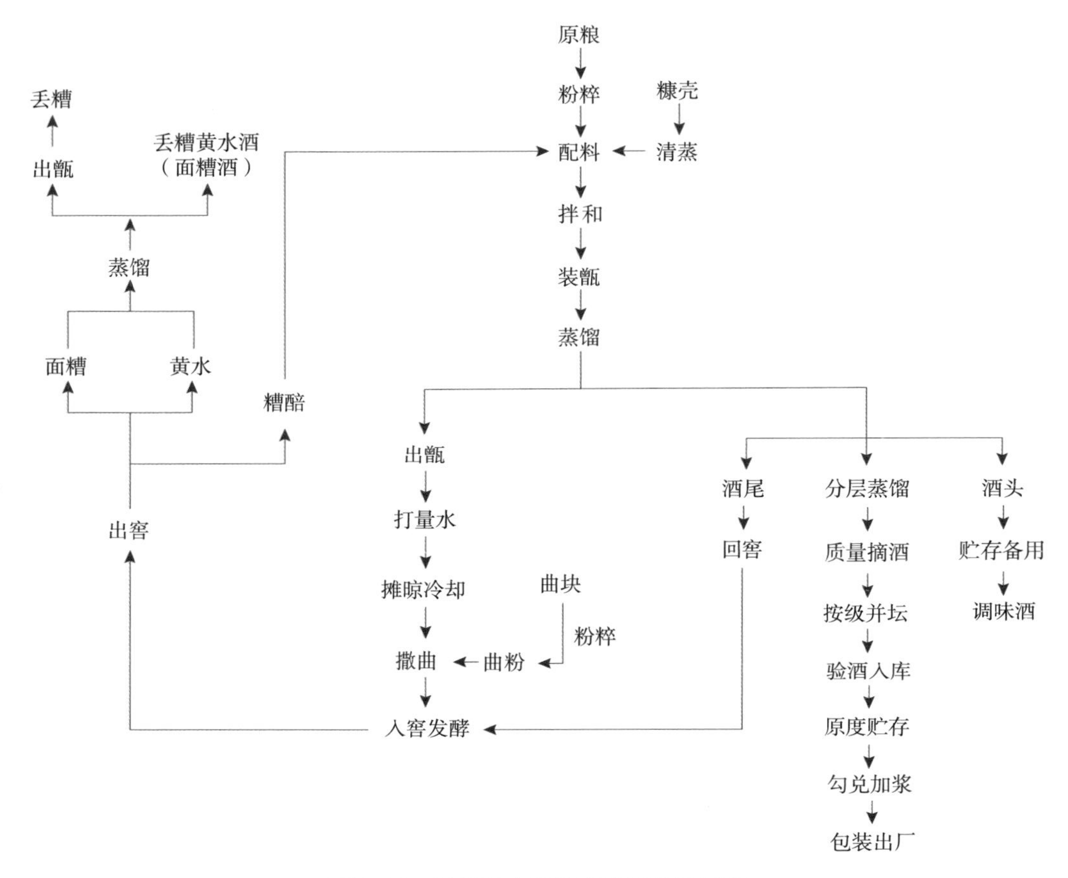

图7-12 浓香型白酒跑窖法工艺流程图

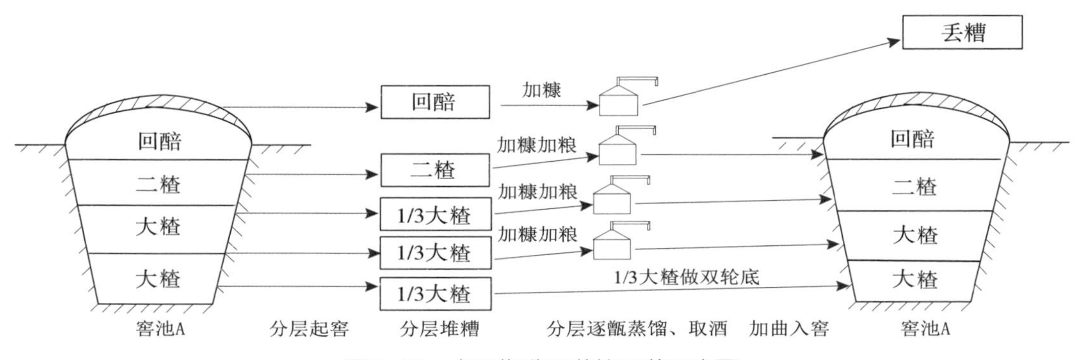

图7-13 老五甑分层蒸馏工艺示意图

老五甑法工艺优点如下。

①窖池小，甑口少，糟醅与窖泥接触面积大，有利于培养糟醅风格，提高酒质。

②甑桶大，投粮量多，产量大，劳动生产率高。

③原料粉碎较粗，辅料糠壳用量小。

④不用打黄水坑进行滴窖。

⑤一天起一个窖，一班蒸馏完成，有利于班组考核和班组生产分析。

老五甑法工艺缺点如下。

①出窖糟含水量大（一般在62%左右），配料拌和后，含水量为53%左右，不利于己酸乙酯等醇溶性呈香呈味成分的提取，而乳酸乙酯等水溶性呈香呈味成分易于蒸馏出，对酒质有一定的影响。

②劳动强度大。

浓香型白酒老五甑法具体操作工艺流程见图7-14。

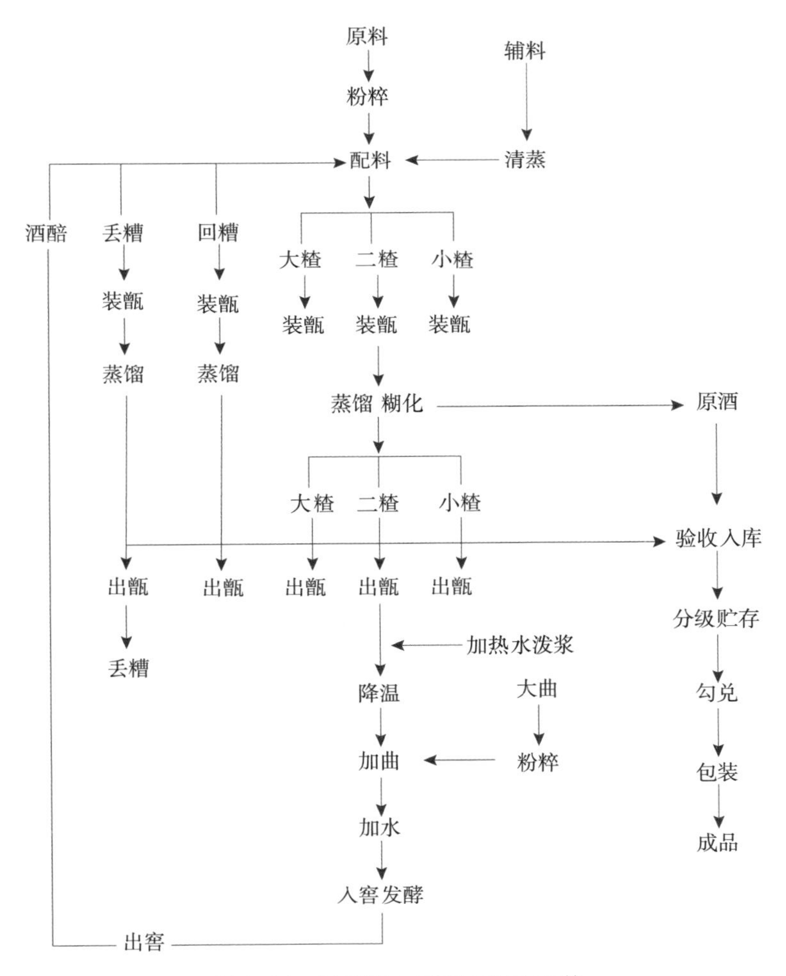

图7-14　浓香型白酒老五甑法工艺

（4）“六分法”工艺 “六分法”工艺是在“原窖法”工艺基础上，吸取了“跑窖法”工艺和“老五甑法”工艺的优点发展起来的一种创新工艺，在发酵和蒸馏时根据母糟的特点扬长避短、缩小差异，采用不同的生产工艺，从而达到优质高产、低消耗的目的。“六分法”工艺是指分层投粮、分层发酵、分层堆糟、分层蒸馏、分段摘酒、分质并坛等综合工艺操作法，简称为“六分法”工艺。

①分层投粮：针对窖池内糟醅发酵的不均匀性，根据糟醅在窖内的位置不同，投粮数量也不同，这就是分层投粮的根本原因。在全窖总投粮数量不变的前提下，下层糟醅多投粮，上层糟醅少投粮，使一个窖池内各层糟醅的淀粉含量呈“梯度”结构，其层次的划分，以“甑”为单位。在生产时，为了操作上的方便，可大致分为三层：第一层是面糟（约占全窖糟量20%），每一甑投粮可比全窖平均数少；第二层是第一层以下“黄水线”以上的糟醅，可按全窖平均量投粮；第三层是“黄水线”以下的糟醅（包含双轮底糟），每一甑投粮可比全窖平均数多1/3左右。

②分层发酵：根据窖内各层糟醅在发酵过程中代谢产物的变化规律，对各层糟醅的单轮发酵期进行调整。在窖池内各层的糟醅，采用不同的发酵期，这是分层发酵的基本依据之一。上层糟醅在生酸期后，酯化生香较弱，如让其在窖池内继续发酵对提高酒体的风味的意义不大，故可缩短单轮发酵期，提前出窖进行蒸馏。窖池底部糟醅生香幅度大，可适当延长其酯化时间。

最上层一甑粮糟在生酸期后（在入窖30～40d），即将其取出进行蒸馏取酒，只加大曲，不再投粮，使之成为“红糟”，并将其覆盖在原窖的粮糟上，制成面糟，封窖后再发酵。其余上层粮糟发酵60～75d，与其面上的红糟同时出窖。每窖留底糟为1～3甑，两轮发酵后出窖一次，称为双轮底糟（第一排不出窖，但要加入大曲粉和尾酒进行拌和），其单轮发酵期可在90～120d及以上。

③分层堆糟：为了保证窖内各层糟醅分层蒸馏以及下排的入窖顺序，操作时应将各层的糟醅分别堆放。上层粮糟和双轮底糟分别单独堆放，以便单独蒸馏。母糟分层出窖，在堆糟坝上由里向外逐层堆放，便于先蒸下层糟，后蒸上层糟，以达到糟醅留优去劣的目的。

④分层蒸馏：室内各层糟醅在发酵过程中，其发酵质量是不同的，所产酒的质量也不尽相同。生产中为了尽可能多地提取优质酒，避免由于各层糟醅混合在一起而造成下层糟醅的好酒未单独蒸馏出来，各层的糟醅采取分别蒸馏工艺，这是其工艺特征之一。

在操作上，上层粮糟和双轮底糟应分别单独蒸馏。红糟在蒸馏取酒后就扔掉。双轮底糟蒸馏取酒后仍然可以装入窖底。母糟则按由下层到上层的次序一甑一甑地蒸馏，并以分层投粮的原则进行配料，按原来的次序依次入窖。

⑤分段摘酒：针对窖内不同层次糟醅的酒质不同和在蒸馏过程中各段次酒质不同的特点，在生产上为了更多地摘取优质酒，要依据不同的糟醅适当地进行分段摘酒，即对产优质酒的糟醅蒸馏时，在断花前，人为分成前后几段进行摘酒。其具体操作方法如下。

a．每甑摘取酒头0.5～1kg。

b．面糟（包括红糟和丢糟）蒸出来的酒质要差一些，可不分段；双轮底糟蒸出来的酒质优良，也不必分段。上述两种糟醅，均采取断花摘酒。

c．发酵粮糟酒的摘取应视窖池的新老、糟醅发酵的好坏，以及母糟的不同层次分成前、后两段摘酒。一般的操作原则如下。

Ⅰ新窖池黄水线以上的母糟前段摘取总量的1/3左右，后段摘取2/3左右；黄水线以下的母糟，前后各段摘取1/2左右。

Ⅱ老窖池或窖泥基础特别好的新窖池，黄水线以上的母糟，前后段各摘取1/2左右；黄水线以下的母糟，前段摘取2/3左右，后段摘取1/3左右。

Ⅲ前段酒的酒精浓度要保持在67%vol以上，最低不低于65%vol；后段酒的酒精浓度保持在60%vol以上，最低不低于55%vol。

⑥分质并坛：采用分层蒸馏和分段摘酒之后，基础酒的酒质就有了显著的差别，为了保证酒质，便于储存提高质量，蒸馏摘酒的基础酒应严格按质合并装坛，操作原则如下。

a．酒头和丢糟酒应分别单独装坛。

b．红糟酒和黄水线上层母糟后段酒可以并坛。

c．黄水线上层母糟前段酒和黄水线下层母糟后段酒可以并坛。

d．黄水线下层母糟前段酒单独并坛。

e．双轮底糟酒单独并坛。

以上各类型的基础酒酒质有明显的区别，便于后续分等级和勾兑成品等工艺。如果条件允许，还可分得细一些，例如可区分新窖池与老窖池产的酒。如果糟醅发酵不正常，并坛时可在上述原则的基础上做适当调整。

二、酿酒工艺与酒体风味的关系

中国白酒属于世界六大著名蒸馏酒之一，但中国白酒（尤其是指固态发酵法）又与世界其它五大蒸馏酒有着很大的差异。

白兰地、威士忌、杜松子酒、朗姆酒、伏特加这五大蒸馏酒也采用粮谷、甘蔗、马铃薯、水果等含糖质或淀粉质原料，但其共同特点均是液态发酵、发酵期较短、单一微生物或少量几种微生物参与发酵，把原料中的淀粉转化为乙醇，同时发酵产物也赋予酒体一定量的风味，但其酒体风味的主体成分仍然是后期添加的香味成分或储存过程中通过储酒容器（比如橡木桶）外源性带入。

中国固态法白酒是以高粱、大米等含淀粉质的粮谷为原料，采用开放式操作，纷繁复杂的环境微生物参与了发酵的全过程，发酵体系中固、液、气三相并存，发酵周期长。浓香型白酒的发酵设备采用的泥窖在发酵过程中源源不断地向体系提供微生物菌系参与发酵、代谢，因而中国白酒的“香和味”除部分来自酿酒原辅料外，更多的是来自发酵过程中复杂的生化反应产生的种类繁多的呈香呈味成分，这些成分是中国白酒具有优良品质的前提和基础。与国外蒸馏酒风味的来自外源性添加或来源于储酒容器浸泡为主相对比，中国白酒风味则主要来源于由发酵过程中微生物的自然代谢产生。

中国白酒的酒体设计就是“以酒调酒”，以达到需要的酒体风味。“以酒调酒”所选用的基础酒、调味酒等的风味成分都来源于酿酒生产过程，包括酿酒原辅料品质、品种及配料比、发酵设备的选择、发酵工艺参数的设定以及蒸馏摘酒参数等方面。酿酒原辅料、酒曲、蒸馏摘酒与酒体风味的关系前面已有专门的章节介绍，本章节则侧重于从发酵设备、发酵工艺参数、蒸馏方式对酒体风味形成的影响进行阐述。

（一）发酵设备与酒体风味形成的关系

中国白酒的发酵设备大致可分为泥窖池、泥底石壁窖池、泥底砖壁窖池、水泥窖池、陶缸（地缸）、不锈钢罐（槽）等类别。很显然，只有带泥的发酵设备才具备滋生或栖息微生物（最原始的微生物都是土壤微生物）的条件，粮食糟醅进入发酵容器后，糟醅源源不断地向窖泥中的微生物提供营养成分，同时窖泥中的微生物不断地生长繁殖并进行物质代谢，产生的香味成分进而渗透到糟醅中，经糟醅蒸馏后进入酒体中，成为组成酒体风味的成分之一。因而，发酵糟醅与窖泥接触的比表面积大小、单轮发酵过程中糟醅与窖泥接触时间的长短（即发酵期）、窖泥富集微生物能力的大小、窖泥微生物被糟醅驯化时间的长短、窖泥微生物自身的数量和类别等，都是发酵设备直接影响酒体风味的重要因素。

酱香型白酒以泥底石壁窖池为发酵设备，其每轮次产出的基础酒，都进行严格的区分，面层糟为酱香体、中层糟为醇甜体、底层糟为窖底香体三个风格典型体，单独储存后盘勾，最终形成可以进行酒体设计的酒源。

浓香型白酒是采用泥窖发酵的典型，只有采用黏性黄泥建造的泥窖才能够保水，窖泥中的微生物不断地从发酵糟醅中获得营养，窖泥生香功能菌得以不断地富集和驯化，代谢的呈香呈味成分渗透于糟醅中，成为浓香型白酒主体呈香呈味成分，这些香味成分进一步进行生化反应生成更多更复杂的呈香呈味成分，随着使用时间的不断延长，窖池生香功能越来越好，生产的基础酒品质越来越优良。因此可这样说，泥窖是“浓香”之源，泥窖必须连续使用三十年以上，方可称为“老窖”，才能够产出“优质酒”。

窖泥不保水，甚至老化板结，或经常性地更换窖泥，窖泥微生物生态环境则会被打破，酿酒微生物代谢呈香呈味成分的能力就会显著降低。许多酒厂因其环境气候原因，空气干燥，酿酒用水硬度大，窖池使用一段时间后就必须进行窖泥更换，其酒体中窖香香气相对较弱，从而在香气上体现出轻淡的感觉。

如果发酵窖池长期不使用，没有新的发酵营养成分的补充，窖泥微生物不能生存，也就不能产生香味成分，窖池也就不能产生香味成分，这样的窖池也就失去了价值。

（二）发酵工艺参数与酒体风味形成的关系

酿酒生产的工艺参数包括了温、粮、水、曲、酸、糠、糟七大因子，它们之间互相依存，互相关联，共同构建起了发酵的工艺参数体系。

中国白酒发酵过程的主要生化反应是酒精发酵，将体系中的淀粉经液化、糖化和酒化，最终转化为乙醇，这一过程表现出较为明显的物相变化，即固态的淀粉原料经糊化、糖化进而转化为乙醇、水和二氧化碳等，发酵设备外观表现为吹口、跌头和发酵温度等方面的变化。主发酵一般20d左右即可完成，这一阶段伴随了香味成分的生成积累。完成酒精主体发酵过后再继续发酵，体系内的发酵状态则转入较为平稳的生香发酵阶段，生香发酵期往往都在30d以上，有的特殊工艺甚至达半年以上，目的是为微生物创造条件使发酵体系能够生成足够量的、以己酸乙酯为主体的香味成分和窖香幽雅的复合香气成分等。

粮糟中的酒精发酵是中国白酒酿造的前提和基础，酒精发酵不正常，后期生香发酵也存在障碍。因而发酵工艺参数控制的前提是保证白酒糟醅酒精发酵要正常，在此基础上才能更好地为后期的生香发酵营造良好的物质条件。

1. 温度——糟醅入窖温度、发酵温度

入窖糟醅温度的高低直接影响封窖后的糟醅发酵升温的速度及发酵顶温，也就直接

影响着发酵体系中酵母菌繁殖代谢和酒精发酵进程。

酵母菌的最适发酵温度为28～32℃，在实际生产过程中应尽可能保持窖内糟醅发酵顶温在这个范围，酵母菌厌氧发酵时才可能最大限度地将体系中可发酵性糖转化为乙醇，保障后期生香发酵有足够的酒精浓度。当糟醅中溶氧量较多时，微生物有氧呼吸产生的热量就多，窖内糟醅升温速度快、升温幅度就大，产酸过多后，相应的产酒就少，质量也就差。过去生产操作有“糠大水大，冷热不怕”的提法，即糠大有利于微生物生长繁殖，水大有利于减缓温度的上升，实际上这种说法并不科学。传统工艺中入窖温度讲究“热平地温冷十三”，即，热季气温高，糟醅入窖温度控制应与地温相一致；冬季气温低，糟醅入窖温度控制为13℃。柔酽母糟的生产工艺，其入窖温度要点则是“热平地温冷十八”，即，热季气温高，糟醅入窖温度控制到与地温一致；冬季气温低，糟醅入窖温度控制在18℃左右，这种工艺更符合发酵规律。

糟醅入窖温度控制好了，也为前期正常酒精发酵创造了良好条件，其代谢的微量成分也相对合适，并可为后期的生香发酵创造良好的发酵条件，促进产生更多的香味成分。如果糟醅入窖温度没有控制好，温度过高后达不到最佳的酒精发酵条件，醋酸菌、乳酸菌等菌群生长形成优势，体系中的可发酵糖就会被它们利用，使发酵转入生酸发酵路径，对白酒的主体香代谢积累非常不利，会出现乙酸乙酯和乳酸乙酯含量高，造成酒体微量成分量比不协调，酒体口感发涩、发苦。

控制发酵温度的关键在于糟醅入窖温度是否控制在适宜的范围内，同时要求在生产配料上，糠壳的用量与量水的用量也要适宜，淀粉浓度也要有利于发酵。淀粉浓度过高，糠壳用量过大则容易导致微生物大量繁殖，升温过猛，微生物过早衰亡，生酸幅度过大导致发酵不良；若糠壳用量小则微生物生长不良，发酵不升温，糟醅板结。

2．酿酒用粮——糟醅入窖淀粉含量

淀粉是中国白酒酿造过程中主体香味成分生成的物质基础，不仅是生成乙醇的前体物质，而且也是许多微量香味成分生成的源头物质，其在入窖糟醅中的含量高低，必然影响体系的发酵状态。

粮糟的淀粉浓度过低，缺乏酒精发酵和微量香味成分的呈香呈味成分生成积累的物质基础，从而影响出酒率；相反，粮糟的淀粉浓度过高，发酵体系将缺乏必要的氧气含量，酵母菌的生长繁殖将会受到制约，也会导致糟醅酒精发酵不良，影响后期继续进行的与乙醇相关的发酵生香，而且糟醅内残留的大量淀粉、还原糖在长时间的发酵过程中，会被糟醅中生酸微生物不断地利用，生成有机酸而白白浪费掉，同时，因发酵糟醅

中酸度的升高而抑制酒精发酵。因此，粮糟合理的淀粉含量是高产高质的重要基础。

另一方面，传统方式测定淀粉的方法为无机酸降解法，一些纤维素、半纤维素等也被降解成为“表观淀粉”，这部分淀粉来源于粮谷发酵后粮食的残渣部分，在发酵体系中是不可能转化为乙醇的，但具有很好的保水性能，让母糟表现出“肉实”状态。因此，在保证酒精发酵和蒸馏提取香味成分正常的前提下，配料时应尽可能做到减少糠壳用量和含水量，培养母糟的“柔酽”形态，使发酵体系中有足够的粮食发酵后的残留淀粉而不是糠壳，为糟醅保水生香创造良好的条件，生成、积累更为丰富的微量香味成分，酿造出具备“浓郁、醇厚”口感的基础酒。

3．水——糟醅入窖水分含量

水是发酵体系中微生物生命活动和物质交换的重要载体。发酵糟醅水分含量的高低，将会对发酵质量产生重要的影响。糟醅水分过小，进入体系的曲粉吸水不足，酒曲中休眠的微生物的复活以及微生物酶的活性都将受到严重影响，不仅会影响酒精发酵，而且也会影响淀粉、蛋白质、脂肪等成分的降解，从而影响微量香味成分的生香发酵；糟醅水分过大，发酵糟醅容纳的氧气不足，酵母菌生长繁殖必要的氧气供给不足，菌体生长繁殖受抑制，不能完成正常酒精发酵，发酵体系内因乙醇浓度低将会导致酯化反应减弱，且蒸馏前大量黄水被舀出，黄水对糟醅的淋溶作用，也将会带走更多的微量香味成分，蒸馏出来的酒体必然寡淡。因此，发酵糟醅必须控制适宜的水分含量，既能够保证曲粉吸水转色，使休眠的微生物菌体能够吸水复活，微生物酶类能够吸水释放活性，同时又不会形成大量的黄水下沉，尽可能让水分保持在糟醅中，形成“柔酽母糟”“柔熟母糟”的状态，做到产质兼顾，酒体中微量成分量比协调。

4．曲——用曲量（对投粮的比例）

曲乃酒之骨，酿好酒必用好曲。酒曲是酿酒生产中的生香发酵剂，作用非同小可。但用曲量过大，不仅用曲成本远远高于粮食原料成本，而且用曲量大时由于发酵体系内微生物大量繁殖，短时间内产热量大，发酵升温速率自然也会较快，酵母菌会很快进入衰老死亡，导致酒精发酵提前终止，糟醅中生酸微生物的优势生长，发酵温度升温快也会带来杂醇油的大量生成，基础酒往往会表现为“曲大酒苦”。而用曲量过小，发酵启动缓慢，当发酵体系内残留氧气消耗殆尽时，可能其酵母菌数量还达不到完成正常酒精发酵所需数量，体系内积累的糖分会被糟醅生酸微生物利用，导致发酵体系内乙醇浓度过低，不利于酯化发酵生香，既不丰产也不高质。因此，适量的用曲用量，对于酿酒生产的高产高质至关重要。在其它发酵条件相对适宜的情况下，一般要求发酵体系内有氧呼吸较为缓慢地进行，温度较为缓慢地升高，从而在发酵体系内氧气消耗殆尽时，酵母菌繁殖代谢的数量能够满足正常酒精发酵的需求，且体系顶温能够保持在酵母菌较为适宜的发酵温度范围内。有了充足的酒精发酵，就为发酵后期微生物利用乙醇进行相关的生香发酵提供了有利条件，有利于大量微量香味成分的生成。

中国白酒属于典型的地域资源型产品，要从酒曲这个角度保障酿酒发酵的良好状态，制曲工艺过程的质量控制至关重要，要保证酒曲微生物菌系和酶系的优势与菌群的协调，这些优势微生物菌群菌系和酶系进入发酵体系后才能够协同发酵，代谢积累的微量香味成分才能丰富而协调，从而使基础酒品质自然协调。

5．酸——糟醅入窖酸度

入窖糟醅中的有机酸来源于上轮发酵糟醅经蒸馏取酒后残留下来的有机酸。其有机酸种类繁多，在浓香型白酒的糟醅中，主要有己酸、丁酸、乙酸、乳酸这四大酸。每种有机酸因其特性差异，对酵母菌酒精发酵的抑制能力也不相同，在抑制酵母菌发酵的能力上，一般呈现出“己酸＞丁酸＞乙酸＞乳酸”的规律。

酵母菌较细菌喜好偏酸性环境，入窖糟醅适宜的有机酸含量，在发酵初始阶段可以促进酵母菌的生长繁殖，进而保障其完成正常的酒精发酵，为后续的以乙醇为前体物质的生香发酵奠定良好的基础。

若入窖糟醅中有机酸对酵母菌酒精发酵的抑制强度过大，不能较好地形成良好发酵环境，影响酒精的正常发酵，其发酵体系中的淀粉质、糖质等就会被糟醅中生酸微生物代谢消耗，既不能保证酒精发酵，也保证不了酯化生香反应能正常进行。浓香型白酒采用“续糟配料、混蒸混烧”生产工艺，己酸、丁酸又属于醇溶性物质，若发酵不良，糟醅中酒精浓度过低，在蒸馏过程中己酸、丁酸就不容易蒸馏提取，将会大量残留在糟醅中。若下排糟醅配料调整不到位，就非常容易造成生产的恶性循环，酒精发酵受到抑制，糟醅会出现一轮不如一轮的发酵状态。糟醅形态表现为小颗、纤细，出窖糟敞风变色等不正常的形态，产生的香味成分也就不协调，导致酒体质量差。

6．糠——糠壳用量（对投粮的比例）

糠壳因其硬质纤维含量较高，疏松、泡气、含氧量高，成为中国白酒酿造过程中首选的疏松剂和填充剂，但因含用糠醛等杂质，会影响酒的品质，其投入配料前，必须采取大汽清蒸并摊晾等除杂工艺来消除糠壳异杂味。

从疏松剂角度讲，适宜的糠壳用量，是为了保证蒸馏过程中能够正常地将糟醅中的酒精和微量香味成分提取出来。但糠壳用量过大，蒸馏效率降低，且酒体会出现糠醛味；糠壳用量过小，蒸馏提取不彻底，流酒会出现夹花掉尾的现象，酒体往往会带有酒尾味。

从填充剂角度讲，糠壳用量过大，入窖糟醅溶氧较多，微生物有氧呼吸作用较强，微生物不仅将更多的淀粉变为水和二氧化碳，而且升温较快，酵母菌很快衰老死亡，不能正常地完成酒精发酵。同时，糟醅的保水性能降低，微量香味成分的生成代谢不正常，产质均不能兼顾。在高温发酵条件下，大量杂醇油生成积累，将会通过蒸馏而进入酒体，使酒体出现苦涩味，为饮后上头埋下隐患；糠壳用量过低，入窖糟醅溶氧较少，酵母菌生长繁殖数量不足，糟醅不能进行正常的酒精发酵，糟醅中多余的糖分、淀粉等会被糟醅生酸菌利用，既不能丰产更不能高质。

7．糟——粮糟比例

在续糟配料工艺中，合理的粮糟比，是保障正常蒸馏取酒的关键，也是发酵糟醅能正常发酵的保障。一般情况下，粮糟比采用1：（4～4.5）为宜。

配糟比例过大，下轮产能降低；量水用量降低，对母糟酸度的稀释作用减小，往往可能造成酒精发酵不良，进而还会影响后续的酯化生香，对产量、质量均不利；配糟比例过小，糠壳用量增大，蒸馏所得酒体寡淡或出现糠醛味，也使发酵糟醅有机酸含量偏低，导致发酵前期微生物生长繁殖代谢过猛，升温过快，酵母菌较早衰老死亡，酒精发酵不完全，并伴随大量的杂醇油生成积累，酒体出现苦味，酯化生香反应也受到影响，最终影响酒体微量香味成分的量比协调。

8．发酵条件相互之间的关系

（1）温度与大曲用量呈负相关性　温度高时，大曲用量应少一些。如果温度高，而用曲量又大，则会造成升温快，生酸快，导致主酵期缩短，糟醅发酵不完全，出酒率降低，质量差。因此，在生产上都是温度低时，多用一些大曲；温度高时，则少用一些大曲。

（2）温度与糠壳用量呈负相关性　糠壳在酿酒生产上起填充作用，调节发酵糟醅的溶氧浓度，能促进发酵糟醅升温。因此，在温度高时，应少用一些糠壳；反之，当温度较低时，则可多用一些糠壳。

（3）淀粉浓度和水分呈负相关性　理论上，当淀粉浓度高时，则应多用一些水，这才有利于淀粉的糊化、糖化。而在实际酿酒生产中，淀粉与水分则呈负相关性。热季生产时，用水量较大，淀粉浓度减少；冬季生产时，用水量减少，淀粉浓度增大。可见，环境温度对淀粉浓度高低、投粮量的多少起着支配作用。

（4）淀粉浓度与糠壳用量呈正相关性　当淀粉浓度高时，糠壳应多一点。如果淀粉浓度高而糠壳用量少时，会造成糟醅不疏松，发黏，发酵不完全。

（5）酸度与水分呈正相关性　从浓度角度讲，水分含量大能稀释酸含量从而降低酸度。当糟醅酸度大时，用水量也应大；反之，当酸度小时，用水量也相应小一点。但在实际生产中，如果酸度过高影响生产时，不宜采取加大用水量来解决酸度过高的问题。加大用水量只能增加糟醅的表面水分，而淀粉吸收的溶胀水分是有限的，糠壳自身又不吸收水分，因此，糟醅表面水分过多，会造成糟醅糊精下浮且杂菌繁殖快，对生产不利。

（6）酸度与糠壳用量呈负相关性　糠壳用量大可在一定程度上稀释糟醅酸度，当糟醅酸度大时，宜多用一点糠壳来降低酸度。但由于受发酵温度的制约，酸度与糠壳用量则呈负相关性。冬季生产时，酸度低，气温低，可以多用糠壳；夏季生产时，酸度高，气温也高，应少用糠壳。

（7）温度与淀粉呈负相关性　温度低时，发酵糟醅淀粉浓度宜高；温度高时，发酵糟醅淀粉浓度宜低。这是因为在发酵转化过程中淀粉要产生热量。温度低，而发酵糟醅淀粉浓度高时，发酵过程中产生的热量也大，升温幅度也大，通过缓慢发酵升温，温度最终能达到酵母菌最适的发酵温度32℃左右并保持一段时间，使发酵速度缓慢，并达到发酵彻底完全的程度。反之，当温度高时，适当降低发酵糟醅淀粉浓度则可使发酵产生的热量少，从而控制发酵顶温，为促进发酵创造良好条件。

（8）温度与水分呈正相关性　当气温高时，需要的量水就多；当气温低时，所需的量水就少，在理论上和实际生产中都是如此。

（9）温度与酸度呈正相关性　发酵温度高时，生酸幅度高；发酵温度低时，生酸幅度就低，这是一个重要的客观规律。在生产上应引起高度重视，若打破了这个规律对于生产就不利。如，发酵温度高而糟醅酸度过低时，则会发生升温猛、升温幅度大的现象，产量、质量均不好；较高的酸度能够抑制微生物代谢速度过快导致的升温过猛，这就是人们常说的“以酸抑酸”。相反，发酵温度低而糟醅酸度高，则会造成升温太慢，发酵不完全，严重时还可能发生发酵不升温、不来吹、不发酵、不产酒等“倒窖”现象。

（10）淀粉与大曲用量呈正相关性　在发酵温度低时，淀粉浓度高用曲量也应相应增加。

综上所述，发酵条件之间的关系见表7-3。

表 7-3　发酵条件之间的关系

项目	温度	淀粉浓度	用水量	大曲用量	酸度	糠壳用量
温度	—	负相关	正相关	负相关	正相关	负相关
淀粉浓度	负相关	—	负相关	正相关	正相关	正相关
用水量	正相关	负相关	—	负相关	正相关	正相关
曲用量	负相关	正相关	负相关	—	正相关	负相关
酸度	正相关	正相关	正相关	正相关	—	负相关
糠壳用量	负相关	正相关	正相关	负相关	负相关	—

（三）蒸馏摘酒与酒体风味的关系

关于甑桶固态蒸馏的原理和摘酒工艺在第四章已有讲述，在蒸馏过程中的各种成分的馏出规律如下。

1. 乙醇的馏出规律

蒸酒的主要过程是：在甑内蒸汽上升时，将糟醅轻缓装入甑内，边上汽，边装料，直至装满甑桶。甑内蒸汽与糟醅充分接触，气体与液体进行冷热交换，乙醇和其它呈香呈味成分不断汽化，不断冷凝，层层浓缩，最后将酒糟中4%～6%的乙醇浓缩为65%vol～70%vol的风格典型的基础酒。

2. 其它组分的馏出规律

成熟糟醅中所含的各种组分大致可分为醇水互溶、醇溶水难溶和水溶醇不溶三个大类。

对醇水互溶的组分，在蒸馏时基本上符合拉乌尔定律，这些组分在低浓度的乙醇-水溶液中，各组分在气相中的浓度大小，主要受液相分子吸引力大小的影响。根据氢键作用的原理，倾向于醇溶性的组分，除甲醇和有机酸外，如丙醇、异丙醇等多数低碳链的高级醇、乙醛和其它醛类，在馏分中的含量为酒头＞中段酒＞酒尾。而倾向于水溶性的乳酸等有机酸、高级脂肪酸，由于其酸根与水中氢键具有紧密的缔合力，难于挥发，因此在馏分中含量为酒尾＞中段酒＞酒头。

对于醇溶水难溶的组分，如高碳链的高级醇、酯类等，根据恒沸蒸馏的原理，可把低浓度乙醇视作恒沸蒸馏中的第三组分，它的存在降低了被蒸组分的沸点，升高了它们的蒸汽压，使高碳链的高级醇、乙酸乙酯、己酸乙酯、丁酸乙酯、油酸和亚油酸乙酯、棕榈酸乙酯等，在馏分中含量为酒头＞中段酒＞酒尾。

一些高沸点难挥发的水溶性如有机酸等成分，在蒸馏中主要受到水蒸气和雾沫夹带作用，尤其在大汽追尾时，水蒸气对它们的拖带更为突出。所以多数有机酸和糠醛等高沸点组分，在馏分中的含量为酒尾＞中段酒＞酒头，如乳酸及其乙酯、甘油等，它们多集中于酒尾。

一般在酒头中存在一些比乙醇沸点更低的成分，如乙醛、乙酸乙酯、甲酸乙酯、甲醇等，但高沸点的高级醇也存在于酒头，这主要是高级醇的挥发系数K_n值随乙醇浓度而变化所致。如异戊醇，在乙醇浓度55%vol时，K_n=0.98；当乙醇浓度低时，K_n>1（即在该情况时，异戊醇比乙醇更容易挥发）；反之K_n<1。用甑桶蒸酒时，因为初期酒精度不高，高级醇的K_n>1，这样高级醇会率先被蒸到糟醅上层，汽化后立即进入过汽筒，冷凝后流出，这就造成了酒头中高级醇含量最高。浓香型大曲酒中的主体香味成分己酸乙酯，其沸点为167℃，而甑内气相温度95℃以下也随酒馏出，这是因为己酸乙酯溶解于乙醇。虽然沸点高，但亦能伴随乙醇蒸出，主要是它的挥发系数K_n与乙醇浓度成正比，如果缓慢蒸馏，使乙醇在甑内最大限度地浓缩，并有较长的保留时间，馏出的己酸乙酯就多。反之大火（大汽）蒸馏，乙醇馏出快、浓度低，糟醅中己酸乙酯的蒸馏效率低，这也是前述为什么要缓火蒸馏的主要原因之一。

浓香型大曲酒中，一些高沸点微量成分及一些难挥发成分馏入酒内的另一个原因是，在设备截面积相同情况下，固体糟醅的蒸发面积要比液体大得多，而甑桶的气液分离空间又小，因而产生了雾沫夹带现象，难挥发的成分也能被蒸汽夹带进入酒体中，如乳酸等。

甲醇的挥发系数在任何乙醇浓度下都大于1，乙醇浓度在80%vol以前基本上随着乙醇浓度的增加而减小；而其精馏系数是随着乙醇浓度的增加而增加，乙醇浓度低于40%vol时小于1，在95%vol乙醇浓度时达到最高值。甲醇在整个流酒过程中都有馏出，主要是开始蒸酒时，乙醇浓度（酒精度）低，而其挥发系数却较高，所以能在酒头中大量馏出。而随着酒度升高时，其精馏系数在乙醇浓度（酒精度）40%vol以上时总是大于1，说明其挥发性能强于乙醇，也能馏出。但随着糟醅中甲醇的不断减少，其馏出量也不断减少，由于水分子对甲醇的缔合力超过乙醇、高级醇等成分，当甲醇和水分子缔合后，就会使得甲醇比乙醇、高级醇等更难挥发而在酒尾中馏出。

由此可见，在甑桶蒸馏过程中基本遵循以沸点高低依次馏出的原则，但也不完全这样。白酒中微量香味成分形成的另一途径是非酶促化学反应。蒸馏过程中，在蒸汽加热的影响下发生降解或合成反应，产生新的香味成分。新的微量香味成分的形成既与原料组成有关，也与受热的时间长短有关，在蒸馏过程中主要发生的非酶促化学反应为羰氨反应，如维生素、类胡萝卜素的分解，酚类香味成分氧化，含硫香味成分降解等，这些反应产生的香味成分进入酒体中，使酒体丰满。因此，为提高香味成分的生成量和复杂程度，中国白酒的传统工艺大多采取混蒸混烧蒸馏工艺。

经蒸馏而获得的香味成分与原出窖糟醅中的香味有很大的不同，具有了大曲酒的风格特征，更适合饮用的口味。

由于各种成分自身的挥发性能不同，以及受到乙醇浓度的影响，不同成分在蒸酒过程中被蒸馏出来的时间不一样。浓香型大曲酒蒸馏过程中主要成分的变化见表7–4，不同馏分酒的含量成分测定结果见表7–5。

表 7–4　　浓香型大曲酒蒸馏过程中主要成分变化　　单位：mg/100mL

时间 / min	瞬时乙醇浓度（酒精度）/ %vol	总酸	总酯	总醛	甲醇	高级醇	感官特点
0	62.4	0.1541×10^3	3.8×10^3	0.0156×10^3	0.08×10^3	1.0×10^3	香气浓，刺鼻
5	71.8	0.0940×10^3	0.860×10^3	0.0148×10^3	0.08×10^3	0.6×10^3	香气浓，稍麻口
10	70.3	0.0911×10^3	0.464×10^3	0.0141×10^3	0.06×10^3	0.4×10^3	酒香醇正，入口顺，回甜
15	69.3	0.0927×10^3	0.447×10^3	0.0123×10^3	0.04×10^3	0.35×10^3	醇正、入口香、回味长
20	68.3	0.0954×10^3	0.045×10^3	0.0111×10^3	0.045×10^3	0.2×10^3	浓香、味长
25	59.4	0.1293×10^3	0.451×10^3	0.0127×10^3	0.05×10^3	0.2×10^3	浓香、带酸味
30	45.6	0.1646×10^3	0.456×10^3	0.0146×10^3	0.04×10^3	0.3×10^3	香较浓、微酸涩、味淡薄

表 7–5　　不同馏分酒的含量成分测定结果　　单位：mg/100mL

馏分 项目	酒头	酒精度 70% vol 以上	酒精度 60%vol ~ 70%vol	酒精度 50%vol ~ 60%vol	酒精度 30%vol ~ 50%vol	酒精度 20%vol ~ 30%vol	酒尾
总酸	430	290	536	612	1668	2220	3050
挥发酸	—	250	269	438	880	1030	—
总酯	9600	5560	2974	2534	7460	7360	6950

续表

馏分 项目	酒头	酒精度 70% vol 以上	酒精度 60%vol ~ 70%vol	酒精度 50%vol ~ 60%vol	酒精度 30%vol ~ 50%vol	酒精度 20%vol ~ 30%vol	酒尾
挥发酯	8200	5100	2530	2140	5000	4870	4010
总醛	0.21	0.12	0.2	4	6.3	5.8	7.9
甲醇	95	32	30	20	13	9.7	34
高级醇	900	650	460	410	81	53	42

酒头中含有较多的酯、高级醇、醛、酸、甲醇等，香味成分种类多，使得酒头香，辣味大，可以做特殊调味酒使用；中段酒香味成分相对较丰富，各类香味成分之间相互协调，醇甜浓郁，是优质酒的最佳选择，在摘酒时根据馏酒情况量质分段摘酒，分质并坛；酒尾中的酸特别是乳酸较多，杂味大，酸涩味重，适量运用可以增加酒体后味。

三、不同风味酒体形成的酿酒工艺设计

（一）清雅型酒体的酿酒工艺设计

清雅型酒体的酒具有香气清雅、口味醇正、饮后爽净的风格特征，是以乙酸乙酯、乳酸乙酯、己酸乙酯等多种复合香味成分构成的酒体。在众多香味成分中以乙酸乙酯含量相对较高。因此，在进行酿酒工艺设计时，其工艺特点应该是“低温大曲、低温入窖发酵、发酵期短”。

1. 大曲发酵温度

低温大曲的代谢产物除了酒精外，其余香味成分以乙酸乙酯和乳酸乙酯最多，醇甜类的香味成分也不少。因此，要使酒体具有清雅纯正的特色，可以采用部分温度较低的曲。

2. 入窖发酵温度

衡量入窖温度一般都以地温作为标准，在传统操作时，因没有温度计，一般通过“脚踢手摸”感受糟醅温度。所谓地温，是指靠近窖池阴凉干燥的地表温度。由于地温与窖池的温度相近，受空气温度的影响程度较低，在一个时间段内两者相对比较稳定。

当粮糟入窖后，其温度逐渐与窖池温度接近，因此便于掌握。传统上一般要求，入窖温度“热平地温冷十三”：夏秋（热季）应该将入窖的温度控制在生产车间的地温水平；冬春（寒冷季节）入窖的最低温度不要低于13℃，以便控制“低温缓慢发酵”，做到“前缓、中挺、后缓落”发酵过程的温度变化规律。入窖温度如果太低，微生物不容易生长繁殖。所以，根据不同季节控制好入窖温度，并调节好入窖糟醅的淀粉含量，对发酵是否能正常进行起着关键性的作用。

入窖发酵还要根据糟醅入窖淀粉的含量高低来确定实际发酵温度。如果糟醅的淀粉含量较低，入窖温度就可适当高一点；如果入窖糟醅的淀粉含量较高，入窖的温度就要控制得低一些。例如，若热季糟醅中的淀粉含量高，入窖温度又高，窖内升温就猛，窖内温度很快就超过了酵母的最适生长繁殖温度，就会使酵母菌的活力下降，不能充分利用淀粉发酵，可发酵糖就会转化成有机酸，导致母糟酸度增高，抑制酒精发酵。

3．发酵周期

单轮发酵期的长短是相对而言的。浓香型白酒发酵时间为60～75d，而清香型酒、小曲酒和米香型酒都在30d以内，有的甚至只有7d。在主发酵期，主要产物是酒精，产酸少，因此出酒率高，同时也产生部分沸点较低的香味成分，这些沸点较低的香味成分在感官指标上显得清雅纯正。因此可将发酵周期设计为30d左右，有利于清雅型白酒风味成分的生成。

4．入窖淀粉、水分、酸度

采用低温入窖，且以低温大曲为糖化发酵剂，入窖糟醅的淀粉浓度可以控制得相对低些，对应的入窖糟醅水分也可以相对小些，入窖糟醅酸度也相对低，从而可以保证窖内酒精发酵相对缓慢，有利于醇甜成分的代谢积累。

上述工艺参数的设计可以促进清雅型白酒风味特征成分的形成，酿造的基础酒也就具备了清雅型酒体的鲜明个性。

（二）浓郁型酒体的酿酒工艺设计

浓郁是指整个酒体香气丰满优美，口味醇厚圆润。这一类型酒的风味是以己酸乙酯、乙酸乙酯、丁酸乙酯、乳酸乙酯和相应的酯、酸、醇、醛、酮、酚等多种微量香味成分协同作用而形成的复合幽雅的酒体特征，酒体香味饱满浓厚。

浓郁型酒体的生产工艺应具备三大生产要素：一是中温大曲作为糖化发酵剂；二是

泥窖作为发酵设备；三是选择适宜的酿酒工艺参数。

1．中温大曲

糖化发酵剂应使用中温大曲，其制曲发酵顶温控制在55～60℃，培菌发酵过程温度变化呈现“前缓、中挺、后缓落”的发酵规律。这类大曲的液化力、糖化力和发酵力都较低温大曲高，窖内发酵相对缓慢，发酵过程代谢积累的微量香味成分甚为丰富。

2．泥窖

泥窖是用于盛装糟醅的发酵设备，是集糖化、酒化、酯化等多种生化反应于一体的发酵容器。从现代微生物学的角度看，它是我国最早的微生物固定化技术的应用典范。泥窖采用黏性强的黄泥建成，在一定容积下，使粮糟与窖泥接触的比表面积达到最大，有利于窖泥微生物参与发酵，生成更多的香味成分。黏性黄泥要求色泽金黄，土壤黏粒和腐殖质含量高，富含有益微生物。浓香型白酒窖池一般深1.6～1.8m，随着现代机械化广泛运用，窖池深度可以达到2.5～3m，长宽比一般为（1.6～2.0）：1。

窖池本身就是多种微生物生存的载体，是生香功能菌繁衍栖息的场所。泥窖从建窖开始循环往复地进行着投粮酿酒，经多年使用后窖泥由黄色变为乌黑色，随着使用时间的延长，颜色又逐渐转变为乌白色，由绵软变为脆硬。再随着时间的延长，泥质又由脆硬逐渐变软，泥色又由乌白转变为乌黑，在自然阳光照耀下出现红绿相间的颜色，并带有浓郁的窖香。窖龄越长，所产酒质越好，其根本原因就是在长期连续的酿酒发酵中产生的有机酸、醇类、酯类等发酵产物浸润渗入窖泥中，窖泥中与生香有关的一些厌氧功能菌群，利用这些营养物质得到不断的驯化和富集。发酵生产时间越长，窖泥中厌氧功能菌聚集得越多，形成了浓郁型白酒特有的微生物区系。正是窖泥中这些功能菌不断优化，生成的香味成分也就不断增多，所酿造的酒质也就日臻完美，“明年产酒更比今年香”，这是浓郁型白酒酿造美酒工艺的奥秘所在，将这种连续不间断地投粮酿酒生产的老窖池称为“千年老窖”。

3．酿酒工艺

（1）续糟配料　采用续糟配料工艺，糟醅连续不断地循环使用，糟醅循环使用的时间越长，积累的香味成分及其前体物质越丰富，所产酒质量越好。“千年老窖万年糟”决定了老窖池生产的基础酒的微量成分种类及含量丰富，老窖池所产基础酒在感官上表现为“丰满、醇厚、风格典型”。

（2）单轮发酵期　发酵前期25d左右主要以糖化、发酵产酒为主，之后进入生香酯化阶段，发酵前期产生的酸和醇主要反应生成酯。随着糟醅与窖泥接触时间的延长，有机酸和醇类再经较长时间缓慢酯化等生化反应，使酒体中酯类等香味成分逐渐增多。发酵60d以上的酒中己酸乙酯含量一般在80mg/100mL以上，其口感特征表现为粮香舒适、醇甜、爽净；发酵150～160d的酒中己酸乙酯含量达到200mg/100mL以上，其口感特征表现为窖香浓郁、醇甜、干净；发酵240d左右的酒中己酸乙酯含量达到400mg/100mL以上，其口感特征表现为窖香浓郁、丰满醇厚、回味长。因此，在设计浓郁型酒体时要求酿酒工艺发酵期设计在150～240d为佳。

（3）酸度、淀粉含量　有酸才能生酯，酸的种类多，其对应的酯类香味成分也更丰富。发酵时间长，产生的有机酸就多，出窖糟酸度一般达3.0mmol/10g以上。采用提高入窖淀粉浓度的方法，在相同的入窖酸度条件下，把糟醅入窖淀粉含量控制在18%～22%进行发酵，有利于酒体中各种香味成分的生成。同时，将入窖酸度控制在1.7～2.0mmol/10g，为缓慢发酵和生成丰富微量香味成分奠定良好的基础。如果糟醅生酸幅度低，就会导致酒味短、淡、不柔和也不协调。为了安全度夏，一般可采用减粮、减糠的工艺技术措施。减粮、减糠的目的是为了减缓发酵升温速度，控制升温幅度，以减少生酸幅度，确保糟醅酸度控制在理想范围内，为转排生产打好基础。

（4）水分、温度、糠壳　适当的水分是保证发酵良好的重要因素。入窖水分过高，也会引起糖化和发酵快、升温过猛，产出的酒味寡淡；而水分过少，会引起酒醅发干，残余淀粉高，酸度低，糟醅不柔熟，影响发酵的正常进行，造成出酒率下降，基础酒质量不好。当入窖水分控制在52%～56%，出窖水分一般在60%～62%，基础酒的己酸乙酯含量较高。

温度是正常发酵的首要条件，如果入窖温度过高，会使发酵升温过猛，酒醅生酸过高，在增加了己酸乙酯含量的同时，也增加了醛类香味成分的含量，使酒质差，刺激性增强，口感不好。入窖温度以“热平地温冷十八”的原则来控制入窖温度，从而有利于正常发酵、生香产酯，产出的酒浓香、醇和、无杂味，具有典型风格。

糠壳是良好的疏松剂和填充剂，在保证母糟疏松的前提下，应尽量减少糠壳的用量。如果糠壳多，就会导致母糟感官显糙，酒体平淡；但糠壳用量太少，会使母糟发腻，同样影响发酵和蒸馏。糠壳还含有糠醛、多缩戊糖和其它异杂味等物质，对酒体的质量有很大的影响，因此在使用糠壳之前，应将糠壳进行清蒸除杂处理。

（5）酿造工艺的创新

①柔酽母糟发酵：柔酽母糟是一种感官肥实、保水性能好的发酵粮糟，这种糟醅具有

较强的香味成分积累作用，发酵糟内的营养物质含量丰富且协调，从而为微生物提供了极佳的生存代谢环境。柔酽母糟生产工艺主要采用“加粮控糠控水”的技术措施，增加发酵体系内淀粉浓度，减缓窖内发酵升温速度和幅度，降低窖内发酵糟有氧呼吸对淀粉的消耗，而用淀粉和粮食发酵残余物可以吸收并储存水分，使酒糟保水性强。一般要求糟醅入窖淀粉浓度控制在18%～22%，入窖水分控制在52%～56%，入窖温度控制在“热平地温冷十八”的水平。柔酽母糟产出的基础酒微量成分丰富，酒体浓厚、醇甜、绵柔。

②“双轮底”发酵：“双轮底”发酵，其实质也是一种延长发酵期的操作方法，其工艺要点是在开窖取母糟进行蒸酒时，根据窖池大小留1～2甑每窖最下面的母糟不起，仍留在窖底，通过添加大曲粉、低等级酒或酒尾等再次发酵的工艺操作，发酵期一般在90～120d，有的甚至更长。

经“双轮底”发酵工艺生产的基础酒，酸、酯含量较高，窖香浓郁，浓香和醇甜感突出，个性明显，一般作为调味酒使用，能提高酒体的浓香、窖香和丰满度。

③翻沙工艺：翻沙发酵是采用二次发酵、回酒发酵、加曲、延长发酵周期等技术措施于一体的生产工艺。选用窖泥质量基础好的窖池进行翻沙发酵，生产的基础酒丰满、醇厚、风格好，经过储存后用于基础酒组合和半成品调味，可以增加半成品酒的醇甜感、丰满度，使酒体绵柔、风格好。

④量质分段摘酒：为了保证酒的质量，采取“除头取中掐尾”的量质摘酒工艺。因为酒头中除含有大量酯香浓郁的酯类香味成分外，同时也有大量的甲醇、乙醛等低沸点成分，使酒头具有较强刺激感，因此酒头应单独摘取，单独存放。

酒头中含低沸点成分多，放香大，单独存放一定时间后可以用作调味酒，解决白酒放香不足的缺陷。酒尾酒精度较低，杂味重，但酸度较高，将其长时间储存后用作调味，可增加白酒的醇厚度和后味。

（三）醇甜型酒体的酿酒工艺设计

1. 泥窖发酵

同浓郁型酒体的酿酒工艺设计一致。

2. 用中低温大曲作糖化发酵剂

因低温大曲制曲过程发酵顶温较低，其液化力、糖化力和发酵力都较高，酒精发酵作用较强，利于醇甜类香味成分生成，对形成醇甜型风格有极大的影响。

3. 单轮发酵期

传统大曲发酵较慢，入窖后15～20d基本上属糖化发酵产酒阶段，酒精发酵结束后，母糟体系内酸度逐渐增大，在微生物酶系的催化作用下进行酯化反应，生成较多的酯类香味成分。一般来说，发酵时间越长，酸醇酯化的时间越长，产生的香味成分就越多，基础酒就会显得更加浓郁。

要生产醇甜特征的基础酒，要求整个单轮发酵期控制在35～45d。

4. 低温入窖

发酵温度的高低与酵母及其它微生物在窖内的繁殖情况有着密切的关系。在发酵时，酵母菌在生成酒精的同时，能产生一些以甘油为主的多元醇。多元醇生成量的多少与菌种、菌数及原料等有关，也与发酵速度、酒精成分密切相关。酒中甜味成分还有如α–联酮、2，3–丁二醇和三羟基丁酮等，这些成分可以互相转化，它们是酵母和细菌代谢的产物。当工艺条件适宜、糟醅理化指标合理并相对稳定、发酵缓慢时，就有利于这类醇甜类香味成分的形成。

5. 母糟的残余淀粉少，酸度低

采取低温入窖，使用低温大曲进行糖化发酵有利于醇甜成分的生成，粮糟入窖水分要求控制在52%～54%，粮糟入窖酸度控制在1.2～1.7mmol/10g，出窖母糟的酸度要求控制在2.8～3.3mmol/10g，出窖淀粉浓度控制在10%左右。尽可能要求发酵期间的糟醅水分在窖池中的同一空间位置分布均匀，而不是快速下沉到窖底，这有利于微生物的代谢活动和香味成分的生成。

第三节 白酒的组合与储存工艺

刚蒸馏出来的基础酒，一般具有香气刺激性大、味道辛辣等特点，必须经过一段时间的陈酿老熟才能逐渐去除这些味道，使酒体香气幽雅、醇和、协调、细腻。因此，基础酒储存是白酒提高品质的不可或缺的生产工艺。

酿酒班组刚酿造出来的基础酒经尝评员尝评、确定等级，按照一定的质量标准组合后，用陶坛或不锈钢容器进行储存。通过储存可以使基础酒香气变得柔和，酒体绵甜协调。设计成品酒时，尝评员按照成品酒的质量标准对陈酿老熟后的基础酒再次进行尝评、选酒、组合、调味等工序，从而设计出成品酒。基础酒的组合及储存工艺是随着科学技术的进步而逐步产生、发展和完善起来的。

一、组合原理

白酒的组合主要是将不同风格特征的基础酒，通过酒体设计按一定比例混合在一起，使酒中微量香味成分的浓度、含量得到改变和调整，通过相互补充、平衡，烘托出主体香气并形成独特的风格。因生产条件不同，几乎每批白酒中醇、酸、酯、醛、酮等微量香味成分含量都不一样，通过组合可以使这些微量香味成分量比得到重新调整、协调、平衡，达到恰当的比例，使基础酒的口感和风味得到改善和统一，产品质量得到提高。

二、组合的意义和作用

（一）保持产品质量的稳定

白酒的生产采取开放式操作和兼性厌氧自然发酵，生产过程中微生物繁殖代谢可控程度较低。白酒产量、质量受气候、水质、粮食、酒曲、配料、窖池、工艺、操作等条件的影响，不同窖池、不同轮次所产的酒质是不完全一致的；即使是同一口窖池的糟醅，由于上甑人员操作技术水平、蒸汽压力、流酒温度等控制的不同，每甑酒质也会存在一定的差异，所含微量香味成分也不完全一样；加上储存容器是陶坛或不锈钢酒罐，坛与坛或罐与罐之间酒的质量也存在着一定的差异；储存期的不同也使每一批基础酒在香气和口味上均存在着差异。如不经组合就装瓶包装出厂，每批酒质就会极不稳定，且产品也不会形成特殊、典型的风格特征。所以为了使出厂的产品能形成统一和稳定的风格特征，企业需对不同白酒产品制订出相应的理化和感官质量指标。只有通过组合才能统一酒质、统一标准，弥补酒质缺陷，达到取长补短、全面平衡、协调酒体成分的目的，使每批出厂酒的风格、口感基本一致，保证质量的稳定。组合还可以提高酒质，对成品酒质量的优劣起着非常重要的作用。

（二）提高基础酒质量

相同等级的基础酒，在一定程度上感官质量都存在一定的差异，有各自的优点和个性。如有的基础酒醇厚感很好而香味较短；有的醇厚、香浓、回味好均具备，唯浓甜味不足；有的酒质虽然风味独特但略带杂味且不爽口。这些风格较差或略带有杂味等缺陷的基础酒均可以通过组合达到标准酒体的要求而变为好酒，使各级酒全面达到质量标准，从而提高产品质量。所以通过组合可弥补缺陷，发扬长处，使酒质更加完美一致。

（三）优化库存结构

基础酒的储存是酿酒工艺中必不可少的生产环节，通过储存，酒中香味成分进行了分子间重排和缔合，可以稳定和提高产品质量，增加效益。通过组合可以将酒质较差的基础酒得到有效的利用，也可采取老酒带新酒的工艺，减少新酒的刺激性，使用对酒质互补性强的基础酒进行组合、并坛（桶），提高不同基础酒的质量和储存容器利用率，从而调整基础酒的库存结构，使所储存的基础酒达到一个优化、合理的数量储备和质量储备的状态。

（四）为调味打下基础

基础酒经过组合工序后应该具备香气正、香味协调、初步具备目标酒体的风格且符合产品质量标准，但还不能作为完美的成品酒，因为它在感官风格上可能还不完全具备本产品的典型性或特殊风格，只是在风味上较为统一而已。因此，针对酒体在香气和口味上的细微缺陷，还必须通过少量但极具特点的调味酒进行调整；或针对组合成的组合酒进行“艺术加工”，使组合酒在香气和口味上更具独特和完美的风格。组合是调味的基础，组合完成后的酒称为组合酒，组合酒的质量好坏，直接影响调味工作和产品质量。若尝评人员组合水平较低，组合的酒体不协调，给后续调味工序带来困难，就会增大调味酒的用量，而调味酒用量过大，容易产生新的杂味现象，甚至有反复多次都调不好的可能，造成调味酒的浪费；组合水平高，组合的酒体协调，调味工序就较为容易，调味酒用量小，而且调味成功后的产品质量既好又稳定，所以组合工作十分重要。若将组合与调味比喻成“画龙点睛”的话，那么，组合是“画龙身”，调味则是“点龙睛”。因此，组合与调味是相辅相成的两项工作。

三、组合过程计算

（一）折算率的计算

折算率是指把其它浓度白酒折算成标准酒精度（一般浓香型白酒是60%vol）的换算百分比。折算率的计算是根据《酒精体积分数、相对密度、质量分数对照表》（附录二）中给出的有关质量分数来计算的，即：

$$\eta=\frac{\omega'}{\omega}\times100\%$$

式中　η——折算率，%

ω'——待折算酒酒精的质量分数

ω——标准酒的酒精质量分数

例1：将酒精度为39%vol的酒液折算为60%vol，求折算率。

计算：先查得39%vol的质量分数为32.4139；60%vol的质量分数为52.0879。

$$\text{折算率（}\eta\text{）}=\frac{32.4139}{52.0897}\times100\%=62.2271\%$$

例2：酒精度为68.4%vol的酒液5234.860kg，降度为60%vol的酒液的质量（m）是多少？

计算：先查68.4%vol的质量分数为60.6946，查60%vol的质量分数为52.0879。

$$\text{折算率（}\eta\text{）}=\frac{60.6946}{52.0897}\times100\%=116.52\%$$

$$(m)(60\%vol)=5234.860\times1.1652=6099.659kg$$

（二）加浆系数计算

加浆系数是指把单位质量的高浓度白酒降成低浓度白酒时，所用加浆水的质量。其计算是根据《酒精体积分数、相对密度、质量分数对照表》中给出的有关质量分数来计算的。

$$\phi=\frac{\omega_1}{\omega_2}-1=\eta-1$$

式中　ϕ——加浆系数

ω_1——高度酒的酒精质量分数

ω_2——低度酒的酒精质量分数

例3：酒精度为73.2%vol、质量为1000kg的酒液，降度为52%vol的酒液，需要加浆水的量为多少?

计算：先算折算率

$$折算率(\eta)=\frac{65.8445}{44.3118}\times 100\%=148.5936\%$$

$$加浆量=(148.5936\%-1)\times 1000=485.936\ kg$$

例4：将酒精度为75.8%vol的酒液降度为50%vol，其加浆系数的计算如下。

根据《酒精体积分数、相对密度、质量分数对照表》，查得75.8%vol的白酒质量分数为68.71，50%vol的白酒质量分数为42.43，按上式计算得：

$$加浆系数(\phi)=\frac{68.71}{42.43}-1=1.6914-1=0.6194$$

（三）酒精体积分数与质量分数的换算

用φ%vol表示酒精度，即体积分数（酒精体积/100mL）；用ω表示质量分数（酒精质量/100g）；（d_4^{20}）表示相对密度（20℃/4℃），纯酒精在20℃/4℃时的相对密度为0.78934。则：

$$\varphi=\frac{\omega\cdot d_4^{20}}{0.78934}$$

$$\omega=\frac{\varphi\times 0.78934}{d_4^{20}}$$

（四）不同酒精度间的换算

若酒液酒精度为φ_1%vol，相应的相对密度为（d_4^{20}）$_1$，相应的质量分数为ω_1，调整后酒精度为φ_2%vol，相应的相对密度为（d_4^{20}）$_2$，相应的质量分数为ω_2。

1．求酒液的质量

$$酒液的质量=调整后酒液的质量\times\frac{\varphi_2\frac{0.78934}{(d_4^{20})_2}}{\varphi_1\frac{0.78934}{(d_4^{20})_1}}$$

$$=调整后酒液的质量\times\omega_2/\omega_1$$

$$=调整后酒液的质量\times\varphi_2\cdot(d_4^{20})_1/\varphi_1\cdot(d_4^{20})_2$$

2．求调整后酒液的质量

调整后酒液质量=酒液的质量×ω_1/ω_2

=酒液的质量×$\varphi_1 \cdot (d_4^{20})_2/\varphi_2 \cdot (d_4^{20})_1$

3．求调整后的酒精度

φ_2=（酒液的质量/调整后酒液的质量）×$\varphi_1 \cdot (d_4^{20})_2/(d_4^{20})_1$

4．求调整为酒精度φ_2的酒液的酒精度

φ_1=调整后酒液的质量×$\varphi_2 (d_4^{20})_1$/酒液的质量×$(d_4^{20})_2$

（五）酒体组合换算

若φ_1为较高的酒精度（%vol）

φ_2为较低的酒精度（%vol）

φ为组合后酒的酒精度（%vol）

ω_1为较高酒精度的质量分数（%）

ω_2为较低酒精度的质量分数（%）

ω为组合后酒液的质量分数（%）

m_1为较高酒精度酒液的质量（kg）

m_2为较低酒精度酒液的质量（kg）

m为组合后酒液的质量（kg）

(d_4^{20})为勾兑组合后酒液的相对密度

$(d_4^{20})_1$为较高酒精度酒液的相对密度

$(d_4^{20})_2$为较低酒精度酒液的相对密度

1．已知：较高酒精度酒液的质量m_1，较低酒精度酒液的质量m_2，求组合后酒液的质量m：

$$m=\frac{m_1 \cdot \omega_1+m_2 \cdot \omega_2}{\omega}$$

$$m=\frac{\frac{0.78934}{(d_4^{20})_1} m_1 \cdot \varphi_1+\frac{0.78934}{(d_4^{20})_2} m_2 \cdot \varphi_2}{\frac{0.78934}{(d_4^{20})} \cdot \varphi}$$

2. 已知：组合勾兑后酒精度为φ，酒液的质量为m和所用的较低酒精度为φ_2，酒液的质量为m_2，求所需较高酒精度酒液的质量m_1：

$$m_1=\frac{m\cdot(\omega-\omega_2)}{\omega_1-\omega_2}$$

$$m_1=\frac{m\cdot\left[\dfrac{\varphi}{d_4^{20}}-\dfrac{\varphi_2}{(d_4^{20})_2}\right]}{\dfrac{\varphi_1}{(d_4^{20})_1}-\dfrac{\varphi_2}{(d_4^{20})_2}}$$

四、组合工艺

白酒的组合工艺分为基础酒验收组合、基础酒储存组合以及成品酒设计组合等类型。基础酒验收时的组合和基础酒储存过程中的组合都属于原度基础酒组合；成品酒设计酒源组合主要根据基础酒综合酒源的风格情况，按照成品酒理化卫生标准和口感需求，利用储存后的基础酒综合酒源进行再次组合后，再降度加浆，最后通过调味来完善酒体风格特征生产成品酒的过程。组合工作分为小样组合和大样组合，小样组合在酒体设计室完成，大样组合在酒库内完成。

（一）基础酒的验收

基础酒验收是组合前的一项重要的基础工作，酿酒班组生产出来的基础酒口感质量是不一致的，差异较大，各有各的个性特点。另外，有的基础酒口味较净，虽略带杂味，但某一方面有突出特点；有的味稍苦但浓香好，微涩但陈味突出；有的燥辣但香长，欠爽净但具备风格，微燥但醇甜等特点。这些基础酒均可以作为合格基础酒进行验收，在组合时通过搭配使用，降低或消除其杂味。略带酸味、带馊香以及窖泥气味等特点的基础酒可以用作特殊调味酒。尝评员的基础酒验收定级水平是关乎组合工艺好坏的关键，既要做到保证产品质量，也要注意提高基础酒合格率，负责基础酒验收的尝评人员必须把好这一关，做到既不浪费好酒资源，又不让异杂味的酒污染其它高质量的基础酒。

基础酒验收是一项非常重要的工作，需要尝评组合人员熟悉本厂生产工艺特点、质量标准，具有过硬的尝评能力和组合技巧。在基础酒验收定级组合工作中，要充分发挥尝评员自身的主观和客观能动性，才能达到优质高效的验收目的。

（二）基础酒组合

1．基础酒验收组合

酿酒班组交到酒库的基础酒为不同班组、不同窖池、不同段次的基础酒样，首先需要通过初步口感尝评和理化指标分析进行细致分类和筛选。一般高等级基础酒具备醇甜、浓厚、酒体协调、净爽等特点；低等级酒源大多具有一些感官缺陷，如闻香较净、口味较杂、酒体较单薄等缺陷。基础酒验收定级是由基础酒尝评验收员根据各等级基础酒口感质量标准，结合理化数据标准，对基础酒进行综合判定、客观定级分类。基础酒等级越低，酒质缺陷就相对较多。

基础酒分类组合首先根据基础酒评定的不同等级、不同风格特征，然后按照相同或相近基础酒等级类别进行组合。对需并坛、并桶的酒源应再进行复评组合。

2．基础酒储存组合

基础酒储存组合按照陈香、窖香、粮香、醇甜、丰满浓郁等不同风格特征窖的基础酒进行分类组合。首先进行小样组合，根据待设计酒源的口感、酒体风格和理化标准进行方案设计，不断优化方案，直至符合该类别基础酒的感官要求和理化标准为止，确定好酒源等级、比例后，进行放大样组合，形成多种风格和口感的基础酒综合酒源，进行长期储存。

（1）选酒　在组合之前，必须对即将设定的目标基础酒的感官要求和理化指标进行全面的了解，从而确定所选用基础酒的感官和质量等级的范围，明确选酒的主要方向，做到心中有数后，再进行选酒。选酒是以每类基础酒的基础信息为依据，包括口感和理化指标，因储存后口感会有变化，应再次尝评，确定基础酒的特点。在选酒时应注意不同类型基础酒的比例关系，还应注意香和味的协调比例。为了便于选择，把酒体特征分为香气浓郁、酒体醇甜、浓厚、爽净等风格类型，在组合时基本按这些方面进行基础酒的选择。

为了组合工作顺利进行，使基础酒通过组合达到较为满意的效果，在选酒过程中应注意待选基础酒的理化色谱数据、储存日期和质量档次等基础信息。按照基础酒的风格类型及其在组合中所起的作用，可以把基础酒分为以下三种类型。

①带酒：指具有某种独特香味、能明显起到改善组合酒风格特征的基础酒。主要是质量类型母糟生产的基础酒和储存时间较长的老酒。组合时这种酒用量一般占15%左右。

②大综酒：一般指酒体具备浓、香、甜、净等风格特点的基础酒。它们有各自的优缺点，但组合起来则能构成香气舒适、醇甜、爽净、具备本品风格的基础酒体，通过组合能达到组合酒的质量标准，组合时这种酒用量一般占80%左右。

③搭酒：指有一定的特点，有一些可取之处，酒体风格特征上存在一定缺陷，或味稍杂，或香气稍不正，但通过组合可以弥补其缺陷的基础酒，一般表现为酒带有轻微杂味、酸涩味、香气沉闷等缺陷。组合时这种酒用量一般占5%左右。

（2）小样组合　在选酒后，按照酒体设计所选基础酒的感官特征及它们的主要理化色谱数据，对照标准样品进行小样组合。通过不同的基础酒用量比例的对比选择出符合质量标准的酒体设计方案，这就是小样组合工艺。小样组合有以下三个步骤。

①大综酒组合：将定为大综酒的基础酒，根据其感官特征、理化色谱数据、重量等参数按一定比例混合在一起，摇匀后进行尝评，确定是否达到预期的口感质量要求，若达到就进行下一步工作。否则，应先根据口感差异进行调整，在基础酒的选择和用量上进行相应调整，直到达到预期的酒体风格为止。

②添加搭酒：搭酒的添加应根据组合好的大综酒风格特征确定添加搭酒的风格类型，通过添加、尝评确定其最大用量，原则上搭酒在保证质量的前提下应尽量多用。取组合好的大综组合样50mL，以1%的比例添加搭酒，边添加，边尝评，直到再继续添加的搭酒影响了原来大综组合酒的质量风格为止，根据尝评结果，判断搭酒是否适合，然后不断地进行优化调整用酒比例，直至符合质量标准为止。如果搭酒添加了1%～2%时就降低了大综组合酒的风格，说明该搭酒选用不合适。当然也可根据具体情况不加搭酒，但一般来说，如果搭酒选得好，添加适当，搭酒不但不起坏作用，反而会收到良好的效果，不但无损于大综组合酒的风味，而且还可以使其风味得到提高。这是组合工艺的作用和意义所在。

③添加带酒：若已添加过搭酒的大综酒经尝评达到了酒体设计要求，可以不添加带酒。若在风味上还有待调整和完善，则应通过添加带酒进行相应的调整和完善。通过尝评确定添加何种风格的带酒和用量，从而达到提高产品质量和节约带酒的目的。带酒按3%左右的比例逐渐加入，边加边尝评，直到符合标准为止。若达到要求，则通过递减1/2的用量原则进行再次试验，若仍能达到设计要求则再进行1/2递减实验，使设计的酒体既能达到质量要求，又能减少带酒用量的目的；若确定的大致比例达不到质量要求，则进行加大一倍比例添加带酒，直至设计的酒体达到质量要求为止。带酒的添加量要恰到好处，既要提高原基础酒的风味质量，又要避免带酒用量过多，同时综合平衡搭酒和带酒添加比例是否匹配，从质量、成本、基础库存结构上进行综合考虑。

（3）大样组合　根据确定的小样设计方案，经由在质量控制小组专家品尝合格后，按照需要放大的基础酒组合数量，通过同比例放大，计算出各种基础酒的数量，形成放样单，交由酒库进行操作，组合成大样综合酒源。

（三）综合酒源的组合

在进行基础酒储存组合时，需根据系列产品口感特征、酒精度要求、理化指标范围以及基础酒综合酒源库存等情况进行相应的基础酒储存组合设计。首先确定目标酒源的口感要求，再根据成品酒理化指标要求，选出口感相符的基础酒综合酒源以后，将选中的各基础酒综合酒源理化数据进行组合计算，设计出多个比例组合方案进行小样组合，对照组合酒源的标准酒样，不断优化方案，直至符合该类综合酒源感官标准和理化标准为止，形成几个与目标口感相符合的综合酒源酒体设计方案。

酒体设计优选出的储存酒源组合方案的设计酒样送交尝评委员会进行审批。审批合格后，由酒库进行大样组合，储存老熟待用。

（四）酒库的管理

基础酒验收后相同等级的酒进行组合入库储存。进行登记、编号、建卡，每桶（坛）酒都带有基础信息的卡片，记录生产日期（年、月、日）、生产小组（组别）、窖号、糟别（粮糟酒、底糟酒、红糟酒、丢糟黄水酒等）、酒精度、重量、等级、口感状况、理化色谱数据、尝评员、保管员等基础信息，作为组合时的依据。同时进行电子档案的记录，这些原始记录要求真实、准确和全面，确保酒源信息的准确性，这是酒库管理中非常重要的一个工艺环节。

（五）库存基础酒的复查

基础酒储存过程中，尝评员应定期或不定期进行库存酒的复查，根据储存过程中酒质变化的情况进行等级组合调整。在复查中，不但可以了解酒质变化情况，摸清新酒老熟的规律，全面掌握库存基础酒的风格特点和质量，同时合理利用基础酒进行组合，优化库存结构，为今后的酒体设计工作创造良好的基础条件。

（六）不同类型基础酒的组合

组合是将不同风格的酒按一定酒体设计方案的比例和重量混合在一个容器内，使其达到一定的质量标准，在组合时应注意研究和运用以下的配比关系。

1．不同糟源基础酒的组合比例

由于酿酒工艺和发酵环境的不同，各类糟源的基础酒有着各自的风格特征和不同含量的微量香味成分，具有不同的香气和口味特征。因此，根据基础酒的口感按照设计的产品质量标准，基础酒按恰当的组合比例才能使酒体全面、风格完美。设计不同的产品质量等级，所采用的基础酒组合比例也不尽相同，应在实践中不断摸索、总结，找出恰当的组合比例。为便于大规模生产应用，应建立起不同质量要求的各类糟源基础酒的大概组合比例，但具体的比例和实际用量应在小样组合时进行精雕细琢，反复调整后确定。一般各种糟源的基础酒组合比例为双轮底糟酒10%、粮糟酒65%、其它糟源酒25%。

2．不同储存期基础酒的组合比例

储存时间较短的基础酒具有放香较大、燥辣的特点；储存期较长的基础酒具有醇厚、绵柔、回味悠长、陈味好的特点，但放香较差。因此，在进行基础酒组合时，通过搭配不同储存期的基础酒，可以达到取长补短的目的。在基础酒的组合过程中，注意掌握不同储存期基础酒的搭配比例，但具体的比例和实际用量应在小样组合时进行细心调整后确定。一般储存期长的基础酒占80%左右。原则上新酒半年为一个组合周期，而设计成品酒的基础酒源应按照质量要求的不同进行选择，一般为3年左右，高质量的成品酒的基础酒源应达到5年以上的储存期。

3．老窖池与新窖池所产基础酒的组合比例

“千年老窖万年糟”决定了老窖池比新窖池生产的基础酒的微量香味成分含量高、种类丰富，在感官上表现为老窖池所产基础酒“丰满、醇厚、风格典型”；新窖池所产基础酒则“醇和、淡雅”。两种类型基础酒恰当的组合比例可提高酒的质量，使酒体香气幽雅、口味醇厚、风格典型。随着科学技术的发展，有些新窖池也能产部分优质基础酒，但与老窖池产的基础酒相比仍有一定差异，而且新窖池所产基础酒在组合中用量过多会导致成品酒在储存过程中发生质量下降的现象，口感变化大。因此，在组合时，新窖池所产基础酒的比例应低于20%，这样才能保证酒质的稳定和风格全面。

4．不同季节产酒的组合比例

由于不同季节的微生物活跃程度不一样，入窖温度不一致，发酵条件不同，使得基础酒中微量香味成分出现差异，尤其是夏季（淡季）和冬季（旺季）所产的酒，各有其特点和个性。因此在组合时应注意它们的比例，研究它们之间的关系很重要。一般以9

月、10月所产的酒为一类，11月、12月、次年1月和2月所产的酒为一类，3月、4月、5月、6月所产的酒为一类；或者以大转排所产的第一排酒为一类（一般是在每年的9月、10月），小转排所产的酒为一类（一般是在每年的5—7月），其它季节所产的酒为一类。不同季节产酒的组合比例一般为1：3（淡季：旺季）左右。

5. 不同发酵期产酒之间的组合比例

发酵期的长短与酒质有着密切关系。30～45d发酵期的母糟所产的基础酒粮香好，所含挥发性香味成分含量相对较多；60d左右发酵期的母糟所产的白酒窖香浓、醇厚感较好，所含挥发性香味成分含量相对较少，香气浓郁；延长发酵期后的母糟所产酒风格典型、个性突出、醇厚、香味成分丰富。在60d发酵期的酒中添加少量30～45d发酵期或长发酵期的酒能增进成品酒的风格，提高酒的质量，增强酒的香气和喷头，使酒质更加全面。不同基础酒具体添加比例以及能否添加应用在酒体设计实践中总结，根据设计目标酒体的要求进行选择性搭配。

另外，基础酒的组合更多地侧重于如何组合出体现本企业产品风格的酒源，这需要根据产品的设计风格来确定基础酒组合的香气、口感、理化指标等质量标准。值得注意的是，基础酒的数据也应该保持稳定。

五、组合的技巧

（一）做好原始记录

不论是小样组合还是大样组合都应做好原始记录，以便后续组合调味参考借鉴。通过大量的组合实践，以提供分析和研究的数字和依据，从中寻找出规律性的东西，帮助酒体设计人员加强各种设计方案的归纳，积累经验，开阔设计思路，提高酒体设计水平。

（二）清楚基础酒的库存结构

每罐基础酒都必须建立完整的档案，包括每罐酒的入库日期、生产班组、等级、口感特征、酒精度、重量、理化色谱数据等基础信息。在进行组合之前必须对酒库储存的基础酒有一个全面的了解，掌握了基础数据后，才能真正地做好组合工作。在基础酒储存时也应结合包装生产线的产品规划，做好不同等级基础酒的分类储存，有利于组合勾调时减少酒源的转运与损耗。

（三）掌握组合酒质变化规律

略带杂味的酒，尤其是带苦、酸、涩、麻味的酒，不一定都是坏酒，有时可能是好酒，甚至还可能是独特的调味酒。所以对略带杂味的酒，要进行具体的分析和研究，查找产生的原因是由于发酵过程自身带来的，还是因人为操作不当、发酵过程窖池管理不善带来的，是内因造成的还是外因带来的？酒体设计人员应根据酒体做出准确的判断，然后才能确定如何组合，根据造成酒体杂味的不同原因进行合理的利用，做到“扬长避短，酒尽其才”，这是高水平酒体设计人员应达到的技术境界。

1．麻味酒

带麻味的酒一般均是好酒，这种麻味酒如果在特定酒体中适当组合添加，不但不表现麻味，反而使香味变得更好，明显提高酒的浓厚感，可以用作带酒。这种酒一般是发酵期较长的糟醅才能产生，它的出酒率偏低，粮耗较高，如果尝评人员技术不高、经验不足，这类酒往往会被当作是差酒而处理掉，造成了好酒的浪费和损失。但麻味酒也不是完全适用于所有的酒体中，应根据不同组合酒的特点，适当选用。

2．杂味酒

一些带苦味、涩味、酸味等杂味的酒不一定都是差酒，如果使用得当还可以成为好酒。如，后味带苦的酒，可以增加组合酒的陈味；后味带涩的酒可以增加组合酒的香味；后味带酸的酒可以增加组合酒的醇甜味、浓厚感。带苦、涩、酸的酒不一定都是差酒，可以作为带酒或搭酒，加以充分利用，甚至可以起到调味酒的作用，当然用多了不行。如果因操作不当、发酵过程管理不善，而造成酒带有煳味、酒尾子味、霉味、倒烧味、丢糟味、感染的胶皮味等异杂味，这些酒一般经组合也不能消除其异杂味，这些杂味在酒体中无论如何组合调整都不会起到好作用的，一般都是差酒，应进行回蒸或回窖发酵使用，如果杂味轻微而具有一定优点的可以作为搭酒进行使用。

3．丢糟黄水酒

丢糟黄水酒一般认为都是差酒。工艺上要求回底锅进行重蒸处理，或用于回窖发酵再使用，甚至有的企业规定丢糟黄水酒不能入库。但没有煳味、酒尾味、霉味等杂味的丢糟酒，在白酒的组合过程中是可以使用的，它可以明显提高酒的浓香味、泥香味和糟香味。当然要做到没有这些异杂味，就必须加强窖池管理，不能让糟醅霉烂或防止霉烂糟和窖皮泥混入糟醅中而入甑蒸馏，造成酒体出现异杂味。同时要加强滴窖、勤舀黄水、注意做好清洁卫生、调节蒸汽大小和控制摘酒浓度等，解决煳味、酒尾味、泥味等异杂味的出现。

4．差酒与好酒

差酒与好酒之间进行组合有可能变为好酒。因为差酒的微量香味成分可能是一种或多种，偏多或偏少，当它与较好的酒组合时，偏多的微量香味成分得到稀释，偏少的微量香味成分可能得到了补充，组合后酒质就会变好。

5．好酒与好酒

好酒与好酒之间组合有可能变差。这主要是各自相对协调的微量香味成分经过组合后破坏了原来的平衡关系，降低或增加了其中某一种成分的含量，因此影响了组合的效果，使两种好酒组合后变为差酒。当然好酒与好酒进行组合出现这样的情况是非常少见的，大部分好酒之间相互组合后变为更好的白酒。这种情况在相同香型酒之间不易产生，但不同香型酒进行组合时就容易发生，因为各种香型酒的主体香味成分是不相同的，如浓香型白酒的主体香味成分是己酸乙酯，其它的酸、醇、醛等成分起烘托作用；清香型白酒的主体香味成分是乙酸乙酯和乳酸乙酯，其它的成分起辅助作用。不同香型的好酒组合在一起，酒体风格发生变化，如果比例掌握不当，就可能使香味变淡，甚至变杂，比不上原来单一酒的口味好。在新产品设计时，特别是不同香型白酒进行组合时，即广义的兼香型白酒的酒体设计时要注意这个现象。有的厂家喜欢使用酱香型白酒调浓香型的白酒，但酱香酒如果使用比例不当或质量不好，可能使组合的酒后味出现酸涩味，酒体变得粗糙。

6．差酒与差酒

所谓的差酒，主要是酒中香味成分的含量和量比关系不协调带来的不舒适和不愉悦感。严格意义上讲，没有绝对的差酒。差酒与差酒进行组合，若选用恰当，有可能变好，这是因为从微量香味成分上来分析，某种差酒中含有一种或数种微量香味成分偏高，而其它一种或数种微量香味成分又偏低，另一种差酒的微量香味成分又恰好与上述这种差酒的情况相反，这两种酒一经组合，微量香味成分就互相得到补充，两种差酒就都成了好酒。例如一种酒含丁酸乙酯偏高，而总酸含量不足，另一种酒则总酸含量偏高，而丁酸乙酯含量不够，刚好得以取长补短，而成为香味较全面的好酒。当然，若两种差酒的微量香味成分不能相互补充或组合比例不恰当，微量香味成分的量比关系没有达到协调也不可能变成好酒。

一般来说，带涩味与带酸味的酒，带酸味与带辣味的酒，带苦味与带涩味的酒相互组合均有可能变为好酒。实践总结可得：甜与酸，甜与苦可抵消；甜与咸，苦与咸，酸与咸可中和；酸与苦反增苦；香可压邪，酸可助味，醛可提香等。

六、组合工艺操作方法

（一）操作流程及工艺要求

组合工艺操作流程见图7-15。

图7-15　组合工艺操作流程图

（1）组合之前应该对所有组合过程中会用到的器具进行清洁处理，要求所有器具干净、无色、无味。

（2）酒体设计员必须具备一定的专业基础知识，熟练掌握白酒酒体设计组合、加浆、降度的理论知识和要点，并且要有相应的白酒尝评能力和经验。

（3）在组合之前，必须对即将组合的目标酒体的感官要求和理化指标进行全面了解，从而确定所选基础酒的感官要求和质量等级，在选酒过程中应注意各待选基础酒的风格特征、理化色谱数据、储存日期和质量档次的搭配。

（4）提高产品质量的同时，应控制好生产成本，进行基础酒组合，保证每批次组合酒都能达到各级酒的质量标准。

（5）在大样组合时，应注意小样与大样组合的体积比与重量比的换算关系。小样组合过程是按体积比例进行放样、储存、送审；小样组合方案确定后，应根据基础酒的体积比查表计算重量比，按重量比计算出放大样组合所需各种基础酒的重量，以确保计量准确，减少换算不准造成的质量差异。

（6）在操作过程中注意组合工具的正确使用。用中指和无名指夹住组合工具的中间位置，并且使有刻度的一侧向内，无刻度的一侧向外；在吸取酒液时，以大拇指和食指托住组合工具的中间转动轴，上下垂直拉伸、左右旋转控制吸取酒量的多少。

（二）操作方法

1．组合前样品、器具准备

组合之前，首先应将待组合的各等级基础酒样、成品酒标样、相应数量的酒杯、针管、250mL具塞三角瓶、渣酒盅等材料和器具准备好，每个酒样的正前方摆放一个酒杯，每个酒杯旁配一支取样器，按顺序摆放在酒体设计办公桌面的中间位置，组合人员坐在酒样前，组合记录本和笔放在酒杯前面，要靠近组合人员，便于操作。

2．选酒

将待组合酒样逐个倒入酒杯中（1/2～2/3酒杯处），逐杯仔细尝评，确定基础酒的风格特征，并做好详细记录。

3．小样组合

按照酒体设计的目标，根据大综酒、搭酒、带酒的使用原则和标样要求，先进行小样组合。一个酒样专用一支取样器进行取样操作，不得混淆使用，并另外备用一支取样器用于吸取纯净水降度。不断摸索基础酒的不同用量比例，边组合、边尝评，通过小样组合试验，设计出各种基础酒之间的最佳使用比例。

4．小样审批

（1）根据口感要求，筛选出不低于1～4个符合要求的小样，备样员根据选中的小样方案，进行重新放样至500mL，由质量控制小组进行再次口感确定。

（2）由备样员对合格的酒样进行编码，填写备样单并将酒样送交尝评委员会；再由尝评委员会按质量标准进行感官鉴评，同时进行理化色谱分析，确定最佳组合方案，最后出具该小样的审批合格单。

5．大样组合

（1）酒体设计组根据审批合格的设计方案制作放样单、派单，酒库班组人员根据大样生产的重量，按照小样审批确定的组合方案计算出每种基础酒的大样用量。

（2）酒库人员先将大综基础酒转入酒罐并搅拌均匀，再按组合方案确定的比例加入搭酒和带酒在所取的酒样中，混合均匀后尝评。在达到整体酒质的前提下，则按该比例放样，加浆搅拌均匀处理成为综合储存基础酒。若加入搭酒和带酒后酒质降低，则调整酒体设计方案，直到符合要求为止。

七、组合应注意的问题

（一）必须先进行小样组合

组合是一个耐心细致的工作，组合时选酒不当，一坛酒可能会影响数吨及数百吨酒的口感质量，一旦影响则很难挽回，这样既浪费了好酒，也影响了组合的效果。通过小样组合，能提前防止上述情况的发生。因此，要在组合过程中逐渐认识各种基础酒的性质，了解不同酒质搭配后的变化规律，不断地总结经验，提高组合技术水平。同时，做小样组合、验证组合质量是酒体设计工序中必不可少的，通过验证，可以评估小样组合的效果，也可以为大样组合奠定基础。

（二）清楚地了解库存基础酒的相关情况

所有基础酒应有完整的质量基础信息，在组合时，必须清楚地了解每种酒的基本情况，要了解其风味特征、储存期、糟源类别、数量多少、酒精度高低、窖龄长短以及产酒的季节等，只有这样才能更好地做好组合工作。

（三）在组合中必须注意各种类型酒的配比关系

如前所述，在组合过程中要注意不同糟源、不同发酵期、不同季节、不同储存期、不同质量措施等不同工艺的基础酒的搭配。不能只注意了老酒和新酒、底糟酒和一般酒之间的搭配，而忽视了红糟酒、粮糟酒、丢糟黄水酒、新窖酒和老窖酒、不同季节所产酒之间的不同组合配比关系。如果各种酒之间的组合比例不恰当，就会使酒的香气和口味欠协调，用带酒甚至用调味酒都不易解决，造成带酒和调味酒的浪费。例如红糟酒和粮糟酒组合时，若红糟酒过多，酒味燥辣，醇甜差，香气虽较好但香不持久；若粮糟酒过多，香味淡、甜味重，甚至会发生酒的香与味不协调的现象，必然要多用带酒和调味酒来解决这些质量缺陷，有时即使通过调味的方式解决了酒体不协调，但随着酒的储存时间延长，个别酒还会出现质量下降的现象，质量和口感反而会下降。在组合中常发生香味不协调而找不准原因，是因为没有对各种酒的配比关系引起注意和总结，在日常的组合过程中应重点注意基础酒组合后酒体质量的变化规律。通过不断地科学组合，使各种风格类型的基础酒香味成分相互补充、相互平衡、相互协同而提高基础酒质量。

（四）注意各种不同香和味之间的平衡关系

泸州老窖酒体设计师们经过长时间的实践经验，总结形成的组合技术要点口诀如下。

浓香可带短、淡、单，微燥微涩醇和掩；
酸头苦尾两相适，稍冲稍辣醇甜添；
放香不足调酒头，回味不长加香绵；
双轮底酒老酒配，搭带恰当香绵爽。

（1）“浓香可带短、淡、单”，在组合时香味很浓郁的酒可以很好的带（弥补）香味比较短淡或者香和味单一的酒。

（2）“微燥微涩醇和掩”，用醇和感好的酒去掩盖酒中微燥微涩的感觉，主要微量香味成分进行量比的平衡，使白酒的燥涩感消失或者不明显。

（3）“酸头苦尾两相适”，酸味往往进口就能马上体会到，甚至通过闻香就能感受到，所以称为“酸头”，人对苦味的感觉是滞后的，在品评时一般体现的是后苦。带酸和带苦的白酒可以互相中和，减轻苦味或使苦味消失。

（4）“稍冲稍辣醇甜添”，酒体带有冲、辣的缺陷时，可以添加醇甜感较强的酒来调和，使之变得柔顺。

（5）“放香不足调酒头”，酒体香气弱或者放香不足时，可以通过酒头调味酒进行调味，调整香气阈值，使之香气增加或者香气挥发出来。

（6）“回味不长加香绵”，当酒的回味欠绵长、短淡、单薄时，可以添加组合香气口味绵长的酒，从而使酒体丰满、圆润、回味悠长。

（7）“双轮底酒老酒配”，双轮底酒的香味成分丰富，香味成分品种多且含量高，酒体醇厚、丰满；老酒通过长期储存后，陈香味突出，总酸含量高，可以使酒体更有层次感和幽雅感。双轮底酒与老酒配，可以发挥各自优点，使酒变得幽雅细腻、醇厚丰满、绵柔圆润，余味悠长。

（8）“搭带恰当香绵爽”，搭酒、带酒选择恰当准确，可以使酒体香气幽雅舒适，口味丰满醇厚绵甜，后味绵软净爽。

（五）主要的微量香味成分对白酒酒质的影响

（1）乳酸乙酯含量大的酒会出现不同程度的嫩闷、甜味，在浓香型白酒中乳酸乙酯含量超过已酸乙酯的含量过多（即乳酸乙酯：已酸乙酯>1），就会失去浓香型白酒的风格。

（2）丁酸乙酯、丁酸类含量偏高，会出现香过大、口味单薄粗糙，影响香气的舒适度，严重时还可能出现不同程度的泥味。

（3）丁酸乙酯和已酸乙酯含量过低，而其它香味成分含量偏高，就必然造成主体香气不足，而影响香味、香气和浓厚感。所以已酸乙酯应有一定的含量，若已酸乙酯不足，尽管总酯达到甚至高于标准，但酒体主体香依然不突出。

（4）乙缩醛含量过大，会出现酒体单调、刺激性强，但乙缩醛含量过小，酒体不爽口。如果香气过大的酒，乙缩醛和丁二酮等含量适宜，则酒体浓香、舒适爽口，令人心旷神怡；反之尽管香气突出、浓厚，但不爽口、不舒适。

（5）各种微量香味成分含量太低，即使它们的比例关系适当，也会出现香味短淡而达不到酒体协调的感官要求。

（6）组合前应先准确了解选用酒样的各项指标和感官特征，在组合时需综合考虑设计的目标酒体的理化数据，并提前计算所选基础酒组合后能否达到国家标准中规定的理化指标、卫生指标，这是一个非常值得重视的环节。一个组合后的酒样如果在理化、卫生数据上达不到标准要求，这个酒体设计方案是失败的。同样，一名有经验的酒体设计师在尝酒组合过程中设计的酒体，如果香气舒适优雅、口感绵甜爽净，那么通常这个样品理化数据同国家标准相比也不会出现较大的偏差，因为一个具备香气愉悦、口感丰满协调、风格突出的酒体，往往是其微量香味成分平衡协调的一个综合反映。

八、储存原理及方法

（一）白酒储存的原理

一般说来，新酒具有香气上刺激性大、口感上不柔和等缺陷，经过一定时间的储存，酒体呈现出陈香、醇和、绵甜、细腻等风格特征，这个工艺过程称作白酒储存老熟。储存是传统白酒酿造工艺中的一道重要工序。人们普遍认为白酒越存越好，越老的白酒价格越高。经过一段时间的储存，低沸点成分得到一定的挥发，白酒中各种成分的物理、化学变化使新酒的刺激感、辛辣味和异杂味减少，绵柔感增加，醇厚感增强，风格突出，提高了白酒质量。目前，对白酒老熟机理还没有达成统一的认知，特别是浓香型白酒香味成分数量庞大，老熟过程中的香味成分变化复杂。一般人们把储存老熟过程中酒体成分中的变化大体分为物理变化和化学变化两个方面。

1．物理变化

（1）挥发作用　在白酒的储存过程中，一些低沸点的不溶性气体或液体，如硫化氢、丙烯醛、醛类、酯类、烯类、炔类等低沸点的邪杂味成分是形成酒体辛、辣、冲的主要来源，随着储存时间的延长，这些成分能够通过自然挥发而逐渐减少，从而可以减轻或消除白酒中的邪杂味，使酒体变得柔和绵甜。

（2）氢键的缔合作用　白酒中组分含量最多的是乙醇和水，占总量的98%左右。乙醇和水都是极性分子，具有很强的缔合能力，它们在液态时都可以通过氢键缔合成大分子，这种缔合作用对感官刺激的变化是十分重要的，但是氢键缔合平衡并不是白酒品质改善的主要因素。随着储存期的延长，部分酯水解生成酸和醇，生成的醇或酸可参与氢键缔合，形成一个较为稳定的缔合体，从而使酒体口感醇和，香气舒适。基础酒在储存过程中，水分子与乙醇分子重新进行排列组合，其氢键的缔合形式如图7–16所示。

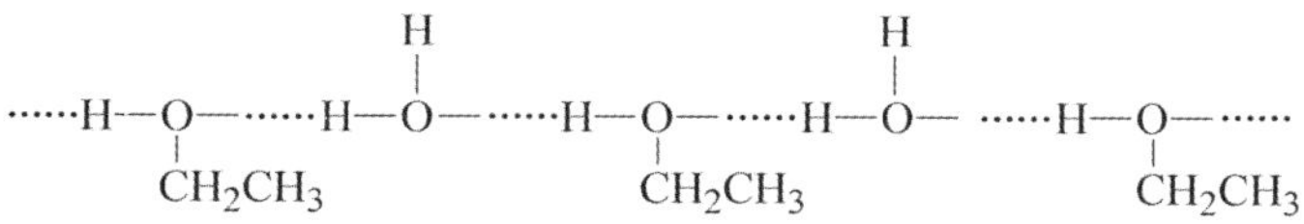

$$\cdots\cdots H-\underset{\underset{CH_2CH_3}{|}}{O}-\cdots\cdots H-\overset{\overset{H}{|}}{O}-\cdots\cdots H-\underset{\underset{CH_2CH_3}{|}}{O}-\cdots\cdots H-\overset{\overset{H}{|}}{O}-\cdots\cdots H-\underset{\underset{CH_2CH_3}{|}}{O}-\cdots\cdots$$

图7–16　水和乙醇间氢键缔合形式

随着基础酒储存时间的延长，水分子和乙醇分子之间逐步构成大的分子缔合群，缔合度增加，乙醇分子受到约束，自由度减少，使酒体的刺激性减弱。对于人的味觉感受来说，就会感到酒体柔和。

2．化学变化

基础酒在储存过程中，主要的化学变化有氧化、还原、酯化、缩合等反应，有的成分消失或增减，有的成分新产生，可使酒体中醇、酸、酯、醛类等成分达到新的平衡。

酸、醇、酯、醛是白酒中的主要香味成分，它们之间存在着紧密的相互关系，见图7–17。

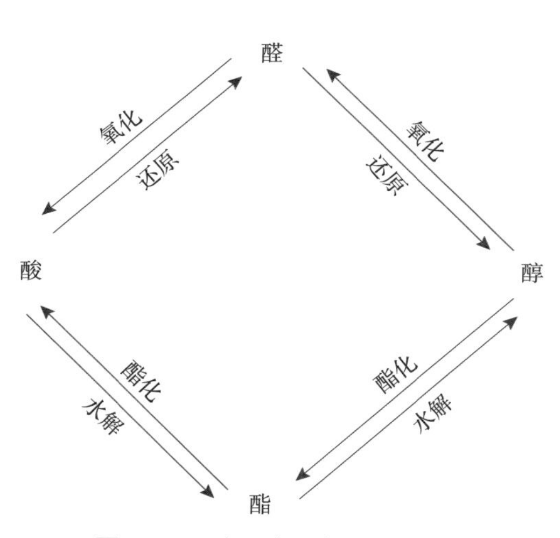

图7–17　酸、醇、酯、醛关系图

各项反应的反应通式为：

醇经氧化成醛：$RCH_2OH \xrightarrow{[O]} RCHO$

醛经氧化成酸：$RCHO \xrightarrow{[O]} RCOOH$

醇、酸酯化成酯：$RCOOH + R'OH \xrightarrow{-H_2O} RCOOR'$

醇、醛缩合成缩醛：$RCHO+2R'OH \longrightarrow RCH(OR')_2 + H_2O$

（1）氧化还原反应　储存容器内含有空气，基础酒生产和转运过程也会有微量空气溶解到酒体中，基础酒在储存过程中，有的微量香味会发生化学反应释放出氧原子，这些游离氧原子均可使基础酒香味组分发生氧化还原反应。一般来说，基础酒在前6个月的储存期内总酸、总醛、氧化还原电位（*Eh*）值均是增加的，此阶段基本上为氧化反应阶段。在储存6～12个月时，白酒的氧化还原电位基本上是稳定的，总酸保持平衡。在储存12个月以后，酒的总酸、*Eh*值再次增加，这种现象称为基础酒的第二次氧化。因此白酒在储存过程中主要发生的是氧化反应。白酒在储存过程中，经过氧化反应的作用，可以去除掉基础酒中的新杂味，增添基础酒的香味成分，对基础酒的老熟起到一定作用。

（2）缩合反应　缩合反应是醛、酮或羧酸衍生物等羰基化合物在羰基旁形成新的“C—C”键，从而把两个羰基化合物结合起来的反应。白酒中的乙醛与乙醛反应生成乙缩醛，就是属于羟醛缩合反应。生成的乙缩醛对白酒的香气有很大的贡献。试验表明，白酒储存中的香味成分变化与乙醛有着重要关系，醛类香味成分的挥发减少了白酒的刺激感，乙醛化学性质比较活跃，它有较强的亲和力，能促使一系列的化学反应，如乙醛与乙醛的缩合反应，醛类的缩合反应并不是直接添加氧而完成的，而是首先添加一分子水（水化），然后借氧化剂的氧而脱去氢原子。

在储存过程中，基础酒中的乙醛和乙醇会发生缩合反应，增加了白酒中缩醛的含量，可使酒体变得舒适、柔和。同时减少了乙醛在酒体中的含量，去除了新酒的糙辣感。新酒储存的第一个月，一般情况下，酒体中乙缩醛含量可达到形成总量的40%左右；储存到第二个月，则可增加到其总量的70%左右；储存到第五个月，可增加到其总量的77%左右。可见基础酒在储存过程中，乙醛和乙醇的缩合反应速度是比较快的。

$$\underset{\text{乙醛}}{CH_3CHO} + \underset{\text{乙醇}}{2C_2H_5OH} \longrightarrow \underset{\text{乙缩醛}}{CH_3CH(OC_2H_5)_2} + H_2O$$

（3）酯化、水解反应　基础酒在储存老熟过程中，酒中的乙醇与有机酸反应，羧酸分子中的羟基同醇分子中羟基的氢原子结合生成水，其余部分互相结合生成酯类香味成分，这也是酒中主要的呈香呈味成分，这就是白酒储存过程中的酯化反应。水解反应同样存在于白酒的储存过程中，这是一对可逆反应。随着储存时间的增加，酒体中酯类的增加数量往往不足以弥补酯类水解所减少的酯含量，但随着储存时间的延长，白酒储存过程中的酯化反应和水解反应最终能达到相对平衡。从总酯的测定结果可以证明，在储存前期，总酯量增加，储存中、后期，总酯含量维持不变甚至低于新酒中总酯量，但总酸含量增加了。

$$\underset{\text{醇}}{ROH} + \underset{\text{酸}}{R'COOH} \rightleftharpoons \underset{\text{酯}}{R'COOR} + \underset{\text{水}}{H_2O}$$

（二）储酒容器对白酒质量的影响

不同的储存容器，对白酒的老熟产生着不同的效果，会直接影响着产品质量。因此，在生产实践中，储存容器对白酒质量带来的影响和如何选择恰当的储存容器，应引起足够的重视。白酒的储存容器种类较多，各种容器有其特点。在确保储存过程中酒质不下降、损耗不增加，并有利于加速老熟、提高酒质的原则下，可因地制宜，选择适用的储存容器。目前常见的储存容器有以下几类。

1．陶坛容器

陶坛容器（图7–18）是传统储酒容器之一。通常是小口称为坛，大口称为缸。这类容器的透气性较好，所含多种金属氧化物对酒的老熟有促进作用，生产成本也较低。由于陶坛的陶土稳定性高，不易氧化变质，而且耐酸、耐碱、抗腐蚀，有利于优质高档基础酒的老熟，因此被我国白酒厂广泛用于储酒。陶坛容器容积较小，一般能装225～350kg基础酒，最大的能装1000kg基础酒；陶坛储酒有两个显著特点，一是陶坛在烧制过程中形成了微孔网状结构，这种结构在储酒过程中可形成毛细管作用，将外界的氧气缓慢地导入酒中，促进基础酒的酯化和其它氧化还原反应，使酒质逐渐变好。二是陶土本身含有多种金属氧化物，可能在储酒过程中微量溶于酒中，与酒体中的香味成分发生络合反应，对酒的陈酿老熟有促进作用。经常使用的陶坛，其残留的老酒成分也可以为下一次储存的新酒老熟起到促进作用。

图7–18　陶坛容器

陶坛储酒也有其自身固有的缺点：由于存在微孔结构，造成基础酒在储存过程中易发生挥发和渗漏，造成储酒损耗过高。陶坛极易破碎，因此不宜运输及转运。单坛储酒容积较小，吨酒储存面积过大，在储存成本上经济性较差，因此，陶坛主要用于高档基础酒的储存。

2. 血料容器

血料容器是指用荆条或竹篾编成筐，或用木箱、水泥池内壁糊以猪血料作为储酒容器。所谓血料是猪血和石灰调制成一种可塑性的蛋白质胶质盐，遇乙醇即形成半渗透的薄膜。其特性是水能缓慢渗透而乙醇不能渗透，对乙醇含量为30%vol以上的酒有良好的防漏作用。这类储酒容器因造价较低，就地取材，不易损坏，曾广泛应用于白酒生产企业。西北地区很多酒厂用荆条编成筐或用木板做成容器，再在内侧糊猪血料纸，储酒容量一般为5t，称之为“酒海”（图7-19）。也有用木料或水泥钢筋混凝土为材质做成容器，再内衬猪血料纸或环氧树脂等材料，这种酒海的储酒容量可达10～25t。

3. 不锈钢罐

随着社会经济的发展、需求的增加，白酒的产量逐步增加，传统小容器的坛、缸已不能满足储存需求，大容量的金属储酒容器应运而生。最初多采用铁罐或铝罐进行储存，但在使用过程中发现基础酒中的有机酸会与铁、铝发生反应使酒变成红色或生成白色沉淀，严重影响产品质量。由于不锈钢自身性状很稳定，在储酒过程中可避免出现基础酒与金属离子反应变色或生成沉淀，后来逐渐采用食品级304不锈钢制作的大型酒罐（图7-20），并得到了广泛的应用，而酒罐的容积也不断扩大，由最初的5t、10t逐步发展为100t、1000t。罐体的内部结构也日益复杂和完善，加装了气体分布器，便于酒搅拌均匀；加装了液位计及感应系统，罐内酒的重量和体积可在计算机显示屏上直接读取；加装了呼吸阀，可保证罐内、外压力平衡，消除安全隐患。

图7-19　酒海

图7-20　不锈钢储酒容器

综上所述，陶坛储存酒老熟快，酒质好，而其它容器储存酒体老熟较慢，相同时间内酒质变化不大，所以应对储酒容器的材料加强研究，使得酒体能在较短的储存时间内能加快老熟，提高酒质。另外，大容器储存到期后，出酒时不要全部用完，在容器清洁的情况下尽量不清洗，而应留一定比例的老酒在大容器里同新酒混合，继续储存，这样有利于新酒的老熟，对提高酒质能起到一定的作用，但这对酒损耗率的计算和管理工作带来一些困难，应在实践中设法解决。

（三）储存时间与酒质的关系

刚蒸馏出来的新酒辛辣、刺激，并含有某些硫化物等不愉快气味，经过储存以后，刺激性和辛辣感会明显减轻，口味变得醇和、柔顺。因此新酒必须经过储存以后才能用于酒体设计，这有利于成品酒质的完善和提高稳定。在储存过程中存在物理及化学变化，经测定，酒精与水分子缔合作用的物理反应在半年内可以达到平衡，但化学反应却要一个较长的时间过程。白酒通过储存后，柔和绵甜感增加，香味被烘托出来，醇厚感增强，风格突出。所以，白酒一般都强调有一个合理、科学的储存期。一般白酒的储存应不低于1年，优质白酒的储存期一般3～5年较为理想，但并不是所有的白酒储存期越长、酒质越好。

表7-6所示为浓香型白酒在不同储存期发生的感官变化。

表 7-6　浓香型（泸型）白酒储存时期的感官变化

储存期 / 月	感官评语
<1	香气浓烈，有新酒气味，醇甜，酒体浓厚，后味爽净，刺激性大
1	香气较浓烈，醇甜，酒体浓厚，后味爽净，刺激性大
2	香气较浓烈，有窖香，醇甜，酒体浓厚，后味爽净，刺激性较大
3	香气较浓烈，有窖香，入口较醇和，酒体浓厚，有刺激感
4	香气较浓烈，窖香，入口较醇和绵甜，酒体浓厚，有刺激感
5	香气较舒适，窖香，入口较醇和绵甜，酒体浓郁，较协调
6	香气舒适，窖香，入口较醇和绵甜，酒体浓郁，协调
7	香气舒适，窖香，入口较醇和绵甜，酒体浓郁，协调
8	香气舒适，窖香，入口醇和绵甜，酒体浓郁，协调
9	香气舒适，窖香浓，入口醇和绵甜，酒体浓郁，协调
10	香气舒适，窖香浓，入口醇和绵甜，酒体较醇厚，协调
11	窖香香气舒适，略带陈香，入口醇和绵甜，酒体较醇厚，协调

不同香型或不同等级的酒，受不同的储存容器、储存容量、储存温度等因素的影响，因而不能单独地以储存期作为评判老熟效果的标准。夏季酒库温度高，冬季温度低，老熟速度就有较大的差别。应该在保证质量的前提下，确定合理的储存期。有人曾将不同香型名优白酒储存在陶坛中，测定白酒氢键的缔合度；同时还测定氧化还原电位和溶解氧理化指标等的变化。但目前尚不能说明酒质好坏的变化与老熟机理的相互关系，还只能以尝评鉴定为主要依据，结合仪器分析，进一步了解储存过程中白酒风味变化的特征，便于确定每种白酒老熟的最佳时间。

第四节 白酒的调味工艺

调味工序是用极少量的精华酒，进一步对所组合设计的酒体进行精加工，从而弥补组合后半成品酒在香气和口味上的欠缺，使其香气和口味幽雅丰满、绵甜舒适，余味爽净。如果说组合是画龙身，调味则是点睛，白酒的酒体设计工艺一直强调“四分技术在组合，六分技术在调味”。组合是对酒体风格、口味成型的第一步工序，调味则是对酒体风格、口味进一步完善，成型得当，美化就容易。所以说组合工艺是酒体设计工艺的关键，调味工艺是对酒体的进一步完善和提升。

一、调味的意义和作用

调味是在基础酒组合、加浆、过滤后的半成品酒基础上对酒体进行的一项精加工的工艺，是组合工艺的深化和延伸。基础酒经组合、降度过滤后成为半成品酒，达到一定的质量要求，已接近成品酒口感，但可能尚未完全达到成品酒的感官质量标准，可能在某一点上略显不足，这就需要通过调味工序来加以完善。调味就是针对经酒源后处理的半成品酒香气和口味上的不足，选用适当风格的调味酒有针对性地对半成品酒的香气和风味进行平衡、协调、烘托，从而使产品质量更加完美和统一。经过调味后，半成品酒达到质量标准，产品质量保持了稳定或提高。

调味酒可以弥补组合酒的不足，使半成品酒的香气和口味在某一方面有明显的提高或者改善，从而使酒体协调完美，这充分说明了调味工作的重要性。调味酒的用量一般控制在1‰以内。

二、调味的原理

目前人们普遍认为，调味主要是起到平衡作用，它是通过添加某些微量成分含量很高的调味酒来改变半成品酒中香味成分的比例，通过抑制、缓冲或协调等作用，平衡各成分之间的量比关系，以形成成品酒的固有风格。调味酒在酒体调味中有以下几种基本作用。

（一）添加作用

在半成品酒中添加不同特殊生产工艺酿造的、含有丰富的微量香味成分的调味酒，会引起酒体成分含量和量比关系发生极细微的变化，却能明显改善半成品酒的香气和口感，提高并完善酒体风格。

添加作用有两种情况。

（1）半成品酒中根本没有这种香味成分，而在调味酒中含量较多，这些香味成分添加到半成品酒中得到稀释后，达到它们自身放香和呈味的阈值，因此使调味后的酒体呈现愉快的香气和口味，使酒体更加协调完美，突出了风格。

（2）半成品酒中某种香味成分较少，达不到放香阈值，香味不能让人感知出来，而调味酒中该成分却较多，添加到半成品酒后，这种香味成分的含量增加了，达到了放香和呈味的阈值，半成品酒的风格就呈现出来了。

（二）化学反应

调味酒中所含的微量成分与半成品酒中所含的微量成分进行化学反应生成新的呈香呈味成分，从而引起酒质的变化，这种反应一般有酯化反应和缩合反应，但在调味过程中化学反应速度非常慢。因此这两种反应应该不是在调味工序发生的主要反应。但是调味完成后，随着储存时间的延长，这两种反应也是存在的，通过长期的储存，酒体的陈香、绵甜感会逐渐好于刚刚调味好的半成品酒。

（三）平衡作用

白酒典型风格的形成都是由众多的微量香味成分相互缓冲、烘托、协调、平衡而成的。调味的目的就是根据半成品酒的香气、口味、风格的缺陷，添加所缺风格和微量成分浓度的调味酒，重新调整半成品酒中原有呈香和呈味成分的含量与比例，促使香味成分平衡向需要的方向移动，微量香味成分发生变化后可以排除酒体中的异杂味，增进了需要的香气和风味，从而达到调味的目的。

（四）分子重排

酒质的好坏与酒中分子的排列顺序有一定的关系，白酒中各种香味成分有不同的特点，有的亲水，有的疏水，有的既亲水又疏水；有的分子具有极性，有的分子又是非极性的。根据相似相溶原理和极化电荷、氢键等作用原理，储存能使酒中各分子间形成一定的排列，当在半成品酒调味时，添加了调味酒的微量成分会引起半成品酒中香味成分的量比关系发生改变，增加了新的微量成分，从而使酒中各分子重新排列，改变了原来状况，阈值发生了变化，突出了一些微量香味成分的呈香呈味作用，同时也有可能掩盖了另外一些分子的呈香呈味作用，达到完美酒体的作用。

三、调味酒的制备

（一）酒头调味酒

使用双轮底或长发酵期的糟醅，蒸馏时每甑取2 ~ 3kg酒头，长期储存用作调味酒。酒头中含有大量的低沸点的芳香成分，经过长期储存后可以提高半成品酒的前香，起到促进酒体香气的作用。

（二）双（多）轮底调味酒

双（多）轮底发酵工艺是对已经发酵一轮的底糟，通过加曲、回酒再发酵一轮次或多轮次，从而提高其质量的工艺技术。双轮底调味酒酸、酯含量都高，窖香浓郁，酒体醇厚感突出，糟香味大。用于调味能提高酒体的窖香、糟香和口感的浓郁丰满程度。

（三）底糟调味酒

选用窖泥基础比较好的窖池，在主发酵结束后，对最下层糟采取加曲、回酒、延长单轮发酵期等质量技术措施，从而使底糟调味酒风格典型。底糟调味酒经储存后香气浓郁，窖香、糟香突出，酒体丰满醇厚，风格典型，能提高半成品酒的窖香和糟香的浓郁程度。

（四）翻沙调味酒

翻沙发酵是采用二次发酵、回酒发酵、加曲、延长发酵周期等质量技术措施于一体的工艺技术。选用质量基础好的窖池，将主发酵期结束后的糟醅，通过回酒、加曲后再发酵3个月以上工艺措施，生产的基础酒经过储存后，可用于酒的组合和调味。翻沙调味酒丰满醇厚、风格突出，用于调味可以增加酒的醇甜感、丰满度，使酒体醇厚绵柔、风格典型。

（五）高酯调味酒

选择窖泥质量好的老窖池，通过延长发酵期、回酒、加曲等强化发酵技术措施，可提高调味酒的酯类香味成分含量，特别是已酸乙酯的含量。高酯调味酒的总酯含量高，可达到1200mg/100mL以上，香气浓烈、醇厚感强，高酯调味酒储存期必须在5年以上，才能用于调味。主要用于提高酒的前香（进口香），使浓香风格典型、浓厚，增强后味。

（六）高酸调味酒

采用延长发酵期提高酒中的酸度，高酸调味酒的总酸含量较高，可达到200mg/100mL以上，高酸调味酒储存期也必须在5年以上，才能用于调味。高酸调味酒可以弥补酒的苦涩味、酒体单薄等缺陷，使酒体后味绵长。

（七）堆积调味酒

粮糟加入高温大曲，经高温堆积工艺后，入窖发酵30d，即可产出堆积调味酒，这种调味酒在调味时用量不能太大，它可改善半成品酒的香气和增进口味的丰满度。

（八）酒尾调味酒

在蒸馏质量糟醅时，每甑摘取30～40kg酒尾，酒精度控制在20%vol左右，储存3年以上，可以用作调味酒。酒尾调味酒中含有大量的高沸点香味成分，酸和高级脂肪酸酯的含量也高。酒尾调味酒可以提高半成品酒的后味，使酒体回味悠长，浓厚感增加，但酒尾调味酒用量不能过多，过多反而会影响酒体的爽净度。

（九）窖香调味酒

选择窖泥质量好的窖池，通过夹泥发酵等生产工艺。窖香调味酒可以提高基础酒窖香和浓香。

（十）浓郁调味酒

选择窖泥质量好的窖池和适宜的酿酒季节，在粮糟入窖主发酵期结束以后，通过回酒，使母糟中酒精浓度达到6%～8%vol左右，再适当延长发酵期，开窖蒸馏，所产的调味酒的酸、酯含量高。浓郁调味酒可以增加酒的浓郁感，使酒体醇厚、风格好。

（十一）曲香调味酒

采用大曲作为投粮原料进行发酵，生产曲香调味酒。曲香调味酒可以提高酒的曲香。

（十二）陈味调味酒

陈味调味酒是指在入窖发酵时，适当加大大曲用量，同时延长发酵期半年以上，糟醅产生特殊的香味后，经蒸馏后制得的调味酒。该酒体窖香浓郁、回味悠长，且经长期储存后酒体丰满。陈味调味酒可以提高酒的糟香、陈味和延长后味。

（十三）老酒调味酒

通过延长调味酒的储存期，使酒陈香突出、绵甜、幽雅。酒体醇和、浓厚，具有独特风格。老酒调味酒可提高半成品酒的绵甜、纯净感，使酒体柔和，去除“新酒味”。

四、调味酒的选用原则

（一）确定半成品酒的优点与缺陷

对待调味的半成品酒进行尝评，掌握其香气、口味、风格的特点，明确需要解决待调酒口感风格不足的方面，做到心中有数，确定选择何种风格类型的调味酒。

（二）选用合适的调味酒

根据酒的质量情况，确定选用能弥补待调半成品酒香气、口味、风格等一方面或几方面缺陷的调味酒。调味过程实质上是对半成品酒的香气、口味和风格进行精准的修饰和调整，必须使用相应的调味酒来进行调整香气、平衡味道和稳定风格。调味酒的选择原则一般要求它们含有特殊的香气或风味成分，而且尽可能选用针对性强一些的调味酒，尽可能使用少的风格类型，尽量用少量的调味酒解决半成品酒酒体质量不足的问题。

调味酒的种类较多，可以按其香气特征、香味特征、风格特征进行分类。

1．调整香气用的调味酒

（1）调整放香的调味酒　选用高挥发性的酯香气类调味酒。这类调味酒含有大量的挥发酯类香味成分，而且具有高浓度的特定酯类香味成分，如乙酸乙酯、己酸乙酯等，总酯含量高。这类调味酒能够使待调味的半成品酒的香气变得舒适、幽雅，起到放香作用。属于这类调香酒的有酒头调味酒、高酯调味酒。

（2）丰富香气的调味酒　选用挥发性居中的调味酒。这类调味酒香气挥发速度居中，香气有一定的持久性。在香气特征上，这类调味酒有陈香气味、酱香气味或者具有其它特殊的特征香气。这类调味酒可以使半成品酒的香气“丰满”“浓郁”或“幽雅”，起到丰富香气的作用。属于这类调味酒的有双轮底调味酒、酱香调味酒和陈香调味酒。

（3）突出主体风格的调味酒　选用挥发性低、香气持久的调味酒。这类调味酒香气挥发速度较慢，香气很持久。它们含有大量的高沸点酯类和其它香味成分，复杂成分含量高，具有特殊的特征香气。这类调味酒可以使酒的典型风格突出，起到突出香气的作用。属于这类调味酒的有窖香调味酒和曲香调味酒。

2．调整口味用的调味酒

（1）酸味调味酒　这类调味酒的有机酸类香味成分一般含量较高。它们能够消除半成品酒中的苦味，增加酒体的醇和、绵柔感。属于这类调味酒的有高酸调味酒、酒尾调味酒。

（2）甜味调味酒　这类调味酒的醇甜类香味成分一般含量较高，如多元醇等。它们能调整半成品酒的甜味，去掉酒的异杂味。属于这类调味酒的有翻沙调味酒、浓香调味酒和陈味调味酒等。

（3）增加刺激感的调味酒　这类调味酒含有较多小分子的醇类及醛类香味成分，乙醛和缩醛含量高。一方面，这类酒可以增加半成品酒的醇及醛的刺激性；另一方面，还可以提高酯类香味成分的挥发性，增加酒体的丰满度和延长回味。这类调味酒有酒头调味酒、底糟调味酒和双轮底调味酒等。

3．调整风格用的调味酒

（1）增加浓厚感的调味酒　这类调味酒酸、酯含量高，风格典型、突出，它们能增加半成品酒的窖香香气和浓厚感。这类调味酒主要有窖香调味酒和底糟调味酒。

（2）增加醇厚感的调味酒　这类调味酒酸、酯含量高，糟香突出，它们可增加半成品酒的糟香和丰满感。这类调味酒主要有陈味调味酒、底糟调味酒和双轮底调味酒。

（3）延长后味的调味酒　这类调味酒总酯含量高，回味浓厚，酒体丰满。它们可延长半成品酒的后味。这类调味酒主要有高酯调味酒和双（多）轮底糟酒。

五、调味的方法

（一）分别添加，对比尝评

分别加入各种调味酒，一种一种地进行优选，最后确定出不同风格类型调味酒的用量。例如，有一种半成品酒，经尝评认为浓香差、陈味不足、酒体较粗糙，针对基础酒的这些缺陷，逐一解决这些问题。一般采取三步进行调味，首先解决浓香差的问题，选用一种能提高浓香味的调味酒进行滴加，一般从0.01%、0.02%、0.03%依次增加，加一次尝评一次，直到浓香风格突出为止。如果所选用的调味酒加到0.1%，还不能提高酒的浓香味时，则选用的调味酒不恰当，应另选用其它能提高浓香的调味酒。半成品酒浓香问题解决后，再选用其它能提高陈味的调味酒来解决陈味不足的问题。解决了陈味不足的问题后，再解决酒体粗糙的问题，办法同上。然后按照添加的各种调味酒的数量一次添加，再尝评看是否解决了半成品酒存在的缺陷，若未解决则应针对性进行调整。各种类型的调味酒在同时使用时也存在相互影响，因此，应对不同风格类型的调味酒的用量进行优化。调味酒选用适当时，加0.1%用量以内的调味酒就会使酒体的风格发生明显的改善。

在调味时，容易发生一种现象，即滴加调味酒后，解决了原来的缺陷和不足，又会出现新的缺陷，或者要解决的问题没有解决却出现了其它香气、口味、风格等方面的问题，所以这种调味方法做起来比较复杂，花的时间较长。对初学调味工作的人来说，采用这种方法对提高调味技术是很有帮助的。在分别加入各种调味酒的过程中，通过品评，能逐步认识到各种调味酒对酒体的改变作用，了解掌握各种调味酒的特性和相互间的搭配关系等实际经验，从而能不断地总结经验，丰富知识，提高尝评员的调味技术。这就是调味工作的复杂、微妙、神奇之处，只有在实践中摸索总结，慢慢体会，才能得心应手。

（二）依次添加，反复体会

根据尝评鉴定结果，针对半成品酒的缺点和不足，先选定几种调味酒，分别记住其主要特点，一次加入数种不同用量的调味酒，摇匀后尝评，根据尝评结果，增添或减少不同种类和数量的调味酒，依次不断增减，逐一优选，直至符合质量标准为止。例如，半成品酒进口香较差，回味短，甜味稍差，则第一次加入提高进口香的调味酒0.02%，增加回味的调味酒0.01%，增强浓香的调味酒0.01%。添加完调味酒后摇匀尝评，根据尝评鉴定结果，再次加入不同用量、不同风格特征的调味酒，按此方式反复增、减调味酒的种类和用量，直至达到质量标准为止。采用这个方法进行调味比较省时。具有一定调味经验的酒体设计师在掌握了一定调味技术的基础上，才能如此顺利进行，否则就得不到满意的结果。这个方法比第一次更快些，可以节约一些时间，但是若没有掌握好要领，则会适得其反。

（三）一次添加，确定方案

针对半成品酒的缺陷，根据调味经验，选取一种或多种不同风格特征的调味酒，按一定比例混合成综合调味酒，然后以0.01%的比例逐一添加到待调半成品酒中进行方案优选，通过尝评找出最适用量，直至找到口感的最佳点为止。如果这种综合调味酒，用量到0.1%以上还找不到最佳点或解决不了半成品酒的缺陷，就证明这种综合调味酒不适宜用于半成品酒的调味，就应重新选择调味酒种类和调整它们的用量比例。再使用第二次制成的综合调味酒，按不同的比例滴加到酒中，进行口感验证和用量优选。制成的综合调味酒若适合半成品酒的特性，一般用量不超过0.1%就能使酒的香气和口感有明显的提高或达到出厂质量标准。用这种方法进行调味，关键在于选准使用哪些调味酒制成综合调味酒，制成好综合调味酒后，在滴加的优选方案上就比较简单省事，它用时短，效果快。但是必须要有经验丰富的调味人员才能准确有效地设计好综合调味酒，否则就可能事倍功半，甚至适得其反。

六、调味工艺流程

（一）工艺流程

调味工艺流程见图7–21。

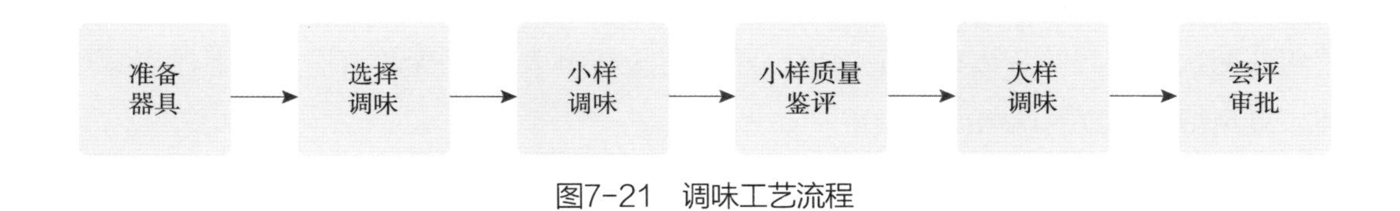

图7-21　调味工艺流程

（1）调味器具要求干净、无色、无味。

（2）调味人员要有丰富的调味实践经验，从实践中不断总结各种调味酒在调味中的作用和不同组合酒的特点，这样才能选好、选准调味酒，做好调味工作。

（二）操作方法

1. 调味前准备样品、器具

调味时应保证使用器具干净、无味。调味前首先将待调味的酒样、标样、250mL具塞三角瓶、50mL量杯、渣酒盅置于调味桌左上角；调味酒排列在调味桌正中上方，在调味酒前面对齐摆上白毛巾（要靠近调味人员，便于操作），将带有Φ5½号针头的2mL针管对齐调味酒摆在白毛巾上（每个调味酒配一支带Φ5½号针头的针管）；调味记录本和笔放在白毛巾前面，要靠近调味人员；品酒杯整齐摆放在调味桌的右上角。

2. 选择调味酒

对待调味的半成品酒进行仔细尝评，分析判断其在香气、口味、风格上存在的不足之处，初步确定选择何种风格类型的调味酒。

3. 小样调味操作

（1）调味时首先以需调味的酒样将具塞三角瓶、量杯、品酒杯淌洗一遍，渣酒倒入渣酒盅；然后用带针头的针管吸取0.2mL左右对应调味酒淌洗针管，渣酒倒入渣酒盅，再吸取相应调味酒约0.2mL放回原位待用。

（2）将约30mL待调味的酒样倒入1#品酒杯，将标样30mL倒入2#品酒杯，仔细鉴别两个样的口感差异，并设计调味方案。然后用量杯准确量取50mL待调味的酒样，倒入具塞三角瓶，选取所需调味酒，根据尝评判断，大致滴入需要滴数（滴调味酒时，针管、针头应与酒的液面垂直），将瓶盖盖上用手摇动三角瓶20s左右，倒30mL已调味酒样入3#品酒杯并品尝，记录方案。如果经品评半成品酒达到出厂酒标样的质量标准，则调味完成。如达不到，则将三角瓶剩的酒液倒入渣酒盅，分别用20mL待调酒样淌洗三角瓶两次，淌洗的渣酒倒入渣酒盅，然后用量杯量取50mL待调酒样重复上述调味步骤，直到得到满意的调味方案为止。

（3）将品酒杯、三角瓶、调味针管内的酒液倒入渣酒盅，回收到相应容器；将调味酒归还备样员，并定位放置；将调味器具清洗干净放于消毒柜烘干备用。

（4）小样的质量鉴评。酒体设计人员将所备小样与标样进行比对，确定调味方案，遵循“质量第一，成本优先”的原则。

4．成品酒调味小样方案选择

（1）调味人员选择自己设计的一个最优的调味方案交由酒体设计组审核。

（2）由备样员将审核合格的小样调味方案放样500mL，并进行编码，送质量控制组，不合格的调味方案作废，不予放样。

（3）质量控制组从该批次小样中选出最佳方案，如果质量控制组对该批次小样都否决，则该批次小样全部作废，并应重新进行调味。

（4）备样员根据选中小样方案重新放样，由质量控制组确认后，备样员将合格的小样方案交酒体设计组签字确认后，制放样单、派单。

5．成品酒大样调味

（1）酒库班组收到派样单后，核实数据，根据派样单数据进行大样调味的准备。

（2）大样调味24h后，班组对大样进行取样，交备样员签收。

（3）质量控制组对大样进行鉴定。

（4）鉴定合格的大样，由备样员填写送审单交尝评委员会审批；审批不合格的大样，质量控制组通知酒体设计人员对该批次半成品酒源重新调味并取样（取样时间同样遵循调味后24h），直至大样得到质量控制组通过为止。

（5）最终的成品酒调味大样由尝评委员会组织尝评，并给出审批意见。审批合格的大样，尝评委员会出具书面通知，成品酒调味工作结束；审批不合格的大样，则重新进入调味环节，直至送审大样经审批合格为止。

七、小样调味的计量

（一）调味计量工具的发展

从20世纪80年代开始，白酒勾调技术在全国普及和应用，当时小样勾兑调味过程中所使用的计量仪器是Φ5½医用注射器作为滴加调味酒的计量仪器。随着勾调技艺的深入研究，要求更加细致、准确，医用注射器针筒仅是一种工具，不是计量用的仪器，针筒上的刻度误差较大，数值只能参考，不能作计量依据。同时由于Φ5½号针头的针尖斜截面的大小和不锈钢细管的直径大小很难规范制作。因此，人们运用这一工具时，滴出液体的体积不能确保一致，稳定性差，无法控制。

另外，环境温度的不同，液体黏度、蒸汽压、密度和表面张力大小的不同，以及勾兑人员在操作时用手指把针筒内的玻璃柱向前挤压，使筒内液体流出时，力量、角度和方向的掌握不可能做到始终均衡如一，因此从针尖流出的液滴的大小和形状就会不同，进行放大样勾调计算时会出现较大的误差。

随着白酒风味化学的深入研究和勾调水平的提高，精密的计量仪器——色谱进样器（又称微量进样器）逐步广泛运用于白酒勾调中，其规格有10μL、50μL、100μL等。换算关系是：1mL=1000μL，即10μL=0.01mL、50μL=0.05mL、100μL=0.1mL。如果调味酒用量少于1μL，可将放大待调酒的数量进行稀释后再用。若勾兑小样要适当放大时，可用移液管或刻度吸管。

（二）调味酒滴加量的粗略计算

可以把1mL的调味酒用Φ5½针头能滴多少滴进行粗略计算，滴的时候应用力均匀，注射器要垂直向下，与液面呈90°直角，滴的速度和时间要间隔一致，不能成线，不能时快时慢。一般情况下1mL能滴200滴，按此计算，每一滴相当于0.005mL，若加一滴调味酒在50mL的半成品酒中，添加量即为0.01%，其计算方法为：

$$\text{每滴（mL）} = \frac{1\text{mL}}{\text{滴数}} = \frac{1}{200} = 0.005\text{（mL）} = 5\mu\text{L}$$

$$\text{添加比例} = \frac{\text{每滴调味酒的量（mL）}}{\text{使用组合酒的量（mL）}} \times 100\% = \frac{0.005}{50} \times 100\% = 0.01\%$$

由于每种调味酒生产工艺、储存时间、微量香味成分的不同，其黏度也不同；加之相同的调味酒在不同季节的黏度也存在差异，在Φ5½针头的流速和每滴的体积也可能不同。某种调味酒1mL能滴多少滴，应根据实际情况进行测定后才能较准确地计算出每滴的添加比例。Φ5½针头添加一滴调味酒约5μL，若要改用微量进样器调酒，可参照针头滴数添加调味酒。

八、勾调好的酒源储存

勾调好的酒源应根据酒源的品种、质量规格、市场销量，确定它们的合理的储存数量多少、储存时间的长短，并同包装工序相结合，不定期对储存的合格成品酒进行质量鉴评，发现规律，总结经验，从而有利于组合、调味及酒质的稳定和包装。

第五节 新产品的酒体设计

随着消费需求的变化，我们常常要根据市场需求，进行新产品的研发，以满足不同的消费需求；为了增加产品的竞争力，往往也需要对老产品的口感、风格进行细微的调整；同时，根据对未来市场消费需求的预判，往往也要进行新产品设计方案的储备。因此，在进行新产品设计时，应充分做好市场需求调研、生产工艺研发、新产品酒体方案设计等工作。本节主要介绍的是新产品研发的酒体质量设计。

一、市场需求调研

（一）市场调查

根据市场反馈的需求信息，结合发展需求，既要对公司现有产品在市场的接受程度进行客观调研，也要对不同区域的竞品进行细致分析，为新产品研发提供详尽的依据。酒体设计人员进行市场调研的内容，主要包括各区域饮食习惯，白酒消费方式，主流消费白酒的品牌、香型、酒精度、口感特征，以及不同消费阶层的消费需求、市场价格方面的调研资料等。

1. 白酒消费方式

一是群体性。白酒消费行为具有明显的社会群体需求特征，因为中国大多数消费者饮用白酒多在聚会场所，如婚丧嫁娶、庆贺聚餐、商务活动等，通过白酒来进行情感的交流，融洽气氛，达成合作等目的。因此，白酒消费往往是一种群体行为。

二是层次性。不同的消费者由于个人收入差别较大，所处的社会阶层不同，表现在白酒消费上，各阶层之间有着非常明显的饮用嗜好。如高端酒类产品一般是以高收入阶层或集团消费为主，酒体往往追求香气幽雅、口味醇厚、绵甜爽净等风格特征；中端酒类产品以大众化、家庭消费为主，酒体感官要求醇甜绵柔、回味净爽等风味；低端酒类产品则以解除疲劳、消除劳顿、恢复体力为目的，酒体感官要求常以酒体醇甜、净爽、后劲足等特征为主。因此，在做市场调研时，应细分不同消费阶层的需求，做到有的放矢，调研结论准确。

三是从众性。白酒消费者通常易受到意见领袖的影响，在团队的影响下，口味嗜好逐步趋同，同一消费群体在产品品牌的选择上，往往趋于一致，表现出明显的一致性行为。

四是时间性。白酒的消费是有特定的时间性的，如主要在有婚丧嫁娶、庆贺聚餐、商务活动、传统节假日等时间。另外，随着消费时间的延长，对同一品牌的口味也会提出不同时间阶段的需求，或绵甜，或淡雅，或低醉酒度等。

五是区域性。受地域文化、饮食习惯的不同，白酒的消费也表现出较强的区域性。山西部分地区的消费者习惯清香型白酒的口味；贵州大部分地区的消费者则习惯酱香型白酒的口味；两广地区的消费者习惯当地以大米为原料生产的豉香型和米香型白酒。所以说，白酒的消费具有一定的区域性。但是，随着交通的便捷、时空距离的缩短，白酒消费的区域性在逐步减弱，品牌的集中度在提高，大品牌名优产区产品受到人们的信赖和追捧，头部效应越来越明显，这是未来中国白酒的消费和发展趋势。

2. 白酒风格消费趋势

（1）追求香气馥郁，口味柔雅　香气幽雅、口味绵柔净爽，是白酒消费市场的主流。淡雅风格的白酒一般酒体绵柔、爽净，即饮前香气幽雅怡人，入口绵柔顺喉，饮时口感层次丰富，饮后轻松舒适，且余味净爽，无异杂邪味。

香味融合是多种不同风格特征酒体的香气、口味融合、平衡协调，形成层次感强、风味独特的风格特征。在酒体设计上，部分厂家将多种香型风格的酒进行融合，有的是在制曲、酿酒等工艺上进行兼收并蓄、相互借鉴，开发出的产品风格个性明显，口味舒适。

（2）强调健康　近年来，对白酒的风味成分进行了深入的剖析，发现白酒中含有丰富的对人们健康有益的风味组分，这些成分在人体中的代谢途径、作用机理还在进一步研究。但适当饮用高品质的白酒有益健康却是不争的事实。口感新概念不断涌现，低醉酒度、养生酒等概念的提出，意味着白酒的发展期望逐步走向健康化、时尚化、国际化。

低醉酒度是由白酒泰斗曾祖训提出的，他指出白酒对人的精神激活的程度，既要满足美好的精神享受，又不至于对健康造成大的影响，进而影响到正常工作、生活。要求低醉酒度酒饮后的体征应表现出“入口时绵柔幽雅，醇和爽净，谐调自然，饮酒过程醉得慢，醒得快，酒后不口干，不上头，感觉精神清爽舒适”。需要指出的是，它与低度酒的概念是不一样的，“低醉酒度≠低酒精度”，“低醉酒度”是人们饮酒后生理体征表现的情况，同酒精度的高低无一一对应关系，而“低酒精度”则是单纯的白酒产品酒精度含量低而已。

也有企业开发出微分子酒，提出该酒具备“三大特点”：一是分子质量小，所以代谢快、醒酒快；二是微量成分多，所以酒质既丰满绵柔，又具有低醇、多饮不醉的特点，实现了高度酒的口感效果、低度酒的饮后效果；三是健康因子多，核苷类物质是普通白酒的100倍，有抗损害、抗氧化的作用，所以更绵柔更健康。

（3）酒精度由高度向低度转变　经市场调查，65%的消费者选择38%vol或42%vol的白酒，选择52%vol的消费者占22%，选择53%vol的占3%，而选择56%vol以上白酒的消费者仅占1%。可见，随着人们对健康的关注度提高，许多消费者开始喝低度酒。另外各大白酒企业为了打开年轻消费群体市场陆续推出了低度酒新产品，低度、优质的白酒产品将是未来消费的方向。

（4）消费习惯重视品牌、团购　消费者越来越看重白酒的品牌及终端服务。与此同时，团购趋势日益突出，传统的零售渠道的作用存在逐渐退化的现象。电子商务日益兴起，线上线下交流活跃。

（5）价值体现——消费者心理需求　白酒价值不仅仅是酒本身的价值，更突出的是其社交价值、情感因素，在未来的白酒消费中，消费者的心理需求高于生理需求，追求白酒的情感认同和附加价值。白酒消费环境的不断变化要求白酒不仅满足需求，而且更需要引导和创造需求。

针对不同的消费群体，在酒体设计上应该有不同的设计思路和要求。表7-7所示为不同年龄段消费者的酒类饮用习惯。

（6）个性化、功能性产品需求加大　中国白酒一直以来都是以传统的形象出现，随着社会的发展、市场的需求变化，中国白酒需要在传承中创新，设计个性化品质产品，开发出适应市场需求的个性化、功能性的产品，走向世界，满足不同人群的需求。

表 7-7　　不同年龄段消费者的酒类饮用习惯

项目＼年龄	老年	中年	青年
品牌	固定老品牌	名优酒	品牌不固定、流行趋势
酒精度青睐	高度	高度、中度	中低度、低度、超低度
消费能力	较少	较高	较高，未来消费主力
饮用习惯	白酒、保健酒	白酒、葡萄酒、啤酒、洋酒	白酒、啤酒、洋酒、果露酒、预调酒等
要求	健康、保健	品牌、口感、价格	个性、情调、多元化、包装、口感

（二）生产工艺研发

酒体设计人员通过市场调研，了解市场畅销产品的原料配比、生产工艺、技术标准、口感特点等。根据生产工艺现状，进行生产工艺优化，或进行新的生产工艺研发，生产出能够满足新产品研发的各类基础酒，为新产品的酒体设计做好技术准备。

（三）新产品酒体方案设计

根据新产品设计目标要求，确定新产品的酒精度、理化指标、口感特点等酒体设计参数，制定新产品设计方案。

二、新产品设计方案的筛选

新产品的设计方案来源于生产技术人员和科技人员等。方案设计后需经过新老产品、市场竞品之间的对比、分析、消费者饮用评价筛选比较合理的方案，在此基础上进行新的酒体风味设计。

三、酒体新产品设计方案的确定

酒体设计方案设计后，需对不同方案的酒体进行感官评价、理化指标和卫生指标的检测，以确定方案是否达到国家标准和企业标准，产品风格特征是否满足设计和市场需要。在质量达到要求的前提下，再进行成本的分析，坚持“质量第一，成本优先”的原则，做到成本最优。

四、酒体新产品设计步骤

（一）基础酒选择和组合

按照预先市场调研的资料，设计出新产品需要达到的理化指标范围、风格特征要求，勾勒出大致的组合需要的基础酒种类。在此基础上对将要参与组合的基础酒的各项指标进行综合分析，按不同比例进行搭配尝评。然后优选出符合新产品质量标准的理化指标和感官特征。

（二）可行性论证

按照新产品设计方案设计的酒样确定后，还必须进行成本分析和可行性论证。在坚持“质量第一，成本优先”的前提下，将达到要求的方案进行放样，在企业内部不同岗位、不同市场区域进行口感测试，充分征求意见，待备选方案确定后进行成本分析，成本最低者进入批量生产。

新产品设计从酿酒原料的选择、生产工艺的制定等生产全流程进行系统的设计，设计出具有鲜明个性特征的、风格优美的新产品，有效地促进工艺创新和新产品研发，达增强企业核心竞争力。

第六节 酒体设计实例

由于消费者口感变化，为了增强市场竞争力，酒体设计人员需进行新产品酒体的研发设计。因此，首先要根据新产品口感设计要求，兼顾理化指标，制订相应基础酒的酿酒生产计划，从制曲、原料配比、酿酒工艺、储存工艺等各个生产操作环节进行精心设计，从源头上进行控制，在生产关键控制点上进行合理把控，使得酿造出的基础酒能满足新产品酒体设计的要求。

一、固态法白酒酒体设计实例

（一）设计要求

浓郁型风味特征酒的设计。

1. 感官质量指标要求

色泽清亮透明，香气浓郁优雅，酒体醇厚丰满，口味绵柔甘洌，回味悠长爽净，风格典型独特。

2. 理化指标要求

设计的产品质量标准要求达到浓香型国家标准GB/T 10781.1—2006中52%vol优级白酒的理化指标标准（52%vol的相对密度为0.92621，质量分数为44.3118%）。

理化指标要求见表7-8。

表 7-8　理化指标要求

项目	优级
酒精度/%vol	41～60
己酸乙酯/（g/L）	1.2～2.8
总酸（以乙酸计）/（g/L）	≥0.4
总酯（以乙酸乙酯计）/（g/L）	≥2.0

3. 原料及工艺要求

浓郁型基础酒采用高粱为原料，以泥窖作发酵设备，使用传统的中温大曲作为糖化发酵剂，经固态发酵，续糟配料，混蒸混烧，固态甑桶蒸馏，除头去尾，量质摘酒，储存而成的蒸馏白酒。

（二）酒体设计

根据生产实际，我们选取以下基础酒用于酒体设计。将待用基础酒样倒入酒杯中，依次仔细尝评，并做好口感记录，确定基础酒的风格特点。根据5种基础酒的感官和理化指标情况（表7-9），选择符合要求的酒样用于产品设计。

1. 组合设计

（1）小样组合　根据产品质量要求，按照新产品酒体设计的目标，大致确定选酒方向并进行小样组合设计。经过多次反复小样组合试验设计，设计出以下三个小样方案（表7-10）。

结合产品理化和口感要求，通过多次品评，以2号组合方案口感最佳，表现为：窖香、陈香舒适，醇甜柔和，香味谐调，回味爽净。因此，最终确定选用3#、4#、5#基础酒用于此次产品设计，且最佳方案中3#基础酒原度体积用量20mL、4#基础酒原度体积用量70mL、5#基础酒原度体积用量10mL 。

表 7-9　酒体设计待选基础酒数据

提供酒样编号	1#	2#	3#	4#	5#
酒精度/（%vol）	65.1	65.1	69.7	69.8	69.2
相对密度	0.89740	0.89740	0.88625	0.88601	0.88749
质量分数%	57.2559	57.2559	62.0729	62.1788	61.5415
己酸乙酯/（g/L）	2.37	2.00	2.79	2.53	1.67
总酸/（g/L）	1.44	1.37	1.24	1.26	1.08
总酯/（g/L）	4.18	3.43	4.25	4.13	3.3
感官特征	浓香舒适、醇甜协调、味长尾净、风格明显	窖香突出、醇甜柔和、尾净香长、风格突出	窖香浓郁、绵甜协调、余味爽净、风格突出	窖香幽雅、绵甜味长、酒体丰满、风格典型	窖香舒适、醇甜协调、后味爽净、风格明显

表 7-10　小样设计方案

酒源	1 号方案 /mL	2 号方案 /mL	3 号方案 /mL
1#	20	—	50
2#	—	—	—
3#	60	20	30
4#	20	70	—
5#	—	10	20
合计	100	100	100
感官评语	窖香、陈香较好，醇甜，香味欠谐调	窖香、陈香舒适，醇甜柔和，香味谐调，回味爽净	窖香舒适，醇甜柔和，香味较谐调，回味欠净

相关计算：

以下公式中所涉及符号含义：

ω ——质量分数，%

m ——质量，kg

φ ——体积分数，%vol

V ——体积，mL

σ ——各基础酒降度后体积分数，%

ω_1——各基础酒降度后质量分数，%

d_4^{20}——样品的相对密度，是指20℃时样品的质量与同体积的纯水在4℃时质量之比

ρ ——风味成分含量，g/L

①所选基础酒降度成52%vol的体积：

根据公式：

$$d_{4\,(原度)}^{20} \times V_{(原度小样)} \times \omega_{(原度)} = d_{4\,(降度)}^{20} \times V_{(降度小样)} \times \omega_{(降度)}$$

$$V_{(降度小样)} = \frac{d_{4\,(原度)}^{20} \times V_{(原度小样)} \times \omega_{(原度)}}{d_{4\,(降度)}^{20} \times \omega_{(降度)}}$$

3#降度体积为：

$$V_{(3\#降度小样)} = \frac{0.88625 \times 20 \times 62.0729}{0.92621 \times 44.3118} = 26.8\ (\text{mL})$$

4#降度体积为：

$$V_{(4\#降度小样)} = \frac{0.88601 \times 70 \times 62.1788}{0.92621 \times 44.3118} = 94.0\ (\text{mL})$$

5#降度体积为：

$$V_{(5\#降度小样)} = \frac{0.88749 \times 10 \times 61.5415}{0.92621 \times 44.3118} = 13.3\ (\text{mL})$$

降度后总体积：$V_{(降度小样总)} = 26.8 + 94.0 + 13.3 = 134.1$（mL）

②所选基础酒降度成52%vol时各基础酒的体积分数：

根据公式：

$$\sigma = \frac{V_{(降度小样)}}{V_{(降度小样总)}} \times 100\%$$

3#降度体积分数：$\sigma_3=\frac{26.8}{134.1}\times100\%=19.99\%$

4#降度体积分数：$\sigma_4=\frac{94.0}{134.1}\times100\%=70.1\%$

5#降度体积分数：$\sigma_5=\frac{13.3}{134.1}\times100\%=9.91\%$

③所选基础酒降度成52%vol时各基础酒的质量分数：

$$\omega_1=\frac{m_{（降度小样）}}{m_{（降度小样总）}}\times100\%=\frac{V_{（降度小样）}\times d_{4（目标）}^{20}}{V_{（降度小样总）}\times d_{4（目标）}^{20}}\times100\%$$

可见，由于降度酒度均为目标酒精度，因相对密度是一样的，公式中可抵消，所以各基础酒降度体积分数与降度质量分数一致。

④ 52%vol小样设计已酸乙酯含量：

根据公式：

$$\rho_{目标酒精度}=\frac{\varphi_{目标酒精度}}{\varphi_{原度}}\times\rho_{原度}$$

3#基础酒降度至目标酒精度时香味成分含量为：

$$\rho_{3\#（已酸乙酯）}=\frac{\varphi_{目标酒精度}}{\varphi_{3\#原度}}\times\rho_{3\#原度（已酸乙酯）}=\frac{52}{69.7}\times2.79=2.08\ (g/L)$$

4#基础酒降度至目标酒精度时香味成分含量为：

$$\rho_{4\#（已酸乙酯）}=\frac{\varphi_{目标酒精度}}{\varphi_{4\#原度}}\times\rho_{4\#原度（已酸乙酯）}=\frac{52}{69.8}\times2.53=1.88\ (g/L)$$

5#基础酒降度至目标酒精度时香味成分含量为：

$$\rho_{5\#（已酸乙酯）}=\frac{\varphi_{目标酒精度}}{\varphi_{5\#原度}}\times\rho_{5\#原度（已酸乙酯）}=\frac{52}{69.2}\times1.67=1.25\ (g/L)$$

52%vol组合酒中香味成分含量为：

$$\begin{aligned}\rho&=\rho_{3\#（已酸乙酯）}\times\sigma_3+\rho_{4\#（已酸乙酯）}\times\sigma_4+\rho_{5\#（已酸乙酯）}\times\sigma_5\\&=2.08\times19.99\%+1.88\times70.10\%+1.25\times9.91\%\\&=1.86\ (g/L)\end{aligned}$$

根据公式计算出设计的白酒已酸乙酯含量为1.86g/L。同理计算出设计白酒产品中总酸含量为0.93g/L，总酯含量为3.04g/L，均符合52%vol浓香型白酒优级国家标准。

（2）大样组合　按照小样设计确定的组合方案同比例进行扩大，计算出每种基础酒的大样用量。

①如果以体积计放样500mL，则每个基础酒所需原度体积用量为：

根据公式：

$$V_{（原度）}=\frac{V_{目标样}\times \sigma \times \varphi_{目标样}}{\varphi_{（原度）}}$$

3#原度用量：$V_{（3\#原度样）}=\frac{500\times 19.99\%\times 52}{69.7}=74.6（mL）$

4#原度用量：$V_{（4\#原度样）}=\frac{500\times 70.1\%\times 52}{69.8}=261.1（mL）$

5#原度用量：$V_{（5\#原度样）}=\frac{500\times 9.91\%\times 52}{69.2}=37.2（mL）$

加浆水用量：$V_{加浆水}=V_{目标样}-（V_{（3\#原度样）}+V_{（4\#原度样）}+V_{（5\#原度样）}）$

$=500-（74.6+261.1+37.2）$

$=127.1（mL）$

②如果以质量计放样100t，则每个基础酒所需原度质量为：

根据公式：

$$m_{（原度）}=\frac{m_{目标样}\times \omega_1\times \omega_{目标样}}{\omega_{（原度）}}$$

3#原度用量：$m_{（3\#原度样）}=\frac{100\times 19.99\%\times 44.3118}{62.0729}=14.27（t）$

4#原度用量：$m_{（4\#原度样）}=\frac{100\times 70.1\%\times 44.3118}{62.1788}=49.96（t）$

5#原度用量：$m_{（5\#原度样）}=\frac{100\times 9.91\%\times 44.3118}{61.5415}=7.14（t）$

加浆水用量：$m_{加浆水}=m_{目标样}-（m_{（3\#原度样）}+m_{（4\#原度样）}+m_{（5\#原度样）}）$

$=100-（14.27+49.96+7.14）$

$=28.6（t）$

2. 调味设计

根据组合好的新产品半成品酒口感方面的欠缺和调味经验，选取以下两种调味酒。调味酒基本数据见表7-11。

表 7-11　　　调味酒基本数据

酒样编号	酒精度 / %vol	总酸 /（g/L）	总酯 /（g/L）	己酸乙酯 /（g/L）	密度 /（g/mL）	质量分数 /%	口感特征
调味酒1#	70.5	1.85	10.5	9.86	0.88429	62.9267	窖香浓郁
调味酒2#	69.9	1.84	9.65	8.98	0.88576	62.2855	陈香幽雅

（1）调味方法一

①小样调味：将调味酒1#和调味酒2#分别加入50mL半成品酒中，两种调味酒可单独使用也可以搭配使用，假设选择使用调味酒2#添加7滴口感最佳。

则50mL半成品酒需要调味酒用量：0.005 × 7=0.035mL

则调味酒添加比例为：0.035/50=0.07%

②大样调味：根据小样调味的方案，按照半成品酒的质量进行计算，得出各种调味酒的大样添加量，进行大样调味。

100t 52%vol酒样需要调味酒质量：

$$m_{调味酒}=\frac{m_{待调酒}}{d^{20}_{4（待调酒）}}\times 0.07\%\times d^{20}_{4（调味酒）}$$

$$m_{调味酒}=\frac{100\times 1000}{0.92621}\times 0.7\%\times 0.88576=66.9（kg）$$

（2）调味方法二

①小样调味：假设此次调味选用10μL微量进样器进行调味，分别选用调味酒1#、调味酒2#进行调味实验，添加至100mL半成品酒中，以10μL为基数，边尝评边添加，直至达到口感最佳比例。

若最终选择使用调味酒2#添加40μL方案为最终调味方案，则100mL半成品酒小样调味酒使用量为40μL即0.04mL，0.04/100=0.04%。

②大样调味：100t 52%vol酒样需要调味酒质量：

$$m_{调味酒}=\frac{100\times 1000}{0.92621}\times 0.04\%\times 0.88576=38.3（kg）$$

白酒后处理工艺

在整个酿酒生产流程中，酿酒发酵在“先”，过滤在“后”，灌装在“末”，故通常也可将基础酒验收入库之后、灌装之前的一系列工序称为“白酒后处理”。广义的白酒后处理工艺是指酿酒班组生产出基础酒后，进行尝评定级、组合储存、酒体设计、加浆降度、过滤除浊等一系列生产工序。狭义的白酒后处理工艺仅包含加浆降度、过滤除浊等工序。

白酒后处理是随着降度白酒的出现而产生的，由于白酒中含有数量众多的香味微量成分，这些香味成分绝大多数属于醇溶性物质，随着酒精度的降低，部分香味成分的溶解度也随之降低，以致引起白酒出现浑浊、失光等现象。因此，白酒后处理是白酒生产中必不可缺的一个生产环节，是保障成品酒感官质量的重要手段。

第一节 过滤原理

一、渗透和反渗透

用半透膜隔开两种不同浓度的水溶液，其中溶质不能透过半透膜，则溶质浓度较低一侧的水分子会通过半透膜流向溶质浓度较高的另一侧，直到两侧的溶质浓度相等为止，这种现象称为“渗透”。若在溶质浓度较高的一侧施加一定的压力，迫使溶质浓度较高一侧的水分子流向溶质浓度较低的另一侧的现象就称为“反渗透”，渗透与反渗透的原理见图8-1。目前常见的反渗透水处理设备就是基于此原理。

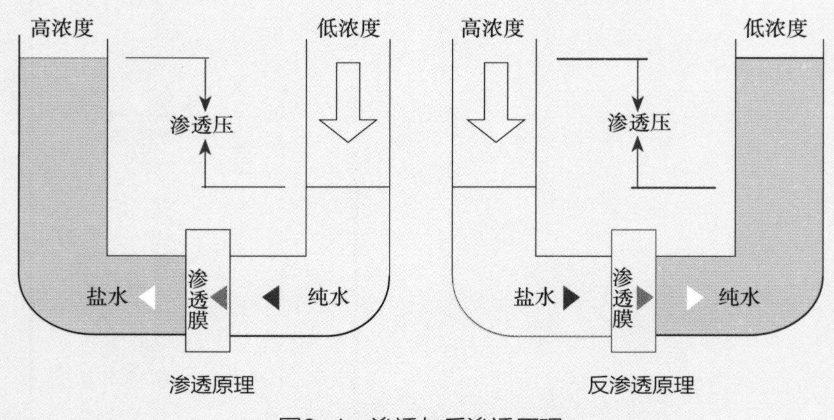

图8-1　渗透与反渗透原理

二、拦截原理

由于白酒在酿造、转运、储存、加浆降度等过程中，容易出现或产生悬浮物、沉淀等，在白酒后处理时，利用过滤助剂或过滤介质微孔丰富、间隙微小等特点，使酒液中的悬浮物、沉淀物等大颗粒杂质被截留，从而起到分离、净化酒体的作用。拦截原理图见图8-2。

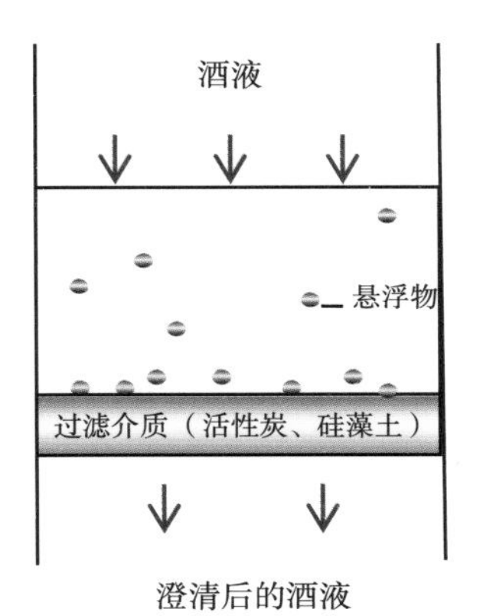

图8-2　拦截原理

三、吸附原理

吸附法是利用吸附剂与杂质、色素物质等之间的分子引力，而将吸附质吸附在吸附剂上的一种处理方法。白酒后处理的吸附作用可分为物理吸附和化学吸附两类。

（一）物理吸附

物理吸附是由吸附质和吸附剂分子间作用力所引起的，吸附剂表面的分子由于作用力未平衡，而保留有自由的力场来吸引吸附质。白酒后处理助剂如活性炭比表面积较大，具有丰富的多孔结构，通过分子间作用力，将酒液中的杂质和浑浊物质吸附到微孔中。

（二）化学吸附

化学吸附是吸附质分子与固体表面原子（或分子）发生电子的转移、交换或共有，形成吸附化学键的吸附。某些白酒后处理助剂表面含有少量的官能团，如羧基、羟基等。这些表面上含有的氧化物或络合物可以与被吸附的物质发生化学反应，与被吸附物质结合聚集到过滤助剂的表面，从而起到将酒液中的杂质去除的作用。

四、离子交换

离子交换是借助于固体离子交换剂中的离子与稀溶液中的离子进行交换，以达到提取或去除溶液中某些离子的目的。离子交换树脂是具有网状结构和可电离的活性基团的难溶性高分子电解质，常在水处理上使用。根据树脂骨架上活性基团的不同，可分为阳离子交换树脂、阴离子交换树脂、两性离子交换树脂、螯合树脂和氧化还原树脂等。用于离子交换分离的树脂要求具有不溶性、一定的交联度和溶胀作用，而且交换容量和稳定性要高。

第二节 白酒后处理过滤助剂

在白酒后处理过程中，为了提高处理效果，需在处理过程中添加过滤助剂，也称为助滤剂、助剂等。它是在待过滤酒液中加入的一种辅助性粉状物质，借助这种粉状物质的吸附可以滤除酒液中的固体颗粒、悬浮物质、胶体粒子及细菌，起到促进液体过滤清亮和净化的作用。

用于白酒后处理的助剂必须符合GB 2760—2014《食品安全国家标准　食品添加剂使用标准》的要求。现在常用的白酒后处理助剂主要有酒用活性炭、硅藻土等。

一、酒用活性炭

利用天然优质木质、椰壳等为原料，经筛选、分级和特殊的炭化、活化等工艺生产而成的食品级活性炭，具有强大的比表面积和合适的孔隙结构。活性炭表面具有一种特殊的活性基团，专用于酒类饮料的澄清过滤处理。它具有物理吸附和化学吸附的双重特性，可以有选择性地吸附气相、液相中的各种物质，以达到脱色、除臭、除杂和澄清等目的。酒用活性炭分颗粒活性炭和粉末活性炭两种（图8-3和图8-4）。

酒用活性炭的食品安全指标应符合GB 29215—2012《食品安全国家标准　食品添加剂 植物活性炭（木质活性炭）》的要求，见表8-1、表8-2。

图8-3　颗粒活性炭

图8-4　粉末活性炭

（一）感官要求

表 8-1　活性炭感官要求

项目	要求	检验方法
色泽	黑色	取适量试样置于50mL烧杯中，在自然光下观察色泽和状态
状态	粉末或颗粒	

（二）理化指标

表 8-2　活性炭理化指标

项目		指标
碘吸附值（以干基计）/（mg/g）	≥	400
硫酸盐灰分（以干基计）/%	≤	7.0
氰化物		通过试验
高级芳香烃		通过试验
水溶物（以干基计）/%	≤	4.0
砷（As）（以干基计）/（mg/kg）	≤	3
铅（Pb）（以干基计）/（mg/kg）	≤	5

二、硅藻土

硅藻土是以天然硅藻土作为主要原料，经干燥、粉碎、筛选、配料、焙烧（800～1200℃）或助熔焙烧（加入少量助熔剂，经800～1200℃焙烧而制成）等一系列工序加工而成。其主要成分是无定型的SiO_2，并有少量Fe_2O_3、CaO、MgO、Al_2O_3及有机杂质，具有多孔结构、密度低、比表面积大、吸附性能强、悬浮性能好、性能稳定等特点。用硅藻土粉制品可以拦截吸附滤除液体中的固体颗粒、悬浮物质、胶体粒子及细菌，起到滤清和净化液体的作用。

用于酒类后处理的硅藻土要求硅藻含量高，藻类形态完整，杂质含量少，不含有易溶解于乙醇-水溶液的物质，其质量除应符合国家标准外，还应确保处理后酒的香味和色泽正常。通常用于白酒后处理的硅藻土有焙烧品和助熔焙烧品（图8-5、图8-6）。

硅藻土的食品安全指标应符合GB 14936—2012《食品安全国家标准 食品添加剂 硅藻土》的要求，见表8-3、表8-4。

图8-5 焙烧品

图8-6 助熔焙烧品

（一）感官要求

表 8-3 硅藻土感官要求

项目	要求				检验方法
	干燥品	酸洗品	焙烧品	助熔焙烧品	
色泽	灰色到近白色	白色	粉红色到浅黄色	白色或粉白色	取适量试样置于50mL烧杯中，在自然光下观察色泽和状态
状态	粉末				

（二）理化指标

表 8-4　　硅藻土理化指标

项目	指标			
	干燥品	酸洗品	焙烧品	助熔焙烧品
砷（As）/（mg/kg）　≤	5			
铅（Pb）/（mg/kg）　≤	4			
干燥减量/%　≤	10.0		3.0	
灼烧减量（以干基计）/%　≤	7.0	—	0.5	
非硅物质（以干基计）/%　≤	25.0			
pH（100 g/L溶液）	5.0～10.0			8.0～11.0

第三节 加浆水过滤处理

目前常用的加浆水处理（预处理、深度处理）方法有沉淀物过滤法、离子交换法、活性炭吸附法、去离子法、反渗透法、超过滤法等。白酒后处理用的加浆水主要采用反渗透法制作。

一、沉淀物过滤法

沉淀物过滤法的目的是将原水中的悬浮颗粒物质或胶体物质清除干净。这些颗粒物质如果没有被清除，影响精密过滤效果。沉淀物过滤法是最原始且最简单的净水法，常用在水净化或软化的预处理中，其原理见图8-7。沉淀物过滤法的过滤设备种类很多，如网状过滤器、沙缸过滤器（如石英砂等）或膜过滤器等。原水中凡是大于过滤介质孔径的颗粒物质都会被阻挡下来，而对于溶解于水中的离子无法去除。若过滤器太久没有更换或清洗，堆积在过滤器上的颗粒物质会越来越多，水流量就会逐渐降低。因此，可以用入水量与出水量差值大小来判断过滤器被阻塞的程度。

沉淀物过滤法还有一个问题值得注意，因为颗粒物质不断被阻拦而堆积下来，这些物质表面带有细菌，细菌一经繁殖，会释放毒性物质，造成热源反应，所以要经常更换过滤器。原则上进水与出水的压力差值达到原先的5倍时，就需要换掉过滤器。

沉淀物过滤法常用于白酒包装循环洗瓶水的处理。

沉淀物过滤法见图8-7。

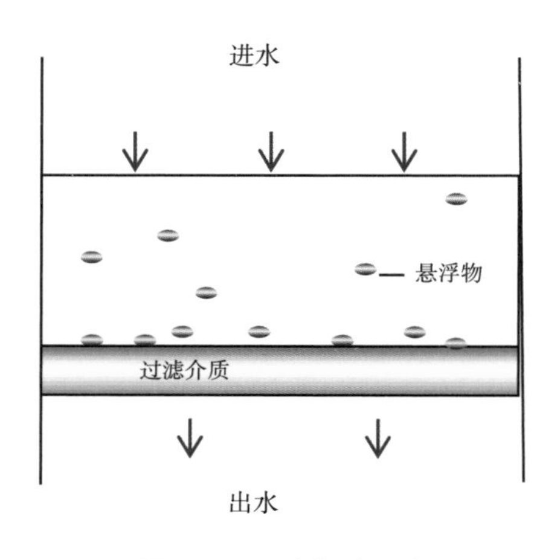

图8-7　沉淀物过滤法

二、活性炭吸附法

水处理活性炭通常为颗粒活性炭，其内部是多孔的，孔内有许多直径为10nm至lÅ的毛细管，1g活性炭内部比表面积高达700～1400m^2，而这些毛细管内表面及颗粒表面具有吸附作用，能清除水中的余氯、氯氨和其它分子质量相对较小的溶解性有机物质。活性炭吸附示意图见图8-8。

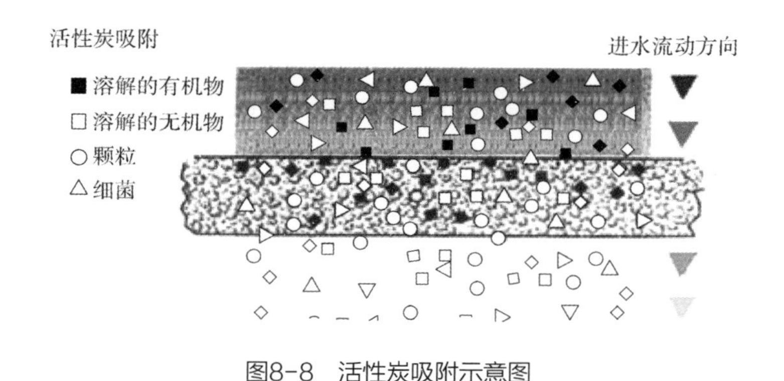

图8-8　活性炭吸附示意图

影响活性炭清除有机物能力的因素有活性炭本身比表面积、孔径大小以及被清除有机物的分子质量及其极性等。如果活性炭过滤器吸附能力明显下降，表明活性炭已达到饱和，必须更换。测定进水及出水的总有机碳（TOC）浓度差（或细菌数量差）是验证是否需要更换活性炭的依据之一。

活性炭吸附法常用于反渗透、离子交换水处理的预处理。

三、离子交换法

离子交换法是利用阳离子交换树脂中的钠离子来交换硬水中的钙、镁离子，以此来降低水源中钙、镁离子的浓度。离子交换过程见图8-9。

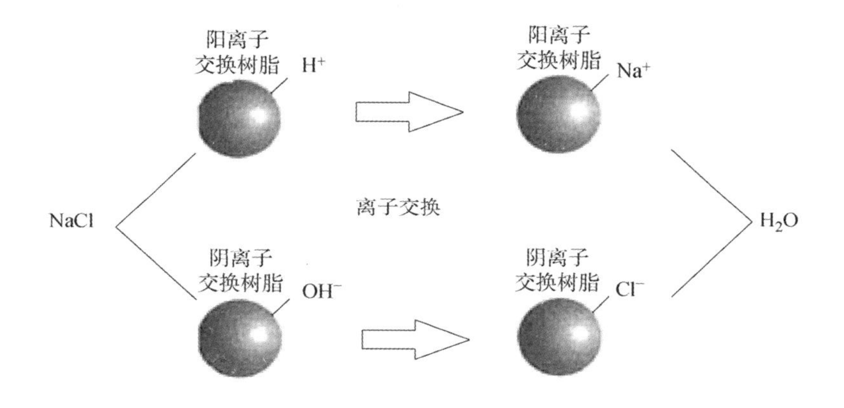

图8-9　离子交换过程

其软化的反应式如下：

$$Ca^{2+}+2NaEX \longrightarrow CaEX_2+2Na^+$$

$$Mg^{2+}+2NaEX \longrightarrow MgEX_2+2Na^+$$

式中的EX表示离子交换树脂，这些离子交换树脂结合了Ca^{2+}及Mg^{2+}，同时将原本含在树脂内的Na^+释放出来。

离子交换树脂是合成的球状高分子物质，树脂基质中含有大量的钠离子，在硬水软化的过程中，钠离子会逐渐被置换，离子交换树脂的软化效果也会逐渐降低。因此，离子交换树脂使用一段时间后需对其进行还原再生，即加入稀释度为10%左右的盐水浸泡或冲洗树脂。再生的反应方式如下：

$$CaEX_2+2Na^+ \xrightarrow{\text{浓盐水}} 2NaEX+Ca^{2+}$$

$$MgEX_2+2Na^+ \xrightarrow{\text{浓盐水}} 2NaEX+Mg^{2+}$$

离子交换法是水软化除盐处理最常用的方法，具有处理效果好、技术成熟、设备简单、管理方便等特点，但树脂属于工业危险废物，处理难度大。

四、去离子法

去离子法是将溶解于水中的无机离子去除，它是利用离子交换树脂交换原理，使用两种树脂——阳离子交换树脂与阴离子交换树脂。阳离子交换树脂利用氢离子（H^+）来交换阳离子；而阴离子交换树脂则利用氢氧根离子（OH^-）来交换阴离子，氢离子与氢氧根离子互相结合成中性水，其反应方程式如下：

$$M^{x+}+xH\text{-}Re \longrightarrow M\text{-}Re_x+xH^+$$

$$A^{z-}+zOH\text{-}Re \longrightarrow A\text{-}Re_z+zOH^-$$

上式中的M^{x+}表示阳离子，x表示电价数，M^{x+}与阳离子树脂上H–Re的H^+交换；A^{z-}则表示阴离子，z表示电价数，A^{z-}与阴离子交换树脂结合后，释放出OH^-。H^+与OH^-结合后生成中性的水。

树脂的吸附能力耗尽后需还原再生，阳离子交换树脂需要用强酸来还原再生；阴离子则需要用强碱来还原再生。如果阴离子交换树脂失去吸附能力后没及时还原再生，则吸附力最弱的氟就会逐渐析出，污染水质；如果阳离子交换树脂失去吸附能力后没及时还原再生，氢离子也会逐渐析出，造成水质酸性的增加。因此，交换树脂去离子功能是否有效，需要时常监测，一般通过检测水质的电阻系数或电导率来判断其交换能力是否下降。

五、反渗透法

反渗透法可以有效清除溶解于水中的无机物、有机物、细菌、热源及其它颗粒等。反渗透的脱离子效果良好，对于单价离子的排除率可达90%~98%、对双价离子的排除率可达95%~99%。反渗透水处理常用的半透膜材质有纤维质膜、芳香族聚酰胺类等，结构形状有螺旋型、空心纤维型及管状型等。这些材质中，纤维质膜的优点是耐氯性高，但在碱性条件（pH≥8.0）或细菌存在的状况下，使用寿命会大大缩短。聚酰胺的缺点是对氯及氯氨的耐受性差。

在反渗透处理前，需对原水进行预处理，以去除悬浮物、余氯等，如果原水的硬度较高，还应进行软化处理。反渗透前没有做好预处理，则反渗透膜上容易有污物堆积，造成反渗透功能下降，氯或氯氨还可损坏反渗透膜。反渗透流程图见图8-10。

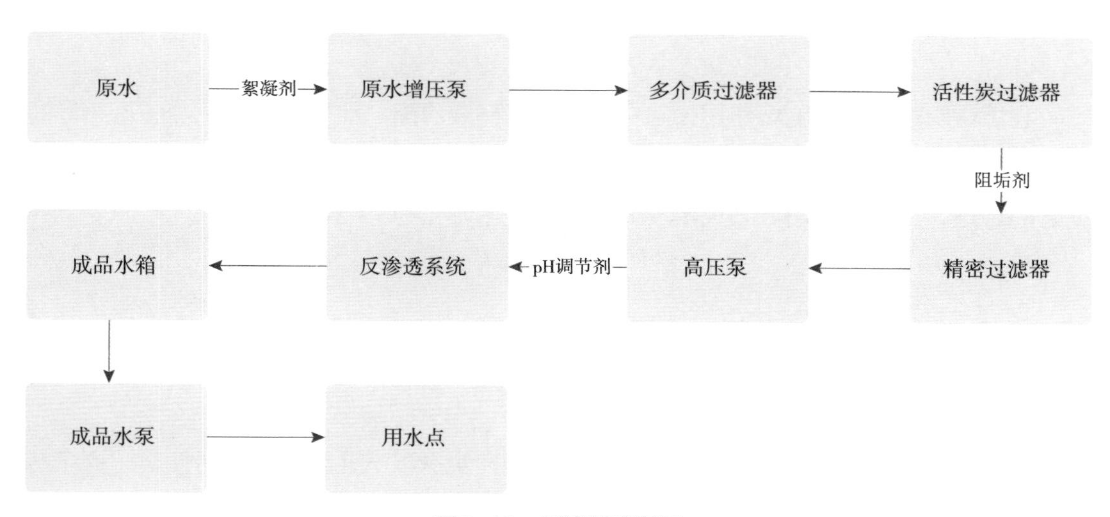

图8-10 反渗透流程图

六、超滤法

超滤法与反渗透法原理类似，也是使用半透膜。但由于其膜孔径较大，为10～200Å，无法将所有离子全部去除，只能去除细菌、病毒、热原及粒状物等，对水溶性离子则无法去除。超滤法主要用于反渗透法的预处理，或者水处理的最后步骤，以防止已处理好的水被细菌污染。一般可利用进水量与出水量差值大小来判断超滤膜是否饱和或有效。

第四节 白酒后处理技术

本节中的白酒后处理技术是指基础酒经组合勾兑、加浆降度后，采用树脂吸附法、活性炭吸附法、膜过滤法、硅藻土过滤法等方法过滤澄清白酒的技术。它是保障成品酒质量的重要措施，也是白酒生产过程中必不可少的生产环节。

一、树脂吸附技术

利用树脂的吸附、电场作用去除白酒中的棕榈酸乙酯、油酸乙酯、亚油酸乙酯等高级脂肪酸乙酯。使用的树脂采用二乙烯苯、苯乙烯聚合而成，具有吸附性强、耐酸碱强度好的特点，可再生使用。其成本较低，一般使用寿命为3～5年。

二、活性炭吸附技术

活性炭品种很多，必须经过严格的选择。活性炭有以下几种：壳类活性炭、椰子活性炭、木质活性炭、煤质活性炭。其中煤质活性炭不能用作白酒后处理，因为煤质活性炭中重金属含量过高，会造成白酒中卫生指标超标。活性炭按形状又分为颗粒活性炭和粉末活性炭。酒液经过活性炭处理可除去引起低度白酒出现浑浊、失光、沉淀的物质，达到澄清酒液的目的。

三、膜过滤技术

膜过滤技术使用的高分子膜是聚乙烯、聚丙烯在高温下聚合而成。膜过滤对于去除微粒、胶体、细菌和多种有机物有较好的效果。膜表面微孔一般在5～100mm，膜表面微孔孔径大小的不同，所截留物质的相对分子质量大小也有很大的差别。使用膜处理白酒应注意膜材料和孔径的选择，以便有效地截留造成浑浊的物质。

四、硅藻土过滤技术

硅藻土过滤技术采用硅藻土作为助滤剂，利用其具有多孔结构、密度低、比表面积大、吸附性能强、悬浮性能好、物化性能稳定等优良性能。重复循环硅藻土料浆，使一层硅藻土沉积在过滤支架（滤网、梅花碟片）上形成一层致密的涂层，细小的硅藻土颗粒拥有数不清的微细通道，可以阻截悬浮的杂质，但是清亮的酒液可以毫无阻碍地通过，从而达到澄清酒液的目的。

五、分子筛技术

分子筛技术常用于有机物的分离，它能将大小不同的分子分开。白酒中一些高级脂肪酸乙酯的相对分子质量在300左右，而己酸乙酯、乙酸乙酯、乳酸乙酯等的相对分子质量在150以下，分子筛法就是利用不同分子质量的大小而实现对其分离的目的。

六、淀粉吸附技术

淀粉吸附技术是利用淀粉分子膨胀后颗粒表面形成的许多微孔，把低度白酒中的浑浊物质吸附在淀粉颗粒上，通过机械过滤的方法除去。淀粉吸附法对低度白酒中的高级脂肪酸酯等呈香物质吸附较小，易保持低度白酒原有风格，亦有操作简单、投资少等优点。用淀粉法生产低度白酒时应适当控制淀粉用量，以免用量过大使低度酒带进淀粉中的不良气味。淀粉吸附法的缺点是存放在酒中的沉淀物会结块，处理困难。

七、冷冻过滤技术

冷冻过滤技术是国内研究应用较早的低度白酒除浊方法之一。此法是依据棕榈酸乙酯、油酸乙酯、亚油酸乙酯为代表的某些白酒主体香成分的溶解度特性，在低温下溶解度降低而被析出、凝集沉淀的原理，将待处理的白酒冷冻至-15～-12℃，保持数小时后，用过滤棉、纤维素粉、硅藻土等助滤剂去除沉淀物。此法对白酒中的呈香呈味成分虽有不同程度的去除，但普遍认为原有的风格保持较好。缺点是冷冻设备投资大，生产时能耗高。

第五节

白酒后处理工艺

利用活性炭除浊是生产低度白酒常用的方法之一，选择适宜的酒用活性炭至关重要。活性炭的种类、使用量及作用时间，对产品的酸、酯等成分保留量均有影响。实践证明使用优质的酒用活性炭除浊，在除浊的同时还可除去酒中的苦杂味，促进新酒老熟。

白酒后处理工艺一般由活性炭吸附、硅藻土过滤设备与高分子精滤设备组合构成，其中活性炭可分为粉末炭和颗粒炭白酒后处理方法。

一、酒用活性炭的选择

在低度白酒生产中，选用活性炭的基本要求与其它所有吸附剂一样，即要求经除浊处理后的白酒既能保持原酒风味，又能在一定的低温范围内不复浑浊。在浓香型（泸型）低度白酒的除浊处理中，己酸乙酯的损失应引起高度重视，不同的活性炭对己酸乙酯的吸附能力也各不相同。

据测定，己酸乙酯分子直径是1.4nm，若选用孔径为1.4～2.0nm的活性炭来去除白酒中的浑浊物，则己酸乙酯就会进入微孔而被吸附，使低度白酒风味受损。只有选用孔径大于2.0nm的活性炭，其微孔成为己酸乙酯的通道，活性炭不会吸附己酸乙酯，才能达到生产工艺的要求，除浊而又保质。若选用孔径小于1.4nm的活性炭，则己酸乙酯不能进入微孔，也不会损失，但由于该活性炭的大孔径少，对大离子半径的高级脂肪酸乙酯、高级脂肪酸等吸附较少，因此处理后的酒源易出现油珠浮面的现象。

二、粉末炭白酒后处理工艺

粉末炭白酒后处理工艺流程见图8–11。

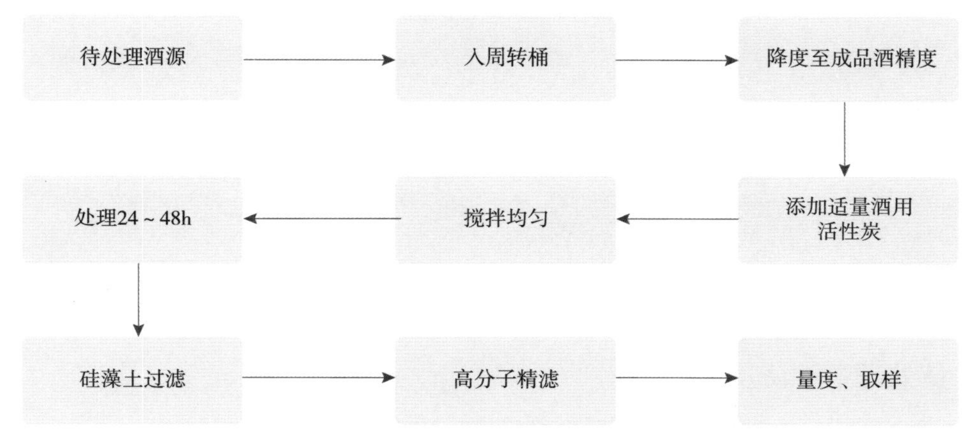

图8-11　粉末炭白酒后处理工艺流程图

（一）酒源加浆降度

（1）综合酒源进完后，搅拌均匀取样量度。

（2）分桶入周转桶，用合格加浆水将待处理酒源降度到高于目标酒精度0.5%vol以内，避免酒精度过高需再次进行降度或酒精度过低需提度而造成不良后果。

（二）过滤操作

（1）根据酒源重量、酒精度等来确定活性炭使用量，计算出粉末酒用活性炭的添加量。

（2）检查酒用活性炭型号、批号、生产日期，有效期等，并查验是否通过质量检验。

（3）准确称取所需酒用活性炭。

（4）将酒用活性炭添加到待处理酒源中，将酒源搅拌均匀，然后每隔8h搅拌一次，每次搅拌时间为30min，过滤前8h不进行搅拌，处理时间共为24~48h。

（5）使用硅藻机、高分子片式串联过滤，进入半成品桶。

三、颗粒炭白酒后处理工艺

颗粒炭白酒后处理工艺流程见图8-12。

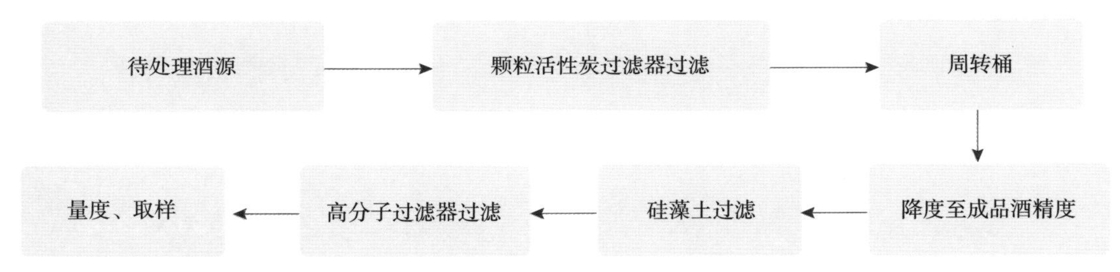

图8-12 颗粒炭白酒后处理工艺流程图

（一）待处理酒源降度

（1）综合酒源进完后，搅拌均匀取样量度。

（2）用合格加浆水将待处理酒源降度到60%vol～70%vol。

注意事项：酒源降度不能低于60%vol，否则会影响过滤效果，降低酒用活性炭吸附性能。

（二）颗粒活性炭塔过滤

（1）确保炭塔中颗粒炭的有效性，否则更换新的颗粒炭。

（2）启动酒泵电源，将酒源泵入酒用活性炭塔过滤器内。

（3）调节阀门进行过滤循环，酒液开始出现黑色，10min后酒液逐渐清亮，继续循环直到酒液完全清亮为止。

（4）调节阀门，关闭过滤循环，启动炭塔正常过滤运行。

（5）用合格加浆水将经炭塔处理的酒源降度到目标酒精度。

（6）使用硅藻机、高分子片式串联过滤，过滤后的酒源进入半成品桶。

四、硅藻、片式精滤操作

（1）用合格加浆水将经活性炭处理后的酒源降度到目标酒精度。

（2）添加硅藻粉：根据硅藻机烛柱表面吸附情况，在配料桶加入适量粗硅藻土，进行循环吸附均匀后，加入适量细硅藻土吸附。以后再次使用时，根据硅藻机烛柱表面吸附情况和酒液清澈度来判断细硅藻土的添加量，待烛柱吸附均匀、酒源清澈方可进行正常过滤操作。

（3）过滤运行，与高分子片式串联过滤。

（4）处理完毕，量度取样。

五、粉末炭白酒和颗粒炭白酒过滤处理法的比较

由于处理的目的和要求不同，因此在处理不同等级的酒时，应采用不同的活性炭吸附法进行处理，现将这两种处理方法的主要应用范围和区别介绍如下。

粉末炭白酒过滤处理法的主要特点是酒液与活性炭的接触是一个静态的处理过程，即将一定量的酒用炭直接投入待处理酒液之中，充分搅拌均匀，静置24～48h，然后将酒用过滤器进行过滤处理。该后处理法可使酒液与酒用炭长时间充分接触，同时可通过小试来确定酒用炭的添加量、品种和处理时间，处理效果稳定可靠，因此主要用于多批次、小批量处理要求高的酒，它的缺点主要是劳动强度大，生产效率相对较低，酒的损耗较大，易腐蚀设备和污染环境。

颗粒炭白酒过滤处理法的主要特点是酒液与活性炭的接触是一个动态的处理过程，即酒液在酒泵的驱动下进入活性炭炭塔，与酒用炭短时间接触后即完成澄清处理过程。颗粒炭白酒后处理法由于酒液与酒用炭的接触时间很短，因此确保酒用炭的高吸附能力是确保澄清处理效果的关键，处理效果有时不稳定。该后处理方法每批处理量大，生产效率高，酒的损耗较小，但每批酒质量批差较大，适合于大批量的，已定型的中、低档酒的处理。

过滤方法对白酒香味成分的影响

白酒后处理通常利用活性炭来吸附除浊，但与此同时，酒中的微量香味成分也会被不同程度地吸附掉，致使酒体口感难以保持原有的浓郁、悠长，低度酒反而随着储存时间的延长，水味突出，酒体变得寡淡。

一、不同用量比例的活性炭处理效果

65%vol优质基础酒采用“先降度再吸附处理再降度”的酒处理工艺，在不同酒精度、不同活性炭使用量、不同处理时间的条件下进行单因素试验，将基础酒降至某中间酒精度再降度处理成38%vol低度酒，通过理化数据、冷冻实验、感官尝评，确定最佳处理方案。

先将基础酒降度后再进行活性炭处理，流程图见图8-13。

图8-13 降度后活性炭处理流程图

将65%vol优质基础酒加浆降度至38%vol，再分别以0.04%、0.05%、0.06%、0.07%的活性炭添加量进行活性炭吸附处理48h（每24h搅拌一次），效果见表8-5。

表 8-5 38%vol 低度白酒不同活性炭降度处理效果对比

项目		不同活性炭降度处理效果			
活性炭用量/%		0.04	0.05	0.06	0.07
己酸乙酯/（g/L）		2.17	2.15	2.13	1.98
乳酸乙酯/（g/L）		0.73	0.72	0.71	0.70
乙酸乙酯/（g/L）		0.72	0.69	0.66	0.55
丁酸乙酯/（g/L）		0.27	0.26	0.25	0.23
棕榈酸乙酯/（g/L）		0.01	—	—	—
油酸乙酯/（g/L）		—	—	—	—
亚油酸乙酯/（g/L）		—	—	—	—
总酸/（g/L）		0.85	0.85	0.84	0.83
总酯/（g/L）		2.75	2.62	2.6	2.54
冷冻效果/℃	8	清澈	清澈	清澈	清澈
	4	清澈	清澈	清澈	清澈
	0	清澈	清澈	清澈	清澈

表8-5结果表明，随着活性炭用量的增加，酒中总酸、总酯、己酸乙酯、乳酸乙酯、乙酸乙酯、丁酸乙酯等色谱骨架成分及棕榈酸乙酯、亚油酸乙酯、油酸乙酯等高级脂肪酸乙酯的含量均有一定程度的降低，用量为0.05%时，酒中的高级脂肪酸酯被完全吸附。

从不同活性炭用量的总体结果来看，添加量以0.04%左右为宜，经过过滤处理后，酒体澄清透明，耐低温效果良好，并且酒中微量香味成分损失率较低，口感相对最好，表现为浓香、醇甜、尾净。

二、不同酒精度、不同用量比例的活性炭处理效果

研究活性炭在不同酒精度下的吸附能力，以找到最佳降度酒样的酒度，流程图见8-14。

图8-14 不同酒精度、不同剂量活性炭的处理流程图

选取65%vol优质基酒，首先加浆降度至一定酒精度梯度（60%vol、55%vol、50%vol、45%vol、40%vol），再分别采用0.04%、0.05%、0.06%、0.07%的活性炭量进行吸附处理。吸附处理48h后，再将过滤酒样降度至38%vol，最后进行理化、色谱分析、冷冻实验和口感尝评，并留样观察酒体质量的稳定性。

按照上述选定的方案进行了多次平行对比试验，以考察不同酒精度、不同活性炭用量对酒质的影响，分析结果见表8-6、表8-7。

表 8-6 不同酒精度、不同用量的活性炭处理降度成 38%vol 低度白酒过滤效果对比

项目	先降度到 40%vol 再吸附处理再降度至 38%vol				先降度到 45%vol 再吸附处理再降度至 38%vol				先降度到 50%vol 再吸附处理再降度至 38%vol			
活性炭用量/%	0.04	0.05	0.06	0.07	0.04	0.05	0.06	0.07	0.04	0.05	0.06	0.07
己酸乙酯/（g/L）	2.23	2.13	2.01	1.96	2.24	2.21	2.15	2.1	2.34	2.32	2.28	2.25
乳酸乙酯/（g/L）	0.69	0.67	0.65	0.63	0.71	0.66	0.64	0.63	0.72	0.7	0.68	0.65

续表

项目		先降度到 40%vol 再吸附处理再降度至 38%vol				先降度到 45%vol 再吸附处理再降度至 38%vol				先降度到 50%vol 再吸附处理再降度至 38%vol			
乙酸乙酯/（g/L）		0.71	0.69	0.68	0.65	0.71	0.7	0.68	0.64	0.73	0.71	0.69	0.65
丁酸乙酯/（g/L）		0.28	0.27	0.26	0.25	0.29	0.28	0.27	0.24	0.32	0.31	0.29	0.28
棕榈酸乙酯/（g/L）		0.01	—	—	—	0.02	—	—	—	—	—	—	—
亚油酸乙酯/（g/L）		—	—	—	—	—	—	—	—	—	—	—	—
油酸乙酯/（g/L）		—	—	—	—	—	—	—	—	—	—	—	—
总酸/（g/L）		0.87	0.86	0.85	0.84	0.87	0.86	0.86	0.85	0.87	0.86	0.85	0.83
总酯/（g/L）		2.76	2.72	2.71	2.7	2.79	2.76	2.7	2.68	2.85	2.86	2.84	2.83
冷冻试验	8℃	清澈	清澈	清澈	清澈	清澈	清澈	清澈	清澈	清澈	清澈	清澈	清澈
	4℃	清澈	清澈	清澈	清澈	失光	清澈	清澈	清澈	失光	清澈	清澈	清澈
	0℃	失光	失光	失光	失光	失光	失光	失光	失光	失光	失光	失光	失光
尝评排名		—	—	—	—	—	4	—	—	2	1	3	—

表 8-7 不同酒精度、不同用量比例的活性炭处理降度成 38%vol 低度白酒过滤效果对比

项目		先降度到 55%vol 再吸附处理再降度至 38%vol				先降度到 60%vol 再吸附处理再降度至 38%vol				先降度到 65%vol 再吸附处理再降度至 38%vol			
活性炭用量/%		0.04	0.05	0.06	0.07	0.04	0.05	0.06	0.07	0.04	0.05	0.06	0.07
己酸乙酯/（g/L）		2.35	2.32	2.31	2.29	2.45	2.42	2.35	2.34	2.39	2.38	2.37	2.36
乳酸乙酯/（g/L）		0.69	0.68	0.66	0.64	0.72	0.7	0.68	0.67	0.74	0.68	0.67	0.67
乙酸乙酯/（g/L）		0.75	0.73	0.72	0.7	0.83	0.82	0.8	0.78	0.77	0.76	0.76	0.75
丁酸乙酯/（g/L）		0.29	0.28	0.27	0.25	0.32	0.31	0.29	0.28	0.32	0.29	0.29	0.28
棕榈酸乙酯/（g/L）		0.01	0.01	—	—	0.01	—	—	—	0.001	0.001	0.001	0.001
亚油酸乙酯/（g/L）		—	—	—	—	—	—	—	—	0.001	—	—	—
油酸乙酯/（g/L）		—	—	—	—	—	—	—	—	—	—	—	—
总酸/（g/L）		0.86	0.86	0.86	0.85	0.87	0.86	0.86	0.85	0.85	0.86	0.84	0.86
总酯/（g/L）		2.88	2.86	2.85	2.85	2.93	2.92	2.91	2.9	2.9	2.92	2.87	2.91
冷冻试验	8℃	失光	失光	失光	失光	失光	失光	失光	失光	失光	失光	失光	失光
	4℃	失光	失光	失光	失光	失光	失光	失光	失光	失光	失光	失光	失光
	0℃	失光	失光	失光	失光	失光	失光	失光	失光	失光	失光	失光	失光
尝评排名		—	—	—	—	—	—	—	—	—	—	—	—

现有活性炭过滤处理工艺与新工艺过滤处理效果对比见表8-8。

表 8-8　　现有活性炭过滤处理工艺与新工艺过滤处理效果对比

项目		65%vol基础酒	不同过滤工艺处理的38%vol低度白酒效果对比							
			现有活性炭处理工艺				先降度到50%vol再吸附处理再降度			
活性炭用量/‰		—	0.4	0.5	0.6	0.7	0.4	0.5	0.6	0.7
己酸乙酯/（g/L）		4.19	2.17	2.15	2.13	1.98	2.34	2.32	2.28	2.25
乳酸乙酯/（g/L）		1.14	0.73	0.72	0.71	0.70	0.72	0.74	0.68	0.65
乙酸乙酯/（g/L）		1.15	0.72	0.69	0.66	0.55	0.73	0.71	0.69	0.65
丁酸乙酯/（g/L）		0.53	0.27	0.26	0.25	0.23	0.32	0.32	0.29	0.28
棕榈酸乙酯/(g/L)		0.02	0.01	—	—	—	—	—	—	—
亚油酸乙酯/(g/L)		0.02	—	—	—	—	—	—	—	—
油酸乙酯/（g/L）		0.1	—	—	—	—	—	—	—	—
总酸/（g/L）		1.48	0.85	0.85	0.84	0.83	0.87	0.86	0.85	0.83
总酯（g/L）		5.14	2.75	2.62	2.6	2.54	2.85	2.86	2.84	2.83
冷冻试验	8℃	—	清澈	清澈	清澈	清澈	清澈	清澈	清澈	清澈
	4℃	—	清澈	清澈	清澈	清澈	失光	清澈	清澈	清澈
	0℃	—	清澈	清澈	清澈	清澈	失光	失光	失光	失光
尝评排名		—	4	5	—	—	2	1	3	—

从表中数据可以分析得出以下结论。

（1）降度为同一中间酒精度使用不同活性炭量处理效果比较　随着活性炭用量的增加，酒中总酸、总酯、己酸乙酯、乳酸乙酯、乙酸乙酯、丁酸乙酯等色谱骨架成分及棕榈酸乙酯、亚油酸乙酯、油酸乙酯等高级脂肪酸乙酯的含量均有一定程度的降低。活性炭吸附能力越强，38%vol低度酒抗冻能力越强，但香味成分损耗也越大，酒体浓郁程度逐渐减弱。

（2）降度为不同中间酒精度使用相同活性炭量处理效果比较　随着中间酒精度度数的降低，酒中总酸、总酯、己酸乙酯、乳酸乙酯、乙酸乙酯、丁酸乙酯等色谱骨架成分及棕榈酸乙酯、亚油酸乙酯、油酸乙酯等高级脂肪酸乙酯的含量均有一定程度的降低。其经活性炭处理后降度而成的38%vol低度酒抗冻能力越强，但香味成分也相对减少，酒体浓郁程度逐渐减弱。

（3）选取常温下无色透明的38%vol酒样进行感官尝评　50%vol降度处理的低度酒比

其它酒精度处理的低度酒，香味更好，更浓厚、香甜；且与现有工艺比较，口感上明显优于直接降度成低度酒活性炭处理的38%vol酒样。可见，采用“先降度再吸附处理再降度”创新工艺处理的38%vol低度酒，其微量香味成分含量均比采用现有活性炭处理工艺处理的酒高，且香味成分损耗较低。

通过感官尝评、理化数据对比发现，38%vol酒的最佳处理中间酒精度及活性炭用量为：基础酒先降度至50%vol，添加0.5‰的粉末活性炭量进行处理，再降度至38%vol。

由于活性炭生产厂家不同，不同品种的活性炭对酒中香味成分的吸附能力会有所差异，以上实验数据得出的结论仅针对所用厂家的活性炭。

第七节 白酒过滤设备

白酒后处理通过过滤设备的作用可有效解决其在生产过程中遇到的醇化老熟缓慢、固形物超标、降度浑浊、低温失光、货架期沉淀等诸多问题。

随着科学技术的发展，白酒后处理的过滤设备也不断改进。不同的白酒过滤设备其工作原理和操作规范不同。

一、砂滤棒过滤

（一）砂滤棒过滤器

砂滤棒过滤器（图8-15）外壳为金属的密闭容器，内有固定于筛板上的几根至几十根砂滤棒，砂滤棒是用硅藻土或玻璃熔制或烧结成一端开口的棒芯（图8-16）。国产的硅藻土砂芯有112、108、106、101等型号，可用于高、低度白酒的过滤。20世纪70年代起在酒类企业广泛应用，对除去白酒中的悬浮物、沉淀物效果较好，但除浊效果较差。

图8-15 砂滤棒过滤器图

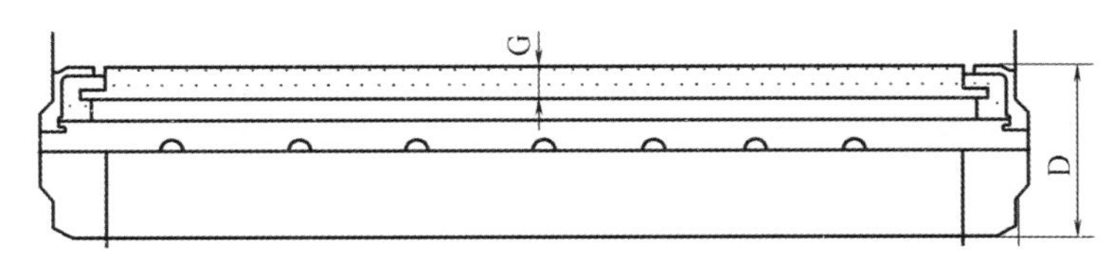

图8-16　砂棒剖面图

（二）工作原理

酒液用泵压入过滤器，使酒液中的悬浮物、析出物等被砂滤棒的微孔截留在砂滤棒表面，酒液进入棒芯由出口排出。

后处理时，酒泵加压，工作压力为0.1～0.2MPa。

砂滤棒使用一定时间后，应进行清洗。先取出棒芯用砂纸擦去表面污垢层，擦至砂芯恢复原色后，再安装好并用纯水压滤干净，即可继续用。若表面污垢较重，可用5%硫酸、2%硝酸钠、93%蒸馏水（质量分数）配成洗液。将棒芯在洗液中浸泡12～14h后，再用清水洗亮，安装好并用清水冲洗至水清洁、pH无变化即可。可在清水中洗净玻璃砂芯内外壁，安装后再用清水冲洗干净即可。

二、硅藻土过滤

（一）硅藻土过滤机

目前，常用的硅藻土过滤机有板框式（卧式）硅藻土过滤机、烛式（立式）硅藻土过滤机、水平圆盘式硅藻土过滤机等类型。

1. 板框式（卧式）硅藻土过滤机

板框式（卧式）硅藻土过滤机（图8-17）由壳体、中间轴、过滤板、过滤网、导杆、气阀、玻璃视镜、胶轮等部件组成，壳体分为多节和单节，节间用硅胶密封圈密封。该过滤机具有占地面积小、轻巧灵活、移动方便等优点。

图8-17　板框式（卧式）硅藻土过滤机

2．烛式（立式）硅藻土过滤机

烛式（立式）硅藻土过滤机（图8-18）由硅藻土滤罐和循环桶两部分组成。硅藻土滤罐内垂直装有100～150根烛式过滤杆，每根滤杆上穿有上千片梅花圆片，并分方向排列穿装，留有一定缝隙。工作中配合粗细硅藻粉涂层，通过一定压力使酒液由外自内通过硅藻土滤层后，再由每根滤杆上圆片之间的缝隙进入杆内滤清液体。烛式硅藻土过滤机与其它硅藻土过滤机工艺不同之处，在于每根滤杆都是一个独立的过滤单元，从而增大了过滤面积，提高了过滤效率。

3．水平圆盘式硅藻土过滤机

水平圆盘式硅藻土过滤机（图8-19）由硅藻土滤罐和循环桶两部分组成，硅藻土滤罐内垂直装有不锈钢圆盘，相对其它过滤机具有以下特点。

（1）过滤圆盘能形成均匀的硅藻土过滤层。

（2）可随时中途停机和再过滤。

（二）工作原理

硅藻土过滤机采用硅藻土作为助滤剂，利用其具有多孔结构、密度低、比表面积大、吸附性能强、悬浮性能好、物化性能稳定等优良性能，重复循环硅藻土料浆，使一层硅藻土沉积在过滤支架（滤网、梅花碟片）上，形成一层致密的涂层，细小的硅藻土颗粒拥有大量的微细通道，阻截杂质，澄清酒液。

不同类型的硅藻土过滤机操作要求不一致，但基本原理一致，过滤操作时应注意将过滤机清洗干净，检查阀门、管路有无渗漏现象。助滤剂循环涂层的时间一定要充足，

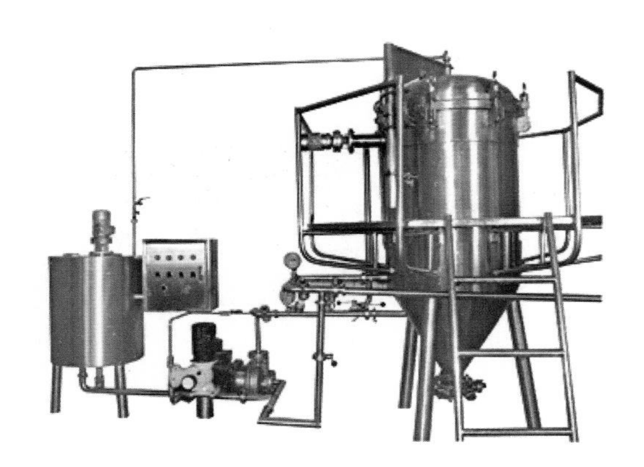

图8-18　烛式（立式）硅藻土过滤机

图8-19　水平圆盘式硅藻土过滤机

保证涂层的质量。在过滤时压力必须保持稳定，正常操作压力保持在0.1～0.3MPa。操作过程中，若发现澄清度达不到标准，硅藻土应再打循环、预涂，直至滤液清亮后再转入正常过滤使用。在过滤压力增加、滤层破坏、滤液质量下降时应及时更换硅藻土助滤剂。

三、高分子片式过滤

（一）高分子片式过滤器

高分子片式过滤器（图8-20）由不锈钢塔体构成，罐体中心安装一根中空带孔的轴，高分子滤片叠加串联安装在轴上，每片之间用胶圈密封。高分子片式过滤器可以单独使用，也可以并联、串联使用，设计流量有1～2t/h、3～5t/h、10t/h、20t/h、30t/h等。

（二）工作原理

高分子片式过滤主要通过高分子滤片（图8-21）来过滤酒液。高分子滤片由高分子材料烧结而成，滤片上有许多微孔，过滤器内部高分子滤片采用叠加或并、串联方式安装，每片之间用胶圈密封，酒液在外压下由高分子滤片从外向内流动，经过高分子滤片内细小微孔的拦截、过滤，去除酒中的微小固体颗粒，从而达到滤清酒液的目的。

由于高分子滤片在烧制过程中，可能残留部分粉尘，新滤片在装进设备使用前，需用75%vol以上酒精浸泡12h以上，再用酒液循环2～3h，并用吹气工具吹干滤片，确定无粉尘后方可使用。

图8-20　高分子片式过滤器

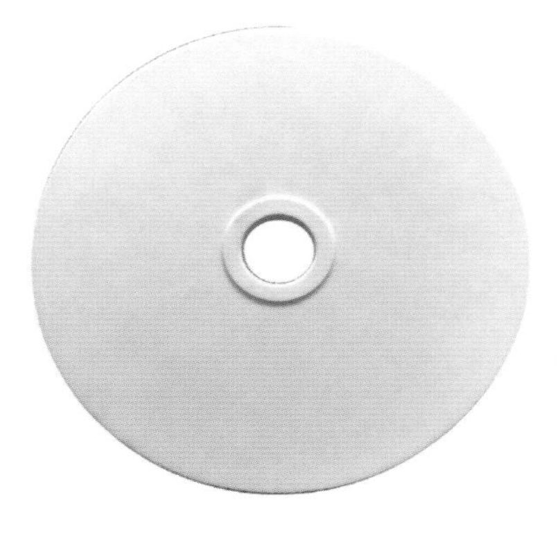

图8-21　高分子滤片

高分子滤片在使用过程中，要保持压力稳定，压力一般控制在0.2MPa以下。

四、折叠膜过滤

（一）折叠膜过滤器

膜棒过滤器（图8-22）是不锈钢外壳，过滤介质为高分子聚乙烯为主的混合物经超声波热熔焊而成的微孔折叠膜滤芯。滤芯孔径大小有：0.001～0.04μm、0.03～0.05μm、0.08～0.1μm、0.22μm、0.45μm、0.4～0.6μm、0.8～1.0μm以及1～50μm等，具有微孔丰富、间隙微小、过滤面积大、操作使用简单等特点。

图8-22　折叠膜过滤器及微孔折叠膜滤芯

（二）工作原理

折叠膜过滤属于物理过滤，采用分子筛原理，即当溶液通过微孔介质时溶液中较大的溶质分子被阻滞在膜表面，较小的溶质和溶剂分子渗透过去，从而起到分离、净化作用。

五、活性炭过滤

（一）活性炭过滤器

活性炭过滤器（图8-23）是以活性炭为滤料的一种压力式过滤设备，过滤器一般是不锈钢外壳，内装有分液器及筛网。活性炭过滤器分为单罐和双罐结构，可串联或并联使用，处理流量有5t/h、10t/h、20t/h、30t/h等型号。

图8-23 双罐活性炭过滤器

（二）工作原理

活性炭过滤器内装有大量的颗粒活性炭，具有强大的比表面积和合适的孔隙结构，其表面有一种特殊的活性基团，能去除酒中的沉淀物，提高酒质，加速酒的陈酿，去除酒中异杂味等。

新装活性炭必须进行循环操作，直到酒液清亮为止，以洗净活性炭表面杂质。酒类活性炭的吸附活性在酒精度50%vol～60%vol最强。因此，酒液在用活性炭进行处理时，酒精度必须控制在50%～60%vol。

操作时压力控制在0.25～0.35MPa，在处理过程中，过滤器的压力必须保持稳定。

活性炭的吸附能力是有限的，处理量一般为活性炭质量的2500～3500倍，活性炭吸附能力达到饱和状态后，应及时更换新的活性炭才能保证处理效果。

六、冷冻过滤法

（一）冷冻过滤机

白酒圆盘冷冻过滤机（图8-24）主要用于酒类冷冻低温过滤，解决酒液降度浑浊及低温环境中出现的酒体失光现象，同时可以滤除酒液中的其它杂质和悬浮物，使酒液更加清亮透明，品质得到进一步提升。根据过滤面积（m^2）、过滤能力（m^2/h）等有不同的处理型号。

图8-24 白酒圆盘冷冻过滤机

（二）工作原理

直接将酒源通过两级交换器进行制冷，由螺杆制冷机提供冷量，将22℃左右的液体直接降至-15～-12℃，保持数小时后，利用白酒中的高级脂肪酸乙酯，如棕榈酸乙酯、油酸乙酯及亚油酸乙酯等容易产生浑浊沉淀的香味成分在低温下溶解度会降低而析出、凝集的溶解特性，降温后的酒液经过过滤机进行两级过滤，达到过滤、截留、澄清的目的。由于过滤的是油状物，可采用石棉、纤维素粉等作为助滤剂。

附录

附录一　白酒相关标准汇总

一、蒸馏酒及配制酒卫生标准 *

GB 2757—81

代替 GBn 47—77

蒸馏酒系指以含糖或淀粉原料，经糖化发酵蒸馏而制得的白酒。

配制酒系指以发酵酒或蒸馏酒作酒基，经添加可食用的辅料配制而成。

1　感官指标：

透明无色液体（配制酒可有色），无沉淀杂质，无异臭异味。

2　理化指标见下表：

项目	指标
甲醇（g/100mL） 以谷物为原料者 以薯干及代用品为原料者	 ≤0.04 ≤0.12
氰化物（mg/L，以HCN计） 以木薯为原料者 以代用品为原料者	 ≤5 ≤2
铅（mg/L，以Pb计）	≤1
锰（mg/L，以Mn计）	≤2
食品添加剂	按GB 2760规定

注：以上系指60度蒸馏酒的标准，高于或低于60度者，按60度折算。

* 注：此标准已由GB 2757—2012替代。

二、食品安全国家标准　蒸馏酒及其配制酒

GB 2757—2012

前言

本标准代替GB 2757—1981《蒸馏酒及配制酒卫生标准》及第1号、第2号修改单。

本标准与GB 2757—1981相比，主要变化如下：

——修改了标准名称；

——修改了氰化物的限量指标；

——取消了锰的限量指标；

——增加了标签标识的要求。

本标准4.2~4.4于2013年8月1日起实施。

1　范围

本标准适用于蒸馏酒及其配制酒。

2　术语和定义

2.1　蒸馏酒

以粮谷、薯类、水果、乳类等为主要原料，经发酵、蒸馏、勾兑而成的饮料酒。

2.2　蒸馏酒的配制酒

以蒸馏酒和（或）食用酒精为酒精，加入可食用的辅料或食品添加剂，进行调配、混合或再加工制成的，已改变了其原酒基风格的饮料酒。

3　技术要求

3.1　原料要求

应符合相应的标准和有关规定。

3.2　感官要求

应符合相应产品标准的有关规定。

3.3　理化指标

理化指标应符合表1的规定。

表 1 理化指标

项目	指标		检验方法
	粮谷类	其它	
甲醇[a]/（g/L） ≤	0.6	2.0	GB/T 5009.48
氰化物[a]（以HCN计）/（mg/L） ≤	8.0		GB/T 5009.48

[a]甲醇、氰化物指标均按100%酒精度折算。

3.4 污染物和真菌毒素限量

3.4.1 污染物限量应符合GB 2762的规定。

3.4.2 真菌毒素限量应符合GB 2761的规定。

3.5 食品添加剂

食品添加剂的使用应符合GB 2760的规定。

4 标签

4.1 蒸馏酒及其配制酒标签除酒精度、警示语和保质期的标识外，应符合GB 7718的规定。

4.2 应以“%vol”为单位标示酒精度。

4.3 应标示“过量饮酒有害健康”，可同时标示其它警示语。

4.4 酒精度大于等于10%vol的饮料酒可免于标示保质期。

三、浓香型白酒 *

GB 10781.1—1989

1 主题内容与适用范围

本标准规定了浓香型白酒产品的技术要求。

* 注：此标准已由GB/T 10781.1—2006替代。

本标准适用于粮谷为原料，经固态发酵、储存、勾兑而成，具有以己酸乙酯为主体的复合香气的蒸馏酒。本标准不适用于40度以下的低度浓香型白酒。

2　引用标准

GB 10345　白酒试验方法

GB 2757　蒸馏酒及配制酒卫生标准

3　技术要求

3.1　感官要求

见表1。

表 1

项目	优级	一级	二级
色泽	无色，清亮透明，无悬浮物，无沉淀		
香气	具有浓郁的己酸乙酯为主体的复合香气	具有较浓郁的己酸乙酯为主体的复合香气	具有己酸乙酯为主体的复合香气
口味	绵甜爽净，香味谐调，余味悠长	较绵甜爽净，香味谐调，余味较长	入口纯正，后味较净
风格	具有本品突出的风格	具有本品明显的风格	具有本品固有的风格

3.2　理化要求

见表2。

表 2

项目	优级	一级	二级
酒精度，（V/V）%	41.0 ~ 59.0		
总酸（以乙酸计），g/L	0.50 ~ 1.70	0.40 ~ 2.00	0.30 ~ 2.00
总酯（以乙酸乙酯计），g/L	≥2.50	≥2.00	≥1.50
己酸乙酯，g/L	1.50 ~ 2.50	1.00 ~ 2.50	0.60 ~ 2.00
固形物，g/L	≤0.40		

注：①酒精度允许公差为 ± 1.0度。

②酒精度40.0 ~ 49.0度，固形物可为0.50 g/L。

③优级、一级、二级酒均不得加入非自身发酵产生的物质。

3.3 卫生指标

按GB 2757执行。

四、低度浓香型白酒*

GB 11859.1—1989

1 主题内容与适用范围

本标准规定了40度以下的低度浓香型白酒产品的技术要求。

本标准适用于粮谷为原料，经固态发酵、蒸馏、储存、勾兑酿制而成的，具有以己酸乙酯为主体的复合香气的蒸馏酒。

2 引用标准

GB 2751 蒸馏酒及配制酒卫生标准

GB 5009 食品卫生检验方法 理化部分

GB 10344 饮料酒标签标准

GB 10345 白酒试验方法

GB 10346 白酒检验规则

3 技术要求

3.1 感官要求见表1。

表1

项目	优级	一级	二级
色泽	无色，清亮透明，无悬浮物，无沉淀		
香气	具有浓郁的己酸乙酯为主体的复合香气	具有较浓郁的己酸乙酯为主体的复合香气	具有己酸乙酯的香气，无异嗅

* 注：此标准已由GB/T 10781.1—2006替代。

续表

项目	优级	一级	二级
口味	绵甜爽净，香味谐调，余味悠长	绵甜较爽净，香味谐调	入口纯正，后味较净
风格	具有本品突出的风格	具有本品明显的风格	具有本品固有的风格

3.2　理化要求见表2。

表 2

项目	优级	一级	二级
酒精度，%（*V*/*V*）	35.0 ~ 39.0		
总酸（以乙酸计），g/L	0.35 ~ 1.50	0.30 ~ 1.80	0.30 ~ 2.00
总酯（以乙酸乙酯计），g/L　≥	2.00	1.50	1.20
己酸乙酯，g/L	1.20 ~ 2.00	0.60 ~ 2.00	0.40 ~ 2.00
固形物，g/L　≤	0.70		—

注：酒精度允许公差为 ± 1.0%（*V*/*V*）。

3.3　卫生指标见表3。

表 3

项目	优级	一级	二级
甲醇，g/L　≤	0.40		
杂醇油，g/L　≤	2.0		
铅，mg/L　≤	1		

4　试验方法

感官要求，理化要求的检验按GB 10345 执行。

卫生指标的检验按GB 5009执行。

5　检验规则

标签标志按GB 10346、GB 10344 执行。

五、浓香型白酒

GB/T 10781.1—2006

前言

本标准代替GB/T 10781.1—1989《浓香型白酒》和GB/T11859.1—1989《低度浓香型白酒》。

本标准与GB/T 10781.1—1989和GB/T 11859.1—1989相比主要变化如下：

——将GB/T 10781.1—1989和GB/T 11859.1—1989修订后合并为一项标准；

——增加了术语和定义、产品分类、分析方法、检验规则和标志、包装、运输、储存等章条；

——分别规定了高度酒和低度酒的感官和理化要求；

——高度酒的酒精度上限由GB/T 10781.1—1989的59.0%调整为68%vol；

——低度酒的酒精度下限由GB/T 11859.1—1989的35.0%调整为25%vol；

——质量等级分为优级、一级，去掉GB/T 10781.1—1989和GB/T 11859.1—1989中的二级；

——理化指标相应进行了调整。

本标准由中国轻工业联合会提出。

本标准由全国食品发酵标准化中心归口。

本标准起草单位：中国食品发酵工业研究院、四川宜宾五粮液集团有限公司、江苏洋河集团有限公司、泸州老窖集团有限责任公司。

本标准主要起草人：康永璞、郭新光、刘凤翔、沈才洪、杨廷栋、张宿义、王述荣、彭心海。

本标准所代替标准的历次版本发布情况为：

——GB/T 10781.1—1989;

——GB/T 11859.1—1989。

1　范围

本标准规定了浓香型白酒的术语和定义、产品分类、要求、分析方法、检验规则和标志、包装、运输、储存。

本标准适用于浓香型白酒的生产、检验和销售。

2　规范性引用文件

下列文件中的条款通过本标准的引用而成为本标准的条款。凡是注日期的引用文件，其随后所有的修改单（不包括勘误的内容）或修订版均不适用于本标准，然而，鼓励根据本标准达成协议的各方研究是否可使用这些文件的最新版本。凡是不注日期的引用文件，其最新版本适用于本标准。

GB 2757　蒸馏酒及配制酒卫生标准

GB 10344　预包装饮料酒标签通则

GB/T 10345　白酒分析方法

GB/T 10346　白酒检验规则和标志、包装、运输、储存

JJF 1070　定量包装商品净含量计量检验规则

国家质量监督检验检疫总局[2005]第75号令　定量包装商品计量监督管理办法

3　术语和定义

下列术语和定义适用于本标准。

3.1　浓香型白酒 strong flavour Chinese spirits

以粮谷为原料，经传统固态法发酵、蒸馏、陈酿、勾兑而成的，未添加食用酒精及非白酒发酵产生的呈香呈味物质，具有以己酸乙酯为主体复合香的白酒。

4　产品分类

按产品的酒精度分为：

高度酒：酒精度含量41%vol ~ 68%vol；

低度酒：酒精度含量25%vol ~ 40%vol。

5　要求

5.1　感官要求

高度酒、低度酒的感官要求应分别符合表1、表2的规定。

表 1　高度酒感官要求

项目	优级	一级
色泽和外观	无色或微黄，清亮透明，无悬浮物，无沉淀[a]	

续表

项目	优级	一级
香气	具有浓郁的己酸乙酯为主体的复合香气	具有较浓郁的己酸乙酯为主体的复合香气
口味	酒体醇和谐调，绵甜爽净，余味悠长	酒体较醇和谐调，绵甜爽净，余味较长
风格	具有本品典型的风格	具有本品明显的风格

注：a当酒温低于10℃时，允许出现白色絮状沉淀物质或失光。10℃以上时应逐渐恢复正常。

表2　　低度酒感官要求

项目	优级	一级
色泽和外观	无色或微黄，清亮透明，无悬浮物，无沉淀[a]	
香气	具有较浓郁的己酸乙酯为主体的复合香气	具有己酸乙酯为主体的复合香气
口味	酒体醇和谐调，绵甜爽净，余味较长	酒体较醇和谐调，绵甜爽净
风格	具有本品典型的风格	具有本品明显的风格

注：a当酒的温度低于10℃时，允许出现白色絮状沉淀物质或失光。10℃以上时应逐渐恢复正常。

5.2 理化要求

高度酒、低度酒的理化要求应分别符合表3、表4的规定。

表3　　高度酒理化要求

项目		优级		一级
酒精度/（%vol）		41～60	61～68	41～68
总酸（以乙酸计）/（g/L）	≥	0.40		0.30
总酯（以乙酸乙酯计）/（g/L）	≥	2.00		1.50
己酸乙酯/（g/L）		1.20～2.80	1.20～3.50	0.60～2.50
固形物/（g/L）	≤	0.40[a]		

注：a酒精度41%vol～49%vol的酒，固形物可小于或等于0.50g/L。

表4　　低度酒理化要求

项目		优级	一级
酒精度/（%vol）		25～40	
总酸（以乙酸计）/（g/L）	≥	0.30	0.25
总酯（以乙酸乙酯计）/（g/L）	≥	1.50	1.00

续表

项目		优级	一级
己酸乙酯/（g/L）		0.70 ~ 2.20	0.40 ~ 2.20
固形物/（g/L）	≤	0.70	

5.3 卫生要求

应符合GB 2757的规定。

5.4 净含量

按国家质量监督检验检疫总局[2005]第75号令执行。

6 分析方法

感官要求、理化要求的检验按GB/T 10345执行。

净含量的检验按JJF 1070执行。

7 检验规则和标志、包装、运输、储存

检验规则和标志、包装、运输、储存按GB/T 10346执行。

酒精度按GB 10344的规定，可表示为"%vol"。酒精度实测值与标签标示值允许差为 ± 1.0%vol。

六、白酒工业术语*

GB/T 15109—1994

1 主题内容与适用范围

本标准规定了白酒工业的基本术语及其定义。

本标准适用于白酒的生产、科研、教学、贸易、检验以及其它有关领域中应用。

* 注：此标准已由GB/T 15109—2008替代。

2 术语

2.1 原辅料 raw material and adjunct material

2.1.1 高粱 sorghum（*Sorghum vulgare Pers.*）

禾本科蜀黍属植物种子，又名红粮，为中国传统的酿造白酒的原料。按其淀粉分子结构的差异，分为粳高粱和糯高粱。

2.1.2 玉米 maize（*Zea mays Linn.*）

禾本科玉蜀黍属植物种子，又名玉蜀黍、苞谷等，淀粉含量丰富，是酿酒的原料之一。

2.1.3 小麦 wheat（*Triticum aestivum Linn.*）

禾本科小麦属植物的种子，富含淀粉，亦含蛋白质，为制曲、酿酒的原料之一。

2.1.4 大麦 barley（*Hordeum vulgare Linn.*）

禾本科大麦属植物的种子，含淀粉和蛋白质，为制曲的原料之一。

2.1.5 稻米 rice（*Oryza sativa Linn.*）

禾本科稻属的稻谷脱壳、去皮的颖果，按其淀粉分子结构的不同，又分为糯米、粳米、籼米，其质地纯正，蛋白质和脂肪含量较低，是酿酒和制小曲的原料。

2.1.6 甘薯 sweet potato（*Ipomoea batatas Lam.*）

旋花科牵牛属的地下块根，多年生蔓草，又名红薯、白薯、红苕、地瓜、山芋等，是适宜的酿酒原料，由于鲜甘薯不易保存，多加工成薯干以供常年使用。

2.1.7 马铃薯 potato（*Solanum tuberosum Linn.*）

茄科茄属，多年生草本地下块茎，又名土豆、山药蛋等，由于鲜马铃薯不宜常年大量保存，多加工成马铃薯干，供酿酒用。

2.1.8 豌豆 pea（*Pisum sativum Linn.*）

豆科豌豆属植物的种子，皮薄，含淀粉和蛋白质，是制造大曲的原料之一。

2.1.9 麦麸 wheat bran

系小麦加工面粉的副产物，可作酿酒微生物的培养基，亦多作为麸曲的主要原料。

2.1.10 稻壳 rice hull

又称砻康。系稻谷在加工大米时脱下的外壳，是酿造白酒过程中主要的填充辅料。

2.2 生产设备及器具 production equipment and implements

2.2.1 甑 still，distillating pot

也称甑桶、甑锅，呈圆筒形，上口略大于下口，用木材、水泥或金属材料制成，是蒸粮和蒸酒的主要设备。另有活动甑和翻动甑等类型。

2.2.2　甑篦（底篦）　sieve tray，perforated plate of still

用竹或金属材料制成，放在甑桶的底部，以托住酒醅或粮醅。

2.2.3　甑盖　still lid

又名云盘、迫盖、天盘。系甑桶上的盖，用木质或金属材料制成，中心有导汽孔。

2.2.4　锅龙　vapour guide

又名过汽筒，系甑与冷却器连接的过汽导管。

2.2.5　冷却器　condenser

用高锡、铝或不锈钢等金属材料制成，是将蒸出的酒气冷却成酒液的设备。

2.2.6　扬糙机　cooler

为电机与风翼联体，上部有料斗的器具，使出甑的物料扬冷、打散、疏松。

2.2.7　曲模　brick shaped starter model

大曲成型用的模具。

2.2.8　陶坛　pottery jar

中国白酒的传统贮酒容器，用陶土烧制而成。

2.2.9　酒海　big conservator for spirit storage

用荆条编制而成，内裱糊多层桑皮纸和天然涂料，用以贮盛白酒的传统大容器。

2.2.10　酒篓　basket work for reserve distillate

用荆条编制而成，内裱糊多层桑皮纸和天然涂料，用以盛酒的老式小容器。

2.2.11　酒箱　spirit store chest

用木板制成，内裱糊多层桑皮纸和天然涂料，系老式贮酒的大容器。

2.2.12　贮酒池　spirit store pool

用钢筋水泥建成，内壁涂食用级涂料，或贴以陶板、玻璃、瓷板等，用作贮酒的大型容器。

2.2.13　窖　fermentation pit

系固态发酵容器之一，以黄泥、石条、砖、水泥、木材等建成，形状多呈长方体。

2.2.14　人工老窖　artificial old fermentation pit

使用时间较长的泥窖称老窖，将人工培菌的粘土敷贴在窖池的四壁和底部而成的发酵窖称人工老窖。

2.2.15　地缸　pottery vat

固态发酵容器之一，用陶土烧制而成。

2.3 糖化发酵剂 saccchariferous and fermentative agent

以含淀粉和蛋白质原料为培养基，培养多种微生物，并富集了大量的酶类，用作酿酒、糖化和发酵的制剂。

2.3.1 大曲 brick shaped raw starter for alcoholic fermentation

酿酒用的糖化剂和发酵剂，多为一种砖形粗酶制剂。其微生物区系为霉菌、酵母菌和细菌，并有一定数量的放线菌。

2.3.1.1 高温曲 high temperature brick shaped raw starter

在制大曲过程中，最高升温在60～65℃范围而制成的大曲。

2.3.1.2 中温曲 medial temperature brick shaped raw starter

在制大曲过程中，最高升温在50～60℃范围而制成的大曲。

2.3.1.3 低温曲 low temperature brick shaped raw starter

在制大曲过程中，最高升温在40～50℃范围而制成的大曲。

2.3.2 小曲 Chinese yeast

酿酒用的糖化剂和发酵剂的一种，有方块、圆球等形状。因传统制造时加入了各种中草药，故又称药曲或酒药。其主要微生物区系为根霉、毛霉和酵母菌等。

2.3.3 麸曲 bran koji

以麦麸为原料，采用纯种微生物接种制备的一类糖化剂。

2.3.4 帘子曲 raw starter incubated on bamboo curtain

以麦麸为原料，采用纯种微生物接种，在竹帘子上培养制备的教曲。

2.3.5 液体曲 liquid koji

在液体培养基中接种纯粹培养的曲霉菌，并在无菌、控温下通风培养而成的一类糖化剂。

2.3.6 通风曲 raw starter prepared by blown wind

以麦麸为原料，采用纯种微生物接种，在长方形水泥池中控制通风培养而成的麸曲。

2.3.7 机械制曲坯 brick shaped raw starter made by machine pressed

将一定粉碎度的制大曲原料加水后，在固定的金属模中机械压制成型。

2.3.8 曲坯 raw starter brick before incubation

大曲原料压制成型后的块状物。

2.3.9 踩曲 kneading the raw starter component

传统制大曲时，将粉碎的制大曲原料加水拌匀后，放入曲模中以人工踩压、脱模成型的操作。

2.3.10　上霉　grown mould

又称长霉。系制曲培养过程中，在曲坯的外表生长出菌斑（霉菌菌丝体）的现象。

2.3.11　晾霉　ventilate and dry

在制曲培养中，当霉菌菌丝体已长出，打开门窗，降低曲室和曲坯表面的温度和水分的操作。

2.3.12　翻曲　rearrange the brick shaped raw starter in incubation period

将堆积的曲坯上下层调位，每块曲坯的上下面对调，以增加通风供氧，排除二氧化碳，调节温度和湿度，使其培养均匀的操作。

2.3.13　曲母　ripe raw starter

又称母曲。在大曲制作时，接种所用少量的曲种。

2.3.14　酒母　yeast mash

酿酒工业所用的酵母菌扩大培养物。

2.3.15　产酯酵母　ester forming yeast

用于白酒生产中能产生酯类香味物质的酵母菌。

2.4　酿酒　spirit fabrication

2.4.1　糌　crushed grains

酿酒原料经粉碎后的粉粒，又称糌子。

2.4.2　立糌　establish order

新投产时，粒子经拌料、蒸煮糊化、加糖化发酵剂，第一次酿酒发酵的程序。

2.4.3　醅　fermentative material after remove alcohol

又称醅子、糟醅，酒醅蒸完酒后的发酵物料。

2.4.4　酒醅　alcoholic fermentative material

系已发酵完毕等待蒸酒的物料。

2.4.5　回糟　return distiller grains

酒醅蒸酒后，不加入新的糌子，加糖化发酵剂，再次入窖发酵的醅子。

2.4.6　扔糟　spent grains

又称丢糟。不再发酵利用的物料。

2.4.7　培菌糟　distilland after inoculation and cultivation

在小曲酒生产中，将蒸熟的原料和配糟中拌入小曲，在缸或槽中或地面上堆积培菌糖化后的物料。

2.4.8 不过心 un-cooked

原料蒸煮后表面已熟，但未熟透，有硬心。俗称生心。

2.4.9 返生 ageing of starch

在小曲酒生产的糖化阶段，发生淀粉老化的现象。

2.4.10 开窝 construct digging

熟料下曲进入大缸后，在物料中间均匀地筑一个空穴，使空气流通，便于霉菌的繁殖和糖化。

2.4.11 大楂和二楂 crushed grains abundantly added in the distilland

在配醅时加入较多新原料入窖发酵的物料。

2.4.12 小楂 crushed grains strictly added in the distilland

又称粮糟。在配醅时加入较少新原料的物料。

2.4.13 排 cycle

从新原料投料开始至蒸酒结束的一次生产周期。

2.4.14 掉排 decrease of productivity

又称垮窖。系一排或连续几排的生产结果与正常相比，少出酒或不出酒的现象。

2.4.15 窝酒 obstruct the alcoholic steam

由于装甑不妥，酒气不能均匀地穿过酒醅，造成部分酒醅中的酒蒸不出来。

2.4.16 坠甑 sink

装甑蒸酒时，由于装甑不妥或蒸汽突然减少等原因，使甑内酒醅下陷，造成醅中的酒蒸不出来，或酒度低，流酒尾的时间拖长的现象。

2.4.17 大火追尾 drive out remanent alcohol

蒸酒将结束时，加大进汽量或加大火力，蒸出酒醅中残余的酒和酸。

2.4.18 地温 ground temperature

为掌握下曲和入窖的温度，参考酿酒车间通风干燥处接触地面设置的温度计的温度。

2.4.19 封窖 sealing of fermentation pit

以专用的粘土或塑料布抹在（压在）窖面的发酵物料上，将窖面密封，隔绝空气以进行发酵的操作。

2.4.20 踩窖 trample fermentation pit

待发酵物料进入窖后，人工适当踩压，以免发酵物料间存留过多的空气，并防止过分地塌陷的一道工序。

2.4.21 滴窖 exuding of fermented liquid

发酵过程中窖底部酒醅中含水量较高，在起窖时，让窖内的酒醅沥去部分黄水。

2.4.22 黄水 yellow fermenting liquor

发酵过程中，逐渐渗于窖底部的棕黄色液体。

2.4.23 烟水 splash water

小曲酒生产过程中，当蒸粮达到一定程度后，向甑内被蒸物料进行泼水的操作。

2.4.24 泼量 sprinkling amount of hot water

又称闷头量，为使出甑后的物料充分吸水膨胀而泼入的热水。

2.4.25 老五甑法 old five-pot order way

将窖中发酵完毕的酒醅分成五次蒸酒和配醅的传统操作法。在正常情况下，窖内有四甑酒醅，即大馇、二馇、小馇和回糟各一甑。

2.4.26 清六甑法 six-pot order way

每班做两个馇、两个回糟，扔掉两个糟的酿酒操作法，在正常情况下，窖内有四甑酒醅。

2.4.27 清馇法 unmixed distilland order way

单独立馇、单独蒸酒的操作方法。

2.4.28 续馇法 continual mixed distilland order way

原料与发酵好的酒醅混蒸，即蒸料糊化与蒸酒在甑内同时进行的操作方法。

2.4.29 辅料清蒸 steaming of adjunct material

为消除稻壳等辅助填充料的异杂味和杂菌的操作过程。

2.4.30 掐头去尾 cutting-out both end of the distillate

在蒸酒时，截馏酒头和酒尾。

2.5 成品及半成品 products and semi-produce

2.5.1 白酒 Chinese spirits

又称烧酒。是中国特有的一种蒸馏酒，系由淀粉质原料，加入糖化发酵剂，经固态、半固态或液态发酵、蒸馏、储存、勾兑而制得。

2.5.1.1 大曲酒 Chinese spirits prepared by brick shaped raw starter

以大曲为糖化发酵剂酿制而成的白酒。

2.5.1.2 小曲酒 Chinese spirits prepared by Chinese yeast

以小曲为糖化发酵剂酿制而成的白酒。

2.5.1.3 麸曲酒 Chinese spirits prepared by bran koji

用麸曲为糖化剂，加酒母发酵酿制而成的白酒。

2.5.2 酱香型 soy sauce flavor type

具有类似酱香气的白酒。以贵州茅台酒为代表，又称茅型。

2.5.3 浓香型 strength flavor type

以己酸乙酯为主体的复合香气的白酒。以四川泸州老窖大曲酒为代表，又称泸型。

2.5.4 清香型 soft flavor type

以乙酸乙酯为主体的复合香气的白酒。以山西杏花村汾酒为代表，又称汾型。

2.5.5 米香型 rice flavor type

以乳酸乙酯和乙酸乙酯及适量的β-苯乙醇为主体的复合香气的白酒。以广西桂林三花酒为代表。

2.5.6 凤香型 Feng flavor type

以乙酸乙酯和己酸乙酯为主体的复合香气的白酒。以陕西西凤酒为代表，又称凤型。

2.5.7 酒基 substratum of spirit

又称基础酒。作为勾兑用主要部分的酒，或在生产液态法白酒时，使用的食用酒精。

2.5.8 勾兑 blending

把具有不同香气和口味的同一类型的酒，按不同比例掺兑调配，起到补充、衬托、制约和缓冲的作用，使之符合同一标准，保持成品酒一定风格的专门技术。

2.5.9 微机勾兑 computer blending

应用计算机、气相色谱和传统勾兑参数，进行科学的结合，使计算机按照勾兑师输入的思维推理程序，给出最佳的配方和调味酒组合及其用量的技术。

2.5.10 调香和调味 blending flavor and taste

以适合的白酒或食用酒精为基础，采用香味特征性强的酒或有关香味物质以调整成品酒的香气和口味，使突出典型风格的技术。

2.5.11 空杯留香 empty glass flavor

将酒杯中的酒倒掉，放置一定时间后所嗅闻到杯中的残留香气。

2.5.12 串香 distilling aroma of distilland

在甑中以含有乙醇的蒸气穿过固态发酵的酒醅或特制的香醅，使馏出的酒中增加香气和香味的操作。

2.5.13 酒头 initial distillate

蒸馏初期截馏出酒度较高的酒-水混合物。含有较多的白酒香味物质。

2.5.14　酒尾　last distillate

蒸馏后期截馏出酒度较低的酒-水混合物。含有较少的白酒香味物质。

2.5.15　储存　storage

新蒸出的白酒口感辛辣，经过在贮酒容器中储存一定时间，使酒体谐调而柔和，是白酒生产中必要的工艺过程。

2.5.16　老熟　ageing

白酒在自然储存过程中，或经人工催陈，经过了缓慢的或加速的物理、化学反应，达到酒质的除杂增香，口感柔和的过程。

七、白酒工业术语

GB/T 15109—2008

前言

本标准代替GB/T 15109—1994《白酒工业术语》。

本标准与GB/T 15109—1994相比主要变化如下：

——增加了“规范性引用文件”。

——“原辅料”改为“主要原辅料”。其中高粱、小麦、玉米、大米、豌豆的描述执行相应的国家标准；去掉非主要原辅料甘薯、马铃薯的描述。

——“生产设备及器具”改为“生产设备、设施及器具”。根据工艺分别为制曲设备、酿酒设备、蒸馏设备、晾糟设备、陈酿设备五部分，并相应增减了各部分条款。

——“糖化发酵剂”章节改为“制曲”。将帘子曲和通风曲放入麸曲中描述，去掉液体曲、机械制曲坯、酒母、产酯酵母的描述。

——“酿酒”章节增加了固态发酵法、液态发酵法、半固态发酵法、糙沙、粮糟、上甑、跑汽、串甑、摊晾、下曲、发酵周期、跌吹口、窖帽、清窖、窖泥、窖皮泥、原窖法、跑窖法、双轮底、开窖鉴定、量质摘酒等的描述。

——“成品及半成品”章节增加了混合曲酒、固态法白酒、液态法白酒、固液法白酒、豉香型白酒、芝麻香型白酒、特香型白酒、浓酱兼香型白酒、老白干香型白酒、组合酒、调味酒等的描述；去掉了微机勾兑、调香和调味、空杯留香的描述。

——规范了标准文本的编写。

——原标准附录A、附录B调整为索引，并按照修改的内容重新编写。

本标准由全国食品工业标准化技术委员会提出。

本标准由全国酿酒标准化技术委员会归口。

本标准起草单位：中国食品发酵工业研究院、国家酒类及加工食品质量监督检验中心、泸州老窖集团有限责任公司、北京红星股份有限公司、四川水井坊股份有限公司、四川省食品发酵工业研究设计院。

本标准主要起草人：郭新光、钟杰、沈才洪、艾金忠、赖登燡、刘念、张蔚、康永璞、张宿义、孟辉、范威。

本标准所代替标准的历次版本发布情况为：

——GB/T 15109—1994。

1 范围

本标准规定了白酒工业的基本术语和定义。

本标准适用于白酒行业的生产、科研、教学及其它有关领域。

2 规范性引用文件

下列文件中的条款通过本标准的引用而成为本标准的条款。凡是注日期的引用文件，其随后所有的修改单（不包括勘误的内容）或修订版本均不适用于本标准，然而，鼓励根据本标准达成协议的各方研究是否可以使用这些文件的最新版本。凡是不注日期的引用文件，其最新版本适用于本标准。

GB/T 22515—2008　粮油名词术语　粮食、油料及其加工产品

3 术语和定义

3.1 主要原辅料

3.1.1 高粱 sorghum，gaoliang，milo

亦称红粮、小蜀黍（shǔshǔ）、红棒子。禾本科草本植物栽培高粱作物的果实籽粒有红、黄、白等颜色，呈扁卵圆形。按其粒质分为糯性高粱和非糯性高粱。

[GB/T 22515—2008，定义2.2.5.1]

3.1.2 小麦 wheat

禾本科草本植物栽培小麦的果实。呈卵形或长椭圆形，腹面有深纵沟。按照小麦播种季节的不同分为春小麦和冬小麦；按小麦籽粒的粒质和皮色分为硬质白小麦、软质白

小麦、硬质红小麦、软质红小麦。

[GB/T 22515—2008，定义2. 2. 2]

3.1.3 玉米 maize，corn

亦称玉蜀黍（shǔshǔ）、大蜀黍、棒子、苞谷、苞米、珍珠米。禾本科草本植物栽培玉米的果实。籽粒形状有马齿形、三角形、近圆形、扁圆形等，种皮颜色主要为黄色和白色，按其粒形、粒质分为马齿型、半马齿型、硬粒型、爆裂型等类型。

[GB/T 22515—2008，定义2. 2. 3]

3.1.4 大米 milled rice，white rice，rice

稻谷经脱壳碾去皮层所得的成品粮的统称，可分为籼米、粳米和糯米，糯米又分为籼糯米和粳糯米。

[GB/T 22515—2008，定义2. 2. 6.1]

3.1.5 豌豆 peas

亦称麦豆、毕豆、小寒豆、淮豆。豆科草本植物栽培豌豆荚果的种子，球形，种皮呈黄、白、青、花等颜色，表面光滑，少数品种种皮呈皱缩状。

[GB/T 22515—2008，定义2. 2. 5.14]

3.1.6 大麦 barley

禾本科大麦属植物的种子，含淀粉和蛋白质，为制曲的原料之一。

3.1.7 麦麸 wheat bran

小麦加工成面粉的副产物，可作酿酒微生物的培养基。

3.1.8 稻壳 rice hull

稻谷在加工大米时脱落下的外壳，是酿造白酒过程中的主要辅料。

3.1.9 谷糠 millet hull

谷子在加工小米时脱下的外壳，是酿造白酒过程中的主要辅料。

3.2 生产设备、设施及器具

3.2.1 制曲设备

3.2.1.1 曲模 brick shaped starter model

曲坯成型用的模具。

3.2.1.2 制曲机 raw starter maker

将制曲原料压制成曲坯的机械设备。

3.2.1.3 曲房 fermentation room

培养曲的房间，又称发酵室。

3.2.2 酿酒设备

3.2.2.1 窖池 fermentation pit

固态发酵容器之一，用黄泥、条石、砖、水泥、木材等材料建成，形状多呈长方体。

3.2.2.2 发酵缸（罐） fermentation vat

糖化发酵容器之一，用陶土烧制或金属材料制成。埋在地下的缸称为地缸。

3.2.3 蒸馏设备

3.2.3.1 甑 distilling pot

蒸粮、蒸酒和清蒸辅料的主要设备，用木材、石材、水泥或金属材料制成，由甑盖、甑桶、甑篦、底锅等部分组成。

3.2.3.2 蒸饭机 rice still

使用蒸汽加热的方式将米蒸煮成饭并摊晾的设备，用金属材料制成。

3.2.3.3 蒸馏釜 still

使用蒸汽加热的方式进行蒸酒的设备，用金属材料制成。有卧式、立式，单釜或双釜等类型。

3.2.3.4 过汽筒 vapour guide

连接甑、蒸馏釜与冷却器的过汽导管。

3.2.3.5 冷却器 distillate cooler

将蒸出的酒蒸汽冷却成酒液的设备，用不锈钢等金属材料制成。

3.2.3.6 晾糟设备 distiller's grain cooling equipment

使出甑的物料晾冷、打散疏松的设备。主要有晾堂、晾糟机、晾糟床、晾糟棚。

3.2.4 陈酿设备

3.2.4.1 陶坛 pottery jar

白酒传统的贮酒容器，用陶土烧制而成。

3.2.4.2 不锈钢贮酒罐 spirit store stainless steel tank

不锈钢制成的大容量贮酒容器。

3.2.4.3 酒海 big conservator for spirit storage

用藤条编制，以鸡蛋清等物质配成粘合剂，用白棉布、麻纸裱糊，再以菜油、蜂蜡涂抹内壁，干燥后用于贮酒的容器。

3.3 制曲

3.3.1 糖化发酵剂 sacchariferous and fermentative agent

以淀粉和蛋白质等为主要原料的天然培养基，富集多种微生物及生物酶，用于酿酒的糖化和发酵的制剂。

3.3.1.1　大曲　daqu starter

酿酒用的糖化发酵剂，一般为砖形的块状物。

3.3.1.1.1　高温曲　high temperature daqu starter

在制曲过程中，最高品温控制大于60℃而制成的大曲。

3.3.1.1.2　中温曲　medial temperature daqu starter

在制曲过程中，最高品温控制在50～60℃而制成的大曲。

3.3.1.1.3　低温曲　low temperature daqu starter

在制曲过程中，最高品温控制小于50℃而制成的大曲。

3.3.1.2　曲母　ripe starter for inoculation

在制曲时，做种子用的少量优质曲。又称母曲。

3.3.1.3　小曲　xiaoqu starter

酿酒用的糖化发酵剂，多为较小的圆球、方块、切状。部分小曲在制造时加入了中草药，故又称药曲或酒药。

3.3.1.4　麸曲　fuqu starter

以麦麸为原料，采用纯种微生物接种制备的一类糖化剂或发酵剂。按生产工艺一般分为帘子曲、通风曲。

3.3.1.4.1　帘子曲　fuqu starter incubated on bamboo curtain

在竹帘子上培养制备的麸曲。

3.3.1.4.2　通风曲　fuqu starter prepared by blown wind

在长方形水泥池中控制通风培养而成的麸曲。

3.3.1.5　曲坯　raw starter brick shape billet

制曲原料压（踩）制成型后的块状物。

3.3.2　上霉　grown mould

制曲培养过程中，在曲坯的外表生长出菌斑的现象。又称穿衣。

3.3.3　晾霉　ventilate and dry

在制曲培养中，当菌丝体已长出，打开门窗，降低曲室和曲坯表面的温度和水分的操作。

3.3.4　翻曲　rearrange raw starter in incubation period

在制曲培养中，将曲坯调位，增加曲房的通风供氧，排除二氧化碳，调节温度和湿度，使曲坯得到均匀培养的操作。

3.4 酿酒

3.4.1 固态发酵法 solid state fermentation

以固态蒸料糊化、糖化、发酵、蒸馏生产白酒的方法。

3.4.2 液态发酵法 liquid state fermentation

以固态蒸煮糊化、糖化、发酵、蒸馏生产白酒的方法。

3.4.3 半固态发酵法 semisolid state fermentation

采用固态培菌糖化，进行液态发酵、蒸馏生产白酒的方法。

3.4.4 原窖法 ferment in the same pit order way

本窖发酵后的糟醅，经出窖系列操作后，重新放回原来的窖池内发酵的生产工艺。

3.4.5 跑窖法 ferment in the different pit order way

本窖发酵后的糟醅，经出窖系列操作后，放到另外的窖池内发酵的生产工艺。

3.4.6 老五甑法 old five-pot order way

将窖中发酵完毕的酒醅分成五次配料、蒸酒的传统操作方法。窖内有四甑酒醅，即大楂、二楂、小楂和面糟各一甑。

3.4.7 清蒸清烧 distilling raw and fermented material apart and then fermenting apart

原料和酒醅分别蒸料和蒸酒的操作。

3.4.8 清蒸混入 distilling raw and fermented material apart and then fermenting together

原料和辅料清蒸后与酒醅混合入窖发酵的操作。

3.4.9 混蒸混烧 distilling raw and fermented material together

原料和酒醅混合在一起同时蒸料和蒸酒的操作。

3.4.10 清糟（楂）法 unmixed distilland order way

单独立糟（楂）、单独蒸酒的操作方法。

3.4.11 续糟（楂）法 mixed distilland order way

原料和发酵好的酒醅混蒸混烧，蒸粮和蒸酒在甑内同时进行的操作方法。

3.4.12 辅料清蒸 steaming of adjunct material

为消除稻壳等辅料的异杂味和杂菌而进行的蒸料操作。

3.4.13 清蒸二次清 double separating distilling raw and fermented material

原料清蒸，辅料清蒸，清楂发酵，清蒸流酒，用地缸发酵的两次操作。

3.4.14 粮粉（楂、糁）crushed grains

酿酒原料经粉碎后的粉粒。

3.4.15　立糟　establish order

新投产时，粮粉经拌料、蒸煮糊化、加糖化发酵剂，第一次酿酒发酵的操作，又称立楂、立排、立窖。

3.4.16　糙沙　sorghum secondly added jiang-flavour spirits production

酱香型白酒酿酒生产的第二次投粮。

3.4.17　酒醅　alcoholic fermentative material

已发酵完毕等待配料、蒸酒的物料。又称母糟。

3.4.18　粮糟　mixture of raw and fermented materials

在配糟时，按工艺的配料比加入原料的酒醅。又称粮楂。

3.4.19　面糟　refermentation grains

酒醅蒸酒后，只加糖化发酵剂，再次发酵的醅子。又称红糟、回糟。

3.4.20　丢糟　spent grains

出窖糟经蒸馏取酒后，不再用于酿酒发酵的物料。

3.4.21　培菌糟　distilland after inoculation and cultivation

在小曲酒生产中，将蒸熟的原料经摊晾后拌入小曲，在缸中或箱上培菌糖化后的物料。

3.4.22　生心　incompletely cooked grains

原料蒸煮后，糊化和糖化程度不够的现象。

3.4.23　开窝　construct digging

熟料下曲进入大缸后，在物料中间均匀地筑一个空穴，使空气流通，便于微生物繁殖和糖化的操作。

3.4.24　排（轮）　cycle

从新原料投料开始至发酵、蒸酒完成的一次酿酒生产周期，称为一排（轮）。

3.4.25　掉排　abnormal decreasing productivity

一排或连续几排的生产不正常，出现的出酒率和酒质明显下降的现象。

3.4.26　上甑　operating process of steaming fermented material

按一定规范，将待蒸物料铺撒入甑桶的操作过程。又称装甑。

3.4.27　跑汽　alcoholic steam wasted in the air

上甑过程中，酒蒸汽明显逸出物料层表面的现象。

3.4.28　穿汽不匀　maldistribution of steam

由于上甑不妥，酒汽不能均匀地穿过酒醅，造成部分酒醅中的酒蒸不出来或夹花流酒的现象。

3.4.29 塌汽 sink

上甑蒸酒时，蒸汽突然减少，使甑内酒醅下陷，造成酒醅中的酒蒸不出来，或酒度低，流酒尾时间拖长的现象。

3.4.30 溢甑 dashing out of boiling water in still

底锅水煮沸后冲出甑篾的现象。

3.4.31 大汽追尾 drive out remanent alcohol

蒸酒将结束时，加大蒸汽量或加大火力，蒸出酒醅中残余香味物质，同时利于粮食糊化的操作。

3.4.32 掐头去尾 cutting out both end of the distillate

在蒸馏时，截取酒头和酒尾的操作。

3.4.33 酒花 distillate feam

白酒在流酒或振摇后，液面溅起的泡沫，俗称酒花。根据酒花的形状、大小、持续时间，可判断酒液酒精度的高低。

3.4.34 量质摘酒 gathering distillate according to the quality

蒸馏流酒过程中，根据流酒的质量情况确定摘酒（分级）时机的操作。

3.4.35 酒头 initial distillate

蒸馏初期截取出的酒精度较高的酒-水混合物。

3.4.36 酒尾 last distillate

蒸馏后期截取出的酒精度较低的酒-水混合物。

3.4.37 地温 ground temperature

酿酒车间入窖窖池（地缸）周边地面的温度。

3.4.38 踩窖 trampling fermentation material

待发酵物料进入窖内后及时铺平，根据季节，人工适当踩压，以免发酵物料间存留过多的空气，同时防止过分跌窖的一道操作工序。

3.4.39 封窖 sealing of fermentation pit

以专用的材料（粘土，塑料布等）将窖面密封，隔绝空气以进行发酵的操作。

3.4.40 窖泥 pit mud

附着于窖壁或窖底的富含酿酒有益微生物的粘土。

3.4.41 窖皮泥 sealing mud

用于封窖的粘土。

3.4.42　打量水　sprinkling amount of hot water

当蒸粮完成后，泼入一定温度的水的操作。

3.4.43　焖水　splash water

当蒸粮达到一定程度时，向甑桶内物料进行泼水的操作。

3.4.44　下曲　scattering fermentation agent

将糖化发酵剂均匀混入摊晾好的糟醅中的操作，又称撒曲。

3.4.45　摊晾　rapid cooling

使出甑的物料迅速均匀地冷至下曲温度的操作。又称扬冷。

3.4.46　窖帽　fermentation materials above the ground

封窖后入窖物料高出地平面的部分。

3.4.47　跌窖　sinking of fermenting grains

发酵期间，窖帽下跌的现象。又称跌头。

3.4.48　清窖　maintain sealing mod

封窖后，所采取的保持封窖材料密闭的定期操作。

3.4.49　开窖鉴定　identification after fermentation

开窖后，用感官分析对出窖酒醅、黄水进行鉴定，并结合理化分析数据总结上排配料和入窖条件的优缺点，以确定下排配料和入窖条件。

3.4.50　滴窖　exuding of fermented liquid

在起窖时，沥去黄水的操作。

3.4.51　黄水　huangshui fluid

发酵期间，逐渐渗于窖底部的棕黄色液体。又称黄浆水。

3.4.52　吹口　observing tunnel

物料进入发酵容器后，用以了解物料的发酵状况的观察口。

3.4.53　发酵周期　fermentation cycle

物料入窖（缸、罐）后，从封窖（缸、罐）到出窖（缸、罐）的这一段时间。

3.4.54　串香　distilling aroma of distilland

在甑中以含有乙醇的蒸汽穿过固态发酵的酒醅或特制的香醅，使馏出的酒中增加香气和香味的操作。

3.4.55　双轮底　double fermented bottom grains

白酒生产中，发酵正常的窖底母糟不经蒸馏取酒，于窖底再次发酵的工艺操作。

3.4.56 勾兑调味 blending

把具有不同香气、口味、风格的酒，按不同比例进行调配，使之符合一定标准，保持成品酒特定风格的专门技术。

3.4.57 陈酿 aging

在贮酒容器中储存一定时间，使酒体谐调、口感柔和的白酒生产中必要的工艺过程。又称老熟。

3.4.58 生态酿酒 brewing ecotypically

保护与建设适宜酿酒微生物生长、繁殖的生态环境，以安全、优质、高产、低耗为目标，最终实现资源的最大利用和循环使用。

3.5 成品及半成品

3.5.1 白酒 Chinese spirits

以粮谷为主要原料，用大曲、小曲或麸曲及酒母等为糖化发酵剂，经蒸煮、糖化、发酵、蒸馏而制成的饮料酒。

3.5.2 大曲酒 daqu spirits

以大曲酒为糖化发酵酿制而成的白酒。

3.5.3 小曲酒 xiaoqu spirits

以小曲为糖化发酵剂酿制而成的白酒。

3.5.4 麸曲酒 fuqu spirits

以麸曲为糖化剂，加酒母（酿酒干酵母）为发酵剂，或以麸曲为糖化发酵剂酿制而成的白酒。

3.5.5 混合曲酒 mixed koji spirits

以大曲、小曲或麸曲等糖化发酵剂酿制而成的白酒。

3.5.6 固态法白酒 Chinese spirits by traditional fermentation

以粮食为原料，采用固态（或半固态）糖化、发酵、蒸馏，经陈酿、勾兑而成，未添加食用酒精及非白酒发酵产生的呈香呈味物质，具有本品固有风格特征的白酒。

3.5.7 液态法白酒 Chinese spirits by liquid fermentation

以含淀粉、糖类的物质为原料，采用液态糖化、发酵、蒸馏所得的基酒（或食用酒精），可用香醅串香或食用添加剂调味调香，勾调而成的白酒。

3.5.8 固液法白酒 Chinese spirits made from tradition and liquid fermentation

以固态法白酒（不低于30%）、液态法白酒勾调而成的白酒。

3.5.9　酱香型白酒　jiang-flavour Chinese spirits

以粮谷为原料，经传统固态法发酵、蒸馏、陈酿、勾兑而成，未添加食用酒精及非白酒发酵产生的呈香呈味物质，具有其特征风格的白酒。又称茅型白酒。

3.5.10　浓香型白酒　strong-flavour Chinese spirits

以粮谷为原料，经传统固态法发酵、蒸馏、陈酿、勾兑而成，未添加食用酒精及非白酒发酵产生的呈香呈味物质，具有以己酸乙酯为主体复合香的白酒。又称泸型白酒。

3.5.11　清香型白酒　mild-flavour Chinese spirits

以粮谷为原料，经传统固态法发酵、蒸馏、陈酿、勾兑而成，未添加食用酒精及非白酒发酵产生的呈香呈味物质，具有以乙酸乙酯为主体复合香的白酒。又称汾型白酒。

3.5.12　米香型白酒　rice-flavour Chinese spirits

以大米等为原料，经传统半固态法发酵、蒸馏、陈酿、勾兑而成，未添加食用酒精及非白酒发酵产生的呈香呈味物质，具有以乳酸乙酯、β-苯乙醇为主体复合香的白酒。

3.5.13　凤香型白酒　feng-flavour Chinese spirits

以粮谷为原料，经传统固态法发酵、蒸馏、酒海陈酿、勾兑而成，未添加食用酒精及非白酒发酵产生的呈香呈味物质，具有以乙酸乙酯和己酸乙酯为主的复合香气的白酒。又称凤型白酒。

3.5.14　豉香型白酒　chi-flavour Chinese spirits

以大米为原料，经蒸煮，用大酒饼作为主要糖化发酵剂，采用边糖化边发酵的工艺，釜式蒸馏陈肉酝浸勾兑而成，未添加食用酒精及非白酒发酵产生的呈香呈味物质，具有豉香特点的白酒。

3.5.15　芝麻香型白酒　sesam-flavour Chinese spirits

以高粱、小麦（麸皮）等为原料，经传统固态法发酵、蒸馏、陈酿、勾兑而成，未添加食用酒精及非白酒发酵产生的呈香呈味物质，具有芝麻香型风格的白酒。

3.5.16　特香型白酒　te-flavour Chinese spirits

以大米为主要原料，经传统固态法发酵、蒸馏、陈酿、勾兑而成，未添加食用酒精及非白酒发酵产生的呈香呈味物质，具有特香型风格的白酒。

3.5.17　浓酱兼香型白酒　nongjiang-flavour Chinese spirits

以粮谷为原料，经传统固态法发酵、蒸馏、陈酿、勾兑而成，未添加食用酒精及非白酒发酵产生的呈香呈味物质，具有浓香兼酱香独特风格的白酒。

3.5.18　老白干香型白酒　laobaigan-flavour Chinese spirits

以粮谷为原料，经传统固态法发酵、蒸馏、陈酿、勾兑而成，未添加食用酒精及非白酒发酵产生的呈香呈味物质，具有以乳酸乙酯、乙酸乙酯为主体复合香的白酒。

3.5.19 基础酒（原酒） crude spirits

经发酵、蒸馏而得到的未经勾兑的酒。

3.5.20 组合酒 combined spirits

按一定质量标准，将不同的基础酒进行调配而成的酒。

3.5.21 调味酒 prominent quality liquor

采用特殊工艺生产制备的某一种或数种香味成分含量特别高，风格特别突出，用于弥补基础酒的缺陷和提高酒体档次的酒。又称精华酒。

八、预包装饮料酒标签通则 *

GB 10344—2005

1 范围

本标准规定了：

——预包装饮料酒标签的术语和定义（见3）；

——预包装饮料酒标签的基本要求（见4）；

——预包装饮料酒标签的强制标示内容（见5.1）；

——预包装饮料酒标签强制标示内容的免除（见5.2）；

——预包装饮料酒标签的非强制标示内容（见5.3）。

本标准适用于提供给消费者的所有预包装饮料酒标签。

2 规范性引用文件

下列文件中的条款通过本标准的引用而成为本标准的条款。凡是注日期的引用文件，其随后所有的修改单（不包括勘误的内容）或修订版均不适用于本标准，然而，鼓励根据本标准达成协议的各方研究是否使用这些文件的最新版本。凡是不注日期的引用文件，其最新版本适用于本标准。

---

* 注：此标准已于2015年3月1日废止，由GB 7718—2011等相关标准替代。

GB 2760　食品添加剂使用卫生标准

GB 4927—2001　啤酒

GB 7718—2004　预包装食品标签通则

GB/T 12493　食品添加剂分类和代码

GB/T 17204—1998　饮料酒分类

3　术语和定义

GB 7718—2004确立的以及下列术语和定义适用于本标准。

3.1　饮料酒　alcoholic beverage

酒精度（乙醇含量）在0.5%vol以上的酒精饮料。包括各种发酵酒、蒸馏酒和配制酒。

3.2　发酵酒　fermented alcoholic drink

酿造酒　brewed alcoholic drink

以粮谷、水果、乳类等为原料，经发酵酿制而成的、酒精度不超过24%vol的饮料酒。

注：改写GB/T 17204–1998，定义3.1。

3.3　蒸馏酒　distilled spirits

以粮谷、薯类、水果等为主要原料，经发酵、蒸馏、陈酿、勾兑而制成的饮料酒。

注：改写GB/T 17204—1998，定义3.2。

3.4　配制酒　blended alcoholic beverage

露酒　liqueur

以发酵酒、蒸馏酒或食用酒精为酒基，加入可食用的辅料或食品添加剂，进行调配、混合或再加工而制成的、已改变了原酒基风格的饮料酒。

［GB/T 17204—1998，定义3.3］

3.5　酒精度　alcoholic strength

乙醇含量　ethanol content

在20℃时，100mL饮料酒中含有乙醇的毫升数，或100g饮料酒中含有乙醇的克数。

注1：考虑到目前国际通行情况，酒精度可以用体积分数表示，符号：%vol。

注2：在ISO 4805、1982中已指出应优先使用%vol和%mass。

4　基本要求

4.1　预包装饮料酒标签的所有内容，应符合国家法律、法规的规定，并符合相应产品标准的规定。

4.2 预包装饮料酒的所有内容应清晰、醒目、持久；应使消费者购买时易于辨认和识读。

4.3 预包装饮料酒的所有内容，应通俗易懂、准确、有科学依据；不得标示封建迷信、黄色、贬低其它饮料酒或违背科学营养常识的内容。

4.4 预包装饮料酒的所有内容，不得以虚假、使消费者误解或欺骗性的文字、图形等方式介绍饮料酒；也不得利用字号大小或色差误导消费者。

4.5 预包装饮料酒的所有内容，不得以直接或间接暗示性的语言、图形、符号，导致消费者将购买的饮料酒或饮料酒的某一性质与另一产品混淆。

4.6 预包装饮料酒的标签不得与包装物（容器）分离。

4.7 预包装饮料酒的标签内容应使用规范的汉字，但不包括注册商标。

4.7.1 可以同时使用拼音或少数民族文字，但不得大于相应的汉字。

4.7.2 可以使用外文，但应与汉字有对应关系（进口饮料酒的制造者和地址，国外经销商的名称和地址、网址除外）。所有外文不得大于相应的汉字（国外注册商标除外）。

4.8 包装物或包装容器最大表面面积大于20cm^{2}时，强制标示内容的文字、符号、数字的高度不得小于1.8mm。

4.9 如果透过外包装物能清晰地识别内包装物或容器上的所有或部分强制标示内容，可以不在外包装物上重复标示相应的内容。

4.10 每个最小包装（销售单元）都应有5.1规定的标示内容；如果在内包装容器（瓶）的外面另有直接向消费者交货的包装物（盒）时，也可以只在包装物（盒）上标注强制标示内容。其外包装（或大包装）按相关产品标准执行。

4.11 所有标示内容均不应另外加贴、补印或篡改。

5 标示内容

5.1 强制标示内容

5.1.1 酒名称

5.1.1.1 应在标签的醒目位置，清晰地标示反映饮料酒真实属性的专用名称。

5.1.1.1.1 当国家标准或行业标准中已规定了几个名称时，应选用其中的一个名称。

5.1.1.1.2 无国家标准或行业标准规定的名称时，应使用不使消费者误解或混淆的常用名称或通俗名称。

5.1.1.2 可以标示“新创名称”“奇特名称”“音译名称”“牌号名称”“地区俚语名称”或“商标名称”；但应在所示酒名称的邻近部位标示5.1.1.1规定的任意一个名称。

5.1.2　配料清单

5.1.2.1　预包装饮料酒标签上应标示配料清单。单一原料的饮料酒除外。

5.1.2.1.1　饮料酒的“配料清单”，宜以“原料”或“原料与辅料”为标题。

5.1.2.1.2　各种原料、配料应按生产过程中加入量从多到少顺序列出，加入量不超过2%的配料可以不按递减顺序排列。

5.1.2.1.3　在酿酒或加工过程中，加入的水和食用酒精应在配料清单中标示。

5.1.2.1.4　配制酒应标示所用酒基，串蒸、浸泡、添加的食用动植物（或其制品）、国家允许使用的中草药以及食品添加剂等。

5.1.2.2　当酒类产品的国家标准或行业标准中规定允许使用食品添加剂时，食品添加剂应符合GB 2760的规定；甜味剂、防腐剂、着色剂应标示具体名称；其它食品添加剂可以按GB 2760的规定标示具体名称或类别名称。当一种酒中添加了两种或两种以上“着色剂”时，可以标示其类别名称（着色剂），再在其后加括号，标示GB/T 12493规定的代码。

5.1.2.3　在饮料酒生产与加工中使用的加工助剂，不需要在“原料”或“原料与辅料”中标示。

5.1.3　酒精度

5.1.3.1　凡是饮料酒，均应标示酒精度。

5.1.3.2　标示酒精度时，应以“酒精度”作为标题。

5.1.4　原麦汁、原果汁含量

5.1.4.1　啤酒应标示“原麦汁浓度”。其标注方式：以“柏拉图度”符号“°P”表示；在GB/T 17204—1998修订前，可以使用符号“°　”表示原麦汁浓度，如“原麦汁浓度：12°　”。

5.1.4.2　果酒（葡萄酒除外）应标注原果汁含量。其标注方式：在“原料与辅料”中，用“××%”表示。

5.1.5　制造者、经销者的名称和地址

同GB 7718—2004中5.1.5。

5.1.6　日期标示和贮藏说明

5.1.6.1　应清晰地标示预包装饮料酒的包装（灌装）日期和保质期，也可以附加标示保存期。如日期标示采用“见包装物某部位”的方式，应标示所在包装物的具体部位。

5.1.6.2　日期的标示应按年、月、日顺序；年代号一般应标示4位数字；难以标示4位数字的小包装酒，可以标示后2位数字。

示例1：

包装（灌装）日期：2004年1月15日灌装的酒，可以标示为

“2004 01 15”（年月日用间隔字符分开）；

或“20040115”（年月日不用分隔符）；

或“2004-01-15”（年月日用连字符分隔）；

或“2004年1月15日”。

示例2：

保质期：可以标示为

“2004年7月15日之前饮用最佳”；

或“保质期至2004-07-15”；

或“保质期6个月（或180天）”。

5.1.6.3　如果饮料酒的保质期（或保存期）与贮藏条件有关，应标示饮料酒的特定贮藏条件，具体按相关产品标准执行。

5.1.7　净含量

5.1.7.1　净含量的标示应由净含量、数字和法定计量单位组成。

5.1.7.2　饮料酒的净含量一般用体积表示，单位：毫升或mL（ml）、升或L（l）。大坛黄酒可用质量表示，单位：千克或kg。

5.1.7.3　净含量的计量单位、字符的最小高度要求同GB 7718—2004中5.1.4.3和5.1.4.4。

5.1.7.4　净含量应与酒名称排在包装物或容器的同一展示版面。

5.1.7.5　同一预包装内如果含有相互独立的几件相同的小包装时，在标示小包装净含量的同时，还应标示其数量或件数。

5.1.8　产品标准号

同GB 7718—2004中5.1.7。

5.1.9　质量等级

同GB 7718—2004中5.1.8。

5.1.10　警示语

用玻璃瓶包装的啤酒，应按GB 4927—2001中7.1.1的规定标示“警示语”。

5.1.11　生产许可证

已实施工业产品生产许可证管理制度的酒行业，其产品应标示生产许可证标记和编号。

5.2　强制标示内容的免除

葡萄酒和酒精度超过10%vol的其它饮料酒可免除标示保质期。

5.3 非强制标示内容

5.3.1 批号

同GB 7718—2004中5.3.1。

5.3.2 饮用方法

5.3.2.1 如有必要，可以标示（瓶、罐）容器的开启方法、饮用方法、每日（餐）饮用量、兑制（混合）方法等对消费者有帮助的说明。

5.3.2.2 推荐采用标示“过度饮酒，有害健康”“孕妇和儿童不宜饮酒”等劝说语。

5.3.3 能量和营养素

同GB 7718—2004中5.3.3。

5.3.4 产品类型

5.3.4.1 果酒、葡萄酒和黄酒可以标示产品类型或含糖量。果酒、葡萄酒和黄酒宜标示“干”“半干”“半甜”或“甜”型；或者标示其含糖量，标示方法按相关产品标准规定执行。

5.3.4.2 配制酒如以果酒、葡萄酒和黄酒为酒基或添加了糖的酒，宜标示其含糖量。

5.3.4.3 已确立香型的白酒，可以标示“香型”。

九、白酒检验规则和标志、包装、运输、储存

GB/T 10346—2006

前言

本标准是对GB/T 10346—1989《白酒检验规则》的修订。

本标准代替GB/T 10346—1989。

本标准与GB/T 10346—1989相比主要变化如下：

1）增加了组批和抽样表；

2）增加了检验分类，规定了出厂检验、型式检验项目；

3）增加了判定规则。

本标准由中国轻工业联合会提出。

本标准由中国食品发酵标准化中心归口。

本标准起草单位：中国食品发酵工业研究院。

本标准主要起草人：康永璞、郭新光、张宿义。

本标准所代替标准的历次版本发布情况为：

——GB/T 10346—1989。

1 范围

本标准规定了白酒产品的检验规则和标志、包装、运输、储存要求。

本标准适用于白酒产品的出厂检验、验收与检验。

2 规范性引用文件

下列文件中的条款通过本标准的引用而成为本标准的条款。凡是注日期的引用文件，其随后所有的修改单（不包括勘误的内容）或修订版均不适用于本标准，然而，鼓励根据本标准达成协议的各方研究是否可使用这些文件的最新版本。凡是不注日期的引用文件，其最新版本适用于本标准。

GB/T 191　包装储运图示标志

GB 2757　蒸馏酒及配制酒卫生标准

GB 2760　食品添加剂使用卫生标准

GB 10344　预包装饮料酒标签通则

国家质量监督检验检疫总局[2005]第75号令　定量包装商品计量监督管理办法

3 检验规则

3.1 组批

每次经勾兑、灌装、包装后的，质量、品种、规格相同的产品为一批。

3.2 抽样

3.2.1　按表1抽取样本，从每箱中任取一瓶，单件包装净含量小于500mL，总取样量不足1500mL时，可按比例增加抽样量。

表 1　抽样表

批量范围 / 箱	样本数 / 箱	单位样本数 / 瓶
50以下	3	3
50 ~ 1200	5	2
1201 ~ 35000	8	1
35000以上	13	1

3.2.2　采样后应立即贴上标签，注明：样品名称、品种规格、数量、制造者名称、采样时间与地点、采样人。将样品分为两份，一份样品封存，保留1个月备查。另一份样品立即送化验室，进行感官、理化和卫生检验。

3.3　检验分类

3.3.1　出厂检验

检验项目：甲醇、杂醇油、感官要求、酒精度、总酸、总酯、固形物、香型特征指标、净含量和标签。

3.3.2　型式检验

3.3.2.1　检验项目：产品标准中技术要求的全部项目。

3.3.2.2　一般情况下，同一类产品的型式检验每年进行一次，有下列情况之一者，亦应进行：

a）原辅料有较大变化时；

b）更改关键工艺或设备；

c）新试制的产品或正常生产的产品停产3个月后，重新恢复生产时；

d）出厂检验与上次型式检验结果有较大差异时；

e）国家质量监督检验机构按有关规定需要检验时。

3.4　判定规则

3.4.1　检验结果有不超过两项指标不符合相应的产品标准要求时，应重新自同批产品中抽取两倍量样品进行复检，以复检结果为准。

3.4.2　若复检结构卫生指标不符合GB 2757要求，则判该批产品为不合格。

3.4.3　若产品标签上标注为“优级”品，复检结果仍有一项理化指标不符合“优级”，但符合“一级”指标要求，可按“一级”判定为合格；若不符合“一级”指标要求时，则判该批产品为不合格。

3.4.4　当供需双方对检验结果有异议时，可由有关各方协商解决，或委托有关单位进行仲裁检验，以仲裁检验结果为准。

4　标志、包装、运输、储存

4.1　标志

4.1.1　预包装白酒标签应符合GB 10344的有关规定。非传统发酵法生产的白酒，应在“原料与配料”中标注添加的食用酒精及非白酒发酵产生的呈香呈味物质（符合GB 2760要求）。

4.1.2　外包装纸箱上除标明产品名称、制造者名称和地址外，还应标明单位包装的净含量和总数量。

4.1.3　包装储运图示标志应符合GB/T 191的要求。

4.2　包装

4.2.1　包装容器应使用符合食品卫生要求的包装瓶、盖。

4.2.2　包装容器体端正、清洁，封装严密，无渗漏酒现象。

4.2.3　外包装应使用合格的包装材料，箱内宜有防震、防碰撞的间隔材料。

4.2.4　产品出厂前，应由生产厂的质量监督检验部门按本标准规定逐批进行检验，检验合格，并附质量合格证，方可出厂。产品质量检验合格证明（合格证）可以放在包装箱内，或放在独立的包装盒内，也可以在标签上打印“合格”二字。

4.3　运输、储存

4.3.1　运输时应避免强烈震荡、日晒、雨淋，装卸时应轻拿轻放。

4.3.2　成品应储存在干燥、通风、阴凉和清洁的库房中，库内温度宜保持在10～25℃。

4.3.3　不得与有毒、有害、有腐蚀性物品和污染物混运、混贮。

4.3.4　成品不得与潮湿地面直接接触。

十、食品安全国家标准　预包装食品标签通则

GB 7718—2011

前言

本标准代替GB 7718—2004《预包装食品标签通则》。

本标准与GB 7718—2004相比，主要变化如下：

——修改了适用范围；

——修改了预包装食品和生产日期的定义，增加了规格的定义，取消了保存期的定义；

——修改了食品添加剂的标示方式；

——增加了规格的标示方式；

——修改了生产者、经销者的名称、地址和联系方式的标示方式；

——修改了强制标示内容的文字、符号、数字的高度不小于1.8mm时的包装物或包装容器的最大表面面积；

——增加了食品中可能含有致敏物质的推荐标示要求；

——修改了附录A中最大表面面积的计算方法；

——增加了附录B和附录C。

1　范围

本标准适用于直接提供给消费者的预包装食品标签和非直接提供给消费者的预包装食品标签。

本标准不适用于为预包装食品在储藏运输过程中提供保护的食品储运包装标签、散装食品和现制现售食品的标识。

2　术语和定义

2.1　预包装食品

预先定量包装或者制作在包装材料和容器中的食品，包括预先定量包装以及预先定量制作在包装材料和容器中并且在一定量限范围内具有统一的质量或体积标识的食品。

2.2　食品标签

食品包装上的文字、图形、符号及一切说明物。

2.3　配料

在制造或加工食品时使用的，并存在（包括以改性的形式存在）于产品中的任何物质，包括食品添加剂。

2.4　生产日期（制造日期）

食品成为最终产品的日期，也包括包装或灌装日期，即将食品装入（灌入）包装物或容器中，形成最终销售单元的日期。

2.5　保质期

预包装食品在标签指明的储存条件下，保持品质的期限。在此期限内，产品完全适于销售，并保持标签中不必说明或已经说明的特有品质。

2.6　规格

同一预包装内含有多件预包装食品时，对净含量和内含件数关系的表述。

2.7　主要展示版面

预包装食品包装物或包装容器上容易被观察到的版面。

3　基本要求

3.1　应符合法律、法规的规定，并符合相应食品安全标准的规定。

3.2 应清晰、醒目、持久，应使消费者购买时易于辨认和识读。

3.3 应通俗易懂、有科学依据，不得标示封建迷信、色情、贬低其它食品或违背营养科学常识的内容。

3.4 应真实、准确，不得以虚假、夸大、使消费者误解或欺骗性的文字、图形等方式介绍食品，也不得利用字号大小或色差误导消费者。

3.5 不应直接或以暗示性的语言、图形、符号，误导消费者将购买的食品或食品的某一性质与另一产品混淆。

3.6 不应标注或者暗示具有预防、治疗疾病作用的内容，非保健食品不得明示或者暗示具有保健作用。

3.7 不应与食品或者其包装物（容器）分离。

3.8 应使用规范的汉字（商标除外）。具有装饰作用的各种艺术字，应书写正确，易于辨认。

3.8.1 可以同时使用拼音或少数民族文字，拼音不得大于相应汉字。

3.8.2 可以同时使用外文，但应与中文有对应关系（商标、进口食品的制造者和地址、国外经销者的名称和地址、网址除外）。所有外文不得大于相应的汉字（商标除外）。

3.9 预包装食品包装物或包装容器最大表面面积大于35cm^{2}时（最大表面面积计算方法见附录A），强制标示内容的文字、符号、数字的高度不得小于1.8mm。

3.10 一个销售单元的包装中含有不同品种、多个独立包装可单独销售的食品，每件独立包装的食品标识应当分别标注。

3.11 若外包装易于开启识别或透过外包装物能清晰地识别内包装物（容器）上的所有强制标示内容或部分强制标示内容，可不在外包装物上重复标示相应的内容；否则应在外包装物上按要求标示所有强制标示内容。

4 标示内容

4.1 直接向消费者提供的预包装食品标签标示内容

4.1.1 一般要求

直接向消费者提供的预包装食品标签标示应包括食品名称、配料表、净含量和规格、生产者和（或）经销者的名称、地址和联系方式、生产日期和保质期、储存条件、食品生产许可证编号、产品标准代号及其它需要标示的内容。

4.1.2 食品名称

4.1.2.1 应在食品标签的醒目位置，清晰地标示反映食品真实属性的专用名称。

4.1.2.1.1 当国家标准、行业标准或地方标准中已规定了某食品的一个或几个名称时，应选用其中的一个，或等效的名称。

4.1.2.1.2 无国家标准、行业标准或地方标准规定的名称时，应使用不使消费者误解或混淆的常用名称或通俗名称。

4.1.2.2 标示“新创名称”“奇特名称”“音译名称”“牌号名称”“地区俚语名称”或“商标名称”时，应在所示名称的同一展示版面标示4.1.2.1规定的名称。

4.1.2.2.1 当“新创名称”“奇特名称”“音译名称”“牌号名称”“地区俚语名称”或“商标名称”含有易使人误解食品属性的文字或术语（词语）时，应在所示名称的同一展示版面邻近部位使用同一字号标示食品真实属性的专用名称。

4.1.2.2.2 当食品真实属性的专用名称因字号或字体颜色不同易使人误解食品属性时，也应使用同一字号及同一字体颜色标示食品真实属性的专用名称。

4.1.2.3 为不使消费者误解或混淆食品的真实属性、物理状态或制作方法，可以在食品名称前或食品名称后附加相应的词或短语。如干燥的、浓缩的、复原的、熏制的、油炸的、粉末的、粒状的等。

4.1.3 配料表

4.1.3.1 预包装食品的标签上应标示配料表，配料表中的各种配料应按4.1.2的要求标示具体名称，食品添加剂按照4.1.3.1.4的要求标示名称。

4.1.3.1.1 配料表应以“配料”或“配料表”为引导词。当加工过程中所用的原料已改变为其它成分（如酒、酱油、食醋等发酵产品）时，可用“原料”或“原料与辅料”代替“配料”“配料表”，并按本标准相应条款的要求标示各种原料、辅料和食品添加剂。加工助剂不需要标示。

4.1.3.1.2 各种配料应按制造或加工食品时加入量的递减顺序一一排列；加入量不超过2%的配料可以不按递减顺序排列。

4.1.3.1.3 如果某种配料是由两种或两种以上的其它配料构成的复合配料（不包括复合食品添加剂），应在配料表中标示复合配料的名称，随后将复合配料的原始配料在括号内按加入量的递减顺序标示。当某种复合配料已有国家标准、行业标准或地方标准，且其加入量小于食品总量的25%时，不需要标示复合配料的原始配料。

4.1.3.1.4 食品添加剂应当标示其在GB 2760中的食品添加剂通用名称。食品添加剂通用名称可以标示为食品添加剂的具体名称，也可标示为食品添加剂的功能类别名称并同时标示食品添加剂的具体名称或国际编码（INS号）（标示形式见附录B）。在同一预包装食品的标签上，应选择附录B中的一种形式标示食品添加剂。当采用同时标示食品添加剂的功能类别名称和国际编码的形式时，若某种食品添加剂尚不存在相应的国际编码，或因致敏物质标示需要，可以标示其具体名称。食品添加剂的名称不包括其制法。加入量小于食品总量25%的复合配料中含有的食品添加剂，若符合GB 2760规定的带入原则且在最终产品中不起工艺作用的，不需要标示。

4.1.3.1.5　在食品制造或加工过程中，加入的水应在配料表中标示。在加工过程中已挥发的水或其它挥发性配料不需要标示。

4.1.3.1.6　可食用的包装物也应在配料表中标示原始配料，国家另有法律法规规定的除外。

4.1.3.2　下列食品配料，可以选择按表1的方式标示。

表 1　配料标示方式

配料类别	标示方式
各种植物油或精炼植物油，不包括橄榄油	“植物油”或“精炼植物油”；如经过氢化处理，应标示为“氢化”或“部分氢化”
各种淀粉，不包括化学改性淀粉	“淀粉”
加入量不超过2%的各种香辛料或香辛料浸出物（单一的或合计的）	“香辛料”“香辛料类”或“复合香辛料”
胶基糖果的各种胶基物质制剂	“胶姆糖基础剂”“胶基”
添加量不超过10%的各种果脯蜜饯水果	“蜜饯”“果脯”
食用香精、香料	“食用香精”“食用香料”“食用香精香料”

4.1.4　配料的定量标示

4.1.4.1　如果在食品标签或食品说明书上特别强调添加了或含有一种或多种有价值、有特性的配料或成分，应标示所强调配料或成分的添加量或在成品中的含量。

4.1.4.2　如果在食品的标签上特别强调一种或多种配料或成分的含量较低或无时，应标示所强调配料或成分在成品中的含量。

4.1.4.3　食品名称中提及的某种配料或成分而未在标签上特别强调，不需要标示该种配料或成分的添加量或在成品中的含量。

4.1.5　净含量和规格

4.1.5.1　净含量的标示应由净含量、数字和法定计量单位组成（标示形式参见附录C）。

4.1.5.2　应依据法定计量单位，按以下形式标示包装物（容器）中食品的净含量：

a）液态食品，用体积升（L）（l）、毫升（mL）（ml），或用质量克（g）、千克（kg）；

b）固态食品，用质量克（g）、千克（kg）；

c）半固态或黏性食品，用质量克（g）、千克（kg）或体积升（L）（l）、毫升（mL）（ml）。

4.1.5.3　净含量的计量单位应按表2标示。

表 2　　净含量计量单位的标示方式

计量方式	净含量（Q）的范围	计量单位
体积	Q<1000mL Q≥1000mL	毫升（mL）（ml） 升（L）（l）
质量	Q<1000g Q≥1000g	克（g） 千克（kg）

4.1.5.4　净含量字符的最小高度应符合表3的规定。

表 3　　净含量字符的最小高度

净含量（Q）的范围	字符的最小高度 /mm
Q≤50mL；Q≤50g	2
50mL<Q≤200mL；50g<Q≤200g	3
200mL<Q≤1L；200g<Q≤1kg	4
Q>1kg；Q>1L	6

4.1.5.5　净含量应与食品名称在包装物或容器的同一展示版面标示。

4.1.5.6　容器中含有固、液两相物质的食品，且固相物质为主要食品配料时，除标示净含量外，还应以质量或质量分数的形式标示沥干物（固形物）的含量（标示形式参见附录C）。

4.1.5.7　同一预包装内含有多个单件预包装食品时，大包装在标示净含量的同时还应标示规格。

4.1.5.8　规格的标示应由单件预包装食品净含量和件数组成，或只标示件数，可不标示“规格”二字。单件预包装食品的规格即指净含量（标示形式参见附录C）。

4.1.6　生产者、经销者的名称、地址和联系方式

4.1.6.1　应当标注生产者的名称、地址和联系方式。生产者名称和地址应当是依法登记注册、能够承担产品安全质量责任的生产者的名称、地址。有下列情形之一的，应按下列要求予以标示。

4.1.6.1.1　依法独立承担法律责任的集团公司、集团公司的子公司，应标示各自的名称和地址。

4.1.6.1.2　不能依法独立承担法律责任的集团公司的分公司或集团公司的生产基地，应标示集团公司和分公司（生产基地）的名称、地址；或仅标示集团公司的名称、地址及产地，产地应当按照行政区划标注到地市级地域。

4.1.6.1.3　受其它单位委托加工预包装食品的，应标示委托单位和受委托单位的名称和地址；或仅标示委托单位的名称和地址及产地，产地应当按照行政区划标注到地市级地域。

4.1.6.2　依法承担法律责任的生产者或经销者的联系方式应标示以下至少一项内容：电话、传真、网络联系方式等，或与地址一并标示的邮政地址。

4.1.6.3　进口预包装食品应标示原产国国名或地区区名（如香港、澳门、台湾），以及在中国依法登记注册的代理商、进口商或经销者的名称、地址和联系方式，可不标示生产者的名称、地址和联系方式。

4.1.7　日期标示

4.1.7.1　应清晰标示预包装食品的生产日期和保质期。如日期标示采用“见包装物某部位”的形式，应标示所在包装物的具体部位。日期标示不得另外加贴、补印或篡改（标示形式参见附录C）。

4.1.7.2　当同一预包装内含有多个标示了生产日期及保质期的单件预包装食品时，外包装上标示的保质期应按最早到期的单件食品的保质期计算。外包装上标示的生产日期应为最早生产的单件食品的生产日期，或外包装形成销售单元的日期；也可在外包装上分别标示各单件装食品的生产日期和保质期。

4.1.7.3　应按年、月、日的顺序标示日期，如果不按此顺序标示，应注明日期标示顺序（标示形式参见附录C）。

4.1.8　储存条件

预包装食品标签应标示储存条件（标示形式参见附录C）。

4.1.9　食品生产许可证编号

预包装食品标签应标示食品生产许可证编号的，标示形式按照相关规定执行。

4.1.10　产品标准代号

在国内生产并在国内销售的预包装食品（不包括进口预包装食品）应标示产品所执行的标准代号和顺序号。

4.1.11　其它标示内容

4.1.11.1　辐照食品

4.1.11.1.1　经电离辐射线或电离能量处理过的食品，应在食品名称附近标示“辐照食品”。

4.1.11.1.2　经电离辐射线或电离能量处理过的任何配料，应在配料表中标明。

4.1.11.2　转基因食品

转基因食品的标示应符合相关法律、法规的规定。

4.1.11.3　营养标签

4.1.11.3.1　特殊膳食类食品和专供婴幼儿的主辅类食品，应当标示主要营养成分及其含量，标示方式按照GB 13432执行。

4.1.11.3.2　其它预包装食品如需标示营养标签，标示方式参照相关法规标准执行。

4.1.11.4　质量（品质）等级

食品所执行的相应产品标准已明确规定质量（品质）等级的，应标示质量（品质）等级。

4.2　非直接提供给消费者的预包装食品标签标示内容

非直接提供给消费者的预包装食品标签应按照4.1项下的相应要求标示食品名称、规格、净含量、生产日期、保质期和储存条件，其它内容如未在标签上标注，则应在说明书或合同中注明。

4.3　标示内容的豁免

4.3.1　下列预包装食品可以免除标示保质期：酒精度大于等于10%的饮料酒；食醋；食用盐；固态食糖类；味精。

4.3.2　当预包装食品包装物或包装容器的最大表面面积小于10cm^{2}时（最大表面面积计算方法见附录A），可以只标示产品名称、净含量、生产者（或经销商）的名称和地址。

4.4　推荐标示内容

4.4.1　批号

根据产品需要，可以标示产品的批号。

4.4.2　食用方法

根据产品需要，可以标示容器的开启方法、食用方法、烹调方法、复水再制方法等对消费者有帮助的说明。

4.4.3　致敏物质

4.4.3.1　以下食品及其制品可能导致过敏反应，如果用作配料，宜在配料表中使用易辨识的名称，或在配料表邻近位置加以提示：

a）含有麸质的谷物及其制品（如小麦、黑麦、大麦、燕麦、斯佩耳特小麦或它们的杂交品系）；

b）甲壳纲类动物及其制品（如虾、龙虾、蟹等）；

c）鱼类及其制品；

d）蛋类及其制品；

e）花生及其制品；

f）大豆及其制品；

g）乳及乳制品（包括乳糖）；

h）坚果及其果仁类制品。

4.4.3.2　如加工过程中可能带入上述食品或其制品，宜在配料表临近位置加以提示。

5　其它

按国家相关规定需要特殊审批的食品，其标签标识按照相关规定执行。

附录A
包装物或包装容器最大表面面积计算方法

A.1　长方体形包装物或长方体形包装容器计算方法

长方体形包装物或长方体形包装容器的最大一个侧面的高度（cm）乘以宽度（cm）。

A.2　圆柱形包装物、圆柱形包装容器或近似圆柱形包装物、近似圆柱形包装容器计算方法

包装物或包装容器的高度（cm）乘以圆周长（cm）的40%。

A.3　其它形状的包装物或包装容器计算方法

包装物或包装容器的总表面积的40%。

如果包装物或包装容器有明显的主要展示版面，应以主要展示版面的面积为最大表面面积。

包装袋等计算表面面积时应除去封边所占尺寸。瓶形或罐形包装计算表面面积时不包括肩部、颈部、顶部和底部的凸缘。

附录B
食品添加剂在配料表中的标示形式

B.1　按照加入量的递减顺序全部标示食品添加剂的具体名称

配料：水，全脂奶粉，稀奶油，植物油，巧克力（可可液块，白砂糖，可可脂，磷脂，聚甘油蓖麻醇酯，食用香精，柠檬黄），葡萄糖浆，丙二醇脂肪酸酯，卡拉胶，瓜尔胶，胭脂树橙，麦芽糊精，食用香料。

B.2　按照加入量的递减顺序全部标示食品添加剂的功能类别名称及国际编码

配料：水，全脂奶粉，稀奶油，植物油，巧克力[可可液块，白砂糖，可可脂，乳化剂（322，476），食用香精，着色剂（102）]，葡萄糖浆，乳化剂（477），增稠剂（407，412），着色剂（160b），麦芽糊精，食用香料。

B.3　按照加入量的递减顺序全部标示食品添加剂的功能类别名称及具体名称

配料：水，全脂奶粉，稀奶油，植物油，巧克力[可可液块，白砂糖，可可脂，乳化剂（磷脂，聚甘油蓖麻醇酯），食用香精，着色剂（柠檬黄）]，葡萄糖浆，乳化剂（丙二醇脂肪酸酯），增稠剂（卡拉胶，瓜尔胶），着色剂（胭脂树橙），麦芽糊精，食用香料。

B.4　建立食品添加剂项一并标示的形式

B.4.1　一般原则

直接使用的食品添加剂应在食品添加剂项中标注。营养强化剂、食用香精香料、胶基糖果中基础剂物质可在配料表的食品添加剂项外标注。非直接使用的食品添加剂不在食品添加剂项中标注。食品添加剂项在配料表中的标注顺序由需纳入该项的各种食品添加剂的总重量决定。

B.4.2　全部标示食品添加剂的具体名称

配料：水，全脂奶粉，稀奶油，植物油，巧克力（可可液块，白砂糖，可可脂，磷脂，聚甘油蓖麻醇酯，食用香精，柠檬黄），葡萄糖浆，食品添加剂（丙二醇脂肪酸酯，卡拉胶，瓜尔胶，胭脂树橙），麦芽糊精，食用香料。

B.4.3　全部标示食品添加剂的功能类别名称及国际编码

配料：水，全脂奶粉，稀奶油，植物油，巧克力[可可液块，白砂糖，可可脂，乳化剂（322，476），食用香精，着色剂（102）]，葡萄糖浆，食品添加剂[乳化剂（477），增稠剂（407，412），着色剂（160b）]，麦芽糊精，食用香料。

B.4.4　全部标示食品添加剂的功能类别名称及具体名称

配料：水，全脂奶粉，稀奶油，植物油，巧克力[可可液块，白砂糖，可可脂，乳化剂（磷脂，聚甘油蓖麻醇酯），食用香精，着色剂（柠檬黄）]，葡萄糖浆，食品添加剂[乳化剂（丙二醇脂肪酸酯），增稠剂（卡拉胶，瓜尔胶），着色剂（胭脂树橙）]，麦芽糊精，食用香料。

附录C
部分标签项目的推荐标示形式

C.1　概述

本附录以示例形式提供了预包装食品部分标签项目的推荐标示形式，标示相应项目时可选用但不限于这些形式。如需要根据食品特性或包装特点等对推荐形式调整使用的，应与推荐形式基本涵义保持一致。

C.2　净含量和规格的标示

为方便表述，净含量的示例统一使用质量为计量方式，使用冒号为分隔符。标签上应使用实际产品适用的计量单位，并可根据实际情况选择空格或其它符号作为分隔符，便于识读。

C.2.1　单件预包装食品的净含量（规格）可以有如下标示形式：

净含量（或净含量/规格）：450g；

净含量（或净含量/规格）：225克（200克+送25克）；

净含量（或净含量/规格）：200克+赠25克；

净含量（或净含量/规格）：（200+25）克。

C.2.2　净含量和沥干物（固形物）可以有如下标示形式（以“糖水梨罐头”为例）：

净含量（或净含量/规格）：425 克沥干物（或 固形物 或 梨块）：不低于255 克（或不低于60%）。

C.2.3　同一预包装内含有多件同种类的预包装食品时，净含量和规格均可以有如下标示形式：

净含量（或净含量/规格）：40克×5；

净含量（或净含量/规格）：5×40克；

净含量（或净含量/规格）：200克（5×40克）；

净含量（或净含量/规格）：200克（40克×5）；

净含量（或净含量/规格）：200克（5件）；

净含量：200克规格：5×40克；

净含量：200克规格：40克×5；

净含量：200克规格：5件；

净含量（或净含量/规格）：200克（100克+50克×2）；

净含量（或净含量/规格）：200克（80克×2+40克）；

净含量：200克规格：100克+50克×2；

净含量：200克规格：80克×2+40克。

C.2.4　同一预包装内含有多件不同种类的预包装食品时，净含量和规格可以有如下标示形式：

净含量（或净含量/规格）：200克（A产品40克×3，B产品40克×2）；

净含量（或净含量/规格）：200克（40克×3，40克×2）；

净含量（或净含量/规格）：100克A产品，50克×2B产品，50克C产品；

净含量（或净含量/规格）：A产品：100克，B产品：50克×2，C产品：50克；

净含量/规格：100克（A产品），50克×2（B产品），50克（C产品）；

净含量/规格：A产品100克，B产品50克×2，C产品50克。

C.3　日期的标示

日期中年、月、日可用空格、斜线、连字符、句点等符号分隔，或不用分隔符。年代号一般应标示4位数字，小包装食品也可以标示2位数字。月、日应标示2位数字。

日期的标示可以有如下形式：

2010年3月20日；

2010-03-20；2010/03/20；20100320；

20日3月2010年；3月20日2010年；

（月/日/年）：03-20-2010；03/20/2010；03202010。

C.4　保质期的标示

保质期可以有如下标示形式：

最好在……之前食（饮）用；……之前食（饮）用最佳；……之前最佳；

此日期前最佳……；此日期前食（饮）用最佳……；

保质期（至）……；保质期××个月（或××日，或××天，或××周，或×年）。

C.5　储存条件的标示

储存条件可以标示“储存条件”“贮藏条件”“贮藏方法”等标题，或不标示标题。

储存条件可以有如下标示形式：

常温（或冷冻，或冷藏，或避光，或阴凉干燥处）保存；

xx–xx℃保存；

请置于阴凉干燥处；

常温保存，开封后需冷藏；

温度：≤xx℃，湿度：≤xx%。

十一、白酒感官品评导则

GB/T 33404—2016

1 范围

本标准规定了白酒感官品评的环境条件、设施用具、人员基本要求、品评规范与结果统计等基本要求。

本标准适用于白酒感官的特征与质量评价等相关领域。

2 规范性引用文件

下列文件对本文件的应用是必不可少的。凡是注日期的引用文件，仅注日期的版本适用于本文件。凡是不注日期的引用文件，其最新版本（包括所有的修改单）适用于本文件。

GB/T 12313 感官分析方法　风味剖面检验

GB/T 33405—2016 白酒感官品评术语

3 术语和定义

GB/T 33405—2016 界定的以及下列术语和定义适用于本文件。

3.1 感官品评　sensory evaluation

感官评价　sensory evaluation

感官分析　sensory analysis

用感觉器官检验产品感官特征的科学。

[GB/T 33405—2016，定义2.1]

3.2 明酒　known samples

品评时告知来源、类型等信息的白酒。

[GB/T 33405—2016，定义3.1]

3.3 暗酒　unknown samples

品评时不告知来源、类型等信息的白酒。

[GB/T 33405—2016，定义3.2]

3.4 明评　discussible evaluation

集体讨论形成评价结果的评酒方式。

[GB/T 33405—2016，定义3.3]

3.5　明酒明评　discussible evaluation of known samples

对已知信息的白酒品评，讨论形成集体评价结果的评酒方式。

[GB/T 33405—2016，定义3.4]

3.6　暗酒明评　discussible evaluation of unknown samples

对未知信息的白酒品评，讨论形成集体评价结果的评酒方式。

[GB/T 33405—2016，定义3.5]

3.7　暗评　blind evaluation

盲评

对未知信息的白酒品评，分别形成独立评价结果的评酒方式。

[GB/T 33405—2016，定义3.6]

4　环境条件

4.1　位置和分区

4.1.1　品评地点应远离震动噪声、异常气味，保证环境安静舒适。

4.1.2　应具备用于制备样品的准备室和感官品评工作的品评室。两室应有效隔离，避免空气流通造成气味污染；品评人员在进入或离开品评室时不应穿过准备室。

4.2　温度和湿度

品评室以温度为16～26℃，湿度40%～70%为宜。

4.3　气味和噪声

品评室建筑材料和内部设施应不吸附和不散发气味；室内空气流动清新，不应有任何气味。品评期间噪声宜控制在40dB以下。

4.4　颜色和照明

4.4.1　品评室墙壁的颜色和内部设施的颜色宜使用乳白色或中性浅灰色，地板和椅子可适当使用暗色。

4.4.2　照明可采用自然光线和人工照明相结合的方式，若利用室外日光要求无直射的散射光，光线应充足、柔和、适宜。若自然光线不能满足要求，应提供人工均匀、无影、可调控的照明设备，灯光的色温宜采用6500K。

5　设施用具

5.1　评酒桌（台）

5.1.1　评酒室内应设有专用评酒桌，宜一人一桌，布局合理，使用方便。

5.1.2　桌面颜色宜为中性浅灰色或乳白色，高度720～760mm，长度900～1000mm，宽度600～800mm。

5.1.3　桌与桌之间留有1000mm左右的距离间隔或增设高度300mm以上的挡板，保障品评人员舒适且不受相互影响。

5.1.4　评酒桌的配套桌椅高低合适，桌旁应放置痰盂或设置水池，以备吐漱口水用。

5.2　品酒杯

5.2.1　准备人员按样品数量等准备器具，宜使用统一的设备器具。

5.2.2　标准品酒杯外型尺寸见图1，有杯脚［a）］和无杯脚［b）］两款，均为无色透明玻璃材质，满容量50～55mL，最大液面处容量为15～20mL。有条件可在杯壁上增加容量刻度。

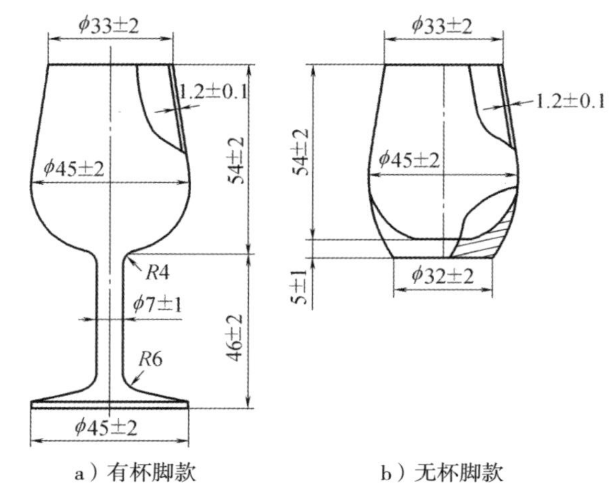

图1　白酒品酒杯

6　人员基本要求

白酒感官品评人员应符合下列要求：

a）身体健康，视觉、嗅觉、味觉正常，具有较高的感官灵敏度。

b）通过专业训练与考核，掌握正确的品评规程及品评方法。

c）熟悉白酒的感官品评用语，具备准确、科学的表达能力。

d）了解白酒的生产工艺和质量要求，熟悉相关香型白酒的风味特征。

e）不易受个人情绪及外界因素影响，判断评价客观公正。

f）品评人员处于感冒、疲劳等影响品评准确性的状态不宜进行品酒；品评前不宜食量过饱，不宜吃刺激性强和影响品评结果的食物等；不能使用带有气味的化妆品、香水、香粉等；评酒过程中不能抽烟；保持良好的身心健康。

7　品评规范

7.1　品评时间

建议最佳评酒时间为每日上午9：00—11：00及下午14：00—17：00，为避免人员疲劳，每轮次中间应休息10 ~ 20 min。

7.2　组织方式

根据品评的目的，可选择合适的品评方式，包括明酒明评、暗酒明评及暗评等。明酒明评有助于品评人员准确品评酒样；暗酒明评可以避免酒样信息影响品评结果；暗评可用于考核品评人员或客观评价产品。

7.3　准备工作

7.3.1　酒样温度

为避免酒样温度对品评的影响。各轮次的酒样温度应保持一致，以20℃ ~ 25℃为宜；可将酒样水浴或提前放置于品评环境中平衡温度。

7.3.2　酒样准备

若酒样需要量较大，为保证酒体的一致性，可首先将不同小容器中的酒样在洁净、干燥的较大容器中混合均匀，然后进行分装呈送。

7.3.3　编组与编码

7.3.3.1　根据品评酒样的类型不同，可按照酒样的酒精度、香型、糖化发酵剂、质量等级等因素编组，也可采用随机编组。每组酒样按轮次呈酒，每轮次品评酒样数量不宜超过6杯。

7.3.3.2　酒样编码可按照轮次或顺序习惯，如“第二轮第3杯”；也可采用三位或四位随机数字编码，如“246”或“6839”。

7.3.4　倒酒与呈送

各酒杯中倒酒量应保持一致，每杯约15 ~ 20mL。若准备时间距评酒开始时间过长，可使用锡箔纸或平皿覆盖杯口以减少风味物质损失。

7.4　酒样品评

7.4.1　外观

将酒杯拿起，以白色评酒桌或白纸为背景，采用正视、俯视及仰视方式，观察酒样有无色泽及色泽深浅。然后轻轻摇动，观察酒液澄清度、有无悬浮物和沉淀物。

7.4.2　香气

7.4.2.1　一般嗅闻，首先将酒杯举起，置酒杯于鼻下10 ~ 20mm处微斜30° ，头略低，采用匀速舒缓的吸气方式嗅闻其静止香气，嗅闻时只能对酒吸气，不能呼气。再轻轻摇动酒杯，增大香气挥发聚集，然后嗅闻。

7.4.2.2　特殊情况下，将酒液倒空，放置一段时间后嗅闻空杯留香。

7.4.3 口味口感

7.4.3.1 每次入口量应保持一致，一般保持在0.5～2.0mL，可根据酒精度和个人习惯调整。

7.4.3.2 品尝时，使舌尖首先接触酒液，并通过舌的搅动，使酒液平铺于舌面和舌根部，以及充分接触口腔内壁，酒液在口腔内停留时间以3～5s为宜，仔细感受酒质并记下各阶段口味及口感特征。

7.4.3.3 最后可将酒液咽下或吐出，缓慢张口吸气，使酒气随呼吸从鼻腔呼出，判断酒的后味（余味、回味）。

7.4.3.4 通常每杯酒品尝2～3次，品评完一杯，可清水漱口，稍微休息片刻，再品评另一杯。

7.4.4 风格

综合香气、口味、口感等特征感受，结合各香型白酒风格特点，做出总结性评价，判断其是否具备典型风格，或独特风格（个性）。

7.5 评价方法

7.5.1 感官特征的评价方法

评价产品感官特征时，可参考各产品标准中感官要求部分提供的评语，结合“较”“突出”等程度副词表达差别。亦可采用感官定量描述分析方法对产品感官特征与强度或滞留度量化表达，参见附录A。

7.5.2 感官质量的评价方法

评价产品质量时，可结合各香型产品特点，通过研究分析与讨论协商建立各分项数值及评分标准。

7.6 结果统计

酒样评价结果的异常值判断方法见资料性附录B。结果表示方法采用算数平均值（$\overline{X}$）或算术平均值±标准差（$\overline{X} \pm s$）表示，结果保留一位小数。

附录A

（资料性附录）

白酒感官定量描述分析方法

白酒感官定量描述分析方法是参考了感官描述型分析技术（GB/T 12313），建立的一种定性定量白酒感官特征的评价方法。方法采用白酒风味轮（GB/T 33405—2016图A.1）定性产品特征，采用数字标度（GB/T 33405—2016表B.1）定量特征强度或滞留度。表A.1为采用九点标度对两种产品的感官定量描述分析结果，图A.1为香气特征柱形图，图A.2为口味口感特征剖面图。

表 A. 1　　白酒感官描述分析方法用表示例

酒样	特征														
	外观		香气				口味			口感					风格
	无色	澄清度	窖香	粮香	陈香	…	甜	酸	…	柔和度	丰满度	谐调度	纯净度	持久度	典型性 / 个性
酒样1	7	7	8	5	4		6	3		8	4	6	4	3	8
酒样2	8	7	7	6	1		5	5		7	5	7	3	5	6
……															

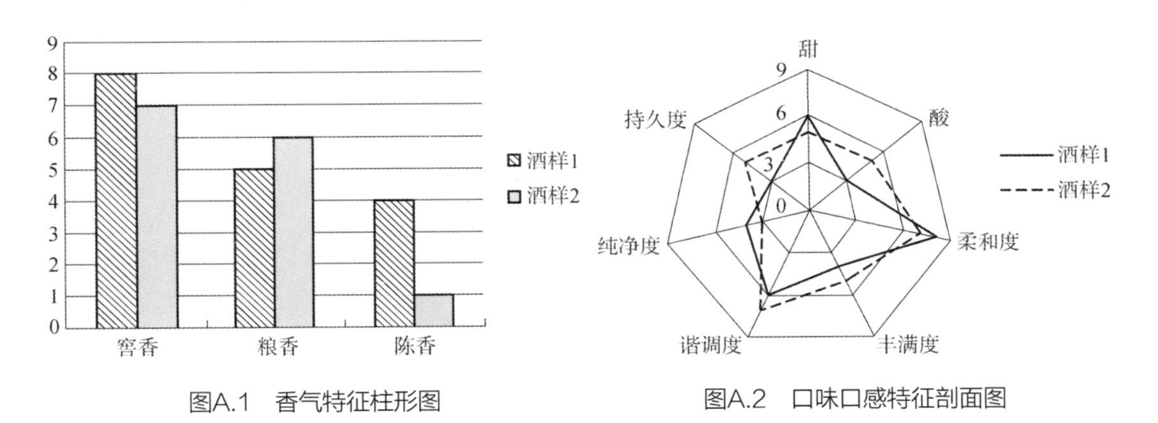

图A.1　香气特征柱形图

图A.2　口味口感特征剖面图

附录B

（资料性附录）

评价结果异常值判断方法

相同酒样品评结果中异常值的判断采用三倍标准差法（3σ），即计算多人或多次品评结果的算数平均值（$\overline{X}$）与标准差（s），品评结果中$\overline{X}\geqslant+3s$或$\leqslant-3s$的值视为异常值。

示例：对同一酒样多次或多人的结果分别为X_1、X_2、X_3……X_n，则

平均值 $\overline{X}=\frac{1}{n}\sum_{i=1}^{n}X_i$

标准差 $s=\sqrt{\frac{1}{n-1}\sum_{i=1}^{n}(X_i-\overline{X})^2}$

十二、白酒感官品评术语

GB/T 33405—2016

1　范围

本标准规定了白酒感官一般性术语、与分析方法有关的术语、与感官特性有关的术语。

本标准适用于白酒的感官品评。

2　一般性术语

2.1　感官品评　sensory evaluation

感官评价　sensory evaluation

感官分析　sensory analysis

用感觉器官检验产品感官特征的科学。

[GB/T 10221—2012，定义2.1]

2.2　品酒员　taster

评酒员

品评员

应用感官品评技术，评价酒体质量的专业人员。

注：改写 GB/T 10221—2012，定义2.5。

2.3　品酒师　professional taster

评酒委员

品评师

应用感官品评技术评价酒体质量，指导酿酒工艺、储存和勾调，可进行酒体设计和新产品开发，并获得相应资质的专业人员。

注：改写国家职业标准　品酒师，1.2 职业定义。

2.4　酒花　distillate bubble

白酒在流酒或振摇后，液面溅起的泡沫。

注：改写GB/T 15109—2008，定义3，4，33。

2.5　溢香　the aroma overflowing glass

放香

白酒中风味物质溢散于杯口附近所感受的香气。

2.6　喷香　the aroma overflowing mouth

入口香

白酒入口时，风味物质充满口腔感受到的香气。

2.7　空杯留香　the aroma lingers in the empty cup

盛过白酒的空杯放置一段时间后，仍能嗅闻到香气的现象。

2.8　鼻前嗅觉　orthonasal olfaction

直接嗅闻白酒时，风味物质通过鼻孔到达鼻腔嗅觉细胞形成的嗅觉。

2.9　鼻后嗅觉　retronasal olfaction

品尝白酒时，风味物质通过口腔鼻咽管到达鼻腔嗅觉细胞形成的嗅觉。

2.10 主体香　main aroma

白酒中作为判断其风格依据的一种或多种较明显的香气特征。

2.11 复合香　composite aroma

白酒中按照不同强度（或时间）组合呈现的多种香气特征。

2.12 原料香　material aroma

由白酒酿造用原辅料引入的香气特征。

2.13 发酵香　fermented aroma

由白酒发酵过程中产生的香气特征。

2.14 陈酿香　ageing aroma

由白酒陈酿过程中形成的香气特征。

2.15 风味　flavour

白酒品尝过程中香气，口味和口感等刺激产生的综合感觉。

2.16 入口　entre the mouth

白酒刚进入口腔。

2.17 落口　swallow

白酒从口腔下咽。

2.18 余味　residual taste

后味　after-taste

回味

白酒下咽后产生的嗅觉和（或）味觉的综合感觉。

注：改写GB/T 10221—2012，定义4.65。

3　与分析方法有关的术语

3.1　明酒　known samples

品评时告知来源、类型等信息的白酒。

3.2　暗酒　unknown samples

品评时不被告知来源、类型等信息的白酒。

3.3　明评　discussible evaluation

集体讨论形成评价结果的评酒方式。

3.4　明酒明评　discussible evaluation of known samples

对已知信息的白酒品评，讨论形成集体评价结果的评酒方式。

3.5　暗酒明评　discussible evaluation of unknown samples

对未知信息的白酒品评，讨论形成集体评价结果的评酒方式。

3.6　暗评　blind evaluation

盲评　blind tasting

对未知信息的白酒品评，分别形成独立评价结果的评酒方式。

3.7 评分 scoring

采用规定的评分标准评价白酒感官质量或特征的方法。

注：改写GB/T 10221—2012，定义5.7。

3.8 分级 grading

按照白酒质量高低进行等级区分的方法。

3.9 排序 ranking

按照白酒质量或指定特征强度（或程度）进行高低排序的方法。

注：改写GB/T 10221—2012，定义5.4。

3.10 重复repetition

重现

识别同一轮次品评中出现同一白酒的考核方式。

3.11 再现 reappearance

识别不同轮次品评中出现同一白酒的考核方式。

3.12 特征 characteristic

特性 attribute；note

白酒可感知的风味特色。

注：改写GB/T10221—2012，定义2.3、定义4.28。

3.13 白酒风味轮 Baijiu flavour wheel；Chinese spirit flavor wheel；Chinese liquor flavor wheel

将表示白酒感官特征的术语按照类别顺序形成轮盘状排列，以方便认识和表达白酒风味的术语集。

注：白酒风味轮图参见附录A。

3.14 强度 intensity

白酒刺激感官引起感官的强弱程度。

3.15 滞留度 retention

白酒刺激感官引起感觉的持续程度。

3.16 标度 scale

用数字表示感觉强弱或者持续的程度。

注1：改写GB/T 10221—2012，定义5.29。

注2：白酒感官品评程度副词与对应标度参见附录B。

3.17 定量描述分析 quantitative descriptive analysis

采用描述词和标度评价白酒感官特征的方法。

注：改写GB/T 10221—2012，定义5.22。

3.18 感官剖面　sensory profile

对白酒感官特征及其强度的图形化直观描述。

注：改写GB/T 10221—2012，定义5.24。

4　与感官特性有关的术语

4.1　外观　appearance

白酒的所有可见特性。

4.1.1　颜色　colour

白酒引起色彩感觉的外观特征。

注：改写GB/T 10221—2012，定义4.33。

4.1.1.1　无色　colorless

白酒中无其它颜色的外观特征。

4.1.1.2　微黄　light yellow

特定工艺或者长期贮藏使白酒呈现的浅黄颜色。

4.1.1.3　异色　abnormal colour

非正常工艺或储存条件使白酒出现的无色或微黄以外的颜色。

4.1.2　清亮度　transparency

光线无阻碍透过白酒的程度。

4.1.2.1　透明　transparent；brilliant

白酒清澈的外观特征。

4.1.2.2　失光　dulling

半透明　dulling

混浊　turbidity

浑浊　turbidity

白酒呈现不清亮透明、失去光泽的外观特征。

4.1.2.3　悬浮物　suspension

白酒中悬浮物有肉眼可见的固体物质的外观特征。

4.1.2.4　沉淀　sediment

白酒中出现沉积到底部的物质的外观特征。

4.2　气味　odour

嗅觉器官嗅闻白酒挥发性风味物质而产生的感觉。

4.2.1　香气　aroma

酒香　bouquet

正常气味

正常工艺生产白酒呈现的气味。

4.2.1.1　粮香　grain aroma

多粮香

高粱、大米、小麦等多种粮食原料经发酵蒸馏使白酒呈现的类似蒸熟粮食的香气特征。

4.2.1.2　高粱香　sorghum aroma

高粱经发酵蒸馏使白酒呈现类似蒸熟高粱的香气特征。

4.2.1.3　大米香　rice aroma

大米等经糖化发酵使白酒呈现类似蒸熟大米的香气特征。

4.2.1.4　豆香　pea aroma

豌豆、黄豆等豆类经发酵蒸馏使白酒呈现的类似豆类的香气特征。

4.2.1.5　药香　herbal aroma

制曲环节中加入中药材使白酒呈现类似中药材的香气特征。

4.2.1.6　米糠香　rice bran aroma

大米经发酵蒸馏使特香型白酒呈现类似米糠的香气特征。

4.2.1.7　曲香　qu-aroma

大曲、麸曲或小曲等经参与发酵使白酒呈现的香气特征。

4.2.1.8　醇香　ethanol aroma

白酒中醇类成分呈现的香气特征。

4.2.1.9　清香　mild aroma

白酒中以乙酸乙酯为主的多种成分呈现的香气特征。

4.2.1.10　窖香　jiao-aroma

白酒采用泥窖发酵等工艺产生的以己酸乙酯为主的多种成分呈现的香气特征。

4.2.1.11　酱香　jiang-aroma

采用高温制曲、高温堆积发酵的传统酱香酿造工艺使白酒呈现的香气特征。

4.2.1.12　米香　mi-aroma

米香型白酒中以大米为原料糖化发酵产生的以乳酸乙酯、乙酸乙酯、β-苯乙醇为主的多种成分显现的香气特征。

4.2.1.13　焦香　baked aroma

焙烤香　roasted aroma

白酒呈现的类似烘烤粮食谷物的香气特征。

4.2.1.14　芝麻香　sesame aroma

白酒呈现的类似焙炒芝麻的香气特征。

4.2.1.15　糟香　distilled grain aroma

白酒呈现的类似发酵糟醅的香气特征。

4.2.1.16　果香　fruity aroma

白酒呈现的类似果类的香气特征。

4.2.1.17　花香　floral aroma

白酒呈现的类似植物花朵散发的香气特征。

4.2.1.18　蜜香　honey aroma

白酒呈现的类似蜂蜜的香气特征。

4.2.1.19　青草香　grassy aroma

生青味　green-aroma

白酒呈现的类似树叶青草类香气特征。

4.2.1.20　坚果香　nutty aroma

白酒呈现的类似坚果类的香气特征。

4.2.1.21　木香　woody aroma

白酒呈现的类似木材的香气特征。

4.2.1.22　甜　sweet aroma

白酒呈现类似甜味感受的香气特征。

4.2.1.23　酸　sour aroma

白酒中挥发性酸类成分所呈现的香气特征。

4.2.1.24　陈香　chen-aroma

陈酿工艺使白酒自然形成的老熟的香气特征。

4.2.1.25　油脂香　oily aroma

陈肉坛浸工艺使豉香型白酒呈现的类似脂肪的香气特征。

4.2.1.26　酒海味　jiuhai-aroma

酒海储存工艺使凤香型白酒呈现的香气特征。

4.2.1.27　枣香　jujube aroma

陈酿工艺使老白干香型白酒呈现的类似甜枣的香气特征。

4.2.2　异常气味　off-odour

异味

白酒品质降低或杂物沾染所呈现的非正常气味或味道。

4.2.2.1　糠味　bran odour

白酒呈现的类似生谷壳等辅料的气味特征。

4.2.2.2　霉味　musty odour

白酒呈现的类似发霉的气味特征

4.2.2.3　生料味　raw grain odour

白酒呈现的类似未蒸熟粮食（生粮）的气味特征。

4.2.2.4　辣味　piquancy

白酒呈现的辛辣刺激性的气味特征。

4.2.2.5　硫味　sulfur odour

白酒呈现的类似硫化物的气味特征。

4.2.2.6　汗味　sweat odour

白酒呈现类似汗液的气味特征。

4.2.2.7　哈喇味　rancid odour

白酒呈现的类似油脂氧化酸败的气味特征。

4.2.2.8　焦煳味　burnt odour

白酒呈现类似有机物烧焦煳化的气味特征。

4.2.2.9　黄水味　huangshui odour

白酒呈现类似黄水的气味特征。

4.2.2.10　泥味　fermented mud odour

白酒呈现类似窖泥的气味特征。

4.3　口味　taste

味道

滋味

味觉器官感受到白酒风味物质的刺激而产生的感觉。

4.3.1 甜味 sweet taste

白酒中某些物质（例如多元醇）呈现的类似蔗糖的味觉特征。

4.3.2 酸味 sour taste

白酒中某些有机酸呈现的类似醋的味觉特征。

4.3.3 苦味 bitter taste

白酒中某些物质呈现的类似苦杏仁的味觉特征。

4.3.4 咸味 salty taste

白酒中某些盐类呈现的类似食盐的味觉特征。

4.3.5 鲜味 umami taste

白酒中某些物质呈现的类似味精的味觉特征。

4.4 口感 mouthfeel

舌头与口腔黏膜感受白酒风味物质的刺激而产生的综合感觉。

4.4.1 柔和度 softness

白酒入口时感受的柔顺程度。

4.4.1.1 醇和 mellow

柔和 soft

平顺

平和

白酒入口时的柔和度（4.4.1）高。

4.4.1.2 辛辣 pungent

燥辣

白酒入口时的柔和度（4.4.1）低。

4.4.2 丰满度 fullness

白酒在口中各种感受的丰富程度。

4.4.2.1 浓厚 rich

丰满 heavy；complex

醇厚

饱满

丰润

厚重

白酒在口中的丰满度（4.4.2）高。

4.4.2.2　平淡　thin

清淡　light；poor

淡薄

寡淡

白酒在口中的丰满度（4.4.2）低。

4.4.3　谐调度　harmony

白酒在口中各种感受搭配的舒适程度。

4.4.3.1　谐调　harmonious

平衡　balanced

协调

细腻

白酒在口中的谐调度（4.4.3）高。

4.4.3.2　粗糙　rough

失衡　unbalanced

不协调　inharmonious

白酒在口中的谐调度（4.4.3）低。

4.4.4　纯净度　purity

白酒下咽时感受的润滑干净程度。

4.4.4.1　爽净　clean

净爽　pure

白酒下咽时的纯净度（4.4.4）高。

4.4.4.2　涩口　astringent

欠净

白酒下咽时的纯净度（4.4.4）低。

4.4.5　持久度　persistence

白酒下咽后余味感受持续的时间长度。

4.4.5.1　悠长　long

绵长

白酒下咽后余味的持久度（4.4.5）长。

4.4.5.2 短暂 short

白酒下咽后余味的持久度（4.4.5）短。

4.5 风格 flavour style

格

白酒整体风味综合呈现的特点。

4.5.1 典型风格 typical flavour style

白酒与所标识的风格一致。

4.5.1.1 酱香型（白酒）风格 jiang–flavour style

白酒符合酱香突出，香气幽雅，空杯留香；酒体醇厚，丰满，诸味协调，回味悠长的风味特点。

注：参考GB/T 26760—2011，6.2感官要求。

4.5.1.2 浓香型（白酒）风格 nong–flavour style

白酒符合具有浓郁的己酸乙酯为主体的复合香气；酒体醇和谐调，绵甜爽净，余味悠长的风味特点。

注：参考GB/T 10781.1—2006，5.1感官要求。

4.5.1.3 清香型（白酒）风格 mild–flavour style

白酒符合清香纯正，具有乙酸乙酯为主体的优雅、协调的复合香气；酒体柔和谐调，绵甜爽净，余味悠长的风味特点。

注：参考GB/T 10781.2—2006，5.1感官要求。

4.5.1.4 米香型（白酒）风格 mi–flavour style

白酒符合米香纯正，清雅；酒体醇和，绵甜、爽洌，回味怡畅的风格特点。

注：参考GB/T 10781.3—2006，5.1感官要求。

4.5.1.5 豉香型白酒风格 chi–flavour style

白酒符合豉香纯正，清雅；醇和甘滑，酒体谐调，余味爽净的风味特点。

注：参考GB/T 16289—2018，5.1感官要求。

4.5.1.6 风香型（白酒）风格 feng flavour style

白酒符合醇香秀雅，具有乙酸乙酯和己酸乙酯为主的复合香气；醇厚丰满，甘润挺爽，诸味谐调，尾净悠长的风味特点。

注：参考GB/T 14867—2007，5.1 感官要求。

4.5.1.7　浓酱兼香型（白酒）风格　nongjiang-flavour style

白酒符合浓酱（或酱浓）谐调，优雅馥郁；细腻丰满，回味爽净的风味特点。

注：参考GB/T 23547—2009，5.1 感官要求。

4.5.1.8　老白干香型（白酒）风格　laobaigan-flavour style

白酒符合醇香清雅，具有乳酸乙酯和乙酸乙酯为主体的自然协调的复合香气；酒体谐调、醇厚甘洌，回味悠长的风味特点。

注：参考GB/T 20825—2007，5.1感官要求。

4.5.1.9　芝麻香型（白酒）风格　sesame-flavour style

白酒符合芝麻香优雅纯正；醇和细腻，香味谐调的风味特点。

注：参考GB/T 20824—2007，5.1感官要求。

4.5.1.10　特香型（白酒）风格　te-flavour style

白酒符合优雅舒适，诸香谐调，具有浓、清、酱三香，但均不露头的复合香气；柔绵醇和，绵甜，香味谐调，余味悠长的风味特点。

注：参考GB/T 20823—2007，5.1感官要求。

4.5.1.11　董香型（白酒）风格　dong-flavour style

白酒符合香气幽雅，微带舒适药香，醇和浓郁（或柔顺），甘爽味长的风格特点。

4.5.1.12　小曲清香型（白酒）风格　xiaoqu mild-flavour style

小曲固态法（白酒）风格　xiaoqu traditional flavour style

白酒符合香气自然，纯正清雅，酒体醇和（或柔和）、甘洌净爽的风味特点

注：参考GB/T 26761—2011，5.1感官要求。

4.5.1.13　独特风格　special flavour style

白酒具有稳定且明显不同于上述香型风格（4.5.1.1 ~ 4.5.1.12）的风味特点。

4.5.2　偏格　deviant flavour style

白酒与所标识的风格有一定偏差。

4.5.3　错格　incorrect flavour style

白酒与所标识的风格不一致。

附录A
（资料性附录）
白酒风味轮

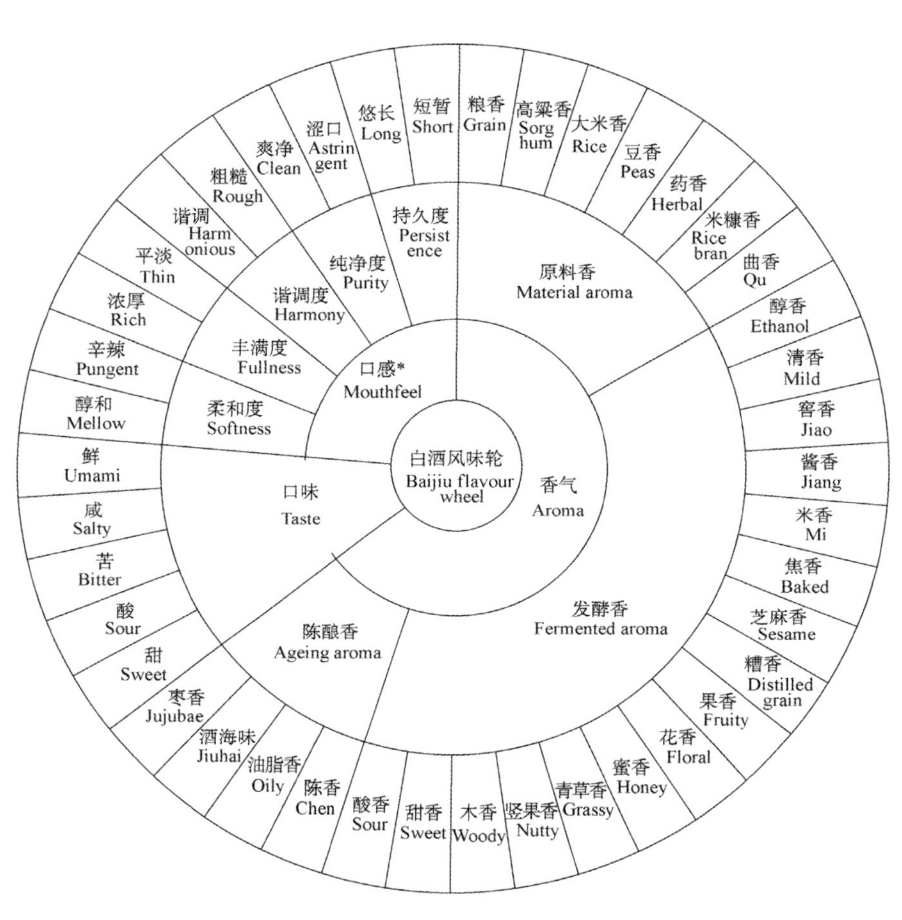

*口感
- 柔和度 Softness
  - 醇和、柔和、平顺、平和 Soft，Mellow
  - 辛辣、燥辣 Pungent
- 丰满度 Fullness
  - 浓厚、丰满、醇厚、饱满、丰润、厚重 Rich，Heavy，Complex
  - 平淡、清淡、淡薄、寡淡 Thin，Light，Poor
- 谐调度 Harmony
  - 谐调、平衡、协调、细腻 Harmonious，Balanced
  - 粗糙、失衡 Inharmonious，Unblanced
- 纯净度 Purity
  - 爽净、净爽 Clean，Pure
  - 涩口、欠净 Astringent
- 持久度 Persistence
  - 悠长、绵长 Long
  - 短暂 Short

典型白酒风格
- 酱香型风格 Jiang-flavour style
- 浓香型风格 Nong-flavour style
- 清香型风格 Mild-flavour style
- 米香型风格 Mi-flavour style
- 豉香型风格 Chi-flavour style
- 凤香型风格 Feng-flavour style
- 浓酱兼香型风格 Nongjiang-flavour style
- 老白干香型风格 Laobaigan-flavour style
- 芝麻香型风格 Sesame-flavour style
- 特香型风格 Te-flavour style
- 董香型风格 Dong-flavour style
- 小曲清香型风格 Xiaoqu mild-flavour style

图A.1 白酒风味轮 Baijiu flavour wheel

附录B

（资料性附录）

程度副词与对应标度

表 B.1　　程度副词与对应标度表

<table>
<tr><td>颜色</td><td>异色</td><td colspan="9">微黄色</td><td colspan="2">无色</td></tr>
<tr><td>清亮度</td><td>沉淀</td><td colspan="9">失光</td><td colspan="2">透明</td></tr>
<tr><td>感官特征</td><td rowspan="2">无</td><td rowspan="2" colspan="4">弱、短（稍、微）</td><td rowspan="2" colspan="3">中等（尚可、较）</td><td rowspan="2" colspan="4">强、长（明显、突出、典型）</td></tr>
<tr><td>程度副词</td></tr>
<tr><td>五点标度</td><td>0</td><td colspan="2">1</td><td colspan="2">2</td><td colspan="3">3</td><td colspan="2">4</td><td colspan="2">5</td></tr>
<tr><td>九点标度</td><td>0</td><td>1</td><td colspan="2">2</td><td>3</td><td>4</td><td>5</td><td>6</td><td>7</td><td colspan="2">8</td><td>9</td></tr>
</table>

附录二　酒精体积分数、相对密度、质量分数对照表

体积分数 /%	相对密度	质量分数 /%	体积分数 /%	相对密度	质量分数 /%
0.0	0.99823	0.0000	2.6	0.99443	2.0636
0.1	0.99808	0.0791	2.7	0.99428	2.1433
0.2	0.99793	0.1582	2.8	0.99414	2.2230
0.3	0.99779	0.2373	2.9	0.99399	2.3027
0.4	0.99764	0.3163	3.0	0.99385	2.3825
0.5	0.99749	0.3956	3.1	0.99371	2.4622
0.6	0.99743	0.4748	3.2	0.99357	2.5420
0.7	0.99719	0.5540	3.3	0.99343	2.6218
0.8	0.99705	0.6333	3.4	0.99329	2.7016
0.9	0.99690	0.7126	3.5	0.99315	2.7815
1.0	0.99675	0.7918	3.6	0.99300	2.8614
1.1	0.99660	0.8712	3.7	0.99286	2.9413
1.2	0.99645	0.9505	3.8	0.99272	3.0212
1.3	0.99631	1.0299	3.9	0.99258	3.1012
1.4	0.99617	1.1092	4.0	0.99244	3.1811
1.5	0.99602	1.1886	4.1	0.99230	3.2611
1.6	0.99587	1.2681	4.2	0.99216	3.3411
1.7	0.99573	1.3475	4.3	0.99203	3.4211
1.8	0.99558	1.4270	4.4	0.99189	3.5012
1.9	0.99544	1.5065	4.5	0.99175	3.5813
2.0	0.99529	1.5860	4.6	0.99161	3.6614
2.1	0.99515	1.6655	4.7	0.99147	3.7415
2.2	0.99500	1.7451	4.8	0.99134	3.8216
2.3	0.99486	1.8247	4.9	0.99120	3.9018
2.4	0.99471	1.9043	5.0	0.99106	3.9819
2.5	0.99457	1.9839	5.1	0.99093	4.0621

续表

体积分数 /%	相对密度	质量分数 /%	体积分数 /%	相对密度	质量分数 /%
5.2	0.99079	4.1424	8.0	0.98719	6.3961
5.3	0.99066	4.2226	8.1	0.98707	6.4768
5.4	0.99051	4.3028	8.2	0.98694	6.5577
5.5	0.99040	4.3831	8.3	0.98682	6.6384
5.6	0.99026	4.4634	8.4	0.98670	6.7192
5.7	0.99013	4.5437	8.5	0.98658	6.8001
5.8	0.99000	4.6240	8.6	0.98645	6.8810
5.9	0.98986	4.7044	8.7	0.98633	6.9618
6.0	0.98973	4.7848	8.8	0.98621	7.0427
6.1	0.98960	4.8651	8.9	0.98608	7.1237
6.2	0.98947	4.9452	9.0	0.98596	7.2046
6.3	0.98935	5.0259	9.1	0.98584	7.2855
6.4	0.98922	5.1064	9.2	0.98572	7.3665
6.5	0.98909	5.1868	9.3	0.98560	7.4475
6.6	0.98896	5.2673	9.4	0.98548	7.5285
6.7	0.98883	5.3478	9.5	0.98536	7.6095
6.8	0.98871	5.4283	9.6	0.98524	7.6905
6.9	0.98858	5.5089	9.7	0.98512	7.7716
7.0	0.98845	5.5894	9.8	0.98500	7.8826
7.1	0.98832	5.6701	9.9	0.98488	7.9337
7.2	0.98820	5.7506	10.0	0.98476	8.0148
7.3	0.98807	5.8308	10.1	0.98464	8.0960
7.4	0.98795	5.9118	10.2	0.98452	8.1771
7.5	0.98782	5.9925	10.3	0.98440	8.2583
7.6	0.98769	6.0732	10.4	0.98428	8.3395
7.7	0.98754	6.1539	10.5	0.98416	8.4207
7.8	0.98744	6.2346	10.6	0.98404	8.5020
7.9	0.98732	6.3153	10.7	0.98392	8.5832

续表

体积分数 /%	相对密度	质量分数 /%	体积分数 /%	相对密度	质量分数 /%
10.8	0.98380	8.6645	13.6	0.98055	10.9470
10.9	0.98368	8.7458	13.7	0.98043	11.0288
11.0	0.98356	8.8271	13.8	0.98032	11.1106
11.1	0.98344	8.9084	13.9	0.98020	11.1925
11.2	0.98333	8.9897	14.0	0.98009	11.2743
11.3	0.98321	9.0711	14.1	0.97998	11.3561
11.4	0.98309	9.1524	14.2	0.97987	11.4379
11.5	0.98298	9.2338	14.3	0.97975	11.5798
11.6	0.98286	9.3152	14.4	0.97964	11.6017
11.7	0.98274	9.3966	14.5	0.97953	11.6836
11.8	0.98259	9.4781	14.6	0.97942	11.7655
11.9	0.98251	9.5595	14.7	0.97931	11.8474
12.0	0.98239	9.6410	14.8	0.97919	11.9294
12.1	0.98227	9.7225	14.9	0.97908	12.0114
12.2	0.98216	9.8040	15.0	0.97897	12.0934
12.3	0.98204	9.8856	15.1	0.97886	12.1754
12.4	0.98189	9.9671	15.2	0.97875	12.2574
12.5	0.98181	10.0473	15.3	0.97864	12.3394
12.6	0.98169	10.1303	15.4	0.97853	12.4214
12.7	0.98158	10.2118	15.5	0.97842	12.5035
12.8	0.98146	10.2935	15.6	0.97831	12.5856
12.9	0.98135	10.3751	15.7	0.97820	12.6677
13.0	0.98123	10.4568	15.8	0.97809	12.7498
13.1	0.98108	10.5384	15.9	0.97798	12.8320
13.2	0.9810	10.6201	16.0	0.97787	12.9141
13.3	0.98089	10.7018	16.1	0.97776	12.9963
13.4	0.98077	10.7836	16.2	0.97765	13.0785
13.5	0.98066	10.8653	16.3	0.97754	13.1607

续表

体积分数 /%	相对密度	质量分数 /%	体积分数 /%	相对密度	质量分数 /%
16.4	0.97743	13.2429	19.2	0.97444	15.5515
16.5	0.97732	13.3252	19.3	0.97434	15.6341
16.6	0.97722	13.4073	19.4	0.97423	15.7169
16.7	0.97711	13.4896	19.5	0.97412	15.7997
16.8	0.97700	13.5719	19.6	0.97402	15.8823
16.9	0.97689	13.6542	19.7	0.97392	15.9650
17.0	0.97678	13.7366	19.8	0.97381	16.0478
17.1	0.97667	13.8189	19.9	0.97370	16.1307
17.2	0.97657	13.9011	20.0	0.97360	16.2134
17.3	0.97646	13.9835	20.1	0.97349	16.2963
17.4	0.97635	14.0660	20.2	0.97339	16.3791
17.5	0.97624	14.1484	20.3	0.97328	16.4620
17.6	0.97614	14.2307	20.4	0.97317	16.5450
17.7	0.97603	14.3132	20.5	0.97306	16.6280
17.8	0.97592	14.3957	20.6	0.97296	16.7108
17.9	0.97582	14.4780	20.7	0.97285	16.7938
18.0	0.97571	14.5605	20.8	0.97274	16.8769
18.1	0.97560	14.6431	20.9	0.97264	16.9298
18.2	0.97550	14.7255	21.0	0.97253	17.0428
18.3	0.97539	14.8081	21.1	0.97242	17.1259
18.4	0.97529	14.8905	21.2	0.97231	17.2090
18.5	0.97518	14.9731	21.3	0.97221	17.2920
18.6	0.97507	15.0558	21.4	0.9721	17.3751
18.7	0.97497	15.1383	21.5	0.97199	17.4583
18.8	0.97486	15.2209	21.6	0.97188	17.5415
18.9	0.97476	15.3035	21.7	0.97177	17.6247
19.0	0.97465	15.3862	21.8	0.97167	17.7077
19.1	0.97454	15.4689	21.9	0.97156	17.7910

续表

体积分数 /%	相对密度	质量分数 /%	体积分数 /%	相对密度	质量分数 /%
22.0	0.97145	17.8742	24.8	0.96835	20.2137
22.1	0.97134	17.9575	24.9	0.96823	20.2977
22.2	0.97123	18.0408	25.0	0.96812	20.3815
22.3	0.97112	18.1241	25.1	0.96801	20.4654
22.4	0.97101	18.2075	25.2	0.96789	20.5495
22.5	0.97090	18.2908	25.3	0.96778	20.6333
22.6	0.97080	18.3740	25.4	0.96767	20.7172
22.7	0.97069	18.4574	25.5	0.96756	20.8012
22.8	0.97058	18.5408	25.6	0.96744	20.8853
22.9	0.97047	18.6243	25.7	0.96733	20.9693
23.0	0.97036	18.7077	25.8	0.96722	21.0533
23.1	0.97025	18.7912	25.9	0.96710	21.1375
23.2	0.97014	18.8714	26.0	0.96699	21.2215
23.3	0.97003	18.9582	26.1	0.96687	21.3058
23.4	0.96992	19.0417	26.2	0.96676	21.3899
23.5	0.96977	19.1254	26.3	0.96664	21.4742
23.6	0.96969	19.2090	26.4	0.96653	21.5583
23.7	0.96958	19.2926	26.5	0.96641	21.6426
23.8	0.96947	19.3762	26.6	0.96629	21.727
23.9	0.96936	19.4598	26.7	0.96618	21.8112
24.0	0.96925	19.5434	26.8	0.96606	21.8956
24.1	0.96914	19.6271	26.9	0.96595	21.9798
24.2	0.96902	19.7110	27.0	0.96583	22.0642
24.3	0.96891	19.7947	27.1	0.96571	22.1487
24.4	0.96880	19.8784	27.2	0.96560	22.2330
24.5	0.96868	19.9623	27.3	0.96548	22.3175
24.6	0.96857	20.0461	27.4	0.96536	22.4020
24.7	0.96846	20.1299	27.5	0.96524	22.4866

续表

体积分数 /%	相对密度	质量分数 /%	体积分数 /%	相对密度	质量分数 /%
27.6	0.96513	22.5709	30.4	0.96174	24.9483
27.7	0.96501	22.6555	30.5	0.96162	25.0335
27.8	0.96489	22.7401	30.6	0.96150	25.1187
27.9	0.96478	22.8240	30.7	0.96137	25.2042
28.0	0.96466	22.9092	30.8	0.96125	25.2895
28.1	0.96454	22.9938	30.9	0.96112	25.3750
28.2	0.96442	23.0785	31.0	0.96100	25.4603
28.3	0.96430	23.1633	31.1	0.96087	25.5459
28.4	0.96418	23.2478	31.2	0.96074	25.6315
28.5	0.96406	23.3323	31.3	0.96062	25.7169
28.6	0.96394	23.4176	31.4	0.96049	25.8025
28.7	0.96382	23.5024	31.5	0.96036	25.8882
28.8	0.96370	23.5872	31.6	0.96023	25.9739
28.9	0.96358	23.6720	31.7	0.96010	26.0596
29.0	0.96346	23.7569	31.8	0.95998	26.1451
29.1	0.96334	23.8418	31.9	0.95985	26.2309
29.2	0.96322	23.9267	32.0	0.95972	26.3167
29.3	0.96309	24.0119	32.1	0.95959	26.4025
29.4	0.96297	24.0968	32.2	0.95945	26.4886
29.5	0.96285	24.1818	32.3	0.95932	26.5745
29.6	0.96273	24.2668	32.4	0.95919	26.6604
29.7	0.96261	24.3518	32.5	0.95906	26.7463
29.8	0.96248	24.4371	32.6	0.95892	26.8325
29.9	0.96236	24.5222	32.7	0.95879	26.9184
30.0	0.96224	24.6073	32.8	0.95866	27.0044
30.1	0.96212	24.6924	32.9	0.95852	27.0907
30.2	0.96199	24.7778	33.0	0.95839	27.1767
30.3	0.96187	24.8629	33.1	0.95826	27.2628

续表

体积分数 /%	相对密度	质量分数 /%	体积分数 /%	相对密度	质量分数 /%
33.2	0.95812	27.3491	36.0	0.95419	29.7778
33.3	0.95798	27.4355	36.1	0.95404	29.8653
33.4	0.95785	27.5217	36.2	0.95389	29.9527
33.5	0.95772	27.6078	36.3	0.95375	30.0398
33.6	0.95758	27.6943	36.4	0.95360	30.1273
33.7	0.95744	27.7807	36.5	0.95345	30.2149
33.8	0.95731	27.8670	36.6	0.95330	30.3024
33.9	0.95718	27.9532	36.7	0.95315	30.3900
34.0	0.95704	28.0398	36.8	0.95301	30.4773
34.1	0.95690	28.1264	36.9	0.95286	30.5649
34.2	0.95676	28.2130	37.0	0.95271	30.6525
34.3	0.95662	28.2966	37.1	0.95256	30.7402
34.4	0.95648	28.3863	37.2	0.95241	30.8279
34.5	0.95634	28.4729	37.3	0.95225	30.9160
34.6	0.95619	28.5600	37.4	0.95210	31.0038
34.7	0.95605	28.6467	37.5	0.95195	31.0916
34.8	0.95591	28.7335	37.6	0.95180	31.1794
34.9	0.95577	28.8202	37.7	0.95165	31.2673
35.0	0.95563	28.9071	37.8	0.95149	31.3555
35.1	0.95549	28.9939	37.9	0.95134	31.4434
35.2	0.95534	29.0811	38.0	0.95119	31.5313
35.3	0.95520	29.1680	38.1	0.95104	31.6193
35.4	0.95505	29.2552	38.2	0.95088	31.7076
35.5	0.95491	29.3421	38.3	0.95072	31.7959
35.6	0.95477	29.4291	38.4	0.95057	31.884
35.7	0.95462	29.5164	38.5	0.95042	31.9721
35.8	0.95448	29.6034	38.6	0.95026	32.0605
35.9	0.95433	29.6908	38.7	0.95010	32.1490

续表

体积分数 /%	相对密度	质量分数 /%	体积分数 /%	相对密度	质量分数 /%
38.8	0.94995	32.2371	41.6	0.94545	34.7280
38.9	0.94980	32.3254	41.7	0.94528	34.8178
39.0	0.94964	32.4139	41.8	0.94512	34.9072
39.1	0.94948	32.5025	41.9	0.94496	34.9966
39.2	0.94932	32.5911	42.0	0.94479	35.0865
39.3	0.94917	32.6794	42.1	0.94462	35.1763
39.4	0.94901	32.7681	42.2	0.94445	35.2662
39.5	0.94885	32.8568	42.3	0.94428	35.3562
39.6	0.94859	32.9455	42.4	0.94411	35.4461
39.7	0.94844	33.0343	42.5	0.94394	35.5361
39.8	0.94838	33.1227	42.6	0.94377	35.6262
39.9	0.94822	33.2116	42.7	0.94360	35.7162
40.0	0.94806	33.3004	42.8	0.94343	35.8063
40.1	0.94790	33.3893	42.9	0.94326	35.8964
40.2	0.94774	33.4782	43.0	0.94309	35.9866
40.3	0.94757	33.5675	43.1	0.94292	36.0768
40.4	0.94741	33.6565	43.2	0.94274	36.1674
40.5	0.94725	33.7455	43.3	0.94256	36.2581
40.6	0.94709	33.8345	43.4	0.94239	36.3483
40.7	0.94693	33.9236	43.5	0.94222	36.4387
40.8	0.94676	34.0131	43.6	0.94204	36.5294
40.9	0.9466	34.1022	43.7	0.94186	36.6202
41.0	0.94644	34.1914	43.8	0.94169	36.7106
41.1	0.94628	34.2805	43.9	0.94152	36.8011
41.2	0.94611	34.3701	44.0	0.94134	36.8920
41.3	0.94594	34.4597	44.1	0.94116	36.9829
41.4	0.94578	34.5490	44.2	0.94098	37.0738
41.5	0.94562	34.6383	44.3	0.94081	37.1644

续表

体积分数 /%	相对密度	质量分数 /%	体积分数 /%	相对密度	质量分数 /%
44.4	0.94063	37.2554	47.2	0.93554	39.8204
44.5	0.94045	37.3765	47.3	0.93535	39.9128
44.6	0.94027	37.4376	47.4	0.93516	40.0053
44.7	0.94009	37.5287	47.5	0.93498	40.0975
44.8	0.93992	37.6195	47.6	0.93479	40.1900
44.9	0.93977	37.7107	47.7	0.93460	40.2827
45.0	0.93956	37.8019	47.8	0.93441	40.3753
45.1	0.93938	37.8932	47.9	0.93423	40.4676
45.2	0.93920	37.9845	48.0	0.93404	40.5603
45.3	0.93902	38.0758	48.1	0.93385	40.6531
45.4	0.93884	38.1672	48.2	0.93366	40.7459
45.5	0.93869	38.2586	48.3	0.93347	40.8387
45.6	0.93854	38.3504	48.4	0.93328	40.9316
45.7	0.93829	38.4419	48.5	0.93308	41.0250
45.8	0.93811	38.5334	48.6	0.93289	41.1179
45.9	0.93796	38.6249	48.7	0.93270	41.2109
46.0	0.93775	38.7165	48.8	0.93251	41.3040
46.1	0.93757	38.8081	48.9	0.93232	41.3971
46.2	0.93738	38.9002	49.0	0.93213	41.4902
46.3	0.93720	38.9919	49.1	0.93194	41.5833
46.4	0.93701	39.0840	49.2	0.93174	41.6770
46.5	0.93683	39.1758	49.3	0.93155	41.7702
46.6	0.93665	39.2676	49.4	0.93135	41.8639
46.7	0.93646	39.3598	49.5	0.93116	41.9572
46.8	0.93628	39.4517	49.6	0.93097	42.0505
46.9	0.93609	39.5440	49.7	0.93077	42.1444
47.0	0.93591	39.6360	49.8	0.93058	42.2378
47.1	0.93572	39.7284	49.9	0.93038	42.3317

续表

体积分数 /%	相对密度	质量分数 /%	体积分数 /%	相对密度	质量分数 /%
50.0	0.93019	42.4252	52.8	0.92459	45.0724
50.1	0.92999	42.5192	52.9	0.92438	45.1680
50.2	0.92980	42.6128	53.0	0.92418	45.2632
50.3	0.92960	42.7068	53.1	0.92397	45.3589
50.4	0.92940	42.8010	53.2	0.92377	45.4541
50.5	0.92920	42.8947	53.3	0.92356	45.5499
50.6	0.92901	42.9888	53.4	0.92336	45.6453
50.7	0.92881	43.0831	53.5	0.92315	45.7412
50.8	0.92861	43.1773	53.6	0.92294	45.8317
50.9	0.92842	43.2712	53.7	0.92274	45.9325
51.0	0.92822	43.3656	53.8	0.92253	46.0286
51.1	0.92803	43.4599	53.9	0.92233	46.1241
51.2	0.92782	43.5544	54.0	0.92212	46.2202
51.3	0.92762	43.6489	54.1	0.92191	46.3164
51.4	0.92742	43.7434	54.2	0.92170	46.4125
51.5	0.92722	43.8379	54.3	0.92149	46.5088
51.6	0.92701	43.9330	54.4	0.92128	46.6050
51.7	0.92681	44.0276	54.5	0.92108	46.7008
51.8	0.92661	44.1223	54.6	0.92087	46.7972
51.9	0.92641	44.2170	54.7	0.92066	46.8936
52.0	0.92621	44.3118	54.8	0.92045	46.9901
52.1	0.92601	44.4066	54.9	0.92024	47.0865
52.2	0.92580	44.5019	55.0	0.92003	47.1831
52.3	0.92560	44.5968	55.1	0.91982	47.2797
52.4	0.92540	44.6918	55.2	0.91960	47.3768
52.5	0.92520	44.7867	55.3	0.91939	47.4735
52.6	0.92499	44.8822	55.4	0.91918	47.5702
52.7	0.92479	44.9773	55.5	0.91896	47.6675

续表

体积分数 /%	相对密度	质量分数 /%	体积分数 /%	相对密度	质量分数 /%
55.6	0.91875	47.7643	58.4	0.91270	50.5022
55.7	0.91854	47.8611	58.5	0.91248	50.6009
55.8	0.91838	47.9580	58.6	0.91226	50.6996
55.9	0.91811	48.0555	58.7	0.91204	50.7984
56.0	0.91790	48.1524	58.8	0.91182	50.8972
56.1	0.91769	48.2495	58.9	0.9116	50.9961
56.2	0.91747	48.3471	59.0	0.91138	51.0950
56.3	0.91726	48.4442	59.1	0.91116	51.1939
56.4	0.91704	48.5419	59.2	0.91094	51.2929
56.5	0.91683	48.6391	59.3	0.91071	51.3926
56.6	0.91662	48.7363	59.4	0.91049	51.4917
56.7	0.91640	48.8341	59.5	0.91027	51.5908
56.8	0.91619	48.9315	59.6	0.91005	51.6900
56.9	0.91597	49.0294	59.7	0.90983	51.7893
57.0	0.91576	49.1268	59.8	0.9096	51.8891
57.1	0.91554	49.2248	59.9	0.90937	51.9885
57.2	0.91532	49.3229	60.0	0.90916	52.0879
57.3	0.91511	49.4205	60.1	0.90894	52.1873
57.4	0.91489	49.5186	60.2	0.90871	52.2874
57.5	0.91467	49.6168	60.3	0.90848	52.3875
57.6	0.91445	49.7151	60.4	0.90826	52.4871
57.7	0.91423	49.8134	60.5	0.90804	52.5867
57.8	0.91402	49.9112	60.6	0.90781	52.6870
57.9	0.9138	50.0096	60.7	0.90758	52.7873
58.0	0.91358	50.1080	60.8	0.90736	52.8871
58.1	0.91336	50.2065	60.9	0.90714	52.9869
58.2	0.91314	50.3050	61.0	0.90691	53.0874
58.3	0.91292	50.4036	61.1	0.90668	53.1879

续表

体积分数 /%	相对密度	质量分数 /%	体积分数 /%	相对密度	质量分数 /%
61.2	0.90645	53.2885	64.0	0.89999	56.1265
61.3	0.90623	53.3885	64.1	0.89976	56.2286
61.4	0.90600	53.4892	64.2	0.89952	56.3313
61.5	0.90577	53.5899	64.3	0.89928	56.4341
61.6	0.90554	53.6907	64.4	0.89905	56.5363
61.7	0.90531	53.7915	64.5	0.89882	56.6386
61.8	0.90509	53.8918	64.6	0.89858	56.7416
61.9	0.90486	53.9927	64.7	0.89834	56.8446
62.0	0.90463	54.0937	64.8	0.89811	56.9470
62.1	0.90440	54.1947	64.9	0.89788	57.0495
62.2	0.90417	54.2958	65.0	0.89765	57.1527
62.3	0.90394	54.3969	65.1	0.89742	57.2559
62.4	0.90371	54.4979	65.2	0.89718	57.3592
62.5	0.90348	54.5989	65.3	0.89694	57.4619
62.6	0.90324	54.7012	65.4	0.89671	57.5653
62.7	0.90301	54.8025	65.5	0.89647	57.6688
62.8	0.90278	54.9039	65.6	0.89623	57.7723
62.9	0.90255	55.0054	65.7	0.89600	57.8759
63.0	0.90232	55.1068	65.8	0.89576	57.9788
63.1	0.90209	55.2084	65.9	0.89552	58.0825
63.2	0.90185	55.3106	66.0	0.89526	58.1862
63.3	0.90162	55.4122	66.1	0.89502	58.2899
63.4	0.90139	55.5139	66.2	0.89478	58.3939
63.5	0.90116	55.6157	66.3	0.89454	58.4978
63.6	0.90092	55.7281	66.4	0.89430	58.6017
63.7	0.90069	55.8200	66.5	0.89406	58.7057
63.8	0.90046	55.9219	66.6	0.89382	58.8098
63.9	0.90022	56.0245	66.7	0.89358	58.9139

续表

体积分数 /%	相对密度	质量分数 /%	体积分数 /%	相对密度	质量分数 /%
66.8	0.89334	59.0181	69.6	0.88650	61.9664
66.9	0.89310	59.1223	69.7	0.88625	62.0729
67.0	0.89286	59.2266	69.8	0.88601	62.1788
67.1	0.89262	59.3310	69.9	0.88576	62.2855
67.2	0.89238	59.4354	70.0	0.88551	62.3922
67.3	0.89214	59.5398	70.1	0.88526	62.499
67.4	0.89190	59.6444	70.2	0.88501	62.6058
67.5	0.89166	59.7489	70.3	0.88476	62.7127
67.6	0.89141	59.8542	70.4	0.88451	62.8196
67.7	0.89117	59.9589	70.5	0.88426	62.9267
67.8	0.89093	60.0636	70.6	0.88402	63.0330
67.9	0.89069	60.1684	70.7	0.88377	63.1402
68.0	0.89045	60.2733	70.8	0.88352	63.2474
68.1	0.89020	60.3787	70.9	0.88327	63.3546
68.2	0.88996	60.4839	71.0	0.88302	63.4619
68.3	0.88971	60.5896	71.1	0.88277	63.5693
68.4	0.88947	60.6946	71.2	0.88252	63.6767
68.5	0.88922	60.8005	71.3	0.88227	63.7843
68.6	0.88897	60.9064	71.4	0.88202	63.8918
68.7	0.88872	61.0116	71.5	0.88177	64.0002
68.8	0.88848	61.1176	71.6	0.88152	64.1079
68.9	0.88824	61.2230	71.7	0.88126	64.2156
69.0	0.88799	61.3291	71.8	0.88101	64.3234
69.1	0.88774	61.4353	71.9	0.88076	64.4313
69.2	0.88749	61.5415	72.0	0.88051	64.5392
69.3	0.88725	61.6471	72.1	0.88026	64.6472
69.4	0.88700	61.7535	72.2	0.88000	64.7560
69.5	0.88675	61.8599	72.3	0.87974	64.8640

续表

体积分数 /%	相对密度	质量分数 /%	体积分数 /%	相对密度	质量分数 /%
72.4	0.87949	64.9731	75.2	0.87225	68.0460
72.5	0.87924	65.0813	75.3	0.87198	68.1576
72.6	0.87898	65.1903	75.4	0.87172	68.2684
72.7	0.87872	65.2994	75.5	0.87146	68.3794
72.8	0.87847	65.4079	75.6	0.87120	68.4904
72.9	0.87822	65.5164	75.7	0.87094	68.6014
73.0	0.87796	65.6257	75.8	0.87067	68.7134
73.1	0.87770	65.7350	75.9	0.87041	68.8246
73.2	0.87744	65.8445	76.0	0.87015	68.9358
73.3	0.87719	65.9532	76.1	0.86989	69.0472
73.4	0.87693	66.0628	76.2	0.86962	69.1594
73.5	0.87667	66.1724	76.3	0.86936	69.2708
73.6	0.87641	66.2821	76.4	0.86909	69.3832
73.7	0.87615	66.3918	76.5	0.86882	69.4955
73.8	0.87590	66.5009	76.6	0.86856	69.6073
73.9	0.87564	66.6108	76.7	0.86830	69.7190
74.0	0.87538	66.7207	76.8	0.86803	69.8316
74.1	0.87512	66.8307	76.9	0.86776	69.9443
74.2	0.87486	66.9408	77.0	0.86750	70.0562
74.3	0.87460	67.0510	77.1	0.86723	70.1691
74.4	0.87434	67.1612	77.2	0.86696	70.2820
74.5	0.87408	67.2714	77.3	0.86669	70.3949
74.6	0.87381	67.3825	77.4	0.86642	70.5079
74.7	0.87355	67.4930	77.5	0.86615	70.6210
74.8	0.87329	67.6034	77.6	0.86588	70.7342
74.9	0.87303	67.7140	77.7	0.86561	70.8475
75.0	0.87277	67.8246	77.8	0.86534	70.9608
75.1	0.87251	67.9352	77.9	0.86507	71.0742

续表

体积分数 /%	相对密度	质量分数 /%	体积分数 /%	相对密度	质量分数 /%
78.0	0.86480	71.1876	80.8	0.85709	74.4064
78.1	0.86453	71.3012	80.9	0.85681	74.5229
78.2	0.86425	71.4156	81.0	0.85653	74.6394
78.3	0.86398	71.5292	81.1	0.85625	74.756
78.4	0.86371	71.6430	81.2	0.85596	74.8735
78.5	0.86344	71.7568	81.3	0.85568	74.9902
78.6	0.86316	71.8715	81.4	0.85539	75.1079
78.7	0.86289	71.9855	81.5	0.85511	75.2248
78.8	0.86262	72.0995	81.6	0.85483	75.3418
78.9	0.86234	72.2144	81.7	0.85454	75.4597
79.0	0.86207	72.3286	81.8	0.85426	75.5569
79.1	0.86180	72.4429	81.9	0.85397	75.6949
79.2	0.86152	72.5580	82.0	0.85369	75.8122
79.3	0.86124	72.6724	82.1	0.85340	75.9305
79.4	0.86097	72.7877	82.2	0.85312	76.0479
79.5	0.86070	72.9006	82.3	0.85283	76.1663
79.6	0.86042	73.0177	82.4	0.85254	76.2848
79.7	0.86014	73.1332	82.5	0.85226	76.4025
79.8	0.85987	73.2480	82.6	0.85197	76.5211
79.9	0.85960	73.3628	82.7	0.85168	76.6399
80.0	0.85932	73.4786	82.8	0.85139	76.7887
80.1	0.85904	73.5944	82.9	0.85111	76.8767
80.2	0.85876	73.7103	83.0	0.85082	76.9956
80.3	0.85848	73.8263	83.1	0.85053	77.1147
80.4	0.8582	73.9423	83.2	0.85024	77.2338
80.5	0.85792	74.0585	83.3	0.84995	77.3530
80.6	0.85765	74.1738	83.4	0.84966	77.4723
80.7	0.85737	74.2901	83.5	0.84936	77.5926

续表

体积分数 /%	相对密度	质量分数 /%	体积分数 /%	相对密度	质量分数 /%
83.6	0.84907	77.7121	86.4	0.84071	81.1135
83.7	0.84878	77.8316	86.5	0.84040	81.2373
83.8	0.84849	77.9512	86.6	0.84010	81.3603
83.9	0.84820	78.0709	86.7	0.83979	81.4843
84.0	0.84791	78.1907	86.8	0.83948	81.6084
84.1	0.84761	78.3115	86.9	0.83918	81.7316
84.2	0.84732	78.4314	87.0	0.83887	81.8559
84.3	0.84702	78.5524	87.1	0.83856	81.9803
84.4	0.84673	78.6725	87.2	0.83824	82.1058
84.5	0.84643	78.7937	87.3	0.83793	82.2293
84.6	0.84613	78.9149	87.4	0.83762	82.3550
84.7	0.84584	79.0352	87.5	0.83730	82.4807
84.8	0.84557	79.1566	87.6	0.83699	82.6056
84.9	0.84525	79.2772	87.7	0.83668	82.7305
85.0	0.84495	79.3987	87.8	0.83637	82.8556
85.1	0.84465	79.5204	87.9	0.83605	82.9817
85.2	0.84435	79.6421	88.0	0.83574	83.1069
85.3	0.84405	79.7639	88.1	0.83542	83.2332
85.4	0.84375	79.8858	88.2	0.83510	83.3596
85.5	0.84344	80.0088	88.3	0.83478	83.4861
85.6	0.84314	80.1308	88.4	0.83446	83.6127
85.7	0.84284	80.2530	88.5	0.83414	83.7394
85.8	0.84254	80.3753	88.6	0.83382	83.8662
85.9	0.84224	80.4976	88.7	0.83350	83.9931
86.0	0.84194	80.6200	88.8	0.83318	84.1201
86.1	0.84163	80.7435	88.9	0.83286	84.2172
86.2	0.84133	80.8661	89.0	0.83254	84.3744
86.3	0.84102	80.9898	89.1	0.83221	84.5027

续表

体积分数 /%	相对密度	质量分数 /%	体积分数 /%	相对密度	质量分数 /%
89.2	0.83188	84.6311	92.0	0.82247	88.2863
89.3	0.83156	84.7585	92.1	0.82212	88.4199
89.4	0.83123	84.8871	92.2	0.82176	88.5547
89.5	0.8309	85.0159	92.3	0.82141	88.6885
89.6	0.83057	85.1447	92.4	0.82105	88.8235
89.7	0.82024	85.2736	92.5	0.82070	88.9576
89.8	0.82992	85.4016	92.6	0.82035	89.0917
89.9	0.82959	85.5307	92.7	0.81999	89.2271
90.0	0.82926	85.6599	92.8	0.81964	89.3615
90.1	0.82892	85.7902	92.9	0.81928	89.4971
90.2	0.82859	85.9196	93.0	0.81893	89.6317
90.3	0.82825	86.0502	93.1	0.81856	89.7687
90.4	0.82792	86.1798	93.2	0.81820	89.9046
90.5	0.82758	86.3106	93.3	0.81783	90.0418
90.6	0.82724	86.4415	93.4	0.81746	90.1793
90.7	0.82691	86.5714	93.5	0.81710	90.3154
90.8	0.82657	86.7025	93.6	0.81673	90.4530
90.9	0.82624	86.8327	93.7	0.81636	90.5907
91.0	0.82590	86.964	93.8	0.81599	90.7285
91.1	0.82556	87.0954	93.9	0.81563	90.8653
91.2	0.82521	87.2280	94.0	0.81526	91.0033
91.3	0.82487	87.3596	94.1	0.81488	91.1426
91.4	0.82453	87.4914	94.2	0.81450	91.2821
91.5	0.82418	87.6243	94.3	0.81411	91.4227
91.6	0.82384	87.7563	94.4	0.81373	91.5624
91.7	0.82359	87.8884	94.5	0.81335	91.7022
91.8	0.82316	88.0205	94.6	0.81297	91.8422
91.9	0.82281	88.1359	94.7	0.81259	91.9823

续表

体积分数 /%	相对密度	质量分数 /%	体积分数 /%	相对密度	质量分数 /%
94.8	0.81220	92.1236	97.5	0.80116	96.0530
94.9	0.81182	92.2640	97.6	0.80072	96.2044
95.0	0.81144	92.4044	97.7	0.80028	96.3559
95.1	0.81104	92.5473	97.8	0.79984	96.5076
95.2	0.81065	92.6892	97.9	0.79941	96.6582
95.3	0.81025	92.8324	98.0	0.79897	96.8102
95.4	0.80986	93.9745	98.1	0.79850	96.9660
95.5	0.80946	93.1180	98.2	0.79804	97.1208
95.6	0.80906	93.2616	98.3	0.79757	97.2770
95.7	0.80867	93.4042	98.4	0.79711	97.4322
95.8	0.80827	93.5480	98.5	0.79664	97.5887
95.9	0.80788	93.6909	98.6	0.79617	97.7455
96.0	0.80748	93.8350	98.7	0.79571	97.9012
96.1	0.80707	93.9805	98.8	0.79524	98.0583
96.2	0.80665	94.1273	98.9	0.79478	98.2144
96.3	0.80624	94.2730	99.0	0.79431	98.3718
96.4	0.80582	94.4201	99.1	0.79381	98.5332
96.5	0.80541	94.5662	99.2	0.79330	98.6961
96.6	0.80500	94.7124	99.3	0.79280	98.8579
96.7	0.80458	94.8599	99.4	0.79229	99.0811
96.8	0.80417	95.0064	99.5	0.79179	99.1833
96.9	0.80375	95.1543	99.6	0.79129	99.3457
97.0	0.80344	95.3011	99.7	0.79078	99.5096
97.1	0.80290	95.4516	99.8	0.79028	99.6725
97.2	0.80247	95.6011	99.9	0.78977	99.8368
97.3	0.80203	95.7520	100.0	0.78927	100.00
97.4	0.80159	95.9030			

附录三　酒精度和温度校正表

溶液温度/℃	酒精计示值										
	0	0.5	1.0	1.5	2.0	2.5	3.0	3.5	4.0	4.5	5.0
	温度20℃时用体积分数表示的酒精浓度/%										
0	0.8	1.3	1.8	2.3	2.8	3.3	3.9	4.4	4.9	5.5	6.0
1	0.8	1.3	1.8	2.4	2.9	3.4	3.9	4.4	5.0	5.5	6.1
2	0.8	1.4	1.9	2.4	2.9	3.4	4.0	4.5	5.0	5.6	6.1
3	0.9	1.4	1.9	2.4	3.0	3.5	4.0	4.5	5.0	5.6	6.1
4	0.9	1.4	1.9	2.4	3.0	3.5	4.0	4.5	5.1	5.6	6.2
5	0.9	1.4	2.0	2.5	3.0	3.5	4.0	4.6	5.1	5.6	6.2
6	0.9	1.4	2.0	2.5	3.0	3.5	4.0	4.6	5.1	5.6	6.2
7	0.9	1.4	1.9	2.4	3.0	3.5	4.0	4.5	5.1	5.6	6.1
8	0.9	1.4	1.9	2.4	2.9	3.4	4.0	4.5	5.0	5.6	6.1
9	0.9	1.4	1.9	2.4	2.9	3.4	4.0	4.5	5.0	5.5	6.0
10	0.8	1.3	1.8	2.4	2.9	3.4	3.9	4.4	5.0	5.5	6.0
11	0.8	1.3	1.8	2.3	2.8	3.3	3.9	4.4	4.9	5.4	6.0
12	0.7	1.2	1.7	2.2	2.8	3.3	3.8	4.3	4.8	5.4	5.9
13	0.7	1.2	1.7	2.2	2.7	3.2	3.7	4.2	4.8	5.3	5.8
14	0.6	1.1	1.6	2.1	2.6	3.1	3.6	4.2	4.7	5.2	5.7
15	0.5	1.0	1.5	2.0	2.5	3.0	3.6	4.1	4.6	5.1	5.6
16	0.4	0.9	1.4	1.9	2.4	2.9	3.4	4.0	4.5	5.0	5.5
17	0.3	0.8	1.3	1.8	2.3	2.8	3.4	3.9	4.4	4.9	5.4
18	0.2	0.7	1.2	1.7	2.2	2.7	3.2	3.7	4.2	4.8	5.3
19	0.1	0.6	1.1	1.6	2.1	2.6	3.1	3.6	4.1	4.6	5.1
20	0.0	0.5	1.0	1.5	2.0	2.5	3.0	3.5	4.0	4.5	5.0
21		0.4	0.9	1.4	1.9	2.4	2.9	3.4	3.9	4.4	4.8
22		0.2	0.7	1.2	1.7	2.2	2.7	3.2	3.7	4.2	4.7
23		0.1	0.6	1.1	1.6	2.1	2.6	3.1	3.6	4.1	4.6
24		0.0	0.4	0.9	1.4	1.9	2.4	2.9	3.4	3.9	4.4
25			0.3	0.8	1.3	1.8	2.3	2.8	3.2	3.7	4.2
26			0.1	0.6	1.1	1.6	2.1	2.6	3.1	3.6	4.0
27			0.0	0.4	1.0	1.4	1.9	2.4	2.9	3.4	3.9
28				0.3	0.8	1.3	1.8	2.2	2.7	3.2	3.7
29				0.2	0.6	1.1	1.6	2.1	2.5	3.0	3.6
30				0.1	0.4	0.9	1.4	1.9	2.4	2.8	3.3

续表

溶液温度 /℃	酒精计示值									
	5.5	6.0	6.5	7.0	7.5	8.0	8.5	9.0	9.5	10.0
	温度 20℃时用体积分数表示的酒精浓度 /%									
0	6.6	7.2	7.8	8.4	9.0	9.6	10.2	10.8	11.4	12.0
1	6.6	7.2	7.8	8.4	9.0	9.6	10.2	10.8	11.4	12.0
2	6.7	7.2	7.8	8.4	9.0	9.6	10.2	10.8	11.4	12.0
3	6.7	7.3	7.8	8.4	9.0	9.6	10.2	10.8	11.4	12.0
4	6.7	7.3	7.8	8.4	9.0	9.6	10.2	10.7	11.3	11.9
5	6.7	7.3	7.8	8.4	9.0	9.6	10.1	10.7	11.3	11.8
6	6.7	7.3	7.8	8.4	8.9	9.5	10.1	10.6	11.2	11.8
7	6.7	7.2	7.8	8.4	8.9	9.5	10.0	10.6	11.2	11.7
8	6.6	7.2	7.7	8.3	8.8	9.4	10.0	10.5	11.1	11.6
9	6.6	7.1	7.7	8.2	8.8	9.3	9.9	10.4	11.0	11.5
10	6.5	7.1	7.6	8.2	8.7	9.3	9.8	10.3	10.9	11.4
11	6.5	7.0	7.6	8.1	8.6	9.2	9.7	10.2	10.8	11.3
12	6.4	6.9	7.5	8.0	8.5	9.1	9.6	10.1	10.7	11.2
13	6.3	6.8	7.4	7.9	8.4	9.0	9.5	10.0	10.6	11.1
14	6.2	6.7	7.3	7.8	8.3	8.9	9.4	9.9	10.4	11.0
15	6.1	6.6	7.2	7.7	8.2	8.8	9.3	9.8	10.3	10.8
16	6.0	6.5	7.0	7.6	8.1	8.6	9.1	9.6	10.2	10.7
17	5.9	6.4	6.9	7.4	8.0	8.5	9.0	9.5	10.0	10.5
18	5.8	6.3	6.8	7.3	7.8	8.3	8.8	9.3	9.8	10.4
19	5.6	6.1	6.6	7.2	7.6	8.2	8.7	9.2	9.7	10.2
20	5.5	6.0	6.5	7.0	7.5	8.0	8.5	9.0	9.5	10.0
21	5.4	5.8	6.3	6.8	7.3	7.8	8.3	8.8	9.3	9.8
22	5.2	5.7	6.2	6.7	7.2	7.7	8.2	8.6	9.1	9.6
23	5.0	5.5	6.0	6.5	7.0	7.5	8.0	8.4	8.9	9.4
24	4.9	5.4	5.8	6.3	6.8	7.3	7.8	8.3	8.8	9.2
25	4.7	5.2	5.7	6.2	6.6	7.1	7.6	8.1	8.6	9.0
26	4.5	5.0	5.5	6.0	6.4	6.9	7.4	7.9	8.3	8.8
27	4.3	4.8	5.3	5.8	6.3	6.7	7.2	7.7	8.1	8.6
28	4.2	4.6	5.1	5.6	6.1	6.5	7.0	7.5	7.9	8.4
29	4.0	4.4	4.9	5.4	5.8	6.3	6.8	7.2	7.7	8.2
30	3.8	4.2	4.7	5.2	5.6	6.1	6.6	7.0	7.5	7.9

续表

溶液温度/℃	酒精计示值									
	10.5	11.0	11.5	12.0	12.5	13.0	13.5	14.0	14.5	15.0
	温度20℃时用体积分数表示的酒精浓度/%									
0	12.7	13.3	14.0	14.6	15.3	16.0	16.7	17.5	18.2	19.0
1	12.6	13.3	13.9	14.6	15.3	15.9	16.6	17.3	18.1	18.8
2	12.6	13.2	13.9	14.5	15.2	15.9	16.6	17.2	17.9	18.6
3	12.6	13.2	13.8	14.5	15.1	15.8	16.4	17.1	17.8	18.5
4	12.5	13.1	13.8	14.4	15.0	15.7	16.3	17.0	17.7	18.3
5	12.4	13.0	13.7	14.3	14.9	15.6	16.2	16.8	17.5	18.2
6	12.4	13.0	13.6	14.2	14.8	15.4	16.1	16.7	17.3	18.0
7	12.3	12.9	13.5	14.1	14.7	15.3	15.9	16.5	17.2	17.8
8	12.2	12.8	13.4	14.0	14.6	15.2	15.8	16.4	17.0	17.6
9	12.1	12.7	13.2	13.8	14.4	15.0	15.6	16.2	16.8	17.4
10	12.0	12.6	13.1	13.7	14.3	14.9	15.4	16.0	16.6	17.2
11	11.9	12.4	13.0	13.6	14.1	14.7	15.3	15.8	16.4	17.0
12	11.8	12.3	12.8	13.4	14.0	14.5	15.1	15.7	16.2	16.8
13	11.6	12.2	12.7	13.2	13.8	14.4	14.9	15.5	16.0	16.6
14	11.5	12.0	12.5	13.1	13.6	14.2	14.7	15.3	15.8	16.4
15	11.3	11.9	12.4	12.9	13.5	14.0	14.5	15.1	15.6	16.2
16	11.2	11.7	12.2	12.8	13.3	13.8	14.3	14.9	15.4	15.9
17	11.0	11.5	12.1	12.6	13.1	13.6	14.1	14.7	15.2	15.7
18	10.9	11.4	11.9	12.4	12.9	13.4	13.9	14.4	15.0	15.5
19	10.7	11.2	11.7	12.2	12.7	13.2	13.7	14.2	14.7	15.2
20	10.5	11.0	11.5	12.0	12.5	13.0	13.5	14.0	14.5	15.0
21	10.3	10.8	11.3	11.8	12.3	12.8	13.3	13.8	14.3	14.8
22	10.1	10.6	11.1	11.6	12.1	12.6	13.1	13.6	14.0	14.5
23	9.9	10.4	10.9	11.4	11.8	12.3	12.8	13.3	13.8	14.3
24	9.7	10.2	10.7	11.2	11.6	12.1	12.6	13.1	13.5	14.0
25	9.5	10.0	10.4	10.9	11.4	11.9	12.4	12.8	13.3	13.8
26	9.3	9.8	10.2	10.7	11.2	11.7	12.1	12.6	13.0	13.5
27	9.1	9.5	10.0	10.5	10.9	11.4	11.9	12.3	12.8	13.2
28	8.9	9.3	9.8	10.3	10.7	11.2	11.6	12.1	12.6	13.0
29	8.6	9.1	9.5	10.0	10.5	10.9	11.4	11.8	12.3	12.7
30	8.4	8.9	9.3	9.8	10.2	10.7	11.1	11.6	12.0	12.5

续表

溶液温度/℃	酒精计示值									
	15.5	16.0	16.5	17.0	17.5	18.0	18.5	19.0	19.5	20.0
	温度 20℃时用体积分数表示的酒精浓度 /%									
0	19.7	20.5	21.3	22.0	22.8	23.6	24.3	25.1	25.8	26.5
1	19.6	20.3	21.1	21.8	22.6	23.3	24.0	24.7	25.4	26.1
2	19.4	20.1	20.8	21.6	23.3	23.0	23.7	24.4	25.1	25.8
3	19.2	19.9	20.6	21.4	23.0	22.7	23.4	24.1	24.8	25.5
4	19.0	19.7	20.4	21.1	22.7	22.5	23.1	23.8	24.4	25.1
5	18.8	19.5	20.2	20.9	22.2	22.2	22.8	23.4	24.1	24.7
6	18.6	19.3	19.9	20.6	21.9	21.9	22.5	23.2	23.8	24.4
7	18.4	19.1	19.7	20.4	21.6	21.6	22.2	22.8	23.4	24.1
8	18.2	18.9	19.5	20.1	21.3	21.3	21.9	22.6	23.2	23.8
9	18.0	18.6	19.2	19.9	21.1	21.1	21.7	22.3	22.8	23.4
10	17.8	18.4	19.0	19.6	20.8	20.8	21.4	22.0	22.5	23.1
11	17.6	18.2	18.8	19.4	20.5	20.5	21.1	21.7	22.2	22.8
12	17.4	18.0	18.5	19.1	20.2	20.2	20.8	21.4	21.9	22.5
13	17.2	17.7	18.3	18.8	20.0	20.0	20.5	21.1	21.6	22.2
14	16.9	17.5	18.0	18.6	19.7	19.7	20.2	20.8	21.3	21.9
15	16.7	17.2	17.8	18.3	19.4	19.4	20.0	20.5	21.0	21.6
16	16.5	17.0	17.5	18.1	19.2	19.2	19.7	20.2	20.7	21.6
17	16.2	16.8	17.3	17.8	18.9	18.9	19.4	19.9	20.4	20.9
18	16.0	16.5	17.0	17.6	18.6	18.6	19.1	19.6	20.1	20.6
19	15.8	16.3	16.8	17.3	18.3	18.3	18.8	19.3	19.8	20.3
20	15.5	16.0	16.5	17.0	18.0	18.0	18.5	19.0	19.5	20.0
21	15.2	15.7	16.2	16.7	17.7	17.7	18.2	18.7	19.2	19.7
22	15.0	15.5	16.0	16.5	17.4	17.4	17.9	18.4	18.9	19.4
23	14.7	15.2	15.7	16.2	17.1	17.1	17.6	18.1	18.6	19.0
24	14.5	15.0	15.4	15.9	16.9	16.9	17.3	17.8	18.3	18.7
25	14.2	14.7	15.2	15.6	16.6	16.6	17.0	17.5	18.0	18.4
26	14.0	14.4	14.9	15.4	16.3	16.3	16.7	17.2	17.6	18.1
27	13.7	14.2	14.6	15.1	16.0	16.0	16.4	16.9	17.3	17.6
28	13.4	13.9	14.4	14.8	15.7	15.7	16.1	16.6	17.0	17.5
29	13.2	13.6	14.1	14.5	15.4	15.4	15.8	16.3	16.7	17.2
30	12.9	13.4	13.8	14.2	15.1	15.1	15.5	16.0	16.4	16.8

续表

溶液温度/℃	酒精计示值									
	20.5	21.0	21.5	22.0	22.5	23.0	23.5	24.0	24.5	25.0
	温度20℃时用体积分数表示的酒精浓度/%									
0	27.2	27.9	28.6	29.2	29.9	30.6	31.2	31.8	32.4	33.0
1	26.8	27.5	28.2	28.8	29.5	30.1	30.7	31.4	32.0	32.6
2	26.4	27.1	27.8	28.4	29.0	29.7	30.3	30.9	31.5	32.2
3	26.1	26.8	27.4	28.0	28.6	29.3	29.9	30.5	31.1	21.7
4	25.7	26.4	27.0	27.6	28.2	28.9	29.5	30.1	30.7	31.3
5	25.4	26.0	26.6	27.2	27.8	28.5	29.1	29.7	30.5	30.8
6	25.0	25.6	26.2	26.9	27.5	28.1	28.7	29.3	29.8	30.4
7	24.7	25.3	25.9	26.5	27.1	27.7	28.3	28.9	29.4	30.0
8	24.3	24.9	25.5	26.1	26.7	27.3	27.9	28.5	29.0	29.6
9	24.0	24.6	25.2	25.8	26.3	26.9	27.5	28.1	28.6	29.2
10	23.7	24.3	24.8	25.4	26.0	26.6	27.1	27.7	28.2	28.8
11	23.4	23.9	24.5	25.0	25.6	26.2	26.7	27.3	27.8	28.4
12	23.0	23.6	24.2	24.7	25.3	25.8	26.4	26.9	27.4	28.0
13	22.7	23.3	23.8	24.4	24.9	25.4	26.0	26.5	27.1	27.6
14	22.4	23.0	23.5	24.0	24.6	25.1	25.6	26.2	26.7	27.2
15	22.1	22.6	23.1	23.7	24.2	24.7	25.3	25.8	26.3	26.8
16	21.8	22.3	22.8	23.3	23.8	24.4	24.9	25.4	25.9	26.5
17	21.4	22.0	22.5	23.0	23.5	24.0	24.5	25.1	25.6	26.1
18	21.1	21.6	22.1	22.6	23.2	23.7	24.2	24.7	25.2	25.7
19	20.8	21.3	21.8	22.3	22.8	23.3	23.8	24.4	24.8	25.4
20	20.5	21.0	21.5	22.0	22.5	23.0	23.5	24.0	24.5	25.0
21	20.2	20.7	21.2	21.7	22.2	22.6	23.1	23.6	24.1	24.6
22	19.0	20.4	20.8	21.3	21.8	22.3	22.8	23.3	23.8	24.3
23	19.5	20.0	20.5	21.0	21.5	22.0	22.4	22.9	23.4	23.9
24	19.2	19.7	20.2	20.7	21.1	21.6	22.1	22.6	23.1	23.5
25	18.9	19.4	19.8	20.3	20.8	21.3	21.8	22.2	22.7	23.2
26	18.6	19.0	19.5	20.0	20.5	20.9	21.4	21.9	22.4	22.8
27	18.2	18.7	19.2	19.6	20.1	20.6	21.0	21.5	22.0	22.5
28	17.9	18.4	18.8	19.3	19.8	20.2	20.7	21.2	21.6	22.1
29	17.6	18.0	18.5	19.0	19.4	19.9	20.4	20.8	21.3	21.8
30	17.3	17.7	18.2	18.6	19.1	19.6	20.0	20.5	20.9	21.4

续表

溶液温度/℃	酒精计示值									
	25.5	26.0	26.5	27.0	27.5	28.0	28.5	29.0	29.5	30.0
	温度 20℃时用体积分数表示的酒精浓度 /%									
0	33.6	34.2	34.7	35.3	35.8	36.3	36.8	37.3	37.8	38.3
1	33.1	33.7	34.3	34.9	35.3	35.9	36.4	36.9	37.4	37.9
2	32.7	33.3	33.8	34.4	34.9	35.4	36.0	36.5	37.0	37.6
3	32.3	32.9	33.4	34.0	34.5	35.0	35.5	36.0	36.6	37.1
4	31.8	32.4	33.0	33.5	34.0	34.6	35.1	35.6	36.1	36.6
5	31.4	32.0	32.6	33.1	33.6	34.2	34.7	35.2	25.7	36.2
6	31.0	31.6	32.1	32.7	33.2	33.7	34.2	34.8	25.3	35.8
7	30.6	31.1	31.7	32.2	32.8	33.3	33.8	34.4	34.9	35.4
8	30.2	30.7	31.3	31.8	32.4	32.9	33.4	33.9	34.4	35.0
9	29.7	30.3	30.8	31.4	31.9	32.5	33.0	33.5	34.0	34.5
10	29.3	29.9	30.4	31.0	31.5	32.0	32.6	33.1	33.6	34.1
11	28.9	29.5	30.0	30.6	31.1	31.6	32.1	32.7	33.2	33.7
12	28.5	29.1	29.6	30.2	30.7	31.2	31.7	32.2	32.8	33.3
13	28.2	28.7	29.2	29.7	30.3	30.8	31.3	31.8	32.3	32.8
14	27.8	28.3	28.8	29.3	29.9	30.4	30.9	31.4	31.9	32.4
15	27.4	27.9	28.4	28.9	29.5	30.0	30.5	31.0	31.5	32.0
16	27.0	27.5	28.0	28.5	29.0	29.6	30.1	30.6	31.1	31.6
17	26.6	27.1	27.6	28.1	28.6	29.2	29.7	30.2	30.7	31.2
18	26.2	26.7	27.2	27.8	28.3	28.8	29.3	29.8	30.3	30.8
19	25.9	26.4	26.9	27.4	27.9	28.4	28.9	29.4	29.9	30.4
20	25.5	26.0	26.5	27.0	27.5	28.0	28.5	29.0	29.5	30.0
21	25.1	25.6	26.1	26.6	27.1	27.6	28.1	28.6	29.1	29.6
22	24.8	25.3	25.8	26.2	26.7	27.2	27.7	28.2	28.7	29.2
23	24.4	24.9	25.4	25.8	26.3	26.8	27.3	27.8	28.3	28.8
24	24.0	24.5	25.0	25.5	26.0	26.4	26.9	27.4	27.9	28.4
25	23.7	24.1	24.6	25.1	25.6	26.1	26.6	27.0	27.5	28.0
26	23.3	23.8	24.2	24.7	25.2	25.7	26.2	26.6	27.1	27.6
27	22.9	23.4	23.9	24.4	24.8	25.3	25.8	26.3	26.7	27.2
28	22.6	23.0	23.5	24.0	24.4	24.9	25.4	25.9	26.4	26.8
29	22.2	22.7	23.2	23.6	24.1	24.6	25.0	25.5	26.0	26.4
30	21.9	22.3	22.8	23.2	23.7	24.2	24.6	25.1	25.6	26.1

续表

溶液温度/℃	酒精计示值									
	30.5	31.0	31.5	32.0	32.5	33.0	33.5	34.0	34.5	35.0
	温度20℃时用体积分数表示的酒精浓度/%									
0	38.8	39.3	39.7	40.2	40.7	41.2	41.6	42.1	42.6	43.1
1	38.4	38.9	39.3	39.8	40.3	40.8	41.3	41.7	42.2	42.7
2	38.0	38.4	38.9	39.4	39.9	40.4	40.8	41.3	41.8	42.3
3	37.6	38.0	38.5	39.0	39.5	40.0	40.4	40.9	41.4	41.9
4	37.1	37.6	38.1	38.6	39.1	39.6	40.0	40.5	41.0	41.5
5	36.7	37.2	37.7	38.2	38.7	39.2	39.6	40.1	40.6	41.1
6	36.3	36.8	37.3	37.8	38.2	38.8	39.2	39.7	40.2	40.7
7	35.9	36.4	36.8	37.3	37.8	38.3	38.8	39.3	39.8	40.3
8	35.4	36.0	36.4	36.9	37.4	37.9	38.4	38.9	39.4	39.9
9	35.0	35.5	36.0	36.5	37.0	37.5	38.0	38.5	39.0	39.5
10	34.6	35.1	35.6	36.1	36.6	37.1	37.6	38.1	38.6	39.1
11	34.2	34.7	35.2	35.7	36.2	36.7	37.2	37.7	38.2	38.7
12	33.8	34.3	34.8	35.3	35.8	36.3	36.8	37.3	37.8	38.2
13	33.4	33.9	34.4	34.9	35.4	35.9	36.4	36.8	37.3	37.8
14	33.0	33.5	34.0	34.4	35.0	35.4	35.9	36.4	36.9	37.4
15	32.6	33.0	33.5	34.0	34.5	35.0	35.5	36.0	36.5	37.0
16	32.1	32.6	33.1	33.6	34.1	34.6	35.1	35.6	36.1	36.6
17	31.7	32.2	32.7	33.2	33.7	34.2	34.7	35.2	35.7	36.2
18	31.3	31.8	32.3	32.8	33.3	33.8	34.3	34.8	35.3	35.8
19	30.9	31.4	31.9	32.4	32.9	33.4	33.9	34.4	34.9	35.4
20	30.5	31.0	31.5	32.0	32.5	33.0	33.5	34.0	34.5	35.0
21	30.1	30.6	31.1	31.6	32.0	32.6	33.1	33.6	34.1	34.6
22	29.7	30.2	30.7	31.2	31.7	32.2	32.7	33.2	33.7	34.2
23	29.3	29.8	30.3	30.8	31.3	31.8	32.3	32.8	33.3	33.8
24	28.9	29.4	29.9	30.4	30.9	31.4	31.9	32.4	32.9	33.4
25	28.5	29.0	29.5	30.0	30.5	31.0	31.5	32.0	32.5	33.0
26	28.1	28.6	29.1	29.6	30.0	30.6	31.0	31.6	32.0	32.6
27	27.7	28.2	28.7	29.2	29.6	30.2	30.6	31.2	31.6	32.2
28	27.3	27.8	28.3	28.8	29.2	29.7	30.2	30.7	31.2	31.7
29	26.9	27.4	27.9	28.4	28.8	29.4	29.8	30.3	30.8	31.3
30	26.5	27.0	27.5	28.0	28.9	28.9	29.4	29.9	30.4	30.9

续表

溶液温度/℃	酒精计示值									
	35.5	36.0	36.5	37.0	37.5	38.0	38.5	39.0	39.5	40.0
	温度 20℃时用体积分数表示的酒精浓度 /%									
0	43.6	44.0	44.5	45.0	45.5	46.0	46.4	46.9	47.4	47.8
1	43.2	43.7	44.1	44.6	45.1	45.6	46.0	46.5	47.0	47.5
2	42.8	43.3	43.7	44.2	44.7	45.2	45.7	46.1	46.6	47.1
3	42.2	42.9	43.4	43.8	44.3	44.8	45.3	45.8	46.2	46.7
4	42.4	42.5	43.0	43.4	43.9	44.4	44.9	45.4	45.9	46.3
5	42.0	42.1	42.6	43.1	43.6	44.0	44.5	45.0	45.5	46.0
6	41.6	41.7	42.2	42.7	43.2	43.6	44.1	44.6	45.1	45.6
7	41.2	41.3	41.8	42.3	42.8	43.2	43.7	44.2	44.7	45.2
8	40.8	40.9	41.4	41.9	42.4	42.8	43.3	43.8	44.3	44.8
9	40.4	40.5	41.0	41.5	42.0	42.4	42.9	43.4	43.9	44.4
10	40.0	40.1	40.6	41.0	41.6	42.0	42.5	43.0	43.5	44.0
11	39.6	39.6	40.2	40.6	41.1	41.6	42.1	42.6	43.1	43.6
12	39.2	39.2	39.7	40.2	40.7	41.2	41.7	42.2	42.7	43.2
13	38.7	38.8	39.3	39.8	40.3	40.8	41.3	41.8	42.3	42.8
14	38.3	38.4	38.9	39.4	39.9	40.4	40.9	41.4	41.9	42.4
15	37.9	38.0	38.5	39.0	39.5	40.0	40.5	41.0	41.5	42.0
16	37.5	37.6	38.1	38.6	39.1	39.6	40.1	40.6	41.1	41.6
17	37.1	37.2	37.7	38.2	38.7	39.2	39.7	40.2	40.7	41.2
18	36.7	36.8	37.3	37.8	38.3	38.8	39.3	39.8	40.3	40.8
19	36.3	36.4	36.9	37.4	37.9	38.4	38.9	39.4	39.9	40.4
20	35.9	36.0	36.5	37.0	37.5	38.0	38.5	39.0	39.5	40.0
21	35.1	35.6	36.1	36.6	37.1	37.6	38.1	38.6	39.1	39.6
22	34.7	35.2	35.7	36.2	36.7	37.2	37.7	38.2	38.7	39.2
23	34.3	34.8	35.3	35.8	36.3	36.8	37.3	37.8	38.3	38.8
24	33.9	34.4	34.9	35.4	35.9	36.4	36.9	37.4	37.9	38.4
25	33.5	34.0	34.5	35.0	35.5	36.0	36.5	37.0	37.5	38.0
26	33.1	33.6	34.1	34.6	35.1	35.6	36.1	36.6	37.1	37.6
27	32.7	33.2	33.7	34.2	34.7	35.2	35.7	36.2	36.7	37.2
28	32.2	32.8	33.2	33.8	34.3	34.8	35.3	35.8	36.3	36.8
29	31.8	32.3	32.8	33.4	33.9	34.4	34.9	35.4	35.9	36.4
30	31.4	32.0	32.4	33.0	33.5	34.0	34.5	35.0	35.5	36.0

续表

溶液温度/℃	酒精计示值									
	40.5	41.0	41.5	42.0	42.5	43.0	43.5	44.0	44.5	45.0
	温度20℃时用体积分数表示的酒精浓度/%									
0	48.3	48.8	49.3	49.7	50.2	50.7	51.1	51.6	52.1	52.6
1	47.9	48.4	48.9	49.4	49.8	50.3	50.8	51.3	51.7	52.2
2	47.6	48.0	48.5	49.0	49.5	49.9	50.4	50.9	51.4	51.8
3	47.2	47.7	48.1	48.6	49.1	49.6	50.0	50.5	51.0	51.5
4	46.8	47.3	47.8	48.2	48.7	49.2	49.7	50.2	50.6	51.1
5	46.4	46.9	47.4	47.9	48.3	48.8	49.3	49.8	50.3	50.8
6	46.0	46.5	47.0	47.5	48.0	48.4	48.9	49.4	49.9	50.4
7	45.7	46.2	46.6	47.1	47.6	48.1	48.5	49.0	49.5	50.0
8	45.3	45.8	46.2	46.7	47.2	47.7	48.2	48.6	49.1	49.6
9	44.9	45.4	45.8	46.3	46.8	47.3	47.8	48.3	48.8	49.2
10	44.5	45.0	45.5	46.0	46.4	46.9	47.4	47.9	48.4	48.9
11	44.1	44.6	45.1	45.6	46.0	46.5	47.0	47.5	48.0	48.5
12	43.7	44.2	44.7	45.2	45.6	46.1	46.6	47.1	47.6	48.1
13	43.3	43.8	44.3	44.8	45.3	45.8	46.3	46.7	47.2	47.7
14	42.9	43.4	43.9	44.4	44.9	45.4	45.8	46.4	46.8	47.3
15	42.5	43.0	43.5	44.0	44.5	45.0	45.5	46.0	46.4	47.0
16	42.1	42.6	43.1	43.6	44.1	44.6	45.2	45.6	46.1	46.6
17	41.7	42.2	42.7	43.2	43.7	44.2	44.8	45.2	45.7	46.2
18	41.3	41.8	42.3	42.8	43.3	43.8	44.4	44.8	45.3	45.8
19	40.9	41.4	41.9	42.4	42.9	43.4	44.0	44.4	44.9	45.4
20	40.5	41.0	41.5	42.0	42.5	43.0	43.6	44.0	44.5	45.0
21	40.1	40.6	41.1	41.6	42.1	42.6	43.1	43.6	44.1	44.6
22	39.7	40.2	40.7	41.2	41.7	42.2	42.7	43.2	43.7	44.2
23	39.3	39.8	40.3	40.8	41.3	41.8	42.3	42.8	43.3	43.8
24	38.9	39.4	39.9	40.4	40.9	41.4	41.9	42.4	42.9	43.4
25	38.5	39.0	39.5	40.0	40.5	41.0	41.5	42.0	42.5	43.0
26	38.1	38.6	39.1	39.6	40.1	40.6	41.1	41.6	42.2	42.7
27	37.7	38.2	38.7	39.2	39.7	40.2	40.7	41.2	41.8	42.3
28	37.3	37.8	38.3	38.8	39.3	39.8	40.3	40.8	41.4	41.9
29	36.9	37.4	37.9	38.4	38.9	39.4	39.9	40.4	41.0	41.5
30	36.5	37.0	37.5	38.0	38.5	39.0	39.5	40.1	40.6	41.1

续表

溶液温度 /℃	酒精计示值									
	45.5	46.0	46.5	47.0	47.5	48.0	48.5	49.0	49.5	50.0
	温度 20℃时用体积分数表示的酒精浓度 /%									
0	53.0	53.5	54.0	54.5	54.9	55.4	55.9	56.4	56.8	57.3
1	52.7	53.2	53.6	54.1	54.6	55.0	55.5	56.0	56.5	57.0
2	52.3	52.8	53.3	53.8	54.2	54.7	55.2	55.6	56.1	56.6
3	52.0	52.4	52.9	53.4	53.9	54.3	54.8	55.3	55.8	56.2
4	51.6	52.1	52.6	53.0	53.5	54.0	54.4	54.9	55.4	55.9
5	51.2	51.7	52.2	52.7	53.1	53.6	54.1	54.6	55.0	55.5
6	50.8	51.3	51.8	52.3	52.8	53.2	53.7	54.2	54.7	55.2
7	50.5	51.0	51.4	51.9	52.4	52.9	53.4	53.9	54.3	54.8
8	50.1	50.6	51.1	51.6	52.0	52.5	53.0	53.5	54.0	54.5
9	49.7	50.2	50.7	51.2	51.7	52.2	52.6	53.1	53.6	54.1
10	49.4	49.8	50.3	50.8	51.3	51.8	52.3	52.8	53.2	53.7
11	49.0	48.5	50.0	50.4	50.9	51.4	51.9	52.4	52.9	53.4
12	48.6	49.1	49.6	50.1	50.6	51.0	51.6	52.0	52.5	53.0
13	48.2	48.7	49.2	49.7	50.2	50.7	51.2	51.6	52.1	52.6
14	47.9	48.3	48.8	49.3	49.8	50.3	50.8	51.3	51.8	52.2
15	47.4	47.9	48.4	48.9	48.4	49.9	50.4	50.9	51.4	51.9
16	47.1	47.6	48.0	48.6	49.0	49.5	50.0	50.5	51.0	51.5
17	46.7	47.2	47.7	48.2	48.7	49.2	49.6	50.1	50.6	51.1
18	46.3	46.8	47.3	47.8	48.3	48.8	49.3	49.8	50.2	50.7
19	45.9	46.4	46.9	47.4	47.9	48.4	48.9	49.4	49.9	50.4
20	45.4	46.0	46.5	47.0	47.5	48.0	48.5	49.0	49.5	50.0
21	45.1	45.6	46.1	46.6	47.1	47.6	48.1	48.6	49.1	49.6
22	44.7	45.2	45.7	46.2	46.7	47.2	47.7	48.2	48.7	49.2
23	44.3	44.8	45.3	45.8	46.3	46.8	47.3	47.8	48.4	48.9
24	43.9	44.4	44.9	45.4	46.0	46.4	47.0	47.5	48.0	48.5
25	43.6	44.1	44.6	45.1	45.6	46.1	46.6	47.1	47.6	48.1
26	43.2	43.7	44.2	44.7	45.2	45.7	46.2	46.7	47.2	47.7
27	42.8	43.3	43.8	44.3	44.8	45.3	45.8	46.3	46.8	47.3
28	42.4	42.9	43.4	43.9	44.4	44.9	45.4	45.9	46.4	47.0
29	42.0	42.5	43.0	43.5	44.0	44.5	45.0	45.6	46.1	46.6
30	41.6	42.1	42.6	43.1	43.6	44.2	44.7	45.2	45.7	46.2

续表

溶液温度/℃	酒精计示值									
	50.5	51.0	51.5	52.0	52.5	53.0	53.5	54.0	54.5	55.0
	温度20℃时用体积分数表示的酒精浓度/%									
0	57.8	58.2	58.7	59.2	59.7	60.1	60.6	61.1	61.6	62.0
1	57.4	57.9	58.4	58.8	59.3	59.8	60.3	60.7	61.2	61.7
2	57.1	57.5	58.0	58.5	59.0	59.4	59.9	60.4	60.9	61.4
3	56.7	57.2	57.7	58.2	58.6	59.1	59.6	60.1	60.5	61.0
4	56.4	56.8	57.3	57.8	58.3	58.8	59.2	59.7	60.2	60.7
5	56.0	56.5	57.0	57.4	57.9	58.4	58.9	59.4	59.8	60.3
6	55.6	56.1	56.6	57.1	57.6	58.1	58.5	59.0	59.5	60.0
7	55.3	55.8	56.3	56.8	57.2	57.7	58.2	58.7	59.2	59.6
8	54.9	55.4	55.9	56.4	56.9	57.4	57.8	58.3	58.8	59.3
9	54.6	55.1	55.6	56.0	56.5	57.0	57.5	58.0	58.4	58.9
10	54.2	54.7	55.2	55.7	56.2	56.6	57.1	57.6	58.1	58.6
11	53.8	54.3	54.8	55.3	55.8	56.3	56.8	57.2	57.7	58.2
12	53.5	54.0	54.5	55.0	55.4	55.9	56.4	56.9	57.4	57.9
13	53.1	53.6	54.1	54.6	55.1	55.6	56.0	56.5	57.0	57.5
14	52.7	53.2	53.7	54.2	54.8	55.2	55.7	56.2	56.7	57.2
15	52.4	52.9	53.4	53.9	54.4	54.8	55.3	55.8	56.3	56.8
16	52.0	52.5	53.0	53.5	54.0	54.5	55.0	55.5	56.0	56.4
17	51.6	52.1	52.6	53.1	53.6	54.1	54.6	55.1	55.6	56.1
18	51.2	51.7	52.2	52.7	53.2	53.7	54.2	54.7	55.2	55.7
19	50.9	51.4	51.9	52.4	52.9	53.4	53.9	54.4	54.9	55.4
20	50.5	51.0	51.5	52.0	52.5	53.0	53.5	54.0	54.5	55.0
21	50.1	50.6	51.1	51.6	52.1	52.6	53.1	53.6	54.1	54.6
22	49.7	50.2	50.7	51.2	51.8	52.2	52.8	53.3	53.8	54.3
23	49.4	49.9	50.4	50.9	51.4	51.9	52.4	52.9	53.4	53.9
24	49.0	49.5	50.0	50.5	51.0	51.5	52.0	52.5	53.0	53.5
25	48.6	49.1	49.6	50.1	50.6	51.1	51.6	52.2	52.6	53.2
26	48.2	48.7	49.2	49.7	50.2	50.8	51.3	51.8	52.3	52.8
27	47.8	48.3	48.8	49.4	49.9	50.4	50.9	51.4	51.9	52.4
28	47.5	48.0	48.5	49.0	49.5	50.0	50.5	51.0	51.5	52.1
29	47.1	47.6	48.1	48.6	49.1	49.6	50.2	50.7	51.2	51.7
30	46.7	47.2	47.7	48.2	48.8	49.3	49.8	50.3	50.8	51.3

续表

溶液温度/℃	酒精计示值									
	55.5	56.0	56.5	57.0	57.5	58.0	58.5	59.0	59.5	60.0
	温度20℃时用体积分数表示的酒精浓度/%									
0	62.5	63.0	63.4	63.9	64.4	64.9	65.4	65.8	66.3	66.8
1	62.2	62.6	63.1	63.6	64.1	64.6	65.0	65.5	66.0	66.4
2	61.8	62.3	62.8	63.3	63.7	64.2	64.7	65.2	65.6	66.1
3	61.5	62.0	62.4	62.9	63.4	63.9	64.4	64.8	65.3	65.8
4	61.2	61.6	62.1	62.6	63.1	63.6	64.0	64.5	65.0	65.5
5	60.8	61.3	61.8	62.3	62.7	63.2	63.7	64.2	64.7	65.1
6	60.5	61.0	61.4	61.9	62.4	62.9	63.4	63.8	64.3	64.8
7	60.1	60.6	61.1	61.6	62.1	62.9	63.0	63.5	64.0	64.5
8	59.8	60.3	60.8	61.2	61.7	62.2	62.7	63.2	63.9	64.1
9	59.4	59.9	60.4	60.9	61.4	61.9	62.3	62.8	63.3	63.8
10	59.1	59.6	60.0	60.5	61.0	61.5	62.0	62.5	63.0	63.5
11	58.7	59.2	59.7	60.2	60.7	61.2	61.6	62.1	62.6	63.1
12	58.4	58.9	59.4	59.8	60.3	60.8	61.3	61.8	62.3	62.8
13	58.0	58.5	59.0	59.5	60.0	60.5	61.0	61.4	61.9	62.4
14	57.7	58.2	58.6	59.1	59.6	60.1	60.6	61.1	61.6	62.1
15	57.3	57.8	58.3	58.8	59.3	59.8	60.2	60.8	61.2	61.7
16	56.9	57.4	57.9	58.4	58.9	59.4	59.9	60.4	60.9	61.4
17	56.6	57.1	57.6	58.1	58.6	59.1	59.6	60.0	60.5	61.0
18	56.2	56.7	57.2	57.7	58.2	58.7	59.2	59.7	60.2	60.7
19	55.9	56.4	56.9	57.4	57.8	58.4	58.8	59.4	59.8	60.4
20	55.5	56.0	56.5	57.0	57.5	58.0	58.5	59.0	59.5	60.0
21	55.1	55.6	56.1	56.6	57.1	57.6	58.1	58.6	59.1	59.6
22	54.8	55.3	55.8	56.3	56.8	57.3	57.8	58.3	58.8	59.3
23	54.4	54.9	55.4	55.9	56.4	56.9	57.4	57.9	58.4	58.9
24	54.0	54.5	55.0	55.6	56.1	56.6	57.1	57.6	58.1	58.6
25	53.7	54.2	54.7	55.2	55.7	56.2	56.7	57.2	57.7	58.2
26	53.3	53.8	54.3	54.8	55.3	55.8	56.4	56.9	57.4	57.9
27	52.9	53.4	54.0	54.5	55.0	55.5	56.0	56.5	57.0	57.5
28	52.6	53.1	53.6	54.1	54.6	55.1	55.6	56.1	56.6	57.2
29	52.2	52.7	53.2	53.7	54.2	54.8	55.3	55.8	56.3	56.8
30	51.8	52.3	52.9	53.4	53.9	54.4	54.9	55.4	55.9	56.4

续表

溶液温度/℃	酒精计示值									
	60.5	61.0	61.5	62.0	62.5	63.0	63.5	64.0	64.5	65.0
	温度20℃时用体积分数表示的酒精浓度/%									
0	67.2	67.7	68.2	68.7	69.2	69.6	70.1	70.6	71.1	71.5
1	66.9	67.4	67.9	68.4	68.8	69.3	69.8	70.3	70.8	71.2
2	66.6	67.1	67.6	68.0	68.5	69.0	69.5	70.0	70.4	70.9
3	66.3	66.8	67.2	67.7	68.2	68.7	69.2	69.6	70.1	70.6
4	65.9	66.4	66.9	67.4	67.9	68.4	68.8	69.3	69.8	70.3
5	65.6	66.1	66.6	67.1	67.5	68.0	68.5	69.0	69.5	70.0
6	65.3	65.8	66.2	66.7	67.2	67.7	68.2	68.7	69.2	69.6
7	65.0	65.4	65.9	66.4	66.9	67.4	67.9	68.4	68.8	69.3
8	64.6	65.1	65.6	66.1	66.6	67.0	67.5	68.0	68.5	69.0
9	64.3	64.8	65.2	65.7	66.2	66.7	67.2	67.7	68.2	68.7
10	63.9	64.4	64.9	65.4	65.9	66.4	66.9	67.4	67.8	68.3
11	63.6	64.1	64.6	65.1	65.6	66.0	66.5	67.0	67.5	68.0
12	63.3	63.8	64.2	64.7	65.2	65.7	66.2	66.7	67.2	67.7
13	62.9	63.4	63.9	64.4	64.9	65.4	65.9	66.4	66.8	67.4
14	62.6	63.1	63.6	64.1	64.6	65.0	65.5	66.0	66.5	67.0
15	62.2	62.7	63.2	63.7	64.2	64.7	65.2	65.7	66.2	66.7
16	61.9	62.4	62.9	63.4	63.9	64.4	64.8	65.4	65.8	66.3
17	61.5	62.0	62.5	63.0	63.5	64.0	64.5	65.0	65.5	66.0
18	61.2	61.7	62.2	62.7	63.2	63.7	64.2	64.7	65.2	65.7
19	60.8	61.3	61.8	62.3	62.8	63.3	63.8	64.3	64.8	65.3
20	60.5	61.0	61.5	62.0	62.5	63.0	63.5	64.0	64.5	65.0
21	60.1	60.6	61.2	61.6	62.2	62.6	63.2	63.6	64.2	64.6
22	59.8	60.3	60.8	61.3	61.8	62.3	62.8	63.3	63.8	64.3
23	59.4	60.0	60.4	61.0	61.5	62.0	62.5	63.0	63.5	64.0
24	59.1	59.6	60.1	60.6	61.1	61.6	62.1	62.6	63.1	63.6
25	58.7	59.2	59.8	60.3	60.8	61.3	61.8	62.3	62.8	63.3
26	58.4	58.9	59.4	59.9	60.4	60.9	61.4	61.9	62.4	63.0
27	58.0	58.5	59.0	59.6	60.1	60.6	61.1	61.6	62.1	62.6
28	57.7	58.2	58.7	59.2	59.7	60.2	60.7	61.2	61.8	62.3
29	57.3	57.8	58.3	58.8	59.4	59.9	60.4	60.9	61.4	61.9
30	57.0	57.5	58.0	58.5	59.0	59.5	60.0	60.6	61.1	61.6

续表

溶液温度 /℃	酒精计示值									
	65.5	66.0	66.5	67.0	67.5	68.0	68.5	69.0	69.5	70.0
	温度 20℃时用体积分数表示的酒精浓度 /%									
0	72.0	72.5	73.0	73.4	73.9	74.4	74.9	75.4	75.8	76.3
1	71.7	72.2	72.7	73.1	73.6	74.1	74.6	75.0	75.5	76.0
2	71.4	71.9	72.4	72.8	73.3	73.8	74.3	74.7	75.2	75.7
3	71.1	71.6	72.0	72.5	73.0	73.5	74.0	74.4	74.9	75.4
4	70.8	71.2	71.7	75.2	72.7	73.2	73.6	74.1	74.6	75.1
5	70.4	70.9	71.4	71.9	72.4	72.9	73.3	73.8	74.3	74.8
6	70.1	70.6	71.1	71.6	72.1	72.5	73.0	73.5	74.0	74.5
7	69.8	70.3	70.8	71.3	71.8	72.2	72.7	73.2	73.7	74.2
8	69.5	70.0	70.4	70.9	71.4	71.9	72.4	72.9	73.4	73.8
9	69.2	69.6	70.1	70.6	71.1	71.6	72.1	72.6	73.0	73.5
10	68.8	69.3	69.8	70.3	70.8	71.3	71.8	72.2	72.7	73.2
11	68.5	69.0	69.5	70.0	70.5	71.0	71.4	71.9	72.4	72.9
12	68.2	68.7	69.2	69.6	70.1	70.6	71.1	71.6	72.1	72.6
13	67.8	68.3	68.8	69.3	69.8	70.3	70.8	71.3	71.8	72.3
14	67.5	68.0	68.5	69.0	69.5	70.0	70.5	71.0	71.4	72.0
15	67.2	67.7	68.2	68.6	69.1	69.6	70.1	70.6	71.1	71.6
16	66.8	67.3	67.8	68.3	68.8	69.3	69.8	70.3	70.8	71.3
17	66.5	67.0	67.5	68.0	68.5	69.0	69.5	70.0	70.5	71.0
18	66.2	66.7	67.2	67.7	68.2	68.7	69.2	69.6	70.2	70.6
19	65.8	66.3	66.8	67.3	67.8	68.3	68.8	69.3	69.8	70.3
20	65.5	66.0	66.5	67.0	67.5	68.0	68.5	69.0	69.5	70.0
21	65.2	65.7	66.2	66.7	67.2	67.7	68.2	68.7	69.2	69.7
22	64.8	65.3	65.8	66.3	66.8	67.3	67.9	68.3	68.8	69.3
23	64.5	65.0	65.5	66.0	66.5	67.0	67.5	68.0	68.5	69.0
24	64.1	64.6	65.1	65.5	66.2	66.7	67.2	67.7	68.2	68.7
25	63.8	64.3	64.8	65.3	65.8	66.3	66.8	67.3	67.8	68.4
26	63.5	64.0	64.5	65.0	65.5	66.0	66.5	67.0	67.5	68.0
27	63.1	63.6	64.1	64.6	65.2	65.7	66.2	66.7	67.2	67.7
28	62.8	63.3	63.8	64.3	64.8	65.3	65.8	66.3	66.8	67.4
29	62.4	62.9	63.4	64.0	64.5	65.0	65.5	66.0	66.5	67.0
30	62.1	62.6	63.1	63.6	64.1	64.6	65.2	65.7	66.2	66.7

续表

溶液温度/℃	酒精计示值									
	70.5	71.0	71.5	72.0	72.5	73.0	73.5	74.0	74.5	75.0
	温度 20℃时用体积分数表示的酒精浓度 /%									
0	76.8	77.3	77.7	78.2	78.7	79.1	79.6	80.1	80.5	81.0
1	76.5	77.0	77.4	77.9	78.4	78.8	79.3	79.8	80.3	80.7
2	76.1	76.6	77.1	77.6	78.1	78.6	79.0	79.5	80.0	80.4
3	75.9	76.4	76.8	77.3	77.8	78.3	78.7	79.2	79.7	80.2
4	75.6	76.0	76.5	77.0	77.5	78.0	78.4	78.9	79.4	79.9
5	75.3	75.8	76.2	76.7	77.2	77.7	78.2	78.6	79.1	79.6
6	75.0	75.4	75.9	76.4	76.9	77.4	77.8	78.3	78.8	79.3
7	74.6	75.1	75.6	76.1	76.6	77.2	77.6	78.0	78.5	79.0
8	74.3	74.8	75.3	75.8	76.3	76.8	77.2	77.7	78.2	78.7
9	74.0	74.5	75.0	75.5	76.0	76.5	76.9	77.4	77.9	78.4
10	73.7	74.2	74.7	75..2	75.7	76.2	76.6	77.1	77.6	78.1
11	73.4	73.9	74.4	74.9	75.4	75.8	76.3	76.8	77.3	77.8
12	73.1	73.6	74.1	74.5	75.0	75.5	76.0	76.5	77.0	77.5
13	72.8	73.2	73.7	74.2	74.7	75.2	75.7	76.2	76.7	77.2
14	72.4	72.9	73.4	73.9	74.4	74.9	75.4	75.9	76.4	76.9
15	72.1	72.6	73.1	73.6	74.1	74.6	75.0	75.6	76.1	76.6
16	71.8	72.3	72.8	73.3	73.8	74.3	74.7	75.3	75.8	76.2
17	71.5	72.0	72.5	73.0	73.4	74.0	74.7	74.9	75.4	75.9
18	71.2	71.6	72.1	72.6	73.1	73.6	74.1	74.6	75.1	75.6
19	70.8	71.3	71.8	72.3	72.8	73.3	73.8	74.3	74.8	75.3
20	70.5	71.0	71.5	72.0	72.5	73.0	73.5	74.0	74.5	75.0
21	70.2	70.7	71.2	71.7	72.2	72.7	73.2	73.7	74.2	74.7
22	69.8	70.3	70.8	71.4	71.9	72.4	72.9	73.4	73.9	74.4
23	69.5	70.0	70.5	71.0	71.5	72.0	72.5	73.0	73.6	74.1
24	69.2	69.7	70.2	70.7	71.2	71.7	72.2	72.7	73.2	73.7
25	68.9	69.4	69.9	70.4	70.9	71.4	71.9	72.4	72.9	73.4
26	68.5	69.0	69.5	70.0	70.5	71.1	71.6	72.1	72.6	73.1
27	68.2	68.7	69.2	69.7	70.2	70.7	71.2	71.8	72.3	72.8
28	67.9	68.4	68.9	69.4	69.9	70.4	70.9	71.4	71.9	72.4
29	67.5	68.0	68.6	69.1	69.6	70.1	70.6	71.1	71.6	72.1
30	67.2	67.7	68.6	68.7	69.2	69.8	70.3	70.8	71.3	71.8

参考文献

[1] 泸州老窖大曲酒［M］. 北京：中国轻工业出版社，1959.

[2] 泸州老窖. 泸型酒酿酒技工必读（中级）［M］. 成都：四川科学技术出版社，1989.

[3] 沈尧绅，曾祖训. 白酒气相色谱分析［M］. 北京：中国轻工业出版社，1986.

[4] 蔡定域等. 实用白酒分析［M］. 成都：成都科技大学出版社，1994.

[5] 沈怡方. 白酒生产技术全书［M］. 北京：中国轻工业出版社，1999.

[6] 华中师范大学，陕西师范大学等编著. 分析化学（下册）-3版［M］. 北京：高等教育出版社，2001.

[7] 徐占成.酒体风味设计学［M］. 北京：中国轻工业出版社，2002.

[8] 许国旺等. 现代实用气相色谱法［M］. 北京：化学工业出版社，2006.

[9] 夏延斌. 食品风味化学［M］. 北京：化学工业出版社，2008.

[10] 李大和. 白酒勾兑技术问答（第二版）［M］. 北京：中国轻工业出版社，2008.

[11] 胡坷平，程劲松，杨屹等. 快速毛细管气相色谱分析白酒中的香味成分［J］. 分析科学学报，2008，24（3）：323-326.

[12] 黄兴宗著；韩北忠等译. 李约瑟中国科学技术史（第六卷）-生物学及相关技术（第五分册）-发酵与食品科学［M］. 北京：科学出版社，2008.

[13] 桑颖新. 试论中国酒具的发展及特色［J］. 文博，2008，05：66-71.

[14] 李大和. 低度白酒生产技术［M］. 北京：中国轻工业出版社，2010.

[15] 张安宁，张建华. 白酒生产与勾兑教程［M］. 北京：科学出版社，2010.

[16] 王赛时. 中国酒史［M］. 济南：山东大学出版社，2010.

[17] 张文学，谢明. 中国酒及酒文化概论［M］. 成都：四川大学出版社，2010.

[18] 张宿义，许德富. 泸型酒技艺大全［M］. 北京：中国轻工业出版社，2011.

[19] 洪光住. 中国酿酒科技发展史［M］. 北京：中国轻工业出版社，2011.

[20] 王延才. 中国白酒［M］. 北京：中国轻工业出版社，2011.

[21] 赖登燡，王久明等. 白酒生产实用技术［M］. 北京：化学工业出版社，2012.

[22] 代汉聪，张宿义，谢明，李云辉. 不同酒度低度白酒活性炭处理最佳效果研究［J］. 酿酒科技，2012，06：61-64.

[23] 张建，田志强，卢垣宇等. 电感耦合等离子体质谱法（ICP-MS）检测白酒中 28 种元素［J］. 食品科学，2013，22：257-260.

[24] 王瑞明等. 白酒勾兑技术-2版［M］. 北京：化学工业出版社，2014.

[25] 范文来，徐岩. 酒类风味化学［M］. 北京：中国轻工业出版社，2014.

[26] 周恒刚，徐占成. 白酒品评与勾兑［M］. 北京：中国轻工业出版社，2015.

[27] 辜义洪. 白酒勾兑与品评技术［M］. 北京：中国轻工业出版社，2015.

[28] 沈怡方. 白酒生产技术全书［M］. 北京：中国轻工业出版社，2015.

[29] 王健，艾涛波，岳清洪. 固相萃取和同位素内标法检测白酒中氨基甲酸乙酯［J］. 中国酿造，2015，34（1）：115-117.

[30] 贾智勇. 中国白酒品评宝典［M］. 北京：化学工业出版社，2016.

[31] 熊雅婷，李宗朋，王健等. 近红外光谱波段优化在白酒酒醅成分分析中的应用［J］. 光谱学与光谱分析，2016，36（1）：84-90.

[32] 李大和. 中国白酒"三大试点"研究回顾［J］. 酿酒科技，2017，276（6）：17-28.

本书的编写还参考了1989—2019年发表于《酿酒》和《酿酒科技》期刊的大量优秀文献，以及《泸州老窖酒史研究》（泸州市文物保护管理所，泸州市博物馆）、《中国蒸馏酒博物馆内涵研究》（四川省社会科学院杨柳研究团队），在此不一一列出，谨致敬意。

内容简介

白酒酒体设计工艺学覆盖的知识面广，涉及有机化学、物理化学、微生物学、分析化学等学科领域，是一门综合性学科。本书主要介绍关于白酒酒体设计工艺的科学原理和实践方法，包括中国酒的发展、酿酒原辅料选择、大曲制作与酒体风味成分的关系、白酒风味物质的来源及形成机理、白酒尝评、基础酒验收与管理、白酒酒体设计工艺、白酒后处理工艺等内容，内容丰富、详实。

该书不仅对白酒生产、科研、管理从业人员有着指导意义，还可供大专院校的白酒相关专业学生学习使用，对中国白酒行业的创新发展具有积极的促进作用。

作者简介

张宿义　博士，博士生导师，教授级高级工程师，国务院政府特殊津贴专家，中国酿酒大师，中国白酒大师，中国首席白酒品酒师，全国轻工业劳动模范，全国酿酒行业百名先进个人，国家级白酒委员，四川工匠，非物质文化遗产项目传承人，泸州老窖酒传统酿制技艺第22代传人。担任中国食品工业协会理事、中国酒业协会固态白酒原酒委员会尝评专家、四川省白酒专家组成员。从事酿酒生产科研和白酒酒体设计工作20余年，完成国家、省部级重大科研课题20余项，12项获得了省部级成果奖励（一等奖3项）；制定国家标准8项，发表学术论文200余篇，获授权专利112项；编著《泸型酒技艺大全》《中国酒及酒文化概论》等专著9部；积极开展行业技术培训，推动了中国白酒行业的健康发展。